प्राचीन भारत में कृषि एवं जल संसाधन

प्राचीन भारत में कृषि एवं जल संसाधन

प्रो. जयमल राय

पाठक पब्लिशर्स एंड डिस्ट्रीब्यूटर्स
नई दिल्ली

प्राचीन भारत में कृषि एवं जल संसाधन

ISBN : 978-93-91952-05-1

मूल्य : 1500/-

प्रथम संस्करण : 2024
Reprint : 2025

आवरण पृष्ठ का चित्र लल्लन जी गोपाल एवं वी.सी. श्रीवास्तव की पुस्तक हिस्ट्री ऑफ एग्रीकल्चर इन इंडिया Up to C1200 AD से लिया गया है।

प्रकाशक :
पाठक पब्लिशर्स एंड डिस्ट्रीब्यूटर्स
E6/33c & 34 ग्राउंड फ्लोर, संगम विहार
नई दिल्ली–110062
मोबाइल : 9667766461, 9910469931
E-mail: pathakppd@gmail.com

In Association with
Research India Press

टाईपसेटिंग
जी. आर. शर्मा

विषय-सूची

द्वितीय खण्ड

जल संसाधन एवं सिंचाई

प्राक्कथन

इस पुस्तक में प्राचीन भारत की अन्नोत्पादक संस्कृतियों तथा जल-संसाधनों का विवरण प्रस्तुत करने का प्रयास किया गया है किन्तु यह विवरण प्रस्तुत करते समय प्रसंगवश यह विचार भी मस्तिष्क में आया कि भारत की इन अन्नोत्पादक संस्कृतियों का समग्र एवं सुस्पष्ट चित्र तब तक सम्भव नहीं जब तक एशिया की उन अन्य अनेक अन्नोत्पादक संस्कृतियों का उल्लेख नहीं किया जायेगा जो कि प्राचीन भारतीय संस्कृतियों की समकालीन थीं या उनसे कुछ पहले या बाद में विकसित हुयीं। इस उद्देश्य से ही इस पुस्तक में पाकिस्तान के मेहरगढ़, अफगानिस्तान, इरान, चीन, मंगोलिया, तिब्बत आदि की अन्नोत्पादक संस्कृतियों के विवरण को भी सम्मिलित कर लिया गया है।

यहाँ यह उल्लेख कर देना अप्रासंगिक नहीं होगा कि जिस समय हड़प्पा के जल-संसाधनों पर लिखा जा रहा था उस समय सैन्धव क्षेत्र की नदियों पर निर्मित वन्धों का, जिन्हें ऋग्वेद में वृत्र कहा गया है और जिनका उल्लेख इसमें अनेक स्थलों पर हुआ है, उल्लेख करना समीचीन प्रतीत हुआ। इस पर स्वतंत्र परिशिष्ट की आवश्यकता इसलिए पड़ी क्योंकि यह जल-प्रबन्धन हड़प्पा का था और इससे सम्बन्धित सूचना ऋग्वेद की थी। इसलिए इस पुस्तक के अन्त में एक परिशिष्ट सम्मिलित किया गया। सिन्धु एवं उससे सम्बन्धित नदियों पर विचार करते समय सरस्वती नदी का भी प्रसंग आया। इसलिए उसे भी इस परिशिष्ट में जोड़ दिया गया है।

कृषि शब्द का प्रयोग 'कर्षण यन्त्र के माध्यम से किया गया अन्नोत्पादन" के लिए किया जाता है। किन्तु इस अर्थ में प्रयुक्त 'कृषि' शब्द इसके महत्त्व को पूरी तरह उद्घाटित नहीं कर पाता है। मानव जाति (mankind) के विकास के इतिहास के अवलोकन मात्र से यह स्पष्ट हो जाता है कि जो भी सामाजिक, धार्मिक, आर्थिक या राजनीतिक परिवर्तन हुए हैं उनकी पृष्ठभूमि में कृषि की महत्त्वपूर्ण भूमिका रही है। यदि 'क्रान्ति' शब्द का प्रयोग 'सम्पूर्ण परिवर्तन" के

लिए किया जाता है तो निश्चय ही मानव जाति के इतिहास में 'कृषि' को प्रथम क्रान्ति की संज्ञा दी जा सकती है। जब तक कृषि का ज्ञान नहीं हुआ था आदिम जन स्वतः उत्पादित वन्य वनस्पतियों तथा पशु माँस पर जीवनयापन करता रहा और प्रकृति प्रदत्त इन वनस्पतियों की समाप्ति पर अन्यत्र संचरण कर जाता था। कृषि ज्ञान के पश्चात् सतत संचरणशीलता के युग से निकल कर उसने स्थायी निवास के युग में प्रवेश किया। यह एक साधारण घटना नहीं थी। इस स्थायी निवास ने आदिमजन के जीवन में परिवर्तन की जो आधारशिला रखी उसके अनेक दूरगामी परिणाम परवर्ती काल में देखने को मिलते हैं। यद्यपि इन सामाजिक, आर्थिक, राजनीतिक एवं धार्मिक परिवर्तनों पर विचार करना इस पुस्तक का वर्ण्य-विषय नहीं है तथापि उनको रेखांकित किया जा सकता है। इनके रेखांकन मात्र से यह अनुमान लगाया जा सकता है कि मानव जीवन में कृषि का क्या महत्त्व रहा है। कृषि-ज्ञान की आरम्भिक अवस्था में सामूहिक रूप से कृषि-कार्य करना आदिम जनों की वाध्यता थी किन्तु जैसे-जैसे कृषि उपकरणों की तकनीक में विकास होता गया इन उपकरणों की विविधता भी बढ़ती गई। इसका परिणाम यह हुआ कि कृषि-कर्म करने के लिए समूह में रहने की आदिमजनों की बाध्यता समाप्त होने लगी और जन (tribe) छोटी-छोटी इकाइयों में बँटने लगे जिन्हें कुल (family) कहा गया। परिवार के उद्भव और विकास ने विभिन्न सदस्यों के साम्पत्तिक अधिकार आदि विधि सम्बन्धी नियमों की व्यवस्था को आवश्यक बना दिया जिसके कारण दायभाग एवं मिताक्षरा तथा अनेक धर्मशास्त्रों की रचना हुई।

यह उल्लेखनीय है कि कृषि के कारण ही भूमि का महत्त्व बढ़ गया। इसके परिणामस्वरूप समाज दो वर्गों में विभक्त हो गया। जिस वर्ग का स्वामित्व कृष्य भूमि पर स्थापित हुआ वह यजमान कहलाया और एक बहुत बड़ा वर्ग जो भूमिहीन था बाध्य होकर विभिन्न प्रकार के शिल्पों को अपनाने लगा ऐसे वर्ग में कुलाल अथवा कुम्भकार, बढ़ई, नापित, रजक, (धोबी) आदि सम्मिलित थे जिन्हें पवनी कहा गया और जिन्हें यजमानी व्यवस्था का अंग वना दिया गया जिन्हें यजमान से अन्न का एक भाग दे दिया जाता था। इससे यह ज्ञात होता है कि कृषि के कारण ही इस सामाजिक विषमता का उद्भव हुआ। कालान्तर में जिस सामन्ती व्यवस्था का विकास हुआ उसका आधार भी कृषि ही था। ध्यातव्य है कि सामन्ती व्यवस्था मूलतः भूमि से जुड़ी व्यवस्था ही थी।

कृषि ने ही यजमान और शिल्पी अथवा पवनी को एक स्थान पर रहने के लिए बाध्य किया। ये दोनों ही वर्ग एक दूसरे की आवश्यकता को पूरा करते

थे। कालान्तर में ऐसे स्थान को ग्राम कहा गया जिसका उल्लेख पतंजलि ने किया है।

यह एक मनोरंजक तथ्य है कि इन ग्रामों ने ही बाजार और नगरों को जन्म दिया। लोहे के ज्ञान के पश्चात् अन्नोत्पादन में वृद्धि हुई और अतिरिक्त उत्पादन ने पण्य (commodity) का रूप ग्रहण कर लिया जिसके कारण बाजारों का और कालान्तर में व्यापारिक नगरों का विकास हुआ।

उपर्युक्त सामाजिक-आर्थिक कारणों के अतिरिक्त धार्मिक क्षेत्र में कृषि का प्रभाव अपेक्षाकृत अधिक दूरगामी एवं चिरस्थाई दिखाई देता है। जब तक कृषि के माध्यम से अन्नोत्पादन का ज्ञान नहीं हुआ था पशुओं का शिकार एवं उनका मांस ही आदिमजनों के जीवन का आधार रहा और पूर्व वैदिक काल तक धार्मिक अनुष्ठानों या यज्ञादि में व्यापक स्तर पर पशुबलि दी जाती रही। किन्तु उत्तर वैदिक काल में जब कि आर्यों का परिचय कृषि से होने लगा पशु हिंसा के विरोध में स्वर उठने लगे। गौतम बुद्ध ने तो पशु हिंसा की निन्दा की, इसके अतिरिक्त उपनिषदों में भी इसी प्रकार के विचार मिलते हैं। यह कृषि का ही प्रभाव था कि तैत्तिरीयोपनिषद में ब्रह्म का तादात्मय अन्न के साथ स्थापित कर दिया गया। मानव जाति के कल्याण एवं अस्तित्व की रक्षा के लिए अन्न एवं भूमि की उर्वरा शक्ति की प्रशंसा की गई और जहाँ अन्न को ही ब्रह्म मान लिया गया वहीं भूमि की उर्वरा शक्ति का भी दैवीकरण हुआ और उर्वरता एवं उत्पादन से सम्बन्धित लिंगोपासना तथा मातृदेवी की परिकल्पना, प्राकृतिक एवं दैवी प्रकोप से सस्य की रक्षा करने के लिए धार्मिक अनुष्ठान आदि में विश्वास के साक्ष्य आदिम काल से ही मिलने लगते हैं और आज भी यह विश्वास पूर्ववत् बना हुआ है। अन्नोत्पादन के लिए वर्षा का महत्त्व सर्वाधिक होता है इसलिये आदिकाल से ही धार्मिक अनुष्ठान तथा देवताओं का आह्वान किया जाता था। ऋग्वेद में देवापि एवं शान्तनु की कथा से ज्ञात होता है कि वर्षा के लिए विधिवत अनुष्ठान की व्यवस्था की जाती थी। इसी ग्रन्थ में मित्र, वरुण, पर्जन्य आदि देवताओं के आह्वान से सम्बन्धित अनेक ऋचायें मिलती हैं। यह विश्वास आधुनिक काल तक अनवरत बना हुआ है। गायों के प्रति जो धार्मिक भावना आज तक बनी हुई है उसकी पृष्ठभूमि में भी कृषि की ही भूमिका थी। अग्नि देव से जिस पशुधन की याचना की जाती थी उसमें गाय प्रमुख होती थी। कृषि ने ही गाय को उस काल में ही पवित्र एवं उपयोगी वन पशु बना दिया। कृषि से जुड़ी एक अन्य धार्मिक भावना जो आधुनिक काल में भी पूर्ववत् जीवन्त है, कृष्य-भूमि का नारी के साथ तादात्म्य स्थापित करना है। नारी के

समान पृथ्वी भी उत्पादन करती है (ऋ0 10.101)। आज यदि पृथ्वी को माता के समान माना जाता है तो इसका कारण भी कृषि ही है।

अन्त में पाठक बन्धुओं से यह अनुरोध है कि इस पुस्तक के लेखन या प्रकाशन में त्रुटियाँ अवश्य रह गई होंगी जिसके लिए. क्षमा करेंगे।

कृतज्ञता ज्ञापन

प्रस्तुत पुस्तक "प्राचीन भारत में कृषि एवं जल-संसाधन" वास्तव में आज से लगभग बारह वर्ष पहले लिखी गई मेरी पुस्तक "प्राचीन भारत में कृषि" का ही संशोधित एवं संवर्धित रूप है। प्रस्तुत पुस्तक मैं लिख ही रहा था जबकि मुझे नेत्र विशेषज्ञ ने अध्ययन एवं लेखन का कार्यवन्द करने की सलाह दी। बाध्य होकर इच्छाविरूद्ध मुझे इस पुस्तक का लेखन कार्य रोकना पड़ा। उसी का यह परिणाम है कि इस पुस्तक में इण्डेक्स नहीं दे सका।

यहाँ यह उल्लेख करना समीचीन प्रतीत होता है कि इस पुस्तक का लेखन कार्य लगभग चार या पाँच वर्ष पहले समाप्त कर चुका था। किन्तु मेरे सतत प्रयास के पश्चात भी कोई ऐसा उपर्युक्त व्यक्ति नहीं मिल रहा था जो इस पुस्तक के अन्तर्गत के भूल सुधार या टाइप में छपे हुए अक्षरों को ठीक कर सके। यह मेरा सौभाग्य है कि विलम्ब से ही सही मुझे ऐसे व्यक्ति मिल गये। मेरे शिष्य डॉ. सम्पूर्णानन्द मल्ल जिन्होंने प्रथम श्रेणी में स्नातकोत्तर परीक्षा उत्तीर्ण कर दिल्ली विश्वविद्यालय से डॉक्टरेट की उपाधि प्राप्त की और उनकी विदुषी पत्नी श्रीमती अन्जना ने पुस्तक में विद्यमान त्रुटियों को न केवल दूर किया अपितु अनेक स्थानों पर आवश्यक सुधार या परिवर्तन भी किया। यद्यपि अपने शिष्य और उनकी पत्नी के प्रति कृतज्ञता ज्ञापन करना उचित नहीं लगता फिर भी मुझे आज यह कहने में कोई संकोच नहीं होता है कि मुझे ऐसे शिष्य का गुरु होने पर गर्व होता है। आज यदि डॉ. सम्पूर्णानन्द मल्ल और उनकी पत्नी श्रीमती अन्जना की सहायता मुझे नहीं प्राप्त होती तो निश्चय ही यह पुस्तक अप्रकाशित रह जाती। अंत मैं इस पुस्तक के प्रकाशक पाठक पब्लिशर्स एंड डिस्ट्रीब्यूटर्स का भी जिन्होंने इस पुस्तक को प्रकाशित करने का काम किया मैं उनका आभार प्रकट करता हूँ।

प्रो. जयमल राय

अध्याय - 1

कृषि दर्शन

इस जगत में जितने भी जीव हैं, उनमें मानव ही एक ऐसा प्राणी है, जिसमें दो ऐसी विशेषता है, जो उसे अन्य जीवों से अलग कर देती हैं। इनमें प्रथम विशेषता यह है कि वह अपनी आवश्यकतानुसार उपकरण बना सकता है और दूसरी विशेषता है उसमें सोचने की शक्ति या जिज्ञासा। इन दो विशेषताओं के कारण ही मानव का विकास सम्भव हुआ। पुरातत्त्व (Archaeology), नृतत्त्वशास्त्र (Anthropology), प्राणि विज्ञान (Zoology), वनस्पतिशास्त्र (Botany) समाजशास्त्र (Sociology), आदि में किये गये शोध से मानव की क्रमिक विकास यात्रा को समझने में सहायता मिलती है। पुरातत्त्व उपकरणों के प्रकार, निर्माण विधि एवं निर्माण सामग्री के अध्ययन के आधार पर इस क्रमिक विकास को मोटे रूप से पाँच वर्गों में विभाजित करता है - पूर्वपाषाण काल (Palaeolithic age), मध्यपाषाण काल (Mesolithic Age) एवं नवपाषाण काल (Neolithic Age), ताम्र-कांस्य काल (Copper-Bronze Age) एवं लौग युग। इस विभाजन का आधार उपकरणों में प्रयुक्त पाषाण, ताम्र-काँस्य या लोहा रहा है। किन्तु इस प्रकार के विभाजन के अतिरिक्त सांस्कृतिक विकास को आधार मानकर मार्गन ने प्राकृतावस्था या वन्यता का युग बर्बरता का युग एवं सभ्यता का युग नाम से मानव के अतीत को प्रस्तुत किया है। नृतत्त्वशास्त्री ने नर कंकालों के सूक्ष्म अध्ययन के आधार पर आदिम मानव की विभिन्न प्रजातियों तथा उनकी शारीरिक संरचना आदि में होने वाले क्रमिक परिवर्तन का अध्ययन किया है, जिससे मानव के अतीत को समझने में अत्यधिक सहायता मिली है। वनस्पति विज्ञान (Botany) में किये गये शोध से विकास की प्रक्रिया पर महत्त्वपूर्ण प्रकाश पड़ा है। वृक्षों में जो वलय (Ring) मिलते हैं, उनकी विश्लेषण विधि (Dendrochronology) से

वृक्षों की आयु तथा उस क्षेत्र की जलवायु का ज्ञान प्राप्त होता है। किन्तु वनस्पति शास्त्र से मानवातीत को समझने में जो महत्त्वपूर्ण सहायता आज प्राप्त हुयी है वह पराग-कणों (Pollens) का अध्ययन है। इनके विश्लेषण (Palynology) से यह ज्ञात हो जाता है कि कौन सी वनस्पतियाँ किस काल में तथा किस क्षेत्र में उत्पन्न होती थीं। ध्यातव्य है कि आदिम जातियाँ इन वनस्पतियों पर ही अपना जीवन यापन करती थीं। इसके अतिरिक्त भौतिक विज्ञान, रसायन विज्ञान, प्राणि विज्ञान आदि ज्ञान की ऐसी अनेक विधायें हैं जिनसे आदिम काल से आज तक के मानव सभ्यता एवं संस्कृति के क्रमिक विकास को समझने में महत्त्वपूर्ण सहायता प्राप्त होती है।

यहाँ यह उल्लेखनीय है कि इस विकास का क्रम सर्वदा एक समान नहीं था। आदिम मानव जब तक अपने पाषाण निर्मित उपकरणों पर आश्रित रहा वह वनस्पतियों तथा पशुओं के माँस पर जीवन यापन करता रहा किन्तु जैसा कि ऊपर कहा गया है उसमें सोचने की भी शक्ति थी। इस शक्ति ने ही होमो सैपियन्स को जो कि वर्तमान मानव के पूर्वज माने जाते हैं, अन्य जीवों से अलग कर दिया। प्रतिनूतन (Pleistocene) जिसका काल दस या पन्द्रह हजार ई0पू0 से बीस या तीस लाख ई0पू0 माना जाता है, की समाप्ति मानव जीवन की विकास-यात्रा में अति महत्त्वपूर्ण घटना था। इस युग की समाप्ति के पश्चात् जलवायु में परिवर्तन होने लगा। इस परिवर्तन के परिणामस्वरूप पृथ्वी का एक बहुत बड़ा भाग विशेषकर उत्तरी ध्रुव जो हिमाच्छादित था वहाँ अब उत्तरोत्तर विशाल वन या जंगल, विभिन्न प्रकार के वनस्पतियों का उद्भव होने लगा। इस जलवायु परिवर्तन का प्रभाव जीव-जन्तुओं तथा मानव पर भी पड़ा।

इस परिवर्तन की प्रारम्भिक अवस्था में मानव पूरी तरह प्रकृति पर आश्रित था। पाषाण या हड्डियों से निर्मित उपकरणों से वह स्वतः उत्पन्न वनस्पतियों तथा पशुओं के माँस पर ही अपना जीवन व्यतीत करता था। किन्तु मानव की स्वाभाविक जिज्ञासा उसे पशुओं से अलग करती थी। वह यह देखता था कि वनस्पतियों के दाने जमीन पर गिर कर कालान्तर में पहले की अपेक्षा और अधिक मात्रा में उत्पन्न हो जाते थे। उसने स्वयं खाद्य पौधों के दानों को बीज के रूप में वपन करना आरम्भ किया। यह एक अति महत्त्वपूर्ण क्रान्तिकारी प्रयोग था, जिसका आरम्भ आज से लगभग दस हजार वर्ष पूर्व होलोसीन काल में हुआ। इस काल तक जलवायु मानव तथा अन्य प्राणियों तथा वनस्पतियों के अनुकूल होने लगा था।

कृषि का उद्भव एवं विकास

बीज वपन की इस प्रक्रिया ने ही कृषि को जन्म दिया और आदिम मानव प्राकृतावस्था या वन्यता (Savagery) से निकल कर बर्बरता (Barbarism) के युग में शनैः शनैः प्रवेश करने लगा। अब उसने प्रकृति पर आश्रित न रह कर उसे अपना सहयोगी बना लिया।

गार्डन चाइल्ड ने इसे नूतन पाषाण कालीन क्रान्ति (Neolithic revolution) की संज्ञा दी है।[1] वास्तव में यह विश्व के इतिहास में प्रथम क्रान्ति थी, जबकि आदिम मानव अपने भोज्य पदार्थ की व्यवस्था स्वयं करने लगा और ऐसी वनस्पतियों के बीज का वपन करने लगा जिसके दाने या फल को भोजन के रूप में ग्रहण कर सकता था।[2]

नूतन पाषाण कालीन क्रान्ति सर्वत्र एक ही समय में नहीं हुयी। जिस क्षेत्र में मौसम अनुकूल था और प्रचुर मात्रा में वनस्पतियाँ एवं पशु आदि उपलब्ध थे वहाँ रहने वाली मानव प्रजातियाँ कृषि कर्म के लिए प्रेरित हुई होंगी। यही कारण है कि कृषि के प्राचीनतम प्रमाण पश्चिम एशिया से प्राप्त होते हैं, जहाँ अनुकूल जलवायु, विस्तृत वनाच्छादित क्षेत्र तथा मानव के लिए उपयोगी वनस्पतियों एवं पशुओं की बहुलता थी। सीरिया, फिलिस्तीन, जार्डन, टर्की के दक्षिणी भाग, के अतिरिक्त मिस्र से लेकर पूरब में सिन्धु एवं चीन तक कृषि एवं पशुपालन के प्रमाण प्राप्त हुये हैं, जिनका काल ई0पू0 छठीं-पाँचवीं सहस्राब्दी माना जाता है। कुछ काल पश्चात् चौथी-तीसरी सहस्राब्दी ई0पू0 में पूर्वी युरोप से भी कृषि के प्रमाण प्राप्त होते हैं। इसी प्रकार अमेरिका तथा विश्व के अन्य क्षेत्रों से भी कृषि के प्रमाण मिले हैं।[3]

कृषि कर्म से अवगत होने के पश्चात् भी मानव पशुओं का शिकार करता रहा। इसके प्रमाण उन गुफाओं से प्राप्त होते हैं, जहाँ ऐसे उपकरण मिले हैं, जिनसे वह पशुओं का आखेट करता था और इसी के साथ इन गुफाओं से फ्लिण्ट पत्थर से जुड़े हुए हड्डी के ऐसे उपकरण प्राप्त हुये हैं, जिनका आकार हँसिया के समान है। हँसिया के आकार के इन उपकरणों का प्रयोग घास आदि काटने के लिये ही किया जाता होगा। यद्यपि यह निश्चित रूप से ज्ञात नहीं होता है कि यह कौन सी घास रही होगी, यह भी ज्ञात नहीं हो सकता है कि यह स्वतः उत्पन्न थी या इस काल के मानव द्वारा बीज वपन से इसका उद्भव हुआ था।

कृषि के ज्ञान ने आदिम मानव को प्रगति के अन्य अवसर भी प्रदान किए। ध्यातव्य है कि जो क्षेत्र और जहाँ की जलवायु कृषि के लिए अनुकूल रहा, वहाँ

नवपाषाणकालीन आदिम मानव ने अपना शरणस्थली बनाया। किन्तु यह अनुकूल जलवायु वनस्पतियों तथा पशुओं के लिये भी अनुकूल और आकर्षण का केन्द्र रहा। इस दृष्टि से कृषि, वनस्पति तथा पशुओं के लिए पश्चिमी एशिया तथा भूमध्य सागरीय क्षेत्र सर्वथा उपयुक्त था। यहाँ से कृषि के साथ ही पशु-पालन के भी प्राचीनतम प्रमाण उपलब्ध होते हैं। सम्भवतः पशुओं के मध्य रहता हुआ नवपाषाणकालीन मानव पशुओं के मांस के अतिरिक्त उनकी अन्य प्रकार की उपयोगिता को भी समझने लगा होगा। वह गाय, बकरी, भेड़ आदि के बच्चों को अपनी माँ का दूध पीते देखता होगा और स्वयं इन्हें पाल कर उनका दूध प्राप्त करने लगा होगा। इस प्रकार के विचार आदिम मानव के मस्तिष्क में भौतिक परिवेश से ही उद्भूत होते होंगे। जिस प्रकार स्वतः उत्पन्न वनस्पतियों के दानों को पुनः अंकुरित होते देखकर वह उन दानों का बीज के रूप में वपन (Sowing) करने लगा, जिससे कृषि कर्म का विकास हुआ उसी प्रकार गाय, बकरी आदि के बच्चों को अपनी माँ का दूध पीते देखकर इन जानवरों के पालन (Domestication) की प्रेरणा नवपाषाणकालीन मानव को प्राप्त हुयी होगी। अब वह इनके शिकार या मांस के स्थान पर उनके दूध को महत्त्व देने लगा। इससे आदिम मानव को दो लाभ हुए। प्रथम, पशुओं के शिकार करने की अपेक्षा उनके पालन और संरक्षण से इन उपयोगी पशुओं की संख्या बढ़ने लगी। इन पालतू पशुओं के चारा की भी समस्या नहीं थी। फसल काटने के पश्चात् खेत में जो भी डण्ठल (Stalk) पड़े रह जाते थे, वह पशुओं के चारा के उपयोग में आता था। इसके अतिरिक्त प्रभूत मात्रा में जंगल में विभिन्न प्रकार की वनस्पतियाँ उपलब्ध थीं। दूसरा लाभ भेड़ों को पालने से यह हुआ कि उन से प्रतिवर्ष ऊन की प्राप्ति हो जाती थी। सर्वप्रथम भेड़ों की खाल का उपयोग अपना शरीर ढकने के लिये उसने किया, किन्तु बाद में इन भेड़ों से उसे ऊन की प्राप्ति होने लगी। ऐसा प्रतीत होता है कि कृषि के ज्ञान ने पशुपालन के लिए आदिम मानव को प्रेरित किया। पशुपालन के प्राचीनतम पुरातात्त्विक साक्ष्य पश्चिमी एशिया के उन्हीं स्थलों से प्राप्त हुये हैं जहाँ से कृषि के साक्ष्य उपलब्ध होते हैं। यह कहा जा सकता है कि मिश्रित अर्थ व्यवथा नव-पाषाण काल की विशेषता थी।

कृषि का ज्ञान जहाँ नव पाषाण कालीन मानव को पशुपालन के महत्त्व से अवगत कराया वहीं यह एक अन्य अति महत्त्वपूर्ण परिवर्तन का भी कारक बना। बीज वपन के पश्चात् वन्य पशुओं से फसल की सुरक्षा एवं फसल के तैयार होने तक वह उसी स्थान पर रहने के लिए बाध्य हो गया। अब पूर्व पाषाण

(Palaeolithic) एवं मध्यपाषाण (Mesolithic) काल के यायावरी जीवन के स्थान पर स्थायी निवास लेने लगा। किन्तु यह परिवर्तन सर्वत्र एक ही समय में नहीं हुआ। इनके आवास नरकुल तथा मिट्टी के बनाये जाते थे। यही कारण था कि ऐसे आवास दीर्घ काल तक अस्तित्व में नहीं रह पाते थे। इन आवासों के नष्ट होने पर इनके अवशेषों पर ही दूसरे आवास वना लिये जाते थे। इस काल के आवासों के पुरातात्त्विक साक्ष्य यूनान, टर्की, इरान, सीरिया, तुर्किस्तान एवं एशिया में अनेक स्थानों से प्राप्त हुये हैं।

ऐसे आवास उन स्थानों पर बनाये जाते थे जो नदियों के निकट होते थे। इसका प्रमुख कारण कृषि का ज्ञान ही था। नदियों के निकट आवास बनाने के अनेक लाभ थे। प्रतिवर्ष नदी में बाढ़ आने पर दूर दूर तक जमीन मुलायम हो जाती थी। इस जमीन पर ही नवपाषाण कालीन मानव अन्न के बीज को बिखेर देता था, जो कालान्तर में अंकुरित हो जाते थे। आवासों के निकट होने के कारण वन्य जीव-जन्तुओं से इस फसल की रक्षा में सुविधा होती थी। अतः यह कहा जा सकता है कि अन्नोत्पादन के लिये प्राकृतिक संसाधन अथवा नदियों के जल का उपयोग कृषि कर्म से अवगत नवपाषाण कालीन आदिम जनों द्वारा सर्वप्रथम आरम्भ हुआ।

कुर्दिस्तान में शनिडर एवं जार्डन में जेरिकों से आरम्भिक अन्नोत्पादन के जो प्रमाण प्राप्त हुये हैं उनका काल कार्बन तिथि के आधार पर नौ हजार ई0पू0 निर्धारित किया गया है। जेरिको से प्राप्त साक्ष्य से यह भी ज्ञात होता है कि यहाँ के आदिम जन सिंचाई के लिये नदी के जल का उपयोग करते थे और भेड़, बकरी आदि पशुओं का पालन भी करते थे। किन्तु अभी तक इनका जीवन पूरी तरह अन्न पर ही निर्भर नहीं था ये जानवरों का शिकार भी करते थे।[4] नदियों के निकट आवास बना कर रहने तथा अन्नोत्पादन के लिए उसके जल से सिंचाई करने का एक लाभ यह भी था कि वर्षा की अनिश्चितता या सूखा (drought) की आशंका भी नहीं रहती थी।

कृषि से अवगत नव पाषाण कालीन मानव को नदियों के निकट आवास बनाने का एक और भी लाभ था। प्रतिवर्ष बाढ़ के पानी के साथ उपजाऊ मट्टी मैदानी भाग में फैल जाती थी, जो अधिक से अधिक अन्नोत्पादन के लिए बहुत उपयोगी थी। यही कारण है इस काल के जो पुरावशेष आज प्राप्त होते हैं, वह सभी नदियों की घाटी से ऐसी कृषक वस्तियों के पुरातात्त्विक अवशेष प्रभूत मात्रा में प्राप्त हुये हैं, जो इस काल के आरम्भ से लेकर 3000 ई0पू0 तक के हैं।

समय के साथ-साथ इन अन्नोत्पादक कृषकों के ज्ञान में भी वृद्धि होती गई। जैसा कि ऊपर कहा गया है नव-पाषाण कालीन अर्थव्यवस्था मिश्रित थी। मानव कृषि के साथ-साथ पशुपालन भी करने लगा। उसने यह देखा कि जिस स्थान पर पशुओं का चरागाह होता था वहाँ अन्नौत्पादन भी अपेक्षाकृत अधिक होता था। इसके अतिरिक्त उसने यह भी देखा कि गाय, बैल, भेंड़ आदि जहाँ रहते हैं वहाँ पर फसल अच्छी होती है। इससे उसे खाद (manure) के महत्त्व का ज्ञान हुआ।

नदी-जल की उपलब्धता, खाद की उपयोगिता आदि के कारण अन्नोत्पादन में पर्याप्त वृद्धि हुयी। अधिक उत्पादित अन्न को अगले वर्ष की फसल तक सुरक्षित रखना भी आवश्यक था। प्राप्त पुरातात्त्विक साक्ष्यों से यह ज्ञात होता है कि इस काल में भी मानव को भविष्य की चिन्ता रहती थी। वह उत्पादित अन्न का एक भाग अगले वर्ष की फसल तक के लिए सुरक्षित रखने लगा था। नील नदी से पश्चिम ऐसी मानव बस्तियों के प्रमाण प्राप्त हुये हैं, जिनका काल लगभग साढ़े चार हजार वर्ष ई0पू0 है। इन बस्तियों के निकट ही ऐसे कोठार या बखार (Silos) के प्रमाण मिले हैं जिनमें गेहूँ और यव के अवशेष प्राप्त हुए हैं। ध्यातव्य है कि यह गेहूँ और यव स्वतः उत्पन्न वन्य प्रकार के न होकर मानव द्वारा उत्पादित हैं जिनकी खेती आज भी उत्तरी अफ्रीका की आदिम जातियों द्वारा की जाती है। यहाँ यह उल्लेखनीय है कि इन वस्तियों से पशुओं की हड्डियाँ, पत्थर एवं हड्डियों के उपकरण भी प्राप्त हुए हैं, जिनसे यह ज्ञात होता है कि अन्नोत्पादन के अतिरिक्त इस काल में आदिम जन माँस का भी प्रयोग भोजन के रूप में करते थे।

कृषि कर्म के विस्तार एवं अधिक अन्नोत्पादन का प्रभाव आदिम जनों की आबादी पर भी पड़ा। पुरातात्त्विक साक्ष्यों से ज्ञात होता है कि पहले की अपेक्षा अब जनसंख्या तेजी से बढ़ने लगी। बढ़ती हुयी आबादी के साक्ष्य युरोप में डेनमार्क, स्वीडन, जर्मनी, हालैण्ड आदि देश से प्राप्त होते हैं, जहाँ बहुत बड़ी संख्या में नवपाषाण कालीन मानव के कंकाल प्राप्त हुये हैं। बढ़ती हुयी आबादी में अधिक से अधिक भूमि पर कृषि कार्य के लिए नवपाषाण कालीन मानव को बाध्य किया, जिसके परिणामस्वरूप कृषि का उत्तरोत्तर विस्तार होता गया।

कृषि के ज्ञान का विस्तार उत्तरोत्तर होता गया और इस काल में ही अनेक प्रकार के अन्न का उत्पादन होने लगा। अभी तक धान, गेहूँ, यव, मकई (Maize) मोटा अनाज (Millet) मड़वा (Yam) आदि के उत्पादन के प्रमाण विभिन्न स्थलों से प्राप्त हो चुके हैं। किन्तु प्राप्त खाद्यान्नों से यह भी ज्ञात होता है कि गेहूँ तथा (Barley) यव की खेती सर्वाधिक व्यापक रूप से की जाती थी। इस व्यापकता

के अनेक कारण रहे होंगे। प्रथम गेहूँ एवं यव की खेती ऐसे स्थान पर भी सम्भव थी जहाँ पानी अपेक्षाकृत कम उपलब्ध होता था, जबकि धान के पैदावार के लिए पर्याप्त मात्र में जल की उपलब्धता आवश्यक थी। द्वितीय कारण, यव तथा गेहूँ की खेती में धान की खेती की अपेक्षा परिश्रम कम करना पड़ता था। गेहूँ एवं यव के बीज एक बार डाल देने के बाद मात्र वन्य जानवरों से उसकी सुरक्षा पर ही ध्यान देना होता था, जिसमें तत्कालीन जनों को बहुत कठिनाई नहीं होती होगी क्योंकि इनके आवास इन खेतों के निकट ही होते थे।

अन्य उत्पादों के समान गेहूँ और यव की प्राप्ति वन की स्वतः उत्पादित घासों से ही आरम्भ में हुई होगी। इन जंगली घासों से प्राप्त बीजों को गीली मिट्टी डालकर नवपाषाण कालीन मानव ने कृषि कार्य का आरम्भ किया। स्थान और जलवायु की विभिन्नता के कारण गेहूँ एवं यव आदि के दानों में भी विभिन्नता आती गई। उदाहरणार्थ जिन दो वन्य प्रकार की घासों की प्रजाति से गेहूँ की पैदावार के प्रमाण आज प्राप्त हैं उनमें प्रथम एक फली वाली (One-corn) और दूसरी एमर (emmer) कहलाती है। दोनों ही पहाड़ी क्षेत्रों में पाई जाती है। इनमें एक फली (one-corn) की प्रजाति बाल्कन, क्रीमिया, एशिया माइनर तथा काकेशस के क्षेत्र में और दूसरी एमर (emmer) नाम की प्रजाति फिलीस्तीन (Palestine) एवं फारस (Persia) क्षेत्र में जैसा कि ऊपर कहा गया है जलवायु परिवर्तन ने गेहूँ की इन प्रजातियों के प्रकार और क्षेत्र में भी परिवर्तन किया। वाविलोव ने अगानिस्तान एवं उत्तर-पश्चिम चीन को गेहूँ की फसल का मूल स्थान माना था। गार्डन चाइलड का मत है कि छोटे-छोटे दाना वाली गेहूँ की पैदावार प्रागैतिहासिक काल में मध्य युरोप में व्यापक रूप से होती थी और इसका विकास एक फली (One-corn) वाली वन्य प्रजाति के गेहूँ से ही हुआ है और आज भी एशिया, माइनर में इसकी खेती होती है।[5] दूसरी प्रजाति एमर (emmer) की थी जिससे उत्कृष्ट कोटि के गेहूँ की पैदावार होती थी, जिसे वनस्पतिशास्त्र में ट्रिटिकम डाइकोकम (Triticcum-dicoccum) कहा गया है। मिस्र, एशिया माइनर और पश्चिमी यूरोप में आदिम काल में एमर प्रजाति के गेहूँ की ही खेती होती थी। किन्तु आधुनिक काल में जिस गेहूँ की व्यापक रूप से खेती होती है और जिसे ब्रेड ह्वीट (Bread Wheats) कहा जाता है और जो कि वनस्पतिशास्त्र में ट्रिटिकम वल्गेयर (Triticum Vulgare) कहा गया है उसकी उत्पत्ति सम्भवतः एमर तथा किसी अन्य वन्य प्रजाति के मिश्रण से हुई होगी। मेसोपोटामिया, तुर्किस्तान, पर्सिया एवं भारत में गेहूँ के जो साक्ष्य आदिम काल से प्राप्त होते हैं वह इस प्रजाति के गेहूँ के ही हैं।

गेहूँ के समान यव की उत्पत्ति भी पहाड़ी क्षेत्र की घासों से हुई है। यव के प्रथम साक्ष्य उत्तरी अफ्रीका में मरमरिका, पैलेस्टाइन, एशिया माइनर, फारस, अफगानिस्तान तथा तुर्किस्तान से प्राप्त हुये हैं। किन्तु वाविलोव ने अबीसीनिया और दक्षिण-पूर्वी एशिया को यव का प्रमुख उद्भव स्थान माना है। वास्तव में अभी तक निश्चित रूप से यह नहीं कहा जा सकता है कि कृषि का आरम्भ सर्वप्रथम कहाँ से हुआ था अथवा एक ही साथ अनेक क्षेत्रों में कृषि का ज्ञान हुआ। अनेक पुरातत्त्वविदों ने यह सम्भावना व्यक्त की है कि पैलेस्टाइन से कृषि का उद्भव हुआ होगा क्योंकि कृषि में प्रयुक्त होने वाले हँसिया (sickle) की प्राप्ति सर्वप्रथम यहीं से हुई थी।

गेहूँ और यव के अतिरिक्त अन्य अनेक खाद्यान्न से जिनका उत्पादन नवपाषाण काल में ही होने लगा था और जिनके प्रमाण युरोप एशिया, दक्षिण पूर्व एशिया, चीन आदि से प्राप्त हो चुके हैं। इनका उल्लेख भारतीय कृषि के प्रसंग में किया गया है। यहाँ यह उल्लेखनीय है कि यद्यपि कृषि के ज्ञान ने नवपाषाणकालीन मानव को खाद्यान्न के सम्बन्ध में आत्मनिर्भर कर दिया था किन्तु मनुष्य की सोचने की प्रवृत्ति ने उसे खाद्य पदार्थ के अतिरिक्त कृषि ज्ञान का अन्य क्षेत्रों में भी उपयोग करने के लिए प्रेरित किया। नील नदी के पश्चिम फयूम झील (Fayum lake) से ऐसे प्रमाण उपलब्ध होते हैं जिनसे यह ज्ञात होता है कि नव पाषाण काल में ही यहाँ के निवासी पटुआ अथवा सन (Flax) से परिचित थे। इस से यह ज्ञात हो जाता है कि स्वतः उत्पादित पौधों में से ऐसे पौधे को उन्होंने पहचान लिया था जिसमें रेशे होते थे और उन्होंने इन पौधों की खेती करना इस काल में ही आरम्भ कर दिया था। कुछ ही समय बाद सन अथवा पटुआ (flax) की खेती एशिया के अन्य क्षेत्रों में भी होने लगी। नवपाषाणकालीन इस पौधे के प्रमाण स्वीटिजर लैण्ड से भी प्राप्त हुए हैं अब शरीर को वर्फ से बचाने के लिये वह इन पौधों से प्राप्त रेशों से वस्त्र बनाने और उसका उपयोग करने लगा। भेड़ और बकरी के बालों से प्राप्त ऊन से वह अपने शरीर को पहले से ढकता रहा। अब कृषि के ज्ञान ने उसे सन और पटुवे की खेती और उस के रेशे से वस्त्र बनाने का ज्ञान भी हो गया।

उपर्युक्त पौधों के अतिरिक्त कृषि ज्ञान ने नवपाषाणकालीन मानव को कपास की खेती से भी परिचित किया। मेहरगढ़ और सिन्धु से कपास (gossypium) एवं सूती वस्त्र के प्रमाण प्राप्त हये हैं जिनका उल्लेख आगे के पृष्ठों में किया गया है। मेहरगढ़ से बहुत बड़ी मात्रा में कपास के बीज प्राप्त भी हुए हैं।

अन्नोत्पादन ने जहाँ नवपाषाणकालीन मानव को आत्मनिर्भर बनाया वहीं सन, पटुआ, तथा कपास की खेती ने उसे शारीरिक सुरक्षा भी प्रदान की। ऐसे उपकरण बनाने के लिए भी इस काल का मानव प्रेरित हुआ जिससे वह खेतों से फसल को काट सके। इसके प्रमाण अनेक स्थानों से प्राप्त हँसिया हैं। अन्न को पीसने के लिए उसने इसी काल मे जाँत या चक्की (Quern) भी बनाया। मध्य युरोप में अनेक स्थानों से जो तत्कालीन अवशेष प्राप्त हुए हैं उनमें गेहूँ, यव, पत्थर की कुदाल, हंसिया, चक्की आदि हैं जो कि कृषि के महत्त्व को इंगित करते हैं।

संदर्भ

1. मैन मेक्स हिमसेल्फ (1936) अध्याय 5; ह्वाट हैपेण्ड इन हिस्ट्री (1942), पृ0 26-38
2. मैन मेक्स हिमसेल्फ, पृ0 66 - "The first revolution that transformed human economy gave man control over his own food supply. Man began to plant cultivate and improve by selection edible grasses, roots and trees."

   ह्वाट हैपेण्ड इन हिस्ट्री, पृ0 26 - "The decisive step was deliberately to sow such seeds on suitable soil and cultivate the sown land by weeding and other measures. A society that acted thus was hence forth actively producing food augmenting its own food supply. Potentially it could increase the supply to support a growing population. This was the first step in the Neolithic revolution and suffice to distinguish barbarism from savagery.
3. विस्तृत विवरण के लिए द्रष्टव्य जयनारायण पाण्डेय की पुस्तक "पुरातत्त्व विमर्श" (1983), पृ0 257
4. ह्वाट हैपेण्ड इन हिस्ट्री, पृ0 28
5. गार्डन चाइल्ड, मैन मेक्सहिमसेल्फ, पृ0 68

•

अध्याय - 2

एशिया की प्राचीन अन्नोत्पादक संस्कृतियाँ

पिछले पृष्ठों के विवरण से यह ज्ञात होता है कि सर्वप्रथम कृषि का विकास पश्चिमी एशिया में ही हुआ। इस क्षेत्र की जलवायु वनस्पतियों तथा पशुओं दोनों के लिए ही अनुकूल थी। यही कारण है कि नवपाषाणकालीन मानव निवास, उसके द्वारा अन्नोत्पादन के प्रमाण, फसल को काटने वाले उपकरण तथा पशुओं के अवशेष इरान, इराक, जार्डन, मिश्र के उत्तरी एवं पश्चिमी आदि क्षेत्रों से प्राप्त होते हैं। इसी क्षेत्र से गेहूँ, यव तथा अन्य खाद्यान्नों की वन्य प्रजातियों का उद्‌भव हुआ और इसी क्षेत्र में बकरी, भेड़, गाय, बैल आदि जानवर सर्वप्रथम पालतू बनाये गये। कालान्तर में नवपाषाण संस्कृति का उद्‌घाटन वलूचिस्तान, अफगानिस्तान, पाकिस्तान, जेतून, चीन, मंगोलिया,, तिब्बत आदि से भी प्राप्त हुए। पुरातत्त्वविदों ने इनमें से कुछ पुरास्थलों का सुव्यवस्थित एवं सविस्तार उत्खनन किया है और उनके इस प्रयास के परिणामस्वरूप बहुत ही महत्त्वपूर्ण सूचना प्राप्त हुई है, जिनमें से कुछ का विवरण निम्न पृष्ठों में प्रस्तुत किया गया है।

मेहरगढ़

पाकिस्तान में क्वेटा से लगभग 100 कि0मी0 दक्षिण बोलन नदी के तट पर मेहरगढ़ स्थित है। 1970 के दशक में फ्रांस के पुरातत्त्व विभाग ने जे0एफ0 जारिज के निर्देशन में मेहरगढ़ तथा इसके निकटवर्ती क्षेत्र में ऐसी नवपाषाणकालीन संस्कृति का उद्‌घाटन किया, जहाँ सस्योत्पादन तथा पशुपालन के प्रमाण आरम्भ से ही मिलते हैं।

यहाँ जिस संस्कृति का विकास हुआ, उसमें यहाँ की जलवायु का महत्वपूर्ण योगदान रहा है। भौगोलिक दृष्टि से काची का यह मैदानी भाग मध्य एशिया के उन भागों से भिन्न है, जो समुद्र की सतह से 800 से 1000 मीटर की ऊँचाई पर स्थित हैं और जहाँ ऊँचाई मात्र 150 मीटर है। इसके आधार पर यह अनुमान

व्यक्त किया जाता है कि यहाँ पर जिस प्रकार के सस्य के अवशेष प्राप्त होते है, वह सर्वप्रथम बलूचिस्तान के पर्वतीय क्षेत्र में ही उत्पन्न होते रहे होंगे और वहाँ से ही कांची के इस क्षेत्र में लाये गये होंगे।[1] मेहरगढ़ के सस्योत्पादन के इतिहास के प्रसंग में यह उल्लेखनीय है कि वह क्षेत्र आरम्भ से ही अन्य क्षेत्रों से सम्बद्ध रहा है। वनस्पतियों के अवशेषों का परीक्षण करने के पश्चात् जे0आई0 वर्नेल एवं एस0 थीवाल्ट ने यह मत व्यक्त किया कि कांची की वनस्पतियों का सादृश्य भूमध्य सागरीय वनस्पतियों से स्पष्ट दिखाई देता है। इसी आधार पर कहा गया कि भूमध्य सागरीय क्षेत्र में ही सर्वप्रथम इन वनस्पतियों का विकास हुआ होगा और तत्पश्चात् उनका कांची के मैदानी भाग में प्रवेश हुआ।[2]

ध्यातव्य है कि मेहरगढ़ उस प्रमुख मार्ग पर स्थित है, जो मध्य एशिया को सिन्धु नदी के उपजाऊ मैदानी भाग से जोड़ता है। इस प्रकार कांची का मैदानी भाग दो सर्वथा भिन्न प्रकार की भौगोलिक स्थिति के मध्य में है। इसके एक तरफ बलूचिस्तान, अफगानिस्तान तथा ईरान का शुष्क क्षेत्र है, तो दूसरी तरफ गंगा घाटी का उपजाऊ क्षेत्र।[3] आल्चिन दम्पती ने यह सम्भावना व्यक्त की है कि आरम्भ में इस मार्ग का अनुसरण हरिण एवं जंगली भेड़ों ने किया होगा, जोकि बाढ़ के समय उत्तरी बलूचिस्तान की तरफ से चरागाह की खोज में सिन्धु के मैदानों में आ जाते होंगे। तत्पश्चात् आदिम मानव कृषि के ज्ञान से बहुत पहले ही इस मार्ग का उपयोग करने लगा।[4]

जैसा कि ऊपर कहा गया है फ्रांस के पुरातत्त्व विभाग ने इस क्षेत्र में उत्खनन का कार्य किया, इस कार्य में खान मोहम्मद के नेतृत्व में पाकिस्तान के पुरातत्त्व विभाग ने सहयोग प्रदान किया। इन पुरातत्त्वविदों के सतत् प्रयास के परिणामस्वरूप यहाँ से सांस्कृतिक विकास के आठ विभिन्न काल उद्घाटित हो चुके है।[5] सस्योत्पादन के ज्ञान तथा कृषि के विकास की दृष्टि से इन सभी कालों का महत्त्व है। यहाँ यह उल्लेखनीय है कि कृषि का सम्बन्ध पशुओं से सर्वदा ही बड़ा घनिष्ट रहा है। अतः सस्योत्पादन के प्रसंग में पशुओं तथा विभिन्न प्रकार की वनस्पतियों का विवरण प्रस्तुत करना अप्रासंगिक नहीं होगा। अवशेषों में पशुओं आदि की जो हड्डियाँ प्राप्त हुयी है, उनका अध्ययन हार्वर्ड के पीबाड़ी संग्रहालय के विशेषज्ञ रिचर्ड मीडो ने किया जबकि रोम विश्वविद्यालय के लोरेंज कास्टेण्टिनी ने तत्कालीन वनस्पतियों का अध्ययन किया।[6]

जारिज[7], आल्चिन, लेचवालियर आदि पुरातत्त्वविदों ने उपर्युक्त आठ संस्कृतियों का काल निर्धारण किया है और इसके आधार पर कृषि के विकास को प्रस्तुत

किया है। यद्यपि इन विद्वानों का मत है कि विभिन्न स्तरों के लिये कार्बन 14 से प्राप्त तिथियाँ पूरी तरह सन्तोषप्रद नहीं कही जा सकतीं, किन्तु इन तिथियों से तथा बलूचिस्तान, मेसोपोटामियाँ आदि से प्राप्त अन्य ज्ञात संस्कृतियों की तिथियों से जो तुलनात्मक निष्कर्ष निकलता है, उन सभी से मेहरगढ़ का आरम्भ से लेकर अन्त तक का काल निर्धारण हो जाता है।

मेहरगढ़ तथा इसके समीप नौशारो एवं पिराक आदि के उत्खनन से जो परिदृश्य उद्घटित होता है, उससे स्पष्ट हो जाता है कि यहाँ विकसित होने वाली संस्कृतियों के कालक्रम में सातत्य विद्यमान था।[8] मेहरगढ़ 7000 ई0पू0 से 2800 ई0पू0, नौशारो 2800 ई0पू0 से 2000 ई0पू0 तत्पश्चात् पिराक में 1000 ई0पू0 तक के पुरातात्त्विक साक्ष्य उपलब्ध होते हैं।

मेहरगढ़ के जो आठ काल उद्घाटित हुए है, उनमें सांस्कृतिक विकास की दृष्टि से प्रथम स्थान एम0आर0 3 के **प्रथम काल** का है, जो कि ई0पू0 6000 वर्ष या इससे भी पहले का है। यह काल प्राक् मृद्भाण्ड का युग कहलाता है। इस काल के अवशेषों में मृद्भाण्ड प्राप्त नहीं होते हैं।

द्वितीय काल एम0आर0 4 से ज्ञात होता है, जिसका काल निर्धारण 5000 ई0पू0 किया गया है। **तृतीय काल** एम0आर0 2 से उद्घाटित होता है, जो कि चौथी सहस्त्राब्दी ई0पू0 के पूर्वार्द्ध का है, जबकि एम0आर 1 से चौथी सहस्त्राब्दी ई0पू0 के मध्य से तीसरी सहस्त्राब्दी ई0पू0 के अन्त तक के इस **चतुर्थ काल से सातवें काल** तक की संस्कृतियों की सूचना प्राप्त होती है। आठवाँ जो अन्तिम काल है एम0आर0 प्रथम के दक्षिण तरफ आठ कि0मी0 की दूरी पर स्थित सिब्री से ज्ञात होता है, जिसका काल निर्धारण दूसरी सहस्त्राब्दी का आरम्भ माना जाता है। न्यूनाधिक परिवर्तन के साथ यही काल निर्धारण प्रायः सभी पुरातत्त्वविदों ने स्वीकार किया है। सुविधा की दृटि से यहाँ मोनिक लेचेवलियर द्वारा विभिन्न कालों का तिथिक्रम तथा उनसे ज्ञात प्रमुख सांस्कृतिक विशेषताओं का अवलोकन किया जा सका है :

काल	स्थान	उत्खनित क्षेत्र	मुख्य लक्षण	तिथि (ई.पू. सहस्त्राब्दि)
I ए-सी	एम0आर0 3	आवास-संग्रहकक्ष समाधि-क्षेत्र खुला-स्थान	प्राक्मृद्भाण्ड कच्ची मिट्टी की छोटी-2 मूर्तियाँ	7-6 सहस्त्राब्दि
II ए-सी	एम0आर0 4	संग्रह-'कक्ष शव-स्थान	अ-भूसी युक्त ब-चिकने लाल	5वीं सहस्त्राब्दि

	खुला क्षेत्र	रंग के पात्र सिलिण्डरसील	
III एम0आर0 2	संग्रह-कक्ष खुला क्षेत्र धातु प्रयोग का	पशुआकृति युक्त रंगीन मृद्‌भाण्ड प्रथम प्रमाण	4 सहस्त्राब्दि का पूर्वार्द्ध
IV एम0आर0 1	आवास खुला क्षेत्र	रंगीन मृद्‌भाण्ड नारी की मूर्तियाँ	4 सहस्त्राब्दि का मध्य
V एम0आर0 1	मृद्‌भाण्डों के पकाने वाला स्थान बच्चों का शव-स्थान	रंजित मृद्‌भाण्ड धूसर पात्र के प्रथम प्रमाण पुरुष मूर्तियाँ	4 सहस्त्राब्दि का अन्त
VI एम0आर0 1	आवास खुला क्षेत्र मुद्धभाण्ड पकाने का क्षेत्र	कृष्ण-धूसर पात्र क्वेटाशैली का लाल पात्र, नाल शैली की बहुरंगी मूर्तियाँ	3 सहस्त्राब्दि का आरम्भ
VII एम0आर0 1	आवास, संग्रह कक्ष, खुला क्षेत्र वृहत चबूतरा	कृष्ण धूसर पात्र परवर्ती क्वेटापात्र कोट दिजी पात्र नारी एवं पुरुष मूर्तियाँ	3 सहस्त्राब्दि का मध्य
VIII एम0आर0 1 के दक्षिण सिब्री	आवासी निर्माण खुला क्षेत्र	मध्य एशिया के पात्र छिद्र-युक्त कांसे की कुल्हाड़ी सिलिण्डर सील	3 सहस्त्राब्दि का अन्त

कृषि

मेहरगढ़ से प्राप्त वनस्पतियों एवं खाद्यान्नों के अध्ययन से कृषि के विकास पर महत्त्वपूर्ण प्रकाश पड़ता है। इन अवशेषों की विविधता से एक तथ्य स्पष्ट है कि बोलन नदी की बाढ़ में जो उपजाऊ मिट्टी मैदानी भाग में जमा हो जाती थी उसमें अनेक प्रकार की वनस्पतियाँ स्वतः उत्पन्न हो जाती थी। सर्वप्रथम इन वनस्पतियों का ही खाद्यान्न के रूप में उपयोग होता रहा। कालान्तर में स्वतः उत्पादित इन पौधों के दानों का सीमित क्षेत्र में वपन होने लगा। यही कारण है कि मेहरगढ़ के इस प्रथम काल (एम0आर0 3 ए0) को प्राक्-कृषि युग (Proto-agricultural stage) की संज्ञा दी जाती है।[10] इस काल की अवधि बहुत दीर्घ थी, जिसकी तिथि 6000 ई0पू0 से 7000 ई0पू0 के बीच निर्धारित की जाती है। वनस्पतियों

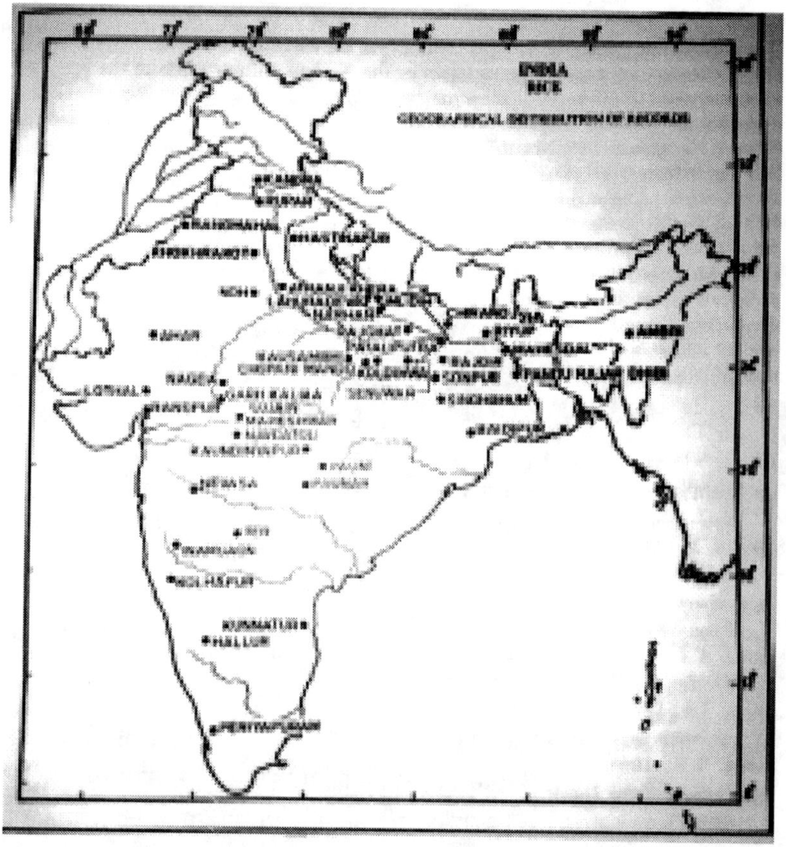

Figure : Geographical distribution of records of rice

के अतिरिक्त इस प्रथम स्तर से वन्य पशुओं की हड्डियाँ भी बहुत बड़ी संख्या में प्राप्त हुई हैं। इन से भी यही ज्ञात होता है कि एम0आर0 3 के काल IA में आदिम मानव वन्य पौधों के दानों के साथ-साथ जंगली पशुओं का शिकार करता था।

लोरेंजो कास्टोण्टिनी ने तत्कालीन वनस्पतियों का और रिचर्ड एच0 मीडो ने पशुओं की अस्थियों का परीक्षण किया।[11] इनके अध्ययन से यह उद्घाटित होता है कि इस काल के आरम्भ में (एम0आर0 3 IA) आदिम मानव का मुख्य भोजन वनों में स्वतः उत्पादित पौधों के दानें तथा वन्य पशुओं का माँस था।

खाद्यान्न के प्रमाण दो प्रकार से प्राप्त होते हैं। प्रथम, उत्खनन से प्राप्त आवासों के चूल्हे, फर्श तथा संग्रहकक्ष (Store rooms) में अन्न के दानें या उनकी वालियाँ और द्वितीय, आवास बनाने गें प्रयुक्त होने वाले कच्चे ईंटों की मिट्टी में खाद्यान्न की भूसी या पौधों के डण्ठल या दानें भी मिले हैं। जिनसे खाद्यान्नों की पहचान हो सकी है, उनके आधार पर दो तथ्य ज्ञात हो सके हैं। प्रथम इस प्राकृमृद्भाण्ड युग के प्रमुख खाद्यान्न यव तथा गेहूँ थे। इनमें भी 90 प्रतिशत से अधिक यव है। द्वितीय, यव की जो प्रजाति प्राप्त होती है, उससे यह ज्ञात होता है कि अभी तक मानव द्वारा यव की खेती का प्रयास लगभग नगण्य था। अधिकांश जन वन्य प्रजाति के यव पर ही निर्भर थे। यह स्वाभाविक भी था क्योंकि बलूचिस्तान को सर्वदा से ही यव के उत्पादन का एक प्रमुख केन्द्र माना जाता रहा है।[12] मेहरगढ़ से यव के जो अवशेष प्राप्त हुये हैं उन्हें कास्टेण्टिनी ने स्थानीय (Local) माना है।[13] यहाँ से यव की दो प्रजातियों के प्रमाण उपलब्ध होते हैं; प्रथम दो पंक्तियों वाला वन्य प्रजाति का यव (Hordeum vulgare spontaneum) द्वितीय, 6 पंक्तियों का आवरण युक्त (IA Hulled six-row barley) तथा 6 पंक्तियों वाला बिना आवरण का (Hordeum vulgare var, nudum)। यहाँ यह उल्लेखनीय है कि खाद्यान्न के प्राप्त कुल 5956 अवशेषों में 91 प्रतिशत अवशेष 6 पंक्तियों वाले यव के हैं, जबकि 2 पंक्तियों वाले वन्य प्रजाति के यव का प्रतिशत 2.5 तथा 6 पंक्तियों वाले आवरण युक्त (Hulled) यव का प्रतिशत 1.8 है। इस आधार पर कास्टेण्टिनी ने यह मत व्यक्त किया है कि मेहरगढ़ की प्रमुख पैदावार 6 पंक्तियों वाला आवरण विहीन यव (Naked six-row barley) ही था।[14] ध्यातव्य है कि सर्वप्रथम दक्षिण पश्चिम एशिया में बेधा (जार्डन) एवं अलीकोंश (इरान) से यव के प्रमाण प्राप्त हुये थे, जिनकी तिथि 7000 ई0पू0 का प्रारम्भ मान जाती है, किन्तु यव की यह दो पंक्तियों वाली वन्य

प्रजाति है (Hordeum spontaneum)। अतः इसकी समता मेहरगढ़ की यव की आवरण विहीन 6 पंक्तियों वाली (Six row naked barley) प्रजाति से स्थापित नहीं की जा सकती। कास्टेण्टिनी के अनुसार मेहरगढ़ की प्रजाति की समानता वास्तव में दक्षिण तुर्कमेनिया से प्राप्त जले हुये यव के दानों से स्थापित की जा सकती है जिसकी तिथि 4000 ई0पू0 निर्धारित की जाती है।[15]

ऊपर कहा जा चुका है कि मेहरगढ़ के प्रमुख खाद्यान्न दो थे, यव तथा गेहूँ। यव के समान गेहूँ भी मेहरगढ़ के प्रथम काल (एम0आर0 3 I) से ही यहाँ के निवासियों का खाद्य रहा है। आरम्भ से ही गेहूँ की दानों प्रजातियों के अवशेष मिले हैं आवरण युक्त (Hulled variety) गेहूँ के दो प्रकार जिन्हें ट्रिटिकम गोनोकोकम (Triticum monococcum) तथा ट्रिटिकम डाइकोकम (Triticum dicoccum) कहा जाता है, यहाँ से उपलब्ध होते हैं। यह एक महत्त्वपूर्ण तथ्य है कि गेहूँ की यह प्रजातियाँ प्रथम काल से अन्त तक अर्थात् सातवें काल तक सर्वदा विद्यमान रहीं। इनसे यह स्वाभाविक निष्कर्ष निकाला जा सकता है कि इस प्रजाति के लिये यहाँ की जलवायु अनकूल रही। आवरण रहित गेहूँ (Naked wheat) जिसे ट्रिटिकम डुरुम (Triticum durum) कहा जाता है प्रथम स्तर से प्राप्त होने लगता है। यहाँ एक तथ्य का उल्लेख किया जा सकता है। यद्यपि यव के साथ गेहूँ के दोनों प्रकार-आवरण युक्त (Hulled) तथा आवरण रहित (Naked) भी आरम्भ से ही प्राप्त होते हैं, किन्तु जहाँ आवरण रहित गेहूँ का अवशेष (Naked wheat) प्राक्मृद्भाण्ड नवपाषाण काल के प्रथम काल में मात्र एक प्रतिशत दिखाई देता है, वहीं दूसरे काल में इसका प्रतिशत बढ़ा हुआ मिलता है और तीसरे काल में और भी अधिक हो जाता है और यह वृद्धि का क्रम सातवें काल तक बना रहता है। दूसरी तरफ उसी अनुपात में आवरण रहित यव (naked barley) का प्रतिशत घटना जाता है।[16]

कालान्तर में अन्य प्रकार के खाद्यान्न तथा वनस्पतियों का भी ज्ञान हुआ जिसके अवशेष यहाँ से प्राप्त होते हैं। उदाहरण के लिये एम0आर0 I (काल VI) (3000 ई0पू0) में यव तथा गेहूँ (Triticum dicoccum, aestivum, sphaerococcum) के जले दानों के अतिरिक्त जई (Oats) तथा कुछ विशेष प्रकार के फलों का जिनका उल्लेख नीचे किया जायेगा, अवशेष प्राप्त हुआ है।[17]

कृषि के विकास के सम्बन्ध में विशेष रूप से उल्लेखनीय यहाँ से प्राप्त कपास के बीज हैं। एम0आर0 4 (काल II 5000 ई0पू0) के उत्खनन में एक अग्निष्ठिका या चूल्हा उद्घाटित हुआ है, जहाँ से बहुत बड़ी संख्या में जले हुये

बीज प्राप्त हुये हैं। इनमें बड़ी मात्र में कपास (Gossypium) के बीज हैं। बड़ी मात्रा में कपास के बीज प्राप्त होने से यह अनुमान लगाया गया है कि इस स्थान पर रूई ओटने का कार्य होता रहा होगा। अँगीठी के पास जले हुये इन बीजों की प्राप्ति से यह ज्ञात होता है कि इनका उपयोग ईंधन के रूप में होता था।[18] ध्यातव्य है कि कपास का यह प्रथम पुरातात्त्विक प्रमाण है।

उपलब्ध अवशेषों से यह ज्ञात होता है कि मेहरगढ़ में खाद्यान्न का उत्पादन प्रचुर मात्रा में होता था। स्वतः उत्पन्न होने वाले यव तथा गेहूँ के अतिरिक्त यहाँ पर इन दोनों खाद्यान्नों का उत्पादन आरम्भिक काल से ही होने लगा था। कच्ची मिट्टी में मिले हुये इन खाद्यान्नों की भूसी या पौधों के डण्ठल का सूक्ष्म अध्ययन कास्टेण्टिनी ने किया है। इनमें यव के जो अवशेष मिले हैं, उनमें कुछ लम्बे हैं, जो वन्य प्रकार का स्वतः उत्पादित है, किन्तु यव के अन्य अवशेषों के अध्ययन से स्पष्ट रूप से यह कहा जाता है कि इनकी खेती होती थी और यह सभी मनुष्य द्वारा बीज वपन के पश्चात् उत्पादित यव के प्रमाण हैं।[19] इसी प्रकार के निष्कर्ष गेहूँ के विषय में भी व्यक्त किये गये हैं। इस खाद्यान्न की चार प्रजातियाँ प्राप्त होती हैं, जिन्हें ट्रिटिकम मनोकोकम/डाइकाकम (आइनकार्नएमर) ट्रिटिकम डुरम/ एस्टिबुम की संज्ञा वनस्पति विज्ञान में दी जाती है। इनके डण्ठल या खलिहान में निकाली गई इनकी भूसी कच्चे ईंट की मिट्टी या फर्श आदि में मिलते हैं। इनका अध्ययन करने के पश्चात् कास्टेण्टिनी ने यह मत व्यक्त किया कि गेहूँ के उपरोक्त प्रकार वन्य नहीं कहे जा सकते।[20]

उपर्युक्त विवरण के आधार पर यह निश्चित हो जाता है कि आरम्भ से ही यव तथा गेहूँ की खेती मेहरगढ़ में होने लगी थी। किन्तु इसके साथ अभी पूरी तरह इस काल में खेती पर निर्भरता नहीं सम्भव हो सकी थी, क्योंकि यव तथा गेहूँ के वन्य प्रकार भी प्राप्त होते हैं। इसके अतिरिक्त वन्य जीवों का आखेट तथा उनका मांस भी उनके भोजन में सम्मिलित था जैसा कि आगे के पृष्ठों में हम देखेंगे।

विस्तृत आवासीय क्षेत्र के अस्तित्व का उद्‌घाटन, प्रचुर मात्रा में खाद्यान्न के अवशेषों तथा अन्नोत्पादन से सम्बन्धित अन्य प्रमाण यह इंगित करते हैं कि नवपाषाण काल से ही मेहरगढ़ में स्थायी निवास बना कर यहाँ के निवासी सस्योत्पादन करने लगे थे। उल्लेखनीय है कि इस काल के (एम0आर0 3) ऊपरी स्तर के उत्खनन में 8 कमरों वाले एक आयताकार वास्तु के अवशेष मिले हैं। इन कमरों का आकार छोटा है तथा इनमें दरवाजों की व्यवस्था नहीं थी। इस आधार

पर उत्खननकर्ता ने इन्हें अन्न को सुरक्षित रूप से संग्रह करने वाले बरवार या भण्डागार (Silos) की संज्ञा दी है।[21]

बोलीन नदी की बाढ़ में जब नवपाषाण कालीन (एम0आर0 3) डूब गया तो उसके पश्चात् दक्षिणी तरफ जारिज के निर्देशन में एम0आर0 4 (5000 ई0पू0) में उत्खनन कार्य आरम्भ हुआ। यहाँ 10 छोटे-छोटे कमरे उद्घाटित हुए, जो कि एम0आर0 3 के समान बिना दरवाजे के हैं। इन कमरों का आकार इतना छोटा है कि देखने से यह ज्ञात हो जाता है कि इनका निर्माण मनुष्यों के रहने के लिये नहीं किया गया होगा। यह भी एम0आर0 3 के कक्ष के समान खाद्यान्न के भण्डारण के उद्देश्य से निर्मित किये गये होंगे। इस अनुमान की पुष्टि इस तथ्य से भी हो जाती है कि यहाँ एक कमरे से 2 ऐसे हँसिया मिले है, जिनमें राल (Bitumen) से जड़े हुये 3 ब्लेड लगे हैं। निश्चय ही इस प्रकार के हँसियों का प्रयोग कृषि कार्य में किया जाता होगा। जारिज ने इस सम्पूर्ण वास्तु को खाद्यान्न का कोठार या गोदाम (Granary) माना है। इनमें अन्न की भूसी प्रभूत मात्रा में मिलती है।[22] जारिज ने यह महत्त्वपूर्ण मत भी व्यक्त किया है कि इन अन्नागारों को देखने से ऐसा प्रतीत होता है कि इसमें सुरक्षित खाद्यान्न मात्र एक परिवार के लिये ही नहीं रहता होगा, अपितु एक समूह की आवश्यकता को पूरा करता होगा। आल्विन ने मेहरगढ़ के इन अन्नागारों को हड़प्पा के विशाल अन्नागार (Great granary at Harappa) का पूर्वज कहा है।[23] जिनकी तिथि दो या तीन हजार वर्ष बाद की है। मेहरगढ़ के इन बड़े-बड़े अन्नागारों से सहज में ही यह अनुमान लगाया जा सकता है कि 6000 ई0पू0 या इससे कुछ पहले ही यहाँ के लोग मात्र स्वतः उत्पादित खाद्यान्नों पर ही निर्भर नहीं थे। बोलन नदी के उपजाऊ कछार में यहाँ के निवासियों ने बीज वपन कर अन्न का प्रचुर मात्र में उत्पादन करना आरम्भ कर दिया था। उत्तरोत्तर उत्पादन की इस प्रक्रिया में और अधिक विकास एवं विस्तार हुआ।

एम0आर0 2 के तृतीय काल के जिसकी तिथि चतुर्थ सहस्त्राब्दि ई0पू0 है, उद्घटित होने से ज्ञात होता है कि पहले की अपेक्षा कृषि कर्म में और उन्नति हुयी। उत्पादित खाद्यान्न में अब विविधता और प्रचुरता के प्रमाण मिलने लगे हैं, क्योंकि अब धातु का आरम्भिक ज्ञान हो चुका था और मृद्भाण्ड निर्माण में भी प्रगति दिखाई देती है।[24]

निश्चय ही अन्नोत्पादन में जो प्रगति हो रही थी, उसमें कृषि कार्य में प्रयुक्त होने वाले यन्त्रों का योगदान रहा। विभिन्न कालों से प्राप्त कृषि सम्बन्धी उपकरण

यह इंगित करते हैं कि आरम्भ में सीमित क्षेत्र में इन उपकरणों का प्रयोग होता रहा होगा। उत्तरोत्तर कृषि से सम्बन्धित उपकरणों की संख्या एवं विविधता में वद्धि होती गई।

मेहरगढ़ के विभिन्न स्तरों से प्राप्त उपकरणों की संख्या लगभग 32000 है;। इनके निर्माण के लिये चकमक पत्थर (Flint) का प्रयोग किया गया है[25], जो आज भी बोलन नदी में बड़ी संख्या में पाया जाता है। निश्चित रूप से इन उपकरणों में अनेक ऐसे हैं, जिनका उपयोग पशुओं का शिकार करने में किया जाता था। उदाहरण के लिये तीर या भाले बनाने में। एम0आर0 3 के आरम्भिक स्तर से शिकार से सम्बन्धित उपकरणों की प्राप्ति स्वाभाविक थी, क्योंकि जैसी कि ऊपर कहा जा चुका है सस्योत्पादन के साथ इस काल में शिकार भी जीविका का एक साधन था। किन्तु जैसा कि लोचवालियर ने कहा है, लघु उपकरणों (Microliths) का एक कार्य और था, फसलों की कटाई करना। सस्य की कटाई करने वाले उपकरणों की धार पर जो चिकनाई या चमक आ जाती है, वह इनमें से अनेक उपकरणों पर आज भी विद्यमान है। लघु उपकरणों के अतिरिक्त फ्लिन्ट पत्थर के ब्लेड मिलते हैं, जिन्हें राल (Bitumen) के माध्यम से हँसिया में जड़ दिया जाता था। इन ब्लेड्स में दाँते बने होते थे, जो फसल काटने में प्रयुक्त होते थे। इसके अतिरिक्त खुरचनी (Scraper) छेदनी (Burin) आदि भी प्राप्त हुये हैं। इन्हीं उपकरणों में ऐसे अनेक थे, जिनका प्रयोग मेहरगढ़ में मिट्टी के कच्चे मकान बनाने के लिये लकड़ी काटने में किया जाता होगा। साथ ही इनमें से ऐसे उपकरण भी रहे, जिनका प्रयोग कृषि कार्य में होता था।[26] वास्तव में कृषि से सम्बन्धित अवशेष इतने अधिक मिले हैं, जिनसे यह निष्कर्ष निकलता है कि यहाँ के निवासियों का प्रमुख कार्य कृषि ही प्रतीत होता हैं हँसिया, खुरचनी आदि के अतिरिक्त पत्थर की कुल्हाड़ी, हड्डी का आरा या सूजा (Awls), वसुला (Adzes), अन्न कूटने का पत्थर की चक्की (Grinding stones), मूसल (Pestle), लोढ़ा (Muller) तथा ओखली (Mortar) आदि की प्राप्ति मेहरगढ़ वासियों के जीवन में अन्नोत्पादन के महत्त्व को प्रमाणित करते हैं।

यह ध्यातव्य है कि कृषि का महत्त्व आरम्भ से अन्त तक यथावत बना रहा। नवपाषाणकालीन ऊपरी स्तर से एक ही स्थान से पत्थर की अनेक चक्कियों तथा लोढ़ा एवं पत्थर की छेनी (Chisel) की प्राप्ति तथा तीसरी सहस्त्रब्दि ई0पू0 के आरम्भिक काल (एम0आर0 1, छठाँ काल) के उद्‌घाटन में आवासीय क्षेत्र से कच्चे ईंटों का एक चबूतरा, अनेक मृद्‌भाण्ड, पत्थर की चक्की, मूसल आदि

मेहरगढ़वासियों के जीवनशैली पर प्रकाश डालते हैं। इस चबूतरे के उत्तरी किनारे पर 6 एवं 7 की संख्या में पत्थर की चक्कियों के दो समूह मिले हैं। यहीं से एक कमरे का उद्घाटन हुआ जिसमें तीन वृहत आकार के अन्नसंग्रह भाण्ड (Storage jar) मिले। एक भाण्ड में एक डोई या मापने का पात्र (Scoop) भी मिला। इसके विषय में यह मत व्यक्त किया गया कि "यह चबूतरा अन्न की भूसी निकालने का स्थान या खलिहान (Threshing area) रहा होगा, जहाँ से चबूतरे के निकट मिले वृहत मृद्भाण्डों में अन्न को संग्रहीत कर लिया जाता होगा। तत्पश्चात् उपर्युक्त मापन पात्र से अन्न को निश्चित मात्र में निकाल कर इन चक्कियों पर पीसने के लिये वितरित किया जाता होगा।[27] इसी प्रकार अन्य स्तरों से भी चक्कियाँ, संग्रह करने वाले वृहत् मृद्भाण्ड, हँसिया आदि की प्राप्ति हुई है।

सारांशतः यह कहा जा सकता है कि अनेक प्रकार के खाद्यान्नों का उत्पादन, प्रभूत मात्रा में कृषि सम्बन्धी उपकरणों का प्रयोग, अनेक अन्नागारों की व्यवस्था, अन्न संग्राहक वृहत् आकार के भाण्ड, कूटने पीसने की चक्की, खलिहान आदि का प्रमाण यह स्पष्ट कर देता है कि मेहरगढ़ में पुष्पित एवं पल्लवित होने वाली संस्कृति कृषि के क्षेत्र में उपलब्धि प्राप्त करने वाली विश्व की प्रथम संस्कृति थी।

वनस्पति

कृषि का वनस्पति से सम्बन्ध सर्वदा से ही बहुत घनिष्ठ रहा है। जिस जलवायु में सत्योत्पादन सम्भव होता है, उसी में विभिन्न प्रकार की वनस्पतियों का अस्तित्व भी विद्यमान रहता है। वेर (Jujube) के बीज एवं खजूर की गुठिली (Phocnix dactylifera) आरम्भिक स्तर से (एम.आर0 3) बहुत बड़ी संख्या में प्राप्त हुयी है। इनकी प्राप्ति से यह स्पष्ट हो जाता है कि बलूचिस्तान का यह क्षेत्र आज के समान 6000 ई0पू0 से भी इन दो प्रकार के फलों की पैदावार के लिये प्रसिद्ध रहा।[28] मनोरक तथ्य यह है कि मेहरगढ़ से अंगूर के बीज भी प्राप्त हुये हैं और उनके परीक्षण के पश्चात् कास्टेण्टिनी ने कहा कि अंगूर के बीज वन्य नहीं हैं। अतः इनकी पैदावार विकसित तकनीक के माध्यम से अन्यत्र होती रही होगी और वहाँ से इनको मेहरगढ़ में आरोपित किया गया होगा।[29] तत्पश्चात् स्थानीय स्तर पर इनका बीज वपन आरम्भ हुआ। ध्यातव्य है कि अंगूर के प्रमाण शहर-इ-सोख्ता के प्रथम काल के स्तर से भी प्राप्त हुये हैं। स्पष्टतः मेहरगढ़ में अंगूर की खेती लगभग 3000 ई0पू0 में आरम्भ हुयी होगी, क्योंकि इसकी प्राप्ति पाँचवें काल से होती है।

पशुधन (Animal Husbandry)

कृषि का सम्बन्ध पशुधन से सर्वदा से ही घनिष्ट रहा है। आज के समान नवपाषाण काल में भी कृषक वर्ग ने पशुओं को अपने जीवन का सहायक है।

साधन बनाया। किन्तु आदिम काल में जबकि कृषि या अन्नोत्पादन की प्रक्रिया का ज्ञान नहीं हुआ था, वह पशुओं का शिकार करता था। कालान्तर में जब की अन्नोत्पादन की प्रक्रिया से वह परिचित होने लगा, तब भी एक लम्बे काल तक खाद्यान्न के साथ-साथ पशुओं के माँस का भक्षण करता रहा। शनैः शनैः कृषि का विकसित ज्ञान हो जाने के बाद सहजीवी स्वभाव वाले (Simbiotic trait) पशुओं का पालन करने लगा। इन तीनों ही स्थितियों के प्रमाण मेहरगढ़ से प्राप्त होते हैं।

"मेहरगढ़ से प्राप्त पशुओं के जीवाश्म अत्यधिक महत्त्वपूर्ण हैं, क्योंकि वे आखेट युगीन आर्थिक स्थिति से अन्नोत्पादन युग तक के विकास को परिलक्षित करते हैं।"[30] मीडो ने यहाँ से प्राप्त पशुओं के जीवाश्म का सूक्ष्म अध्ययन करने के पश्चात् इनकी चार प्रमुख विशेषताओं का उल्लेख किया।"[31]

इनसे यह ज्ञात होता है कि नवपाषाण काल के प्राक् मृद्भाण्ड युग में ही जबकि यव, गेहूँ आदि के अन्नोत्पादन की प्रक्रिया शुरू हुयी जंगली पशुओं के आखेट के स्थान पर भेड़, बकरी, गाय, बैल आदि को पालतू बनाने की प्रक्रिया आरम्भ हो चुकी थी। पुनः प्राक् मृद्भाण्ड युग की समाप्ति तथा मृद्भाण्ड युग की आरम्भिक अवस्था में भेड़ और बकरी के स्थान पर डील वाले गाय बैल का महत्त्व बढ़ता गया। इसके अतिरिक्त पशुओं के सम्बन्ध में यह ज्ञात होता है कि जिन पशुओं को पालतू बनाया गया उनके आकार छोटे होते गये।

मेहरगढ़ से बारह प्रकार की वन्य प्रजाति के पशुओं के जीवाश्म प्राप्त हुये हैं, हरिण की एक विशेष प्रजाति (Gazelle, Gazella dorcas), दलदली स्थानों में रहने वाला मृग (Swamp deer, Cervus duvauceli), नील गाय (Boselaphus tragocamelus), काली प्रजाति का हरिण (Blackbuck, Antilope Cervicapra), जंगली गधा (Onager, Equus hemionus), चीतल (Spotted deer, Axis axis), भैंस (Water buffalo, Bubalus bubalis), जंगली गाय-बैल (Wild Cattle, Bos namadicus), जंगली भेड़ (Wild sheep, Ovis orientalis), जंगली बकरा (Wild goat, Capra aegagrus), जंगली सूअर (Wild pig, Boar, Sus Scrofa), एवं हाथी (Elephant, Elephas maximus) है।[32]

वन्य प्रजाति के इन पशुओं के जीवाश्म से यह ज्ञात हो जाता है कि इस क्षेत्र में इन पशुओं का अस्तित्व मेहरगढ़ में ई0पू0 6000 या इससे भी पहले विद्यमान था, क्योंकि इनकी प्राप्ति एम0आर0 3 से होती है। इनमें से अनेक प्रजातियाँ अब यहाँ से विलुप्त हो गई हैं। मछली या पक्षियों के शिकार के प्रमाण लगभग नहीं या अत्यल्प ही प्राप्त होते हैं।

प्रथम काल (एम0आर0 3) से पशुओं के जीवाश्म का प्राप्त होना दो तथ्यों को इंगित करता है। जैसा कि अन्नोत्पादन के उल्लेख के प्रसंग में ऊपर कहा जा चुका है, यव तथा गेहूँ का उत्पादन प्रथम काल से ही आरम्भ हो चुका था। यही कारण है कि इन काल में ही गाय, बैल, भेड़, बकरी आदि का पालन भी होने लगा था।

आरम्भिक काल के पूर्वार्द्ध में आखेट के साथ यव गेहूँ आदि का उत्पादन भी होता रहा। प्राप्त जीवाश्म से ज्ञात होता है कि प्राक्मृद्भाण्ड युग के प्रारम्भ में खाद्यान्न की अपेक्षा पशुओं के माँस पर निर्भरता अधिक थी। यह भी उल्लेखनीय है कि जिन पशुओं का शिकार किया जाता था उनमें आधे से अधिक वन्य हैं। इनमें भी जंगली हरिण (Gazelle) की संख्या सबसे अधिक थी। यद्यपि हरिण की अन्य प्रजाति, नील गाय, जंगली गधे एवं सूअर आदि के जीवाश्म भी प्राप्त होते हैं, किन्तु उनकी मात्रा अपेक्षाकृत कम है। बाद में जंगली हरिण (Gazelle) के जीवाश्म लगभग नहीं मिलते। अन्य जंगली पशुओं के जीवाश्म में भी कमी दिखाई देती है। इनके स्थान पर पालतू भेड़ और बकरी के जीवाश्म बड़ी मात्रा में मिलने लगते हैं। कालान्तर में इस स्थिति में भी परिवर्तन दिखाई देता है। विकास की इस तीसरी अवस्था में गाय बैल आदि के जीवाश्म ही सर्वाधिक प्राप्त होते हैं।[33] नवपाषाण काल में अन्नोत्पादन के साथ गाय, बैल के अतिरिक्त भैंस का पालन होने लगा था। नवपाषाण काल से पालतू भैंस के जीवाश्म का मिलना महत्त्वपूर्ण माना जा सकता है। जारिज के अनुसार दक्षिण एशिया में पालतू भैंस (Bubalus bubalis) का यह प्रथम प्रमाण है।[34] इसी प्रकार का मत अ0ह0 दानी का भी है, जिनके अनुसार पूर्वी चीन के बाहर भैंस को पालतू बनाने का यह प्रथम साक्ष्य है। जारिज ने यह भी कहा है कि यह ध्यातव्य है कि पश्चिम एशिया में पशुपालन की प्रक्रिया देर से शुरू हुयी, अतः मेहरगढ़ से प्राप्त पशुपालन के उपरोक्त साक्ष्य इंगित करते हैं कि पशुपालन के क्षेत्र में भारत पाक के उत्तरी पश्चिमी भाग की महत्त्वपूर्ण भूमिका रही। इसका प्रमाण इन घरेलू पशुओं के उत्तरोत्तर घटते आकार से प्राप्त होता है। मीडो, चट्टोपाध्याय आदि यह मानते हैं कि प्राक्मृद्भाण्ड काल

से नवपाषाण काल के अन्त तक गाय, बैल, बकरी आदि पशुओं का आकार छोटा होता गया। इनका कथन है कि गाय, बैल और बकरी आदि के निरन्तर छोटे होते कद तथा दूसरी तरफ इनके जीवाश्म की बढ़ती हुयी मात्रा से यही प्रमाणित होता है कि मेहरगढ़ वासियों के आर्थिक जीवन में इन पशुओं का महत्त्व बढ़ता गया और इनके पालन पर विशेष बल दिया गया।[35] गाय बैल आदि पालतू पशुओं के प्राप्त जीवाश्म के आधार पर मीडो ने मेहरगढ़वासियों के सामाजिक जीवन को इंगित करने का भी प्रयास किया है। उनके अनुसार एक गाय या बैल से प्राप्त माँस एक परिवार की आवश्यकता से कहीं अधिक होता है जिसका वितरण समूह के अन्य लोगों में किया जाता होगा। इससे यह अनुमान लगाया जा सकता है कि मेहरगढ़वासियों के जीवन में सामुदायिकता की प्रवृत्ति विद्यमान रही होगी। इस कथन की पुष्टि इस तथ्य से भी हो जाती है कि मेहरगढ़ से बृहत् आकार के संग्रह कक्ष या अन्नागार अथवा कोठार प्राप्त हुये हैं, जिसमें संग्रहीत खाद्यान्न एक परिवार के लिये ही नहीं रहता होगा, अपितु पूरे समूह के लिये, यहाँ से आपूर्ति होती होगी।[36] यहाँ यह ध्यातव्य है कि 1970-71 में अ0ह0 दानी ने मेहरगढ़ के उत्तर में डेरा इस्माइल खान जनपद में गुमला से वृत्ताकार सामुदायिक चूल्हों (Circular community ovens) का उद्घाटन किया था, जिनके साथ पत्थर की चक्कियाँ भी प्राप्त हुयी थी, किन्तु मृद्भाण्ड नहीं मिले।[37] इस प्रकार के अवशेषों की प्राप्ति से यह ज्ञात होता है कि नवपाषाण काल के प्राक्मृद्भाण्ड अवस्था में आदिमजनों में सामूहिकता की प्रवृत्ति विद्यमान थी, बड़े-बड़े पशुओं का पालन मात्र उनके दूध के लिये ही नहीं किया जाता था। उनका माँस भी भोजन का बड़ा हिस्सा था।

अन्त में "यहाँ इतना कहना पर्याप्त होगा कि नवपाषाण काल के प्राक्मृद्भाण्ड अवस्था के आरम्भ से ही, जिसकी तिथि सम्भवतः 6000 वर्ष का आरम्भ है, मेहरगढ़ में भेड़, बकरी तथा विशेष रूप से गाय बैल को पालतू बना कर रखने की प्रक्रिया विद्यमान थी। ये पशु प्रागैतिहासिक जनों के भोजन का एक भाग होते थे, जबकि भोजन के दूसरे भाग की आपूर्ति खाद्यान्न से होती थी, विशेष रूप से यव से।[38]

उपर्युक्त विवरणों से ज्ञात होता है कि 6000 ई0पू0 से बहुत पहले ही मेहरगढ़ में एक ऐसी संस्कृति विकसित हो चुकी थी, जिसमें आदिमजन अपने अस्तित्व को सुरक्षित रखने के लिये मात्र प्रकृति पर ही निर्भर नहीं रहता था। उसने स्वयं उत्पादन करना आरम्भ कर दिया। मेहरगढ़ के प्रथम काल से ही वन्य खाद्यान्न के अतिरिक्त यव, गेहूँ, जई, कपास आदि का उत्पादन होने लगा था।

वनस्पतियों में बेर, खजूर वहाँ की जलवायु में स्वतः उत्पन्न हुए, किन्तु अंगूर का उत्पादन बाहर से आयातित था, जिसका उत्पादन बाद में स्थानीय स्तर पर होने लगा। पशुधन भी मेहरगढ़वासियों के जीवन का अपरिहार्य उपजीव्य बन चुका था, जिससे उन्हें दूध के अतिरिक्त माँस की भी प्राप्ति होती थी।

यहाँ एक स्वाभाविक प्रश्न यह उठता है कि अन्नोत्पादन के लिये यहाँ के निवासी किस प्रकार के उपकरण का प्रयोग करते रहे होंगे। अभी तक कृषि से सम्बन्धित किसी प्रकार के उपकरण मेहरगढ़ से प्राप्त नहीं हुये हैं। यह ध्यातव्य है कि जो भी खाद्यान्न प्राप्त हुये हैं, वह सभी शीत ऋतु की फसलें हैं। बोलन नदी की बाढ़ से काची के मैदानी भाग में उपजाऊ मिट्टी फैल जाती होगी और वर्ष से जमीन जब पोली रहती होगी, उस समय ऐसी मिट्टी में यव, गेहूँ आदि के बीज को छींट दिया जाता होगा जो कि ग्रीष्म ऋतु के आरम्भ होने से पहले ही तैयार हो जाता होगा। इस प्रकार बहुत कम परिश्रम से मेहरगढ़ वासियों को बिना कृषि कर्म के खाद्यान्न प्राप्त होता होगा। आल्चिन ने यह सम्भावना भी व्यक्त की है कि खेतों में बरसाती पानी रोकने के लिय मिट्टी या पत्थर के बाँध बना दिये जाते होंगे। ऐसे बन्धों के अवशेष बहुत बाद में यहाँ से प्राप्त होते हैं, जिनको स्थानीय भाषा में गबरबन्द कहा जाता है। सिंचाई का यह तरीका आज भी बलूचिस्तान में अपनाया जाता है।[39] अहमद हसन दानी ने जारिज, लेचवालियर के मत को स्वीकार करते हुये कहा है कि हड़प्पा की संस्कृति के विकास के समय से पहले ही मेहरगढ़ संस्कृति विलुप्त हो गई।[40]

कृषि से सम्बन्धित मेहरगढ़ के उत्खनन से प्राप्त सूचना को किंचित विस्तार से उल्लेख करने के दो कारण हैं। एशिया में जितने भी पुरातात्त्विक स्थलों का उत्खनन हुआ है, उसमें आधुनिकतम तकनीक के आधार पर सांगोपांग विवेचन मेहरगढ़ का ही उपलब्ध है। यहाँ से प्राप्त अवशेषों का, उदाहरणार्थ मृद्भाण्ड खाद्यान्न एवं वनस्पतियों तथा जीवाश्म आदि का अध्ययन विशेषज्ञों द्वारा प्रस्तुत किया गया है। मेहरगढ़ का पुरातात्त्विक महत्त्व इस तथ्य में भी निहित है कि यद्यपि यहाँ के खाद्यान्न वनस्पति अथवा शिल्प के उत्पादन पर स्थानीय प्रभाव स्पष्ट है फिर भी ऐसे साक्ष्य प्राप्त होते हैं, जिनसे यह ज्ञात होता है कि यह क्षेत्र-बाह्य क्षेत्र से असम्पृक्त नहीं था। इसके सम्बन्ध इरान, पश्चिमी तथा मध्य एशिया से भी थे।[41] विकास के क्रम में अनेक प्रकार के शिल्पों के प्रमाण यहाँ से प्राप्त होते हैं। शिल्पों का अस्तित्त्व कृषि के क्षेत्र में मेहरगढ़वासियों की सम्पन्नता का द्योतन करता है। जारिज ने यहाँ से प्राप्त अवशेषों के आधार पर कहा है कि

यहाँ मनका (Beads) बनाने, पशुओं का बध करने, चमड़े का काम करने, कपास से सम्बन्धित काम आदि के प्रमाण प्राप्त होते हैं।[42] निश्चय ही खाद्यान्न की समस्या से मुक्त समूह में शिल्पों की तरफ ध्यान गया होगा। इनमें से अनेक शिल्प उन्हें बाह्य जगत से सम्पर्क स्थापित करने में सहायक हुये। एम0 शरीफ ने मेहरगढ़ के इन शिल्पों के विषय में कहा कि यहाँ ईरान एवं मध्य एशिया से नीलमणि (Turquoise) उत्तरी अफगानिस्तान से वेदूर्य (Lapis lazuli) तथा शंख, सीपों आदि को अरब सागर से आयात किया जाता था।[43]

अन्त में मेहरगढ़ के पुरातात्त्विक महत्त्व के विषय में यह कहा जा सकता है कि इस संस्कृति ने एक ऐसा प्रतिमान (Pattern) स्थापित किया जो कि सम्पूर्ण मध्य एशिया के अतिरिक्त हड़प्पा की विकसित संस्कृति में परिलक्षित होता है।[44] मेहरगढ़ की संस्कृति के प्रकाश में आने से पहले ही मध्य एवं पश्चिमी एशिया के अनेक स्थलों से प्रागैतिहासिक संस्कृतियों का उद्घाटन हो चुका था। बलूचिस्तान, अफगानिस्तान, ईरान, पैलेस्टीन आदि से ऐसे अवशेष प्राप्त हुये जिनसे कृषि के विकास को समझने में सहायता मिलती है। बलूचिस्तान में उत्तर दक्षिण तक ऐसे अनेक टीले विद्यमान हैं जो पाषाणकालीन जनों के आवास स्थल थे। इनमें से कुछ टीलों की ऊँचाई 100 फीट से भी अधिक है। इससे यह ज्ञात होता है कि पाषाण काल में दीर्घ काल तक यहाँ मानव समूह निवास करता रहा होगा। जन सन्निवेशों की स्थापना वहीं की जाती थी, जहाँ जल की सुविधा हो तथा खेती के लिए भूमि उपलब्ध हो। यही कारण है कि उत्तरी बलूचिस्तान में लोरालाई तथा जाब आदि नदियों की घाटी में पेरियानो गुण्डई, राना गुण्डई आदि; मध्य बलूचिस्तान में सुराब की घाटी में अंजीरा, सियाह दम्ब तथा दक्षिण में मकराना, खरान तथा झलवान में सिंध के क्षेत्र में पण्डी वाही, गाजीशाह आदि अनेक छोटे-छोटे पुरास्थलों का अस्तित्व दिखाई देता है। यद्यपि इन स्थानों से खाद्यान्न के प्रमाण उपलब्ध नहीं हुये हैं, किन्तु ऐसे अनेक प्रकार के प्रमाण प्राप्त हैं, जिनसे यह ज्ञात होता है कि यहाँ निवास करने वाले जन अन्नोत्पादन एवं पशुपालन करते थे।

बलूचिस्तान

इस सम्बन्ध में दो तथ्यों का उल्लेख करना प्रासंगिक है। बलूचिस्तान में बड़ी संख्या में पाषाण कालीन सन्निवेशों का अस्तित्व यह प्रमाणित करता है कि आज की अपेक्षा 3 या 4 हजार वर्ष ई0पू0 में वहाँ की जलवायु अपेक्षाकृत अधिक अनुकूल रही होगी। आज तो मुश्किल से लगभग 10 इंच वर्षा पूरे वर्ष में हो जाती

है और जो भी थोड़ी बहुत फसल या सब्जी वहाँ के निवासी पैदा कर पाते हैं, उसका माध्यम सिंचाई है। किन्तु प्रागैतिहासिक काल में स्थिति भिन्न थी। नदियों की घाटी में नवपाषाणकालीन मानव सस्योत्पादन करने लगा था और सिंचाई के लिये जल को संचित करने की प्रक्रिया का भी उसे ज्ञान हो चुका था। स्टाइन ने मानव निर्मित बड़े-बड़े पाषाण खण्डों से बनाये गये ऐसे बन्धों का उल्लेख किया है, जिन्हें यहाँ की स्थानीय भाषा में 'गबरबन्द' कहा जाता है। नदियों तथा वर्षा के जल से इन पाषाण निर्मित बन्धों को भर दिया जाता था और इससे खेतों की सिंचाई होती थी। इन गबरबन्दों के अस्तित्व से यह ज्ञात हो जाता है कि बलूचिस्तान में उस समय आज की अपेक्षा अधिक वर्षा होती रही होगी, वही इससे नवपाषाणकालीन जनों के जीवन पर भी प्रकाश पड़ता है। विशाल गबरबन्दों का निर्माण सम्पूर्ण मानव जन एक साथ सगठित होकर ही करते होंगे। यद्यपि इन गबरबन्दों का निश्चित काल निर्धारण नहीं हो सका है। किन्तु पुरातत्त्वविदों ने इन्हें पुरैतिहासिक काल का माना है।[45] अपेक्षाकृत अधिक अनुकूल जलवायु तथा सिंचाई की व्यवस्था के परिणामस्वरूप नवपाषाण काल में अफगानिस्तान से बलूचिस्तान के उत्तर से दक्षिण तक अनेक अन्नोत्पादक एवं पशुपालक संस्कृतियाँ विकसित हुयी। इस प्रकार की संस्कृतियों में अफगानिस्तान में पुण्डीगाक, बलूचिस्तान में पेरियानो गुण्डई, रन गुण्डई, किलेगल मुहम्मद, दम्ब सदात, टागाओ, सियाह दम्ब, अजीरा, नाल, नुन्दरा, कुली, दक्षिण में अम्री, कोहत्रस वुथी, पण्डी वाही, गाजीशाह, सिन्धु नदी के बाये किनारे पर लगभग 20 मील की दूरी पर कोटदिजी इत्यादि उल्लेखनीय हैं। यद्यपि इन पुरैतिहासिक सस्कृतियों का उद्‌घाटन उस स्तर पर नहीं हुआ, जिस स्तर पर मेहरगढ़ की संस्कृति का, किन्तु इनके प्रकाश में आने से यह स्पष्ट हो गया कि मेहरगढ़ की संस्कृति के समान ही उपरोक्त संस्कृतियाँ भी अन्नोत्पादक एवं पशुपालक थी तथा यहाँ भी अनेक प्रकार के शिल्पों का विकास हुआ। इन संस्कृतियों की ज्ञात कार्बन तिथियों से प्रकट होता है कि इनमें से कुछ का उद्‌भव और विकास उस समय हुआ जब कि मेहरगढ़ की संस्कृति का अवसान हो रहा था।

इन पुरैतिहासिक स्थलों से प्राप्त अवशेषों से ज्ञात होता है कि आरम्भ में यहाँ निवास करने वालों का जीवन खानाबदोशों का था, किन्तु शनैःशनैः इन्हें अन्नोत्पादन एवं पशुपालन का ज्ञान हुआ और मिट्टी या कच्चे ईंटों के आवास बना कर स्थायी रूप से इन स्थानों पर रहने लगे। सम्भवतः मेहरगढ़ के अनेक सांस्कृतिक तत्त्व का विस्तार बलूचिस्तान के अन्य क्षेत्रों में भी हुआ। आल्विन का कथन है कि खाद्यान्न

का उत्पादन विशेष रूप से गेहूँ तथा कच्चे ईटों से निर्मित संग्रहकक्ष (Store houses) का प्रसार मेहरगढ़ के II C से III काल में हुआ।[46] गेहूँ यव का उत्पादन, भेड़, बकरी आदि पशुओं के पालन के प्रमाण अफगानिस्तान के मुण्डीगाक से लेकर बलूचिस्तान के अन्य भागों तक प्राप्त होते हैं। इन स्थानों पर विकसित होने वाली संस्कृतियों की तिथियाँ भिन्न हो सकती हैं, किन्तु इनमें से प्रायः सभी प्राक् हड़प्पा काल की हैं और सिन्धु नदी के पश्चिम में ही इनका उद्भव एवं विकास हुआ। मध्य एवं पश्चिम एशिया की इन पशुपालक एवं अन्नोत्पादक संस्कृतियों के प्राप्त प्रमाणों के आधार पर स्टुअर्ट पिगट ने कहा था कि भारत में कृषि के उद्भव एवं विकास को समझने के लिये हमें पश्चिम की इन संस्कृतियों की तरफ देखना होगा और पश्चिम एशिया के प्राप्त अवशेषों की पृष्ठभूमि में ही भारतीय पुरेतिहासिक सामग्री का समुचित विश्लेषण सम्भव हो सकेगा।[47] पिगट का यह कथन 1950 से पूर्व का है। भारत में कृषि के विकास पर विचार करते समय हम देखेंगे कि 1950 के पश्चात् उत्तर भारत से ऐसे अनेक पुरास्थलों का उत्खनन हो चुका है जिनसे कृषि के विषय में नवपाषाणकालीन प्रमाण उपलब्ध हो जाते हैं।

मुण्डीगाक

जहाँ तक अफगानिस्तान एवं बलूचिस्तान में कृषि से सम्बन्धित प्रमाणों का सम्बन्ध है यह कहा जा सकता है कि इन क्षेत्रों से अन्न के दानों के अवशेष अत्यल्प ही प्राप्त हुये हैं। मुण्डीगाक के द्वितीय काल से गेहूँ की एक प्रजाति का, जिसे क्लब हीट (Triticum Compactum) कहते हैं, अवशेष प्राप्त हुआ है। यहीं से भारतीय बेर (Zizyphus Jujuba) की भी प्राप्ति हुयी है। पशुओं में भेड़, बकरी तथा गाय बैल के अवशेष भी मिले हैं।[48] यहाँ से नारी मूर्तियाँ प्राप्त होती हैं जिन्हें मातृदेवी का प्रतीक माना गया है। बलूचिस्तान में रानागुण्डई से जिन पशुओं की हड्डियाँ प्राप्त हुयी **रानागुण्डई** हैं उनमें डील वाले बैल (Bos indicus), बकरी, पालतू भेड़ (Ovis vignei), गधे (Equus asinus) और पालतू घोड़े के चार दाँत (Equus Caballus) **कुली एवं दम्बसदात** उल्लेखनीय हैं। यद्यपि जाइनर ने इन्हें घोड़े का दाँत न मान कर गधे की एक प्रजाति का माना है और इस आधार पर घोड़े के पालतू बनाये जाने की सम्भावना को अस्वीकार किया है। कुली से पत्थर की चक्की प्राप्त हुयी है, जो कि अन्न उत्पादन तथा उसे पीसने को

प्रमाणित करता है। दम्ब सदात से कच्चे ईटों के मकान, अग्निकुण्ड, रोटी पकाने के चूल्हे आदि प्राप्त हुये हैं। इन स्थानों से पशुओं की हड्डी के अतिरिक्त मृद्भाण्डों पर बने पशुओं के चित्र वहाँ निवास करने वालों का पशुओं के साथ घनिष्टता का द्योतन करता है। कुली से प्राप्त पशुओं को बँधा हुआ दिखाया गया है, जो उनके पालतू होने को दर्शाता है। क्वेटा के निकट किले गुल मुहम्मद में एक टीले की खुदाई फेयर सर्विस ने 1950 में कराई थी, जहाँ से चार सांस्कृतिक स्तरों के पुरावशेष प्राप्त हुये थे। यहाँ से पालतू भेड़, बकरी तथा बैल के प्रमाण मिले हैं। सम्भवतः आरम्भ में यहाँ के लोगों का जीवन खानाबदोशों का था जो पशुओं के साथ एक स्थान से दूसरे स्थान को प्रवजन करते थे। किन्तु कालान्तर में यहाँ आवास बना कर रहने लगे। अन्नोत्पादन के सम्बन्ध में मिट्टी की उन नारी मूर्तियों का उल्लेख किया जा सकता है, जो कुली, सूर जंगल, पेरियानो गुण्डई, मुगल गुण्डई, डाबर कोट तथा जाब की घाटी में अन्य स्थानों से बड़ी संख्या में मिली हैं। पुरैतिहासिक कालीन इन मूर्तियों को उत्पादकता की मातृदेवी से सम्बद्ध किया जाता है, जिसके प्रमाण हड़प्पा संस्कृति से भी प्राप्त होते हैं। मुगल गुण्डई से पाषाण के एक लिंग (Phallus) की भी प्राप्ति हुयी है।

यह ध्यातव्य है कि इस प्रकार के प्रमाण जिन स्तरों से प्राप्त होते हैं, उनसे किसी प्रकार की धातु निर्मित अवशेष नहीं मिलते। जिनसे स्पष्ट हो जाता है कि उपर्युक्त सभी नवपाषाणकालीन अन्नोत्पादक वस्तियाँ थी। इनकी कार्बन 14 तिथियाँ भी इनके नवपाषाणकालीन होने को प्रमाणित करती है। उदाहरण के लिये किलो गुल मुहम्मद के प्रथम स्तर का काल 4900 ई0पू0 तथा 4300 ई0पू0 प्राप्त होता है और ऊपरी स्तर की कार्बन तिथि 3688 तथा 3712 ई0पू0 प्राप्त हुयी हैं। जबकि तक्षशिला से तीन किलोमीटर दक्षिण में स्थित सराय कला के प्रथम स्तर का काल कार्बन 14 से 3000 ई0पू0 तथा 3160 ई0पू0 ज्ञात हुआ है। अ0ह0 दानी ने 1970-71 में गुमला से जिन 6 सांस्कृतिक स्तरों का उद्घाटन किया था, उसमें प्रथम का सम्बन्ध नवपाषाण काल से है। स्वात के निकट गलिगई से भी एक नवपाषाणकालीन संस्कृति का उद्घाटन हुआ, जिसकी कार्बन 14 तिथियाँ 2970 ई0पू0 तथा 2930 ई0पू0 की हैं।

मोसूल

इस प्रकार की अन्नोत्पादक संस्कृति के अवशेष मेसोपोटामियाँ, पैलेस्टीन आदि से भी प्राप्त होते हैं। मेसोपोटामियाँ में मोसूल के निकट हस्सुन के टीले के उत्खनन

से यहाँ की प्राचीनतम अन्नोत्पादक संस्कृति का प्रमाण प्राप्त होता है। इस टीले के प्रारम्भिक स्तर से ज्ञात होता है कि इस काल तक अभी यहाँ के लोगों का जीवन पूरी तरह स्थायित्व प्राप्त नहीं कर सका था, किन्तु कुछ काल के बाद यहाँ स्थायी निवास के प्रमाण मिलने लगते हैं। प्राप्त अवशेषों से ज्ञात होता है कि आरम्भ में अन्नोत्पादन के साथ-साथ पशुओं का शिकार भी यहाँ के लोग करते थे, क्योंकि जहाँ पत्थर की कुदाल, फसल काटने के लिये चकमक पत्थर (Flint) के हसिया, अन्न कूटने-पीसने के लिये ओखली, मूसल तथा खाना पकाने के लिए चूल्हे आदि प्राप्त हुये हैं, वहीं पशुओं की हड्डियाँ भी मिलती है। इससे ज्ञात होता है कि पाषाण युगीन आखेट युग से पूरी तरह यहाँ के निवासी निकल नहीं पाये थे, फिर भी अन्नोत्पादन का ज्ञान इन्हें हो चुका था। वर्षा से या नदी की बाढ़ के पश्चात् पोली जमीन में पत्थर की कुदाल के माध्यम से बीज वपन होता रहा होगा। एक बार अन्नोत्पादन की प्रक्रिया से अवगत हो जाने के बाद स्थायी निवास बना कर रहना आवश्यक हो गया। उत्खनन में कमरे, भोजन पकाने का कक्ष, रोटी बनाने के चूल्हे, अन्न रखने के पात्र आदि यहाँ से मिले हैं।

वादीएल नतुफ

इसी प्रकार मोसोपोटामियाँ से पश्चिम पैलेस्टीन मे वादिएल नतुफ से भी एक अन्नोत्पादक संस्कृति का उद्घाटन हुआ। यद्यपि इस संस्कृति की निश्चित तिथि ज्ञात नहीं, किन्तु पिगट ने इसे 5000 ई0पू0 से पहले का माना है।[49] प्राप्त अवशेषों से ज्ञात होता है कि आरम्भ में यहाँ के निवासी पशुओं के आखेट पर ही निर्भर थे, किन्तु नवपाषाण काल में इन्हें खाद्यान्न के उपयोग का ज्ञान हो चुका था। हड्डी का मुठिया में राल से चिपकाये गये चकमक पत्थर के ऐसे ब्लेड मिले हैं, जिनमें हँसिया के समान दाँते बने हुये हैं, जिनका प्रयोग सस्य काटने में वैसे ही किया जाता था, जैसे आज हँसिया से काटते हैं। फसल काटने से हँसिया के दातों पर जो चमक आ जाती है, वह इन चकमक पत्थर (Flint) के हँसिया के दाँतों पर आज तक बनी हुयी है। जहाँ इनका आवास था, वहाँ ऐसे पत्थर के चबूतरे मिले हैं, जिनमें गड्ढे बने हुये हैं। इनका प्रयोग खाद्यान्न को कूटने पीसने के लिये किया जाता था। पत्थर की ओखली भी यहाँ से प्राप्त हुयी है। उपर्युक्त साक्ष्यों से यही ज्ञात होता है कि नातूफिया निवासी नवपाषाण काल से खाद्यान्न के उपयोग से परिचित थे। यद्यपि यह स्पष्ट नहीं कि यहाँ के रहने वाले खाद्यान्न का उत्पादन भी करते थे, या स्वतः उत्पादित खाद्यान्न को कूट पीस कर खाते थे। सम्भवतः

नवपाषाण कालीन अन्य अन्नोत्पादक संस्कृतियों के समान नातूफियाँ निवासी भी नदी की बाढ़ या वर्षा से पोली हुयी जमीन में अन्न के दानों को डाल देते होंगे और फसल तैयार हो जाने पर उसे काट लेते होंगे।

ईरान

आदिम मानव के सांस्कृतिक विकास की यात्रा, आखेटक युग से पशुपालन एवं अन्नोत्पादन के युग में उसके संक्रमण आदि को समझने में कैस्पियन सागर के निकटवर्ती क्षेत्रों में किये गये पुरातात्त्विक शोधों से महत्त्वपूर्ण सहायता मिलती है। इस क्षेत्र में सर्वाधिक महत्त्वपूर्ण सूचना जेतून से प्राप्त होती है, जिसकी चर्चा किंचित बाद में की जायेगी। जैतून की अन्नोत्पादक संस्कृति के उद्‌घाटन से पहले ही इरान के कुछ पुरैतिहासिक स्थलों से पाषाण कालीन संस्कृति के विषय में जानकारी मिल चुकी थी। इरान के टेपसियल्क से उद्‌घाटित प्रारम्भिक स्तर से जो अवशेष प्राप्त हुये हैं उनसे यही ज्ञात होता है कि यहाँ निवास करने वाले अभी तक पाषाण काल में ही रहे। अभी तक उनके स्थायी आवास के प्रमाण उपलब्ध नहीं होते। किन्तु चकमक पत्थर (Flint) की ब्लेड, जो कि नातुफिया से प्राप्त हँसिया के आकार की है, की प्राप्ति तथा पत्थर की कुदाल के आकार के अवशेष की प्राप्ति सियल्क वासियों के सांस्कृतिक विकास को इंगित करते हैं।

घर-ई-कमरबन्द

इरान से ही अन्य स्थलों के जो साक्ष्य प्राप्त हुये उनसे ऐसी संस्कृतियों के विषय में जानकारी मिली जो मध्य पाषाण काल से निष्क्रमण कर नवपाषाणकालीन पशुपालन तथा अन्नोत्पादन के युग में प्रवेश कर चुकी थी। घर-ई-कमरबन्द, होतु अलीटेप आदि से प्राप्त पुरातात्त्विक प्रमाणों से ज्ञात होता है कि आरम्भ में यहाँ निवास करने वालों का जीवन पशुओं के आखेट पर ही निर्भर था। घर-ई-कमरबन्द का आरम्भिक काल ईसा पूर्व 10000 से 8000 के मध्य का माना जाता है। इस काल के चकमक पत्थर के तीर तथा भाले आदि के अतिरिक्त हरिण, जंगली बैल आदि की हड्डियाँ भी प्राप्त हुयी हैं। इन अवशेषों से ज्ञात होता है कि अभी तक यहाँ निवास करने वाले मध्य पाषाण काल में ही थे और पशुओं का माँस ही इनका भोजन था। कालान्तर में इनका सांस्कृतिक विकास हुआ। मध्यपाषाण काल की समाप्ति के साथ ही घर-ई-कमरबन्द से पशुपालन के प्रमाण प्राप्त होने लगते हैं। पालतू पशुओं में भेड़ और बकरी की हड्डियाँ यहाँ से मिलती हैं।

ईरान की बदलती हुयी अर्थ व्यवस्था के प्रमाण नवपाषाण काल से प्राप्त होने लगते हैं। ईसा पूर्व सातवीं या छठीं सहस्त्राब्दि से उत्तरी-पूर्वी ईरान के नवपाषाणकालीन मानव द्वारा पशुपालन किया जाने लगा था। तुरंग टेप, यारिम टेप, संग-इ-चकमक हिसार के निकट शिर-ई-शयिन तथा गोरगन आदि नदियों की उपजाऊ घाटी से अनेक अन्नोत्पादक संस्कृतियों का अस्तित्व प्रकाश में आ चुका है। इन स्थानों पर रहने वाले नवपाषाण काल में पशुपालन तथा अन्नोत्पादन करने लगे थे। यह ध्यातव्य है कि इन स्थानों से प्राप्त अवशेषों में धातु की कोई वस्तु प्राप्त नहीं होती।[50]

इस क्षेत्र में पश्चिम से पूर्व तक फैली हुयी ऐसी बीस से भी अधिक अन्नोत्पादक संस्कृतियों का उल्लेख सरियानिदि ने किया है। इनमें बामी, नयस दीप, जेतून, चोपन दीप, टोगोलक दीप, छागिली दीप आदि उल्लेखनीय हैं। इन अन्नोत्पादक प्रागैतिहासिक संस्कृतियों का उद्भव छोटी-छोटी नदियों के किनारे हुआ। यहाँ की शुष्क जलवायु में सिंचाई की सुविधा इन नदियों से प्राप्त जल के माध्यम से ही सम्भव थी, जिसे कैचमेण्ट पद्धति की संज्ञा दी जाती है। अन्नोत्पादन के लिये नदी के जल (Catchment Technique) से पोली हुयी भूमि में बीज छींट दिया जाता था, जो कि उपजाऊ भूमि में समय से अंकुरित हो जाता था। इस पद्धति से अन्नोत्पादन करने में बहुत कम परिश्रम करना पड़ता था। इस प्रकार से किये जाने वाले अन्नोत्पादन में कृषि सम्बन्धी उपकरणों की भी आवश्यकता नहीं पड़ती थी। सरियानिदि का यह कथन सही लगता है कि यही कारण है कि ऐसे उपकरणा यहाँ से लगभग नहीं ही मिलते हैं।''[51]

जेतून (Djetun)

कस्पियन सागर के क्षेत्र से ऐसी अनेक पाषाण कालीन संस्कृतियों का उद्घाटन हो चुका है जिससे बदलते हुये आर्थिक परिदृश्य को समझने में महत्त्वपूर्ण सहायता मिलती है। ऐसी संस्कृतियों में जेतून, ऐसी संस्कृतियों में जेतून, चोपन दीप, टोगोलोक दीप, बामी, पेसेडजोक दीप, माण्डजुक्ली दीप, छागिली दीप आदि प्रमुख हैं।

पाषाण कालीन मानव की आर्थिक विकास की यात्रा का सर्वाधिक प्रमाणिक एवं स्पष्ट चित्रण जेतून की संस्कृति के उद्घाटन से प्राप्त होता है। यह स्थान सोवियत रूस के दक्षिण पश्चिम में तुर्कमेनिस्तान के दक्षिणी भाग में स्थित है। यहाँ से प्राप्त अवशेषों से यह ज्ञात हो जाता है कि किस प्रकार मध्यपाषाण काल के

आखेटक तथा यायावरी जीवन से निकल कर यहाँ के निवासियों ने पशुपालन तथा अन्नोत्पादन युग में प्रवेश किया। अन्नोत्पादन ने उनके आर्थिक जीवन को ही नहीं वरन् सामाजिक जीवन को भी बदल दिया। प्राप्त अवशेषों से ज्ञात होता है कि यहाँ के निवासी उत्पादन युग में प्रवेश करने से पहले जंगली पशुओं का शिकार करते थे और इनका जीवन मध्यपाषाणकालीन उपकरणों पर ही आधारित था, किन्तु कालान्तर में इनके आर्थिक जीवन में उसी प्रकार परिवर्तन आया जिस प्रकार पश्चिम एशिया में अन्यत्र दिखाई देता है। नवपाषाण काल में प्रवेश के साथ ही यहाँ के निवासी कच्ची ईंटों का मकान बना कर रहने लगे थे और गेहूँ, यव (Barley) आदि का उत्पादन तथा पशुओं का पालन करने लगे। इनके आवास ऐसे कच्चे ईंटों के बने हैं, जिनकी मिट्टी में अन्न की भूसी और पुआल बड़ी मात्रा में मिला है। आवासों की संख्या लगभग 30 या 35 है। इन आवासों की विशेषता यह है कि सभी मात्र एक कमरे के ही हैं, जिनमें 5 या 6 लोग ही रह सकते थे। इसी आधार पर यह कहा गया है कि जेतूनवासियों के सामाजिक जीवन में परिवार की संरचना एकात्मक (Nuclear Family) रही होगी, जिनमें माता-पिता तथा उनके बच्चे रहते होंगे। यदि एक परिवार में कुल 5 या 6 सदस्य रहे होंगे तो यहाँ के 30, 35 आवासों की कुल आबादी लगभग 150 से 180 के बीच रही होगी। इन एक कमरों वाले आवासों में चूल्हे तथा कोठार (Storage pit) की भी व्यवस्था रहती थी। इसी प्रकार की आवास निर्माण योजना चोपन दीप, टोगोलाक दीप, पेस्सेडजिक दीप आदि नवपाषाणकालीन बस्तियों में भी दिखाई देती है। प्राप्त अवशेषों से ज्ञात होता है कि जेतून, छागिली दीप आदि नवपाषाणकालीन बस्तियों में निवास करने वालों के जीवन का प्रमुख आधार अन्नोत्पादन तथा पशुपालन था। प्राप्त अवशेषों के आधार पर सरिया निदि ने जेतून संस्कृति के आर्थिक एवं सामाजिक जीवन पर विस्तार के साथ महत्त्वपूर्ण विवरण प्रस्तुत किया है।[52]

नवपाषाण कालीन जैतून एवं छागिली दीप आदि के निवासी मुख्य रूप से अन्नोत्पादक थे। यहाँ से दो पंक्तियों वाला यव (Two rowed barley) जिसे Hordeum distichum कहते हैं तथा गेहूँ की दो प्रजातियाँ Soft wheat तथा club wheat जिसे क्रमशः Triticum vulgare तथा Triticum compactum कहते हैं, प्राप्त होते हैं। जिन खाद्यान्नों का उत्पादन यहाँ किया गया, उन्हें आरम्भ में वनों में स्वतः उत्पादित पौधों के दानों से ही प्राप्त किया गया होगा। यही कारण है कि आरम्भिक अवस्था में इन खाद्यान्नों के छिलके मोटे और कड़े रहे होंगे और पत्थर की चक्की या लोढ़े से पीसने से पहले इन्हें भुना जाता होगा।[53]

अन्नोत्पादन के लिये प्राकृतिक और मनुष्य कृत दोनों प्रकार के साधनों का उपयोग किया जाता था। नदियों की बाढ़ से जमीन पोली हो जाती थी या नदी अथवा वर्षा के जल का संग्रहण करके (Catchment technique) खेतों को जल पहुँचाया जाता था। जमीन को खोदने के लिए लकड़ी के नुकीले दण्ड का प्रयोग किया जाता था। सम्भव है पत्थर की कुदाल (Stone hoes) का भी प्रयोग होता हो। ऐसे पत्थर के कुदाल ताम्राम काल के आरम्भ से प्राप्त हुये हैं। पके हुये गेहूँ तथा यव को काटने के लिये चकमक पत्थर (Flint) के ब्लेड का प्रयोग किया जाता था। इस प्रकार के ब्लेड को हड्डी में जड़ने के बाद हँसिया का आकार दे दिया जाता था। चोपन दीप से इसप्रकार की हंसिया प्राप्त हुयी है। सरिया निदि ने फसल काटने में प्रयुक्त होने वाली हँसिया को जैतून के कृषकों के जीवन में अति महत्त्वपूर्ण माना है। उनके अनुसार जैतून के कृषकों के जीवन में हंसिया का महत्त्व मात्र इस तथ्य से स्पष्ट हो जाता है कि जैतून से प्राप्त कुल उपकरणों का 37 प्रतिशत तथा छागिली दीप के उपकरणों का 31 प्रतिशत केवल हँसिया है।[54] चकमक पत्थर में निर्मित इस प्रकार के ब्लेड की संख्या 1057 है, जो इंगित करता है कि यहाँ के निवासियों के जीवन में कृषि एवं पशुपालन का कितना अधिक महत्त्व था। प्रत्येक परिवार में लगभग 20 ऐसे हँसिया रहे होंगे जिनका प्रयोग फसल काटने में किया जाता था। हँसिया के अतिरिक्त पत्थर के अन्य उपकरण, लोढ़ा, ओखल आदि भी यहाँ से प्राप्त होते हैं। कृषि में प्रयुक्त होने वाली कुल्हाड़ी, बसुला, छेनी आदि भी मिले हैं। यद्यपि मध्यपाषाण काल के समान नवपाषाण काल में भी पशुओं का शिकार होता था, किन्तु इस काल में भेड़, बकरी और कालान्तर में गाय, बैल आदि का पालन होने लगा था।

जेतून के कृषकों द्वारा कितना अन्नोत्पादन किया जाता था और कितने अन्न की उनको आवश्यकता थी इनका विस्तृत विवरण सरियानिदि ने प्रस्तुत किया है।[55] इससे यह ज्ञात होता है कि यहाँ कि कुल आबादी लगभग 150-180 की थी। यदि प्रत्येक व्यक्ति का भोजन एक किलो अन्न का प्रतिदिन मान लिया जाय, जैसा कि सुमेरियन अभिलेखों से ज्ञात होता है, तो पूरी आबादी को एक वर्ष के लिये कम से कम 44 टन अन्न की आवश्यकता होती होगी। ऐसा प्रतीत होता है कि प्रत्येक परिवार वर्ष भर कृषि कार्य में लगा रहता होगा और अपनी आवश्यकता के अनुसार अन्नोत्पादन कर लेता था।

कृषि पर आधारित अर्थ-व्यवस्था ने जेतून वासियों के सामाजिक जीवन को भी प्रभावित किया। ऊपर कहा गया है कि जेतून वासियों का पारिवारिक जीवन

एकात्म था (Nuclear)। प्रत्येक आवास में एक से अधिक चूल्हे नहीं मिलते। फिरभी ऐसा प्रतीत होता है कि इनका सामाजिक जीवन रक्त-सम्बन्ध (Kinship) से जुड़ा था। अर्थव्यवस्था के प्रबन्धन के लिये इन्हें संगठित रूप से ही कार्य करना पड़ता होगा। सिंचाई के लिये नदियों से जल प्राप्त करने अथवा जल संग्रह करने के लिये कैचमेण्ट की व्यवस्था आदि ने उन्हें सामूहिक प्रयास के लिये प्रेरित किया होगा।

उपर्युक्त विवरण से यह स्पष्ट हो जाता है कि मध्यपाषाण काल की समाप्ति के साथ ही दक्षिणी तुर्कमेनिस्तान में जेतून तथा उसके निकटवर्ती क्षेत्र में ऐसी संस्कृति का विकास हुआ, जिसकी अर्थ-व्यवस्था पूरी तरह अन्नोत्पादन पर आधारित थी। वास्तव में गार्डनचाइल्ड ने जिस नवपाषाणकालीन क्रान्ति का उल्लेख किया है, वह मध्य एशिया के इस भाग में ही सर्वप्रथम दिखाई देती है। पाकिस्तान के मेहरगढ़ से लेकर उत्तरी-पूर्वी इरान, दक्षिणी तुर्कमेनिस्तान आदि से ईसा पूर्व छठीं-सातवीं सहस्त्राब्दि में एसी अन्नोत्पादक संस्कृतियों का उद्‌भव हुआ, जिन्होंने नवपाषाणकालीन जनों के आर्थिक एवं सामाजिक जीवन को बदल डाला। जेतून संस्कृति के आरम्भिक काल को जर्मो तथा टेप गुरान के ऊपरी सतह की संस्कृति का समकालीन माना जाता है, जबकि जैतून की बाद की संस्कृति को सियल्क I के समय का। इस आधार पर जेतून संस्कृति का काल निर्धारण छठी सहस्त्राब्दि ई0पू0 किया जाता है। इसकी पुष्टि छागिली दीप से प्राप्त कार्बन 14 से भी होती है, जो कि 5050 $\pm$ 110 ई0पू0 है।

अफगानिस्तान

अफगानिस्तान से जो पुरातात्त्विक अवशेष प्राप्त होते हैं उनसे कृषि के सम्बन्ध में महत्त्वपूर्ण सूचना प्राप्त होती है। नवपाषाण काल में ही यहाँ निवास करने वाले आदिम जनों का सस्य से परिचय हो चुका था। जिन नवपाषाण कालीन संस्कृतियों का उद्‌घाटन अफागानिस्तान में हुआ है उन्हें वी0सी0 श्रीवास्तव[56] ने सांस्कृतिक विकास के आधार पर दो वर्गों में विभक्त किया है। प्रथम वर्ग के अन्तर्गत वह तीन नवपाषाण कालीन संस्कृतियों का उल्लेख करते हैं - अक़ कुप्रुक I, अक़ कुप्रुक II एवं दर्रा-इ-कुर इन नवपाषाणकालीन संस्कृतियों के प्राप्त अवशेषों के अवलोकन से उनके विकासक्रम को समझने में सहायता मिलती है। यह ध्यातव्य है कि उपर्युक्त सभी संस्कृतियाँ प्राक् मृद्‌भाण्डयुगीन हैं। अधिकांश औजार हड्डियों के ही प्रयोग करते थे, किन्तु पत्थर के औजार जैसे हँसिया, धारदार पत्थर की पत्तियाँ,

चकरी, लोढ़ा, प्याला का टुकड़ा आदि की प्राप्ति से उनके रहन-सहन पर प्रकाश पड़ता है। सम्भवतः उनका जीवन पशुओं के शिकार और मांसाहार पर ही आधारित था। स्वतः उत्पादित वन्य वनस्पतियों का प्रयोग भी खाद्यान्न के रूप में इस काल के नवपाषाणकालीन आदिम जन करते रहे होंगे। अभी तक अन्नोत्पादन के प्रमाण यहाँ से प्राप्त नहीं हुये हैं। वी0सी0 श्रीवास्तव[57] ने कार्बन-14 के आधार पर अफगानिस्तान की इस नवपाषाणकालीन संस्कृति का काल 8000 ई0पू0 से 4000 ई0पू0 तक निर्धारित किया है। इस काल में निर्मित आवासों के अवशेष या प्रमाण नहीं प्राप्त होते हैं। सम्भवतः इनके जीवन में अभी तक स्थायित्व नहीं आ सका था। इनका निवास गुफायें ही रही होंगी जहाँ कुछ काल तक रहने के पश्चात् शिकार की खोज में अन्यत्र संचरण कर जाते थे। जैसाकि ऊपर कहा गया है इस काल तक आदिम मानव को अन्नोत्पादन के ज्ञान का कोई प्रमाण नहीं मिलता है। पशुपालन के प्रमाण भी इस काल से प्राप्त नहीं हो सके हैं। यदि कृषि कर्म का ज्ञान रहा होता तो निश्चय ही उनके जीवन में स्थायितव रहा होता और वह स्वनिर्मित आवास बना कर रहे होते। किन्तु आवास का प्रमाण नहीं मिलना, पशु-पालन एवं अन्नोत्पादन के साक्ष्य का अभाव यही इंगित करता है कि प्राक्-मृद्भाण्ड युगीन अक़ कुप्रुक जनों का जीवन संचरणशील था। यदि पत्थर के हँसिया, चकरी कूटने वाले यन्त्र यहाँ से प्राप्त होते हैं तो इससे यही निष्कर्ष निकाला जा सकता है कि पत्थर के इन उपकरणों का प्रयोग वन्य वनस्पतियों को काटने, कूटने आदि के लिये ही किया जाता था।

जैसा कि ऊपर कहा गया है अफगानिस्तान में सांस्कृतिक विकास के दो स्तरों के प्रमाण मिलते हैं जिनमें प्रथम का उल्लेख ऊपर किया गया है। दूसरी अवस्था में उन संस्कृतियों को परिगणित किया जाता है जिनमें कृषि का ज्ञान हो चुका था और जो पशुपालन भी करने लगी थी। वी0सी0 श्रीवास्तव[58], ने अफगानिस्तान की इन संस्कृतियों का समीक्षात्मक विवरण इस लेख के अतिरिक्त अन्यत्र भी प्रस्तुत किया है। प्राक् इतिहास काल (Protohistoric) की ये संस्कृतियाँ निम्नलिखित हैं :

1. मुण्डिगाक
2. सैदक़ल्मा
3. देह मोरासी गुण्डई
4. शोर्तुगई
5. दशली

6. दौलताबाद

7. फरुखाबाद

किसी भी देश की कृषि की उत्पत्ति एवं विकास पर विचार करते समय वहाँ की जलवायु का ध्यान रखना अपरिहार्य होता है। यह अपरिहार्यता पुरैतिहासिक संस्कृतियों के सन्दर्भ में और अधिक बढ़ जाती है। ध्यातव्य है कि अफगानिस्तान में और विशेष रूप से इसके दक्षिणी भाग एवं वलूचिस्तन में वर्षा की मात्रा सर्वदा से ही अपर्याप्त रही है। इसका प्रभाव वहाँ की जन-जातियों पर पड़ा। कृषि का ज्ञान होने के पश्चात् भी यहाँ आदिम जन पूरी तरह कृषि पर निर्भर नहीं रह सके। एक बहुत बड़ा वर्ग अभी भी संचरणशील था।

इस काल के प्राप्त अवशेषों से यह ज्ञात होता है कि गेहूँ एवं यव की खेती यहाँ के लोग करने लगे थे। मुण्डीगाक के द्वितीय स्तर से गेहूँ की एक प्रजाति जिसे क्लब ह्वीट (Triticum Compactum) कहते हैं के साक्ष्य प्राप्त हुये हैं।[59] सैदकला से गेहूँ तथा यव दोनों की प्राप्ति हुयी है। मुण्डीगाक से भारतीय बेर (Zizyphus Jujuba) के साक्ष्य उपलब्ध होते हैं।

कृषि का पशुधन से घनिष्ट सम्बन्ध रहा है। प्राप्त साक्ष्य से ज्ञात होता है कि पशुओं के जो अवशेष यहाँ से मिले हैं उनमें पालतू और जंगली दोनों ही प्रकार के हैं। मुण्डीगाक से जिन पालतू पशुओं के प्रमाण मिलते हैं उनमें भेड़, बकरी, गाय, बैल, घोड़ा, कुत्ता का उल्लेख किया जाता है। मुण्डीगाक से डील वाले बैल (Humped bull) के खिलौना (terracotta) के अवशेष आरम्भिक काल से ही मिलते हैं जो भारतीय बैल (Bos Indicus) की प्रजाति के हैं। जंगली पशुओं में हरिण (gazelle), बकरा (ibex), बनविलाव (lynx), आदि की हड्डियाँ प्राप्त हुयी हैं जिनसे यह ज्ञात होता है कि इनका जीवन पूरी तरह स्वतः उत्पादित खाद्यान्न पर निर्भर नहीं था और इन्हें बन्य पशुओं के शिकार तथा माँस पर निर्भर रहना पड़ता था।

उत्तरी अफगानिस्तान की कृषि के प्रसंग में वी0सी0 श्रीवास्तव तत्कालीन आदिमजनों द्वारा निर्मित सिंचाई साधन का उल्लेख करते हैं जिसे पूरी तरह सन्देह रहित नहीं कहा जा सकता। इस क्षेत्र में नहरों के माध्यम से सिंचाई का उल्लेख वह करते हैं। शोर्तुगई से प्राप्त मानव निर्मित सिंचाई के साधनो, जुते हुये खेत और पटसन (flax) के बीज के साक्ष्य यहाँ से प्राप्त हुये हैं। यह उल्लेखनीय है कि सिंचाई के लिये नहरों की व्यवस्था के स्पष्ट प्रमाण जेतून, मेहरगढ़, सिन्धु घाटी आदि से अभी तक प्राप्त नहीं हुये हैं। इन क्षेत्रों में नदियों के निकट के स्थानों

(Catchment) पर ही कृषि कार्य होता रहा। अफगानिस्तान के इस क्षेत्र से नहरों के साक्ष्य को अति महत्त्वपूर्ण माना जा सकता है। यहाँ से उत्पादित खाद्यान्न में गेहूँ (Triticum aestivum), यव ज्वार, मसूर (lentil) छीमी वाली प्रजाति के अवशेष तथा अंगूर (Grape), बादाम (almond) तिल (sesame) के साक्ष्य उपलब्ध हुये हैं। पालतू पशुओं में भेड़, बकरी, भैंस, तैल आदि थे।

चीन

जिस प्रकार की नवपाषाण कालीन अन्नोत्पादक संस्कृतियों का विकास एशिया के पश्चिमी तथा मध्य क्षेत्र में हुआ, उसी प्रकार पूर्वी तथा दक्षिणी क्षेत्र में भी दिखाई देता है। पुरातात्त्विक श्रोत से ज्ञात होता है कि इन सभी क्षेत्रों में विकास का क्रम लगभग एक समान था यद्यपि चीन में नवपाषाण कालीन अन्नोत्पादक संस्कृति का विकास अनेक स्थानों पर हुआ, किन्तु सर्वाधिक महत्त्वपूर्ण याँगशओं की संस्कृति मानी जाती है।

अन्य देशों के समान चीन में भी अन्नोत्पादक संस्कृतियों का उद्भव नदी घाटियों में हो हुआ। सन् 1979 में गन्शू प्रान्त के क्विनन में ददिवन नामक स्थान पर एक ऐसी ही संस्कृति का उद्घाटन हुआ। यद्यपि इस संस्कृति का विस्तार क्षेत्र बहुत व्यापक था, किन्तु मुख्य रूप से वेही तथा जिंगसुई नदी की घाटियों में यह विकसित हुयी। यह उल्लेखनीय है कि ददिवन, बेलू (Beiliu) तथा वेनन (Weinan) में ऊपरी स्तर से यंगशाओ संस्कृति के प्रमाण उपलब्ध होते हैं। इससे यह ज्ञात होता है कि यंगशाओ संस्कृति ददिवन संस्कृति के बाद की है। इसकी पुष्टि कार्बन 14 से प्राप्त तिथियों से भी हो जाती है, जिसके अनुसार ददिवन संस्कृति का काल 5200 ± 90 ई0पू0 एवं 4780 ± 90 ई0पू0 प्राप्त होता है जबकि यंगशाओं संस्कृति का काल 5010 ± 120 ई0पू0 निर्धारित होता है।[60]

प्राप्त अवशेषों से ज्ञात होता है कि ददिवन संस्कृति के लोगों को अन्नोत्पादन का ज्ञान हो चुका था। उनके जवीन में स्थायित्व आ चुका था। पत्थर के वेलचा, चाकू, आदि के अतिरिक्त कृषि के अन्य उपकरण भी ददिवन संस्कृति से सम्बन्धित स्थानों से मिले हैं। यह भी उल्लेखनीय है कि यहाँ से मिट्टी की तकली (Spindle whorl) के भी अवशेष मिले हैं जिनसे यह ज्ञात होता है कि बुनाई (Weaving) का ज्ञान भी इन्हें था।

जैसा कि ऊपर कहा जा चुका है नवपाषाण कालीन अन्नोत्पादक संस्कृतियों का उद्भव नदी घाटियों में ही हुआ। नदियों की बाढ़ से उपजाऊ मिट्टी मैदानी

भाग में फैल जाती थी, जहाँ बीज वपन की सुविधा होती थी। ददिवन के अतिरिक्त पेलीगंग (Peiligang) और किशन (Cishan) से भी अन्नोत्पादक संस्कृतियों के अवशेष प्राप्त होते हैं। यह सभी संस्कृतियाँ लगभग समकालीन हैं, जैसा कि इनकी कार्बन 14 तिथियों से ज्ञात होता है। नवपाषाणकालीन होने के साथ ही उद्घाटित स्तरों से यह भी स्पष्ट हो जाता है कि इनका विकास यंगशाओ संस्कृति से पहले हुआ और यंगशाओ संस्कृति के उद्भव एवं विकास में इनकी महत्त्वपूर्ण भूमिका रही होगी। इन तीनों संस्कृतियों के अवशेषों के आधार पर जिमिन ने यह मत व्यक्त किया कि 7000-8000 वर्ष पहले ही येलो नदी (Yellow river) की घाटी में ऐसी अनेक संस्कृतियों का उद्भव हो चुका था, जिनका प्रमुख आधार कृषि था।[61]

मजियायो संस्कृति

यह संस्कृति येलो नदी के ऊपरी भाग में मुख्य रूप से गन्सू (Gansu) क्विंघई (Quinghai) तथा निंगज़िया (Nigxia) के क्षेत्र में फैली थी। सांस्कृतिक विकास के आधार पर ज़िमिन ने मजियायो संस्कृति के चार प्रकार माने हैं - (1) शिलिंग जिया (Shiling xia), (2) मजियाओ (Majiayao) (3) वन्सन तथा (4) मचंग। इन संस्कृतियों के विकास के काल में किंचित अन्तर है, फिर भी इनमें सादृश्य था। कार्बन 14 के आधार पर इन का काल निर्धरण 2700-2300 ई0पू0 किया जाता है।

प्राप्त अवशेषों से ज्ञात होता है कि प्रत्येक आवास में खाना बनाने के लिये निर्मित चूल्हों की दो पंक्तियाँ मिलती हैं, जो परस्पर सम्बद्ध थे। प्रवेश द्वार तक पहुँचने के लिये सीढ़ियाँ बनी रहती थीं। आवास के समीप एक संग्रहकक्ष (Store pit) की व्यवस्था थी। एक संग्रह कक्ष में ज्वार (Millet) के जले हुये दानें मिले हैं, जिससे ये ज्ञात होता है कि यह खाद्यान्न इस काल का प्रमुख उत्पादन था। पत्थर के उपकरणों में कुल्हाड़ी, बसुला, छेनी, चाकू, हँसिया के अतिरिक्त चक्की तथा मूसल या लोढ़ा की प्राप्ति इन स्थानों से हुयी है, जो इनके अन्नोत्पादन पर आधारित आर्थिक व्यवस्था को प्रमाणित करते हैं।

निजजियाँग क्षेत्र से भी नवपाषाणकालीन संस्कृति के अवशेष प्राप्त हुये हैं। इन अवशेषों से ज्ञात होता है कि यहाँ निवास करने वाले का जीवन मुख्य रूप से पशुपालन तथा आखेट पर निर्भर था, किन्तु बाद में कृषि का भी प्रमाण यहाँ से मिलने लगता हैं।[62]

याँगशाओ संस्कृति

सर्वप्रथम एण्डरसन ने 1922 में यांगशाओ की नवपाषाणकालीन संस्कृति का उद्घाटित किया था। होनान प्रान्त के शेंग ची शियेन Sheng (Chi Hsien) में याँग शाओ नामक स्थान से इस नवपाषाण कालीन संस्कृति के अवशेष प्राप्त हुये थे। इससे यह ज्ञात होता है कि मध्य एवं उत्तर-पश्चिमी चीन में नवपाषाण काल में इस सस्कृति का उद्भव एवं विकास हुआ था। नदियों की घाटी में जहाँ कृषि के लिये उपजाऊ भूमि का विस्तृत क्षेत्र उपलब्ध था, इस काल में मानव ने अपना आवास बनाया था। वहाँ से प्राप्त उपकरणों में पत्थर की कुल्हाड़ी, फसल काटने के लिये पत्थर के ऐसे चौकोर चाकू प्राप्त होते हैं, जिनके फलक पतले होते थे और जिसमें मुठिया या बेंट लगाने के लिये छिद्र बने होते थे। इसके अतिरिक्त पत्थर तथा मिट्टी की तकली (Spindle whorl) भी प्राप्त हुई हैं। जहाँ तक खाद्यान्न का सम्बन्ध है यह ध्यातव्य है कि शैन्सी (Shensi) में पान पो सुन तथा वांग युंग चिंग सुन से ज्वार (Millet एवं Setaria italica के अवशेष प्राप्त हुये हैं, जिनसे ज्ञात होता है कि यह खाद्यान्न वहाँ के लोगों की प्रमुख उपज रहा होगा।[63] यह उल्लेखनीय है कि मिट्टी के एक पात्र के टुकड़े पर चावल के निशान मिले हैं, जिनके उद्घाटित एण्डरसन ने वांगशाओ सुन से किया था। इसके आधार पर वाटसन ने यह मत व्यक्त किया है कि यहाँ के निवासी चावल की खेती से अपरिचित नहीं रहे होंगे। सम्भव है धान की रोपनी तथा उसके लिये आवश्यक सिंचाई की व्यवस्था आदि के प्रबन्धन का भी उन्हें ज्ञान रहा हो।[64] वाट्सन ने इस आधार पर कहा है कि यांगशाओ की अर्थ व्यवस्था में चावल का भी स्थान रहा होगा। यद्यपि निश्चित रूप से यह नहीं कहा जा सकता कि इस खाद्यान्न पर निर्भरता किस सीमा तक थी।[65]

लुंगशान संस्कृति

होनान से पूर्व तथा उत्तर-पूर्व में जो नवपाषाणकालीन संस्कृति उद्घाटित हुई है, उसे लुंग शान संस्कृति कहा जाता है। यह संस्कृति यांगशाओ संस्कृति के बाद की है, क्योंकि इसके अवशेष यांगशाओ के अवशेषों के ऊपरी स्तर से प्राप्त हुये हैं, किन्तु यह संस्कृति भी नवपाषाणकालीन है, क्योंकि कांस्यकालीन स्तर के नीचे इसका स्तर मिलता है।

चीन की नवपाषाणकालीन संस्कृतियाँ मुख्य रूप से याँग शाओ, लुंग शान तथा दक्षिण पूर्व चीन में ही पायी जाती हैं। इन सभी नवपाषाणकालीन संस्कृतियों

की प्रमुख विशेषता फसल काटने वाले पत्थर के चक्कू या उपकरण रहे हैं जो व्यापक रूप से सर्वत्र पाये गये हैं।

लुंग शान की नवपाषाण कालीन संस्कृति का विस्तार होपेई (Hopei) के चेकियांग (Chekiang) तथा होनान तक था। अन्य नवपाषाणकालीन संस्कृतियों के समान यह भी नदी की घाटियों में ही, जहाँ कृषि के लिये उपजाऊ भूमि सुलभ थी, विकसित हुयी। इस काल में सूअर, गाय तथा बकरी का पालन किया जाता था। फसल काटने वाले पत्थर के उपकरणों से प्रमाणित होता है कि यहाँ निवास करने वाले अन्नोत्पादन की प्रक्रिया से परिचित थे। यद्यपि यह ज्ञात नहीं हो सका है कि किस खाद्यान्न की खेती होती थी।

लुग शान संस्कृति के समान चीन के दक्षिणी भाग में भी शान तुंग (Shan tung) अनहुई (Anhui) तथा कियाँगशू तथा चेकियाँग के तटीय भागों में नवपाषाण कालीन संस्कृति के अवशेष प्राप्त होते हैं। चीन की अन्य संस्कृतियों के समान इस क्षेत्र से भी फसल काटने वाले उपकरण प्राप्त हुये हैं, जो इंगित करते हैं कि यहाँ भी अन्नोत्पादन का ज्ञान था। दक्षिणी चीन की इन नवपाषाण कालीन सस्कृतियों का काल निर्धारण नहीं हो सका है। वाट्सन का कहना है कि इनमें से अनेक संस्कृतियाँ काँस्य काल में भी विद्यमान रही होंगी[66], इन स्थानों से पत्थर के तकला (Spindle-whorls) की प्राप्ति जहाँ यह इंगित करती है कि यहाँ के निवासियों को बुनाई (Weaving) का ज्ञान रहा होगा, वही पत्थर के चिकने उपकरणों की पहचान कुदाल से की गई, जो उनके द्वारा किये जाने वाले कृषि कर्म को प्रमाणित करता है।

मंगोलिया

पश्चिमी एवं मध्य एशिया के समान उत्तरी भाग से भी ऐसी संस्कृतियों के प्रमाण उपलब्ध होते हैं, जिनके पुरावशेषों के अध्ययन से आर्थिक विकास के क्रम को समझने में महत्त्वपूर्ण सहायता प्राप्त होती है। मगोलिया, दक्षिणी साइबेरिया, कजाकिस्तान आदि से नवपाषाणकालीन संस्कृतियों के जो अवशेष प्राप्त हुये हैं, उनसे यह ज्ञात होता है कि इन क्षेत्रों में जो जनजातियाँ रहती थीं, वह विकास की विभिन्न अवस्था में थी।

आज से कुछ समय पहले तक मंगोलिया के विषय में प्रायः यही धारणा प्रचलित थी कि यहाँ ऐसे आदिमंजन ही निवास करते थे, जिनका जीवन यायावर था और शिकार तथा मछली पर ही आधारित था। किन्तु पुरावशेषों की प्राप्ति ने

मंगोलिया के संस्कृति के विषय में इस प्रकार की धारणा को पूरी तरह बदल दिया है।

इस प्रकार के प्रमाण उपलब्ध होते हैं, जिनसे यह ज्ञात होता है कि मध्य एवं नवपाषाण काल में मंगोलिया में आज की अपेक्षा वर्षा अधिक होती थी। सूखी सरिता की तलहटी आज भी बड़ी संख्या में यहाँ दिखाई देती है, जो पाषाण काल में वर्षा के जल से भरी रहती होंगी। यद्यपि जलवायु के परिवर्तन के परिणाम स्वरूप आज मंगोलिया का बड़ा क्षेत्र शुष्क बन गया है, किन्तु चौथी तीसरी सहस्त्राब्दि ई0पू0 में पूर्वी मंगोलिया की जलवायु में आर्द्रता अधिक थी और वर्षा भी पर्याप्त होती थी। इस प्रकार की जलवायु अनेक प्रकार के उद्भिज तथा कृषि के विकास में बहुत अधिक सहायक हुयी।

मंगोलिया से भी नवपाषाणकालीन संस्कृति के अवशेष प्राप्त होते हैं, उनमें सर्वाधिक महत्त्वपूर्ण तमसगबुलाग (Tamsagbulag) की नवपाषाण कालीन संस्कृति है। इस की घाटी में जो अवशेष मिलते है उनसे यह स्पष्ट हो जाता है कि नवपाषाण काल में यहाँ आवास बना कर रहने वालों का जीवन, पशुपालन तथा कृषि पर आधारित था। यहाँ के प्राप्त अवशेषों में अन्न कूटने तथा पीसने वाले यंत्र, लोढ़ा, जमीन खोदने के लिये कुदाल, पत्थर की चक्की आदि उल्लेखनीय है।

अनुकूल जलवायु ने प्रभूत मात्रा में प्राकृतिक उद्भिजों के उत्पादन को सम्भव बनाया। यही उद्भिज और वन्य सस्य कालान्तर में कृषि के उद्भव में सहायक हुये। आरम्भिक अवस्था में यहाँ से जिन गुच्छे वाले (Paniculate, capitate) प्रजाति के ज्वार के प्रमाण उपलब्ध होते हैं, वह इन वन्य उद्भिजों की ही सन्तति हैं।[67]

पशुपालन, मछली एवं कृषि तमसगबुलाग संस्कृति के प्रमुख आधार थे। मध्यपाषाणकालीन खाद्य संग्रह (Food-gathering) से नवपाषाणकालीन अन्नोत्पादन की अर्थ व्यवस्था का विकास मंगोलिया में स्वतंत्र रूप से हुआ। इस पर बाहरी प्रभाव के प्रमाण नहीं दिखाई देते हैं। डेरे व्यांको एवं डोर्ज का कथन है कि कृषि ने तमसगबुलाग के निवासियों के भौतिक जीवन को बहुत व्यापक रूप से प्रभावित किया। इसने जहाँ उनकी जीविका के लिये कभी न समाप्त होने वाला साधन प्रदान किया वहीं उनके यायावरी जीवन को स्थायित्व प्रदान किया। इसने पशुपालन तथा उपकरणों के निर्माण के नवीन तकनीक के लिये भी प्रेरित किया जिसके कारण नवपाषाण कालीन क्रान्ति सम्भव हो सकी, जिसको गार्डन चाइल्ड ने मानव सभ्यता के विकास में अतिमहत्त्वपूर्ण माना है।[68] तमसगबुलाग वासियों

के जीवन में कृषि के कारण यह परिवर्तन ई0पू0 तीसरी सहस्त्राब्दि के मध्य में आया।

कृषि के लिये प्रयुक्त होने वाले उपकरणों में पत्थर का कुदाल प्रमुख था। मंगोलियावासियों के जीवन में कृषि का कितना अधिक महत्त्व था, यह मात्र इस एक तथ्य से ज्ञात हो जाता है कि अन्नोत्पादन के अतिरिक्त जीवन निर्वाह के लिये अन्य प्रकार के साधनों का यहाँ अभाव था।[69] यहाँ यह उल्लेखनीय है कि तमसगबुलाग से चकमक पत्थर (Flint) तथा हड्डी के तीर के शीर्ष भाग मिलते हैं, जिससे ज्ञात होता है कि इस काल में भी ऐसे जनसमूह विद्यमान थे, जिनका जीवन पशुओं के शिकार तथा मछली पर निर्भर था और जो एक स्थान से दूसरे स्थान पर प्रायः प्रव्रजन करते रहते थे, किन्तु कृषि से परिचय हो जाने के पश्चात् यहाँ के अधिकांश आदिमजनों के जीवन में स्थायित्व आ गया था, जो अन्नोत्पादन करने लगे थे, जैसाकि तमसागबुलाग तथा पूर्वी एवं दक्षिणी मंगलोलिया के अन्य स्थानों से प्राप्त अन्न पीसने वाले पत्थर के यन्त्र, लोढ़ा, मूसल, कुदाल आदि से प्रमाणित होता है। इस आधार पर उपर्युक्त विद्वानों ने यह कहा है कि कृषक वर्ग पशुपालन भी करता था। घोड़े, गाय, बैल आदि पशुओं के पालन के प्रमाण यहाँ से उपलब्ध होते हैं। पूर्वी मंगोलिया में ऐसे विस्तृत चारागाह थे, जहाँ पशुओं के लिये पर्याप्त घास सुलभ थी। पालतू पशुओं की तथा मछली की हड्डियों से ज्ञात होता है कि यद्यपि कृषि यहाँ के निवासियों के जीवनयापन का प्रमुख स्रोत था, फिर भी सहायक स्रोत के रूप में पशुओं तथा मछली पर निर्भरता बनी रही। पशुओं से माँस या दूध के अतिरिक्त अन्य लाभ भी प्राप्त होते थे। ऐसे उपकरण तमसगबुलाग से प्राप्त हुये हैं, जिनसे विशेष प्रकार के पशुओं से ऊन की कटाई होती होगी।

पूर्वी मंगोलिया के समान ही नवपाषाणकालीन कृषि के प्रमाण अन्य क्षेत्रों से भी प्राप्त हुये हैं। दक्षिणी मंगोलिया से अन्न पीसने वाली चक्की, लोढ़ा और मूसल मिले हैं, जबकि बैकल झील के निकटवर्ती भाग से उपर्युक्त यन्त्रों के अतिरिक्त पत्थर के कुदाल की भी प्राप्ति हुई है। पूर्वी मंगोलिया से पशु पूजा के महत्त्वपूर्ण एवं मनोरंजक प्रमाण भी इस काल के अवशेषों में प्राप्त हुये हैं। पशुओं की अलंकृत हड्डियों के मनके (Bead), उनकी खोपड़ी, एशिया की एक विशेष प्रजाति के हरिण (Cervus elaphus) के दाँत तथा एक गर्त से किसी पशु की संचित हड्डियाँ तमसगबुलाग से प्राप्त हुयी हैं। इस प्रकार की समाधि को पशु पूजा (Animal cult) से सम्बन्धित माना जाता है।[70]

तिब्बत

नवपाषाणकालीन अन्नोत्पादक संस्कृतियों के प्रमाण तिब्बत के दक्षिणी तथा पूर्वी भाग में नदी घाटियों से उपलब्ध होते हैं, जलवायु आज के समान उस समय भी कृषि के लिये अनुकूल था। तिब्बत से नवपाषाणकालीन संस्कृतियों के अवशेष ल्हासा के आस-पास से तथा निंगची एवं मेडाग से प्राप्त हुये हैं।

निंगची एवं ल्हासा से जो नवपाषाणकालीन उपकरण मिले हैं उनसे इसके संकेत मिलते हैं कि इस काल में यहाँ निवास करने वालों को अन्नोत्पादन का ज्ञान था। प्राप्त उपकरणों में पत्थर की कुल्हाड़ी, छेनी के अतिरिक्त पत्थर के ऐसे लम्बे चक्कू मिले हैं, जिनका प्रयोग फसल काटने के लिये किया जाता था।

तिब्बत के दक्षिणी भाग में मेडाग तथा उसके निकटवर्ती क्षेत्रों से सात स्थानों से नवपाषाणकालीन अन्नोत्पादक संस्कृतियों के अवशेष मिलते हैं। इन स्थानों से प्राप्त उपकरणों में पत्थर के वसुला, कुल्हाड़ी, छेनी तथा तकला Spindle whorls) उल्लेखनीय हैं। इन उपकरणों में निश्चय ही ऐसे भी हैं, जिनका प्रयोग वृक्ष काटने, भूमि की जुताई करने तथा कपड़ा बुनने में होता रहा होगा। यहाँ की समशीतोष्ण जलवायु खेती के लिये सर्वथा अनुकूल थी।[71]

पूर्वी तिब्बत में करूओ (Karuo) नामक स्थान से एक नवपाषाणकालीन अन्नोत्पादक संस्कृति का उद्घाटन हुआ है, यह स्थान लनकंग नदी (Lancang river) की घाटी में स्थित है। यहाँ से प्राप्त उपकरणों में काटने वाले धारदार औजार (Chopper), खुरचिनी (Scraper), कटोरे के आकार के पात्र (Disc) आदि से ज्ञात होता है कि स्थायी आवास बना कर वहाँ के निवासी कृषि कार्य से परिचित हो चुके थे। इन प्राप्त अवशेषों की कार्बन 14 तिथियों 3300-1800 ई0पू0 निर्धारित हुयी है, जिनसे यह भी स्पष्ट होता है कि दीर्घकाल तक यहाँ पर लोग रह रहे थे। यद्यपि यहाँ प्राप्त अस्थियों में जंगली जानवरों की भी हड्डियाँ मिली हैं, जिससे यह ज्ञात होता है कि पशुओं के शिकार और उनका मांस भी उनके भोजन में सम्मिलित था। पालतू पशुओं में सूअर की हड्डियों के अवशेष प्राप्त हुये हैं।

आखेट, पशुपालन तथा अन्नोत्पादन के प्रमाण जिंजर (Xniger) लउलान (Loulan) आदि स्थानों से भी प्राप्त हुये हैं।

संदर्भ

1. मेहरगढ़, फील्ड रिपोर्ट्स - 1974-85, पृ0 64
2. वही
3. ए0एच0 दानी एवं वी0एम0 मसोन (सं0) हिस्ट्री ऑफ सिविलाइजेसन्स ऑफ सेण्ट्रल एशिया, जिल्द 1, में प्रकाशित एम0 शरीफ एवं वी0के0 थापर का लेख - फूड प्रोड्यूसिंग कम्यूनिटीज इन पाकिस्तान एण्ड नार्दन इण्डिया, अध्याय 6, पृष्ठ 127
4. ब्रिजेट एवं रेमण्ड आल्चिन, आरिजिन्स ऑफ ए सिविलाइजेशन, पृ0 127
5. मेहरगढ़ उत्खनन के लिये द्रष्टव्य उपरोक्त मेहरगढ़, फील्ड रिपोर्ट्स 1974-85 फ्राम नियोलिथिक टाइम्स टु द इण्हस् सिविलाइजेशन्स
6. मेहरगढ़ फील्ड रिपोर्ट्स, पृष्ठ 244
7. जारिज ने मेहरगढ़ की तिथि का निर्धारण विस्तृत समीक्षा के आधार पर अपने लेख में किया है। उनका लेख "क्रोनालजी ऑफ द अर्लियर पिरियड्स ऑफ द ग्रेटर इण्डस ऐज सीन फ्राम मेहरगढ़, पाकिस्तान" प्रकाशित, साउथ एशियन आर्क्यािलजी 1981, पृष्ठ 21-28
8. आल्चिन, वही, पृष्ठ 125
9. मोनिक लेचेवालियर, द क्लिण्ट इण्डस्ट्री ऑफ मेहरगढ़, साउथ एशियन आर्कियालजी, 1981 में प्रकाशित, पृष्ठ 42; द्रष्टव्य जीन फ्रैंको जारिज, क्रोनालजी ऑफ द अर्लियर पीरियड्स ऑफ द ग्रेटर इण्डस ऐज सीन फ्राम मेहरगढ़, पाकिस्तान, प्रकाशित, उपर्यक्त पुस्तक में, पृष्ठ 22, आल्चिन, आरिजिन्स ऑफ ए सिविलाइजेशन, पृष्ठ 126
10. मेहरगढ़ फील्ड रिपोर्ट्स, पृष्ठ 64
11. साउथ एशियन आर्क्योलजी, 1981, में प्रकाशित कास्टेण्टिनी का लेख-द विगनिंग ऑफ एग्रिकल्चर इन द काची फ्लेन : द एविडेन्स ऑफ मेहरगढ़, रिचर्ड एच0 मीडो, नोट्स आन द फौनल रिमेन्स फ्राम मेहरगढ़, विथ ए फोकस आन कैटिल (बास)
12. मेहरगढ़ फील्ड रिपोर्ट्स, पृ0 64
13. कास्टेण्टिनी, वही, पृ0 29
14. वही, द्रष्टव्य, मेहरगढ़ फील्ड रिपोर्ट्स, पृ0 277, अर्ली नियोलिथिक प्लाण्ट रिमेन्स फ्राम मेहरगढ़ (एम0आर0 3 टी)
15. मेहरगढ़ फील्ड रिपोर्ट वही, कास्टेण्टिनी वही, पृ0 31
16. कास्टेण्टिनी, वही

17. मेहरगढ़ फिल्ड रिपोर्ट्स, पृ0 251
18. वही, पृ0 248, 249
19. वही, पृ0 245
20. वही, पृ0 277
21. मेहरगढ़ फील्ड रिपोर्ट्स, पृ0 246
22. वही, पृ0 248
23. ओरिजिन्स ऑफ ए सिविलाइजेशन, पृ0 131, इसी प्रकार का मत एस0आर0 राव ने भी व्यक्त किया है, द्रष्टव्य 'हिस्ट्री ऑफ एग्रिकल्चर इन इण्डिया (अप टु 1200 ए0डी0), पृ0 179
24. मेहरगढ़ फील्ड रिपोर्ट्स, पृ0 250
25. साउथ एशियन आर्क्यिालॉजी, 1981 में प्रकाशित मोनिकलेचवोलियर का लेख - द फ्लिण्ट इण्डस्ट्री ऑफ मेहरगढ़, पृ0 42
26. वही, पृ0 46
27. मेहरगढ़ फील्ड रिपोर्ट्स, पृ0 251
28. वही, पृ0 245
29. साउथ एशियन आर्क्यिालॉजी, 1981 में प्रकाशित कास्टेण्टिनी का लेख, द विगनिंग ऑफ एग्रिकल्चर इन द काची प्लेन : द एविडेन्स ऑफ मेहरगढ़, पृ0 32, मेहरगढ़ फील्ड रिपोर्ट्स, पृ0 251
30. ए0एच0 दानी एवं वी0एम0 मसोन (स) हिस्ट्री ऑफ सिविलाइजेशन ऑफ सेण्ट्रल एशिया, जिल्द 1 में प्रकाशित एम0 शरीफ एवं वी0के0 थापर का लेख, पृ0 130
31. साउथ एशियन आर्क्यालॉजी 1981, में प्रकाशित, नोट्स आन द फौनल रिमेन्स फ्राम मेहरगढ़, विभ ए फोकस आन कैटिल, पृ0 34
32. मीडो, वही, पृ0 35
33. यू0सी0 चट्टोपाध्याय, वही, पृ0 58-59; आल्चिन, वही, पृ0 132, मीडो, वही, पृ0 37
34. मेहरगढ़ फील्ड रिपोर्ट्स, पृ0 245, अ0ह0 दानी, द रिसेण्ट आर्क्यिालॉजिकल डिस्कवरीज इन पाकिस्तान, पृ0 13
35. यू0सी0 चट्टोपाध्याय, वही, पृ0 60
36. द्रष्टव्य, ऊपर, पृ0 15
37. अ0ह0 दानी, दि रिसेण्ट आर्क्यिालॉजिकल डिस्कवरीज इन पाकिस्तान, पृ0 11;
38. मीडो, वही, पृ0 39
39. आल्चिन, वही, पृ0 135
40. अ0ह0 दानी, वही, पृ0 52

41. आल्चिन, वही, पृ0 111
42. मेहरगढ़ फील्ड रिपोर्ट्स, पृ0 249
43. अ0ह0 दानी एवं वी0एम0 मसोन (सं0) हिस्ट्री ऑफ सिविलाइजेशन्स ऑफ सेण्ट्रल एशिया, जिल्द 1 में प्रकाशित, एम0 शरीफ एवं वी0के0 थापर का लेख, फूड प्रोड्यूसिंग कम्युनिटीज इन पाकिस्तान एण्ड नार्दन इण्डिया, पृ0 132
44. अ0ह0 दानी, वी0एम0 मसोन, वही, आल्चिन वही, पृ0 137
45. स्टुअर्ट पिंगट, प्रिहिस्टोरिक इण्डिया, पृ0 70; आल्चिन, द वर्थ ऑफ इण्डियन सिविलाइजेशन, पृ0 258
46. आल्चिन, आसिजिन्स ऑफ ए सिविलाइजेशन, पृ0 136
47. प्रिहिस्टोरिक इण्डिया, पृ0 50
48. आल्चिन, द वर्थ ऑफ इण्डियन सिविलाइजेशन, पृ0 258
49. प्रिहिस्टोरिक इडिया, पृ0 47
50. अ0ह0 दानी एवं वी0एम0 मसोन (सं0) हिस्ट्री ऑफ सिविलाइजेशन ऑफ सेण्ट्रल एशिया, जिल्द 1, में प्रकाशित वी0 सरियानिदि का लेख ''फूड प्रोड्यूसिंग एण्ड अदर नियोलिथिक कम्युनिटीज इन खौरशान एण्ड ट्रान्सोजानिया : इस्टर्न इरान, सोवियत सेण्ट्रल एशिया एण्ड अफगानिस्तान'', पृ0 109-126
51. वही, पृ0 116
52. वी0एम0 मसोन एवं वी0आई0 सरियानिदि, ''सेण्ट्रल एशिया'' अध्याय, 4, ''द जेतून कल्चर : इनसीपियेण्ट सिविलाइजेशन', अ0ह0 दानी एवं वी0एम0 मसोन, हिस्ट्री ऑफ सिविलाइजेशन ऑफ सेण्ट्रल एशिया जिल्द 1, पृ0 118-121
53. अ0ह0 दानी एवं वी0एम0 मसोन, वही, पृ0 118
54. सेण्ट्रल एशिया, पृ0 41
55. वही, पृ0 43
56. वी0सी0 श्रीवास्तव, ''आरिजिन ऐण्ड विगनिंग ऑफ एग्रीकल्चर इन इण्डियन वार्डरलैण्ड : ''द केस ऑफ अफगानिस्तान'' हिस्ट्री ऑफ एग्रिकल्चर इन इण्डिया (अप टू 1200 ए0बी0) में प्रकाशित, पृ0 100-105
57. वही, पृ0 101
58. द्रष्टव्य, वी0सी0 श्रीवास्तव, द प्रोटोहिस्टोरिक अफगानिस्तान - ए सोर्स बुक; इकानिमी एड सोशायटी इन प्रीहिस्टोरिक अफगानिस्तान;
59. आल्चिन, द बर्थ ऑफ इण्डियन सिविलाइजेशन, पृ0 258; वी0सी0 श्रीवास्तव, वही, पृ0 102
60. अ0ह0 दानी एवं वी0एम0 मसोन (सं0) ''हिस्ट्री ऑफ सिविलाइजेशन्स ऑफ सेण्ट्रल एशिया'', में प्रकाशित ज़िमिन का लेख नियोलिथिक कम्युनिटीज इन

इस्टर्न पार्ट्स ऑफ सेण्ट्रल एशिया, पृ0 156

61. जिगिन, वही, पृ0 158
62. वही, पृ0 163-164
63. विलियन वाट्सन, "चाइना विफोर द हान डायनास्टी", पृ0 38
64. वही
65. स्टुअर्ट पिगट, प्रिहिस्टोरिक इण्डिया, पृ0 43, का मत है कि चावल की खेती चीन से पहले ही भारत में आरम्भ हो गयी होगी और चीन में यांगट्ज़ी (Yangtze) के मार्ग से इसका प्रवेश हुआ होगा। उनके अनुसार 2000 ई0पू0 में काँस्य काल में चावल की खेती का प्रचलन चीन में हुआ होगा, नवपाषाणकालीन उत्तरी चीन का खाद्यान्न ज्वार (Millet) ही रहा होगा।
66. वही, पृ0 54-55
67. अ0ह0 दानी एवं वी0एम0 मसोन, (स) "हिस्ट्री ऑफ सिविलाइजेशन्स ऑफ सेण्ट्रल एशिया, जिल्द 1, में प्रकाशित ए0पी0 डेरेव्यांको एवं डी0डोर्ज का लेख, "नियोलिथिक ट्राइब्स इन नार्दन पार्ट्स ऑफ सेण्ट्रल एशिया" अध्याय 8, पृ0 175
68. वही, पृ0 174
69. वही, पृ0 180-181
70. वही, पृ0 179-180
71. अ0ह0 दानी, वी0एम0 मसोन (स) "हिस्ट्री ऑफ सिविलाइजेशन्स जिल्द 1, जिमिन, वही, पृ0 164

तृतीय अध्याय

भारत की पुरैतिहासिक संस्कृतियाँ

पश्चिमी एशिया चीन, मंगोलिया, तिब्बत आदि की जिन नवपाषाणिक संस्कृतियों का विवरण पिछले पृष्ठों में दिया गया है उनसे यह ज्ञात हो जाता है कि इनके विकास में अनुकूल जलवायु, नदियों की निकटता, अन्नोत्पादन के लिए उर्वर भूमि की सुलभता आदि की भूमिका अति महत्त्वपूर्ण थी। भारत में भी जिन पुरैतिहासिक संस्कृतियों का उद्घाटन अब तक हुआ है, उनसे भी स्पष्ट हो जाता है कि यहाँ भी आदिम मानव ने उन क्षेत्रों को ही अपनी शरणस्थली बनाया, जहाँ उपर्युक्त सुविधायें सुलभ थीं।

यदि इस विशाल देश की प्राकृतिक विविधता पर ध्यान दिया जाये, तो यह स्पष्ट रूप से ज्ञात हो जाता है कि इतनी विविधता और विषमता विश्व के किसी अन्य देश में शायद ही मिलेगी। किसी क्षेत्र में अति वृष्टि तो कोई क्षेत्र सूखा से ग्रसित, कोई क्षेत्र सर्वदा वर्फ से आच्छादित तो कहीं भीषण गर्मी, कोई क्षेत्र उर्वराभूमि से सम्पन्न तो कोई ऊसर और बंजर का शिकार।

मानसून की स्थिति एवं भूमि की उर्वरता दो ऐसे तथ्य हैं जिनका कृषि से अपरिहार्य सम्बन्ध रहा है। खाद्यान्न के प्रकार और फसल का कम या अधिक होना उपर्युक्त दोनों ही तथ्यों से नियन्त्रित होते हैं।

भारतीय कृषि सर्वदा से ही मानसून पर आश्रित रही है। प्रतिवर्ष जून से सितम्बर तक मानसून सामान्य रूप से सक्रिय रहता है। भारत के अधिकांश भाग को अरब सागर से चलने वाले इस दक्षिण-पश्चिमी मानसून से वर्षा का जल प्राप्त होता है। यह क्रमशः पूरब की दिशा में अग्रसर रहता है और देश के बहुत बड़े भाग में फैल जाता है। इसके अतिरिक्त बंगाल की खाड़ी से चलने वाला मानसून उत्तर-पश्चिम दिशा में गतिशील रहता है, जिससे उत्तर भारत को प्रचुर मात्र में वर्षा सुलभ हो जाती है।

मानसून के अतिरिक्त कृषि के लिए दूसरी महत्त्वपूर्ण भूमिका मिट्टी की गुणवत्ता की होती है। यद्यपि भारत में काली, लाल एवं कंकरीट वाली भूमि विभिन्न क्षेत्रों में पाई जाती है, किन्तु सर्वाधिक उर्वरा शक्ति वाली जलोढ भूमि गाँगेय क्षेत्र की है। यह क्षेत्र पश्चिम-उत्तर से पूरब तक फैला हुआ है और इसके अन्तर्गत पंजाब, हरियाणा, उत्तर-प्रदेश, बिहार, बंगाल, आसाम और उड़ीसा सम्मिलित हैं। इसका क्षेत्रफल लगभग 77000 वर्ग किलोमीटर है। सिन्धु, गंगा, यमुना, ब्रह्मपुत्र नदियों के अतिरिक्त अन्य अनेक सहायक नदियों में प्रतिवर्ष आने वाली बाढ़ एवं उसके साथ लाई गई जलोढ मिट्टी के कारण यहाँ प्रभूत मात्रा में अन्नोत्पादन होता है। इसके पश्चिमी भाग में जिसमें पंजाब, हरियाणा, पश्चिमी उत्तर-प्रदेश, राजस्थान का कुछ भाग तथा पश्चिमी मध्य प्रदेश सम्मिलित है, वर्षा अपेक्षाकृत कम होती है जिसकी मात्रा 760 मि0मी0 से लेकर 200 मि0मी0 तक रहती है। इसकी मट्टी जलोढ है और इस क्षेत्र की प्रमुख फसलों में गेहूँ, यव, चना, मकई एवं कपास परिगणित होते हैं।

इसके पूर्वी भाग में आसाम, पश्चिमी बंगाल, बिहार, उड़ीसा, पूर्वी मध्यप्रदेश पूर्वी उत्तर-प्रदेश, सम्मिलित हैं। यहाँ की मिट्टी जलोढ है और वर्षा का औसत 1500 मि0मी0 है। इस क्षेत्र की प्रमुख फसल धान, जूट और गन्ना है।

इसके दक्षिण में उत्तर-प्रदेश का दक्षिणी भाग है जिसमें झाँसी के अतिरिक्त, मध्य प्रदेश, पश्चिमी आन्ध्रप्रदेश, पश्चिमी तमिलनाडु, पूर्वी महाराष्ट्र एवं कर्नाटक सम्मिलित हैं। इस क्षेत्र में वर्षा का औसत 500-1000 मि0मी0 है। इस क्षेत्र की मिट्टी काली और कहीं कहीं कँकरीट वाली है। फसल में बाजरा (Pearl-millet) उल्लेखनीय है इसके अतिरिक्त मूँगफली की भी खेती होती है।[1]

भारतीय पुरैतिहासिक परिदृश्य एवं अन्नोत्पादन

पिछले पृष्ठों में जिन अन्नोत्पादक संस्कृतियों का विवरण प्रस्तुत किया गया वह पश्चिम में इराक, इरान, बलूचिस्तान से रूस के दक्षिण, चीन, तिब्बत आदि तक फैली हुयी थीं। इन संस्कृतियों के अध्ययन से यह ज्ञात होता है कि इनके उद्‌भव और विकास में एकरूपता थी। इनका विकास नदियों के निकट हुआ, अन्नोत्पादन से पहले वन्य पशुओं का शिकार तथा वनस्पतियों पर निर्भरता, अन्नोत्पादन के ज्ञान के साथ पशुपालन तथा सतत संचरणशीलता की समाप्ति और स्थायी निवास आदि समान रूप से सभी पुरैतिहासिक संस्कृतियों में विद्यमान था।

विकास का यह क्रम भारत की पुरैतिहासिक संस्कृतियों में भी दिखाई देता है। भारत में कश्मीर से गंगा नदी के मैदानी भाग तथा दक्षिण तक ऐसी अनेक नवपाषाण कालीन संस्कृतियों का उद्घाटन हो चुका है जिनमें अन्नोत्पादन के साक्ष्य प्राप्त होते हैं। इन संस्कृतियों के विकास में भौगोलिक एवं जलवायु की विषमता का प्रभाव पड़ना स्वाभाविक था। कश्मीर के वर्फीले क्षेत्र तथा गंगा घाटी का समशीतोष्ण क्षेत्र विकास की समान प्रक्रिया को जहाँ प्रकट करते हैं वहीं नवपाषाण कालीन जनों के भौतिक जीवन के अन्तर को भी दर्शाते हैं। जिन पुरैतिहासिक भारतीय संस्कृतियों का उद्घाटन अब तक हो चुका है उनकी संख्या सैकड़ों में है। इनमें से कुछ महत्त्वपूर्ण संस्कृतियों का उल्लेख कृषि के सन्दर्भ में किया जा सकता है, जो उत्तर भारत से दक्षिणी भाग तक फैली हुयी थी।

इस दृष्टि से सर्वप्रथम काश्मीर की दो महत्त्वपूर्ण पुरैतिहासिक संस्कृतियों का विवरण प्रस्तुत किया जा सकता है।

बुर्जहोम एवं गुफकराल

कश्मीर में अनेक स्थानों से नवपाषाण कालीन संस्कृतियों के अवशेष प्राप्त हुये हैं। इनमें जिन दो स्थानों का उत्खनन व्यवस्थित एवं विस्तृत रूप में हुआ है, उनके नाम बुर्जहोम तथा गुफकराल है। बुर्जहोम में 1935 में सर्वप्रथम द टेरा एवं पैटर्सन ने उत्खनन कराया था और उस समय ही इस स्थान के पुरातात्त्विक महत्त्व को स्वीकार कर लिया गया। तत्पश्चात् 1960-1971 तक भारत के पुरातत्त्व विभाग के तत्वावधान में टी0एन0 खजान्ची ने यहाँ पुरातात्त्विक उत्खनन कराया। पुनः टी0एन0 खजान्ची ने 1966 में गुफकराल के पुरास्थल की खोज की और बाद में ए0के0 शर्मा के निर्देशन में यहाँ उत्खनन किया गया। उपर्युक्त दोनों स्थानों से जिस नवपाषाण कालीन संस्कृति का उद्घाटन हुआ, उसके सांस्कृतिक विकास के तीन स्तर ज्ञात हुये।

नवपाषाण काल के प्रथम स्तर (IA) के प्राप्त अवशेषों से ज्ञात होता है कि इस काल की अर्थव्यवस्था में पशुओं का शिकार, पशुपालन के अतिरिक्त खाद्यान्न भी सम्मिलित थे। गुफकराल से जंगली एवं पालतू पशुओं की हड्डियाँ प्राप्त हुयी हैं। वन्य पशुओं में जंगली बकरे, भालू, भेड़, बकरी, गाय, बैल तथा कश्मीरी बारहसिंहे की हड्डियाँ मिली हैं, जबकि पालतू पशुओं में भेड़ और बकरी के प्रमाण उपलब्ध होते हैं। खाद्यान्न में गेहूँ, यव तथा मसूर के दानों के अवशेष मिलते हैं। बुर्ज होम से भी पालतू पशुओं के साक्ष्य मिले हैं। यद्यपि बुर्जहोम से खाद्यान्न की

प्राप्ति नहीं हुयी है, किन्तु इसके निकटवर्ती क्षेत्र में किये गये पोलेन पर (Pollen) शोध (Palynological studies) से ज्ञात होता है कि यहाँ निवास करने वाले गेहूँ तथा यव से परिचित थे।[2] इनसे यह तो निश्चित हो जाता है कि बुर्जहोम तथा गुफकराल के नवपाषाण कालीन मानव खाद्यान्न से परिचित थे, किन्तु यह खाद्यान्न जंगल में स्वतः उत्पादित पौधों से प्राप्त होता था या इसका सीमित मात्रा में क्षेत्र में उत्पादन किया जाता था, यह ज्ञात नहीं हो सका है। हाँ यह उल्लेखनीय है कि इस काल एवं स्तर से प्राप्त उपकरणों में कृषि सम्बन्धी कोई उपकरण नहीं मिले हैं। सम्भवतः प्राप्त खाद्यान्न जंगल में स्वतः उत्पादित पौधों से प्राप्त किया जाता था। अभी तक इनको उत्पादन की प्रक्रिया का ज्ञान नहीं था। उपकरणों में पत्थर या हड्डी के छोटे-छोटे छेदने वाले या खुरचने वाले औजार, कुल्हाड़ी, लोढ़ा चकरी, गदाशीर्ष हैं। हरिण के सींग का भी प्रयोग उपकरण के रूप में किया जाता था। यहाँ के निवासी जमीन में गड्ढ़े बना कर उसमें निवास करते थे और गड्ढ़ों के उपर घास का छाजन बना कर ऐसे आवासों को सुरक्षित रखते थे। इन गड्ढे वाले आवासों के समीप ही छिछले गड्ढे बने होते थे, जो सम्भवतः संग्रह कोष्ठ (Storage bin) के रूप में प्रयुक्त होते थे। इन आवासों के निकट चूल्हे या अग्निकुण्ड के प्रमाण भी मिलते हैं।

नवपाषाण काल के सांस्कृतिक विकास के दूसरे स्तर (IB) में आर्थिक जीवन में विशेष प्रगति नहीं दिखाई देती है। गेहूँ, यव एवं मसूर का ज्ञान उन्हें पहले से ही था, इस काल में मटर के खाद्यान्न के रूप में प्रयोग के साक्ष्य उपलब्ध होते हैं। पशुओं में गाय, बैल के अतिरिक्त कुत्तों को पालतू बनाने के प्रमाण मिलते हैं। पशुओं की प्राप्त हड्डियों से इस काल (IB) के आर्थिक जीवन पर प्रकाश पड़ता है। इन प्राप्त हड्डियों में पालतू पशुओं के हड्डियों का प्रतिशतः इस काल में तथा इसके बाद के काल (IC) में जंगली पशुओं की हड्डियों से अधिक है। इससे स्वाभाविक निष्कर्ष यह निकलता है कि पशुपालन इनके आर्थिक जीवन में महत्त्वपूर्ण स्थान बना चुका था। प्राप्त उपकरणों में मछली पकड़ने के काँटे, पत्थर या हड्डी के नेधक, सुआ, कुदाल (Hoe), छेनी (Chisel), बसुला (Adzes) आदि हैं। इन उपकरणों में हड्डी के उपकरणों की संख्या सर्वाधिक है। भौतिक जीवन में एक अन्य परिवर्तन यह दिखाई देता है कि इस काल (IB) में गड्ढे के आवास के स्थान पर कच्चे मिट्टी के आवास धरातल पर बनने लगे तथा पहले के मृद्भाण्ड रहित काल के स्थान पर मृद्भाण्ड के अवशेष मिलते हैं। उनका भौतिक जीवन मिश्रित अर्थव्यवस्था पर आधारित था जिसमें पशुओं का शिकार एवं पशुपालन

सम्मिलित थे। यद्यपि कृषि के संकेत उनके कुदाल आदि उपकरणों से प्राप्त होते हैं, किन्तु यह संदिग्ध है कि इस काल में अन्न का उत्पादन होने लगा था।

नवपाषाण कालीन सांस्कृतिक विकास के तीसरे स्तर (IC) में पहले की अपेक्षा प्रगति दिखाई देती है। यद्यपि पूर्ववर्ती काल (IB) के समान इस काल में भी मिट्टी के कच्चे मकान धरातल पर बनते थे, किन्तु मृद्भाण्ड की एक से अधिक परम्परायें दिखाई देती हैं, जिनमें घर्सित धूसर (Burnished grey ware), धूसर तथा फीके लाल रंग की परम्पराओं का उदाहरण मिलता है। इस काल के उपकरण पहले की अपेक्षा अधिक विकसित दिखाई देते हैं। साथ ही कुछ नवीन उपकरणों के प्रमाण प्राप्त होते हैं। यहाँ से प्राप्त उपकरणों में हड्डी के नुकीले बेधक, तकले (Spindle whorl), अर्ध चन्द्राकार पत्थर या हड्डी के छूरे, जिनका प्रयोग काटने या खुरचने में किया जाता था तथा कुछ अन्य छोटे-छोटे भी हैं।

पालतू पशुओं में भेड़, बकरी, गाय आदि के प्रमाण मिले हैं। कृषि या अन्नोत्पादन के प्रमाण नहीं मिलते। सम्भव है जिन खाद्यान्नों की प्राप्ति का ऊपर उल्लेख किया गया है, उनको पोली जमीन में छींट कर सीमित क्षेत्र में अन्नोत्पान इस काल में किया जाता हो।

बुर्जहोम तथा गुफकराल की कार्बन 14 तिथियाँ प्राप्त हो चुकी हैं। इनमें बुर्जहोम की आरम्भिक कार्बन 14 तिथि 2375 ई0पू0 या इससे पहले की निर्धारित होती है, जबकि अन्तिम तिथि 1400 ई0पू0 है। गुफकराल के द्वितीय स्तर की कार्बन 14 तिथि 2000 ई0पू0 प्राप्त होती है, जिससे यह अनुमान लगाया जा सकता है कि प्रथम स्तर कम से कम 400 या 500 वर्ष पहले का होगा। इस आधार पर यह कहा जा सकता है कि कश्मीर में नवपाषाणिक संस्कृति का अस्तित्व 2500 ई0पू0 से 1400 ई0पू0 के मध्य विद्यमान रहा। इस काल के आरम्भ में यहाँ के निवासियों का जीवन पशुओं के शिकार पर निर्भर था। उत्तरोत्तर पशुपालन और तत्पश्चात् खाद्यान्न का ज्ञान हुआ जिसमें गेहूँ, यव मसूर तथा मटर आदि सम्मिलित थे।

कालीबंगा

उत्तरी राजस्थान में घग्घर (सरस्वती) नदी के बायें किनारे पर काली बंगा स्थित है। बलूचिस्तान पंजाब, सिन्ध आदि क्षेत्रों के समान सिन्धु नदी के पूरब में भी ऐसी प्राक् सैन्धव संस्कृतियों का उद्घाटन हो चुका है, जो खाद्यान्न से परिचित थी। इनमें सर्वाधिक महत्त्वपूर्ण राजस्थान के हनुमानगढ़ जिले में स्थित कालीबंगा का

पुरास्थल है, जहाँ पर 1959-60 ई0 में वी0बी0 लाल एवं वी0के0 थापर के निर्देशन में उत्खनन कार्य किया गया था। 1969 ई0 तक हुये इस उत्खनन से यह ज्ञात हो गया कि यहाँ पर निवास की प्रक्रिया के दो काल थे। ऊपरी स्तर सैन्धव संस्कृति का समकालीन है, जबकि नीचे का स्तर प्राक् सैन्धव काल का है। हड़प्पा और मोहनजोदरो के समान यहाँ भी दो टीले स्थित मिले जिसमें पश्चिमी टीला छोटा और पूर्वी टीला बड़ा था। कच्ची मिट्टी के निर्मित आवासों के उत्खनन से यह ज्ञात होता है कि यहाँ के निवासियों को खाद्यान्न का ज्ञान था। चूल्हों के अवशेष आवासों के अन्दर प्राप्त होते हैं। ऐसे चूल्हे या तो जमीन खोद कर बनाये जाते थे या जमीन के ऊपर। इसके अतिरिक्त पत्थर की चक्की तथा लोढ़े भी यहाँ से प्राप्त हुये हैं। खाद्यान्न का सर्वाधिक महत्त्वपूर्ण प्रमाण यहाँ से प्राप्त एक जुते हुये खेत का साक्ष्य है। बस्ती के दक्षिण-पूर्व में एक खेत रो हराइयों के निशान मिलते हैं। हराइयाँ पूरब से पश्चिम तथा उत्तर से दक्षिण की ओर बनी हैं। पूरब से पश्चिम की ओर जाने वाली हराइयों की एक दूसरे से दूरी 30 से0मी0 है। जबकि उत्तर से दक्षिण की ओर जाने वाली हराइयों की एक दूसरे से दूरी 1.9 मी0 है। इससे स्पष्ट हो जाता है कि एक ही खेत में एक साथ दो फसलों की खेती का ज्ञान हो चुका था। किन्तु यह उल्लेखनीय है कि कालीवंगा से हल या हल का फाल नहीं प्राप्त हुआ है। सम्भवतः हराइयाँ लकड़ी के तीक्ष्णाग्र दण्ड से बनाई गई होंगी। परवर्ती काल में इस प्रकार के तीक्ष्णाग्र दण्ड के परिवर्तित रूप देकर हल बनाने की प्रक्रिया का विकास हुआ होगा। कालीवंगा एवं राखीगढ़ी के बीच हिसार जिले में स्थित वणावली से खिलौना हल की प्राप्ति हुयी है, किन्तु इसकी समानता कृषि में प्रयुक्त होने वाले आधुनिक हल से स्थापित नहीं की जा सकती है, जिसके फाल लोहे के होते हैं और जिन्हें बैल खींचते हैं। वास्तव में आधुनिक हल का विकास लोहे के ज्ञान के बाद ही हुआ होगा जिसके माध्यम से मैदानी भाग की जमीन को जोतने के लिये लोहे के फाल तथा बैलों का प्रयोग अपरिहार्य हो गया। कालीबंगा से हल के अवशेष की प्राप्ति का न होना कोई असामान्य तथ्य नहीं है। जैतून, मेहरगढ़ आदि अन्नोत्पादक संस्कृतियों के समान कालीवंगा की नवपाषाणिक संस्कृति भी नदी के किनारे विकसित हुयी थी। नदी के बाढ़ से पोली हुयी जमीन में लकड़ी के नुकीले दण्ड या पत्थर की कुदाल से आदिम जनों द्वारा खेतों में पंक्तियाँ बनाई जाती होंगी और तत्पश्चात् बीज वपन किया जाता है। आधुनिक युग में भी आलू आदि विशेष प्रकार की फसल के लिये कुदाल से ही इस प्रकार की पंक्तियाँ बनाई जाती हैं। जैतून के प्रसंग में सरियानिदि का यह कथन सही

प्रतीत होता है कि इस प्रकार की पोली जमीन की खेती में परिश्रम कम करना पड़ता था और कृषि सम्बन्धी उपकरणों की आवश्यकता भी नगण्य होती थी। कालीवंगा के प्राप्त अवशेषों में मातृदेवी या किसी अन्य देवी देवता की मूर्तियां नहीं मिली हैं। कालीवंगा की प्राप्त कार्बन 14 तिथियों के आधार पर इसका प्राक् सैन्धव काल 2370-2100 ई0पू0 तथा अन्य तिथियाँ 2100 से 2000 ई0पू0 निर्धारित की जा सकती है।

खाद्यान्न के ज्ञान का प्रमाण इसी काल के सिस्वाल नामक स्थान से भी प्राप्त हुये हैं। यह स्थान चौतंग (दृश्वद्वती) नदी के बायें तट पर स्थित है। यद्यपि यह नदी आज सूख चुकी हैं, किन्तु पुरैतिहासिक काल के दो सांस्कृतिक स्तरों के उद्घाटन से यह ज्ञात होता है कि यहाँ के लोग खाद्यान्न से परिचित थे। प्राप्त अवशेषों में चक्की, मूसल आदि की प्राप्ति से स्पष्ट है कि अन्न के ज्ञान और उसके उपयोग से यहाँ के निवासियों का परिचय हो चुका था।

इसी प्रकार बनावली से जिसका उल्लेख ऊपर हो चुका है, खिलौना हल के अतिरिक्त एक आवास के उत्खनन में अनेक चूल्हे, जले हुये अन्न के दोने राख में मिले हैं। इस प्रकार के साक्ष्य खाद्यान्न के प्रयोग को इंगित करते हैं।

गंगा घाटी की अन्नोत्पादक संस्कृतियाँ

कृषि की उत्पत्ति एवं विकास से सम्बन्धित सर्वाधिक महत्त्वपूर्ण एवं प्रभूत मात्रा में पुरातात्त्विक सामग्री गंगा के विस्तृत क्षेत्र से ही प्राप्त होती है। यद्यपि इसी प्रकार की महत्त्वपूर्ण सूचनायें पश्चिम एवं दक्षिण भारत के पुरैतिहासिक स्थलों से भी प्राप्त होती हैं किन्तु गंगा के विस्तृत मैदानी भाग की अपेक्षा अन्यत्र से प्राप्त सूचना कम है। इसका कारण उत्तर भारत की भौगोलिक स्थिति है। उत्तर में हिमालय से लेकर दक्षिण में विन्ध्य और पूरब में बंगाल के इस विशाल भू-खण्ड में नदियों का जाल पुरैतिहासिक काल से ही बिछा रहा है।

यहाँ की संस्कृतियों के विकास में इन नदियों का बहुत बड़ा योगदान रहा है। ध्यातव्य है कि गंगा, यमुना, गण्डक, राप्ती, कर्मनासा, कोसी आदि के अतिरिक्त अनेक छोटी-छोटी सहायक नदियाँ इस क्षेत्र में प्रवाहित होती रही हैं जिनके निकट इन पुरैतिहासिक संस्कृतियों का विकास हुआ। इन नदियों की बाढ़ के कारण अनेक बड़े और छोटे ताल (lakes) तथा झील भी अस्तित्व में आ गए में जिनके समीप प्रस्फुटित होने वाली वनस्पतियाँ पशु तथा मानव के खाद्य पदार्थ के उपयोग में आती रहीं। गंगा के इस क्षेत्र में लगभग 1000 मि0मी0 औसत वर्षा हो जाती

है जिसके परिणामस्वरूप छोटे या बडे जंगल, विभिन्न प्रकार की वनस्पतियाँ और पशु, पक्षियों का उद्भव सम्भव हुआ।

ऊपर कहा गया है कि कृषि का विकास होलोसिन (Holocene) काल में ही सम्भव हुआ जिसका आरम्भ लगभग 10000 (दस हजार) वर्ष पहले हुआ। इस काल में जलवायु में इस प्रकार के परिवर्तन होने लगे जिसमें वनस्पतियों तथा पशुओं आदि का जीवन अपेक्षाकृत अधिक सुविधाजनक हो गया।

यद्यपि कृषि का विकास नव पाषाण काल (Neolithic Age) में हुआ किन्तु इसकी उत्पत्ति एवं विकास की पृष्ठभूमि मध्यपाषाण काल (Mesolithic Age) में ही बन चुकी थी। इसका प्रमाण पूर्वी विन्ध्य से मध्य गांगेय क्षेत्र तक उद्घाटित मध्यपाषाण कालीन संस्कृतियाँ है जिनकी संख्या 500 से भी अधिक है।[3] इनमें से लगभग 200 मध्यपाषाण कालीन स्थल केवल मध्य गांगेय क्षेत्र में ही हैं। इस काल के उद्घाटित स्थलों से यह ज्ञात होता है कि नवपाषाण कालीन संस्कृतियाँ भारत में उत्तर-पश्चिम से सुदूर दक्षिणी भाग तक फैली हुयी थीं।

होलोसिन काल में जलवायु सम्बन्धी परिवर्तन के प्रमाण प्राप्त होते हैं। पहले की अपेक्षा अब जलवायु में नमी आ गई जो वनस्पतियों तथा मानव एवं पशुओं के जीवन के लिए अनुकूल थी।

जलवायु की अनुकूलता का ही परिणाम था कि मध्यपाषाण काल में गंगा के विशाल मैदानी भाग में नदियों के निकट ऐसी संस्कृतियों का विकास हुआ जो कालान्तर में अन्नोत्पादक एवं पशुपालक बनीं। इन अन्नोत्पादक संस्कृतियों ने ही परवर्ती काल के ताम्राश्म संस्कृतियों के लिए पृष्ठभूमि प्रस्तुत किया।[4]

आरम्भ में स्वतः उत्पादित वनस्पतियों का खाद्यान्न के रूप में उपयोग होता था किन्तु बाद में वह इन वनस्पतियों में से कुछ का बीज गीली जमीन में डालकर उत्पादन करने लगा। अन्नोत्पादन का पशुपालन से घनिष्ट सम्बन्ध रहा है। नवपाषाण काल से ऐसे साक्ष्य प्राप्त होते हैं जिससे यह ज्ञात होता है कि पशुओं के शिकार के साथ ही वह कुछ विशेष प्रकार के ऐसे पशुओं का पालन करने लगा जिनकी उपयोगिता उसके दैनिक जीवन में थी। पुरुषोत्तम सिंह तो पशुपालन एवं खाद्यान्न का उत्पादन, इन दोनों को नवपाषाण काल की पहचान मानते हैं।[5] प्राप्त अवशेषों से ज्ञात होता है कि पशुओं में सर्वप्रथम कुत्ता, गाय, भेड़, बकरी को पालतू बनाया गया और खाद्यान्न में चावल (धान), गेहूँ, यव, मटर, मसूर, मूँग का उत्पादन किया गया। जिस प्रकार वन्य पशुओं में से कुछ को पालतू बनाया गया वैसे ही उपर्युक्त खाद्यान्नों का भी जो स्वतः उत्पादित वनस्पतियाँ थीं उत्पादन किया गया।

यहाँ यह उल्लेखनीय है कि सभी प्रकार के खाद्यान्न का उत्पादन एक ही समय में नहीं होने लगा। समय के साथ विभिन्न प्रकार के खाद्यान्नों का ज्ञान नवपाषाण कालीन मानव को होता गया और उनका उत्पादन भी होने लगा। उदाहरण के लिये गंगा की घाटी में सेनुवार एवं झूसी तथा विन्ध्य क्षेत्र में टोकवा के प्रारम्भिक काल से मात्र धान (चावल) तथा जुआर (millet) के अवशेष मिले, किन्तु बाद में यव, गेहूँ, मसूर, रागी, खेसारी आदि के प्रमाण भी इन स्थानों से मिलते हैं।

नवपाषाण काल में ही मध्यगांगेय क्षेत्र में दो फसल की खेती (double crop pattern) का ज्ञान हो चुका था।[6] फसलों की विविधता के विषय में झूसी (इलाहाबाद) से प्राप्त खाद्यान्न का उल्लेख किया जा सकता है जहाँ आरम्भिक स्तर से ही रबी (winter) और खरीफ (rainy) के अन्न के साक्ष्य प्राप्त हुये हैं जैसे चावल (oryza sativa), छः पंक्तियों वाला यव (six-rowed hulled barley Hordeum vulgare), गेहूँ के दो प्रकार (bread wheat Triticum aestivum) तथा (dwarf wheat Triticum sphaerococcum) तथा मसूर (lentil Lens Culinaris), मटर (field pea, Pisum arvense), (grass pea, Lathyrus sativus), चना (horse gram, Macrotyloma uniflorum), मूंग (green gram, Vigna radiata), तिल (sesamum indicum), तीसी (Linseed, Linum usitatssimum)।[7]

नवपाषाण कालीन गांगेय क्षेत्र से फसल चक्र (rotation of crops) के ऐसे ही उदाहरण के0एस0 सारस्वत ने सेनुवार (IA), इमली डीह खुर्द (Pd. I) एवं मल्हार (I) से प्रस्तुत किया है।

विभिन्न प्रकार के खाद्यान्नों के विषय में जो गंगा के विस्तृत मैदानी भाग से प्राप्त होते हैं एक स्वाभाविक जिज्ञासा यह होती है कि क्या नवपाषाण कालीन संस्कृतियों में इन सभी प्रकार के अन्न का उत्पादन उन स्थानों पर ही होने लगा था जहाँ से इनकी प्राप्ति हुयी है या अन्यत्र से उन्हें लाया गया होगा। नवीन शोध से इस प्रश्न का उत्तर प्राप्त करने में सहायता मिलती है। वनस्पतिशास्त्र के विशेषज्ञ तथा पुरातत्त्वविदों का मत है कि गंगा की घाटी, पश्चिमोत्तर भारत या भारत के अन्य भागों में ऐसे अनेक खाद्यान्न हैं जिनका श्रोत पश्चिमी एशिया, अफ्रीका या दक्षिण-पूर्वी एशिया रहा होगा। इस शोध से यह भी निष्कर्ष निकलता है कि 3000 वर्ष ई0पू0 या इससे भी पहले से ही इन अन्नोत्पादक संस्कृतियों का अन्य क्षेत्रों से सम्पर्क रहा होगा और इस सम्पर्क के माध्यम से विभिन्न प्रकार के खाद्यान्न सुदूर क्षेत्रों से एक स्थान से दूसरे स्थान तक लाये गये होंगे।

गंगाघाटी के जिन नवपाषाण कालीन संस्कृतियों का उद्घाटन हो चुका है वहाँ से प्राप्त खाद्यान्नों में से अनेक का स्रोत पश्चिम एशिया का मानना पूरी तरह असन्दिग्ध नहीं कहा जा सकता है। सम्भव है इनमें से अनेक का उत्पादन भारत के ही अन्य क्षेत्रों में होता रहा हो। निश्चय ही ऐसे भी खाद्यान्न रहे होंगे जिनका आयात सम्पर्क के माध्यम से पश्चिमी भारत या गंगा की घाटी में नवपाषाण काल में या उसके बाद ताम्राश्म काल में किया गया हो। ऐसे खाद्यान्नों में जिनका मूल स्रोत पश्चिम एशिया कहा गया है, कुछ का उल्लेख किया जा सकता है। के0एस0 सारस्वत[8] ने इस पर विस्तार से विचार किया है, जो कि प्राचीन भारतीय कृषि एवं विभिन्न खाद्यान्नों के उद्गम, उत्पत्ति तथा विकास को समझने में सहायक है।

सारस्वत ने इन खाद्यान्नों को दो वर्गों में विभक्त किया है। प्रथम के अन्तर्गत ऐसे खाद्यान्न सम्मिलित किये गये हैं जिनका उत्पादन आरम्भ से ही भारत में होता रहा है और द्वितीय वर्ग में उन खाद्यान्नों को परिगणित किया गया है जिनका श्रोत पश्चिमी एशिया, अफ्रीका आदि हैं। चावल (oryza sativa), कोदो (Paspalum Scrobiculatum), कुलथी (Horse gram), मूंग (green gram-Vigna radiata), उड़द (black gram-Vigna mungo), लोबिया (moth-bean-Vignz aconitifolia) आदि भारत की मूल उपज हैं।

दूसरे वर्ग में ऐसे खाद्यान्न को परिगणित किया गया है जिनका उद्गम भूमध्यसागरीय क्षेत्र में हुआ। ऐसे खाद्यान्न में यव (barley, Hordeum vulgare), गेहूँ की दो प्रजातियाँ (dwarf wheat, Triticum sphaerococcum) एवं (bread wheat, Triticum aestivum), मसूर (Lentil, Lens Culinaris), मटर (field-pea, Pisum arvense), कलाय (grass pea, Lathyrus Sativus), छोटी मटर (Chick-pea, Cicar arietinum), तीसी (Linseed, Linum usitatissimum) इत्यादि।

गंगा के विस्तृत क्षेत्र में अनेक पुरैतिहासिक स्थानों से कुछ ऐसे खाद्यान्नों के अवशेष प्राप्त हुये हैं, जिनका मूल उद्गम स्रोत अफ्रीका माना गया है। परिगणित होने वाले मोटे खाद्यान्नों के नाम हैं रागी (ragi-millet, Eleusine Coracana), ज्वार (jowar-millet, Sorghun bicolar), बाजरा (Pearl-millet, Pennisetum glaucum), लोबिया (Vigna unguiculata)।

तिल (sesamum) एवं रेंड़ी (Castor, Ricinus Communis) के उद्गम श्रोत संदिग्ध हैं। सम्भवतः तिल का मूल स्थान एथिओपिया तथा मध्य एशिया रहा इसके अतिरिक्त दक्षिण भारत से भी इसकी उत्पत्ति सम्भावित मानी जाती है। रेंड़ी (Castor) के उद्गम स्थान के विषय में निश्चित रूप से कुछ भी नहीं

कहा जा सकता है। यह एक ऐसी वनस्पति है जो भारत में हिमालय की तराई के अतिरिक्त पूर्वी एवं उत्तरी अफ्रीका में भी पाई जाती है। सम्भव है मध्य गांगेय क्षेत्र में जिन पुरैतिहासिक स्थानों से इसकी प्राप्ति हुयी है वह भारत के जंगलों की ही उपज हो।

कपास (gossypium) के प्रमाण भी पुरैतिहासिक काल से प्राप्त होते हैं। यह सम्भावना व्यक्त की गई है कि सर्वप्रथम अरेबिया एवं सीरिया में कपास की खेती आरम्भ हुयी और वहाँ से भारत के पश्चिमोत्तर भाग तथा पाकिस्तान में इसका प्रवेश हुआ।[8] कपास का उल्लेख ऊपर मेहरगढ़ के प्रसंग में किया गया है जहाँ प्रचुर मात्र में कपास के बीज प्राप्त हुये हैं। सम्भवतः कपास की खेती वहाँ व्यापक स्तर पर की जाती होगी और इसका निर्यात सैन्धव घाटी तथा अन्य क्षेत्रों को किया जाता रहा होगा। यह ध्यातव्य है कि कपास की प्राप्ति का यह प्रथम स्पष्ट साक्ष्य है जो एम0आर0 4 (5000 ई0पू0) से प्राप्त होता है।

वैना (वलिया, 1600-800 ई0पू0) तथा राजा नल का टीला (सोनभद्र, 1300-700 ई0पू0) से प्याज (onion, Allium cepa) के साक्ष्य प्राप्त हुये हैं। इसका मूल सम्भावित स्रोत उत्तरी ईरान एवं अफगानिस्तान रहा होगा जहाँ से मध्य एशिया में इसका विस्तार हुआ। प्याज और लहसुन का प्रमुख स्रोत मध्य एशिया माना जाता है।

गंगा के विस्तृत मैदानी भाग से बड़ी संख्या में मध्य एवं नवपाषाण कालीन स्थलों के उद्घाटन से कृषि की उत्पत्ति एवं विस्तार को समझने में पर्याप्त सहायता मिलती है। इन स्थानों में से कुछ का नामोल्लेख किया जा सकता है - झूसी, हेतापट्टी, सोहगौरा, नरहन, इमलीडीह, नल का टीला, लहुरादेवा, भूना डीह, वैना, खैराडीह, मल्हार, ये सभी उत्तर प्रदेश में स्थित हैं, जबकि चिरॉड़, चेचर कुतुबपुर, ताराडीह एवं सेनुवार बिहार के प्रमुख पुरैतिहासिक स्थल हैं। गंगा के इस क्षेत्र के दक्षिण में विन्ध्य क्षेत्र स्थित है जहाँ से मध्य एवं नवपाषाण कालीन संस्कृतियों का उद्घाटन हो चुका है जिनका उल्लेख आगे के अध्याय में किया गया है।

पर्याप्त वर्षा, नदियों की बहुलता एवं अनुकूल जलवायु गंगा के क्षेत्र की सर्वदा से ही विशेषता रही है। यही कारण है कि जहाँ एक तरफ विस्तृत एवं घने जंगल पुरैतिहासिक काल से ही विद्यमान दिखाई देते हैं वहीं ये जंगल अनेक प्रकार के पशुओं की शरणस्थली रहे। यहाँ प्रवाहित होने वाली नदियों के निकटवर्ती क्षेत्र में इन पुरैतिहासिक संस्कृतियों का उद्भव और विकास हुआ।

वन एवं वनस्पतियों की प्रचुरता ने मानव एवं पशु दोनों को ही गंगा के इस

क्षेत्र में आकृष्ट किया। पुरातात्विक साक्ष्यों के आधार पर यह कहाजा सकता है कि पुरापाषाण काल से ही यहाँ मानव का अस्तित्व विद्यमान रहा। पुरातत्त्वविदों ने यमुना घाटी में स्थित काल्पी से मध्यपाषाण काल (45000 वर्ष पूर्व) का साक्ष्य प्रस्तुत किया है। यहाँ से प्रचुर मात्रा में हड्डी के उपकरण प्राप्त हुये हैं, जो इंगित करते हैं कि इस काल के मानव जीवन का आधार पशु मांस ही था।[9] किन्तु मध्यपाषाण काल (Meolithic) में पहले की अपेक्षा मानव जीवन में स्थायित्व आने लगा। होलोसीतन के आरम्भ से ही गंगा के मैदान में आदिम मानव के आवास के प्रमाण मिलने लगते हैं।

किस प्रकार आखेट पर जीवन निर्वाह करने वाले मानव के जीवन में खाद्यान्न का महत्त्व उत्तरोत्तर बढ़ता गया इसका प्रमाण मध्यपाषाण काल की समाप्ति और नवपाषाण काल के आरम्भ से प्राप्त होने लगते हैं। चोपनी माण्डों से चावल के साक्ष्य प्राप्त हुये है जो अन्य वनस्पतियों के समान स्वतः उत्पादित हैं और जो मध्यपाषाण काल की अन्तिम अवस्था (advanced mesolithic) एवं नवपाषाण काल की आरम्भिक अवस्था (proto-Neolithic) के हैं। इस काल में अन्य खाद्य वनस्पतियों के समान इस वन्य प्रजाति के स्वतः उत्पादित चावल का ही जिसे (oryza nivara) कहते हैं वह खाद्यान्न के रूप में उपयोग करता था। चोपनी माण्डों के अन्तिम काल (Phase III) से प्राप्त इस प्रमाण से यह स्पष्ट हो जाता है कि आधुनिक युग के अनेक खाद्यान्न इन वन्य प्रजाति की वनस्पतियों से ही विकसित हुये हैं।

अन्नोत्पादन की इस प्रक्रिया में हल का प्रयोग नहीं होता था। नदियों की बाढ़ से या फिर वर्ष से गीली हुयी जमीन में स्वतः उत्पादित वन्य खाद्यान्न के बीज डाल कर अन्नोत्पादन किया जाता था। मेहरगढ़, जेतून आदि के प्रसंग में भी जिसका उल्लेख ऊपर किया गया है इसी प्रकार उत्पादन किया जाता था।

अन्नोत्पादन के प्रसंग में जलवायु एवं भूमि की गुणवत्ता की भी महत्त्वपूर्ण भूमिका थी। जिस क्षेत्र में वर्षा अधिक होती थी वहाँ चावल की फसल के प्रमाण नवपाषाण काल या इससे भी पहले से उपलब्ध होते हैं। किन्तु जहाँ वर्षा की मात्रा अपेक्षाकृत कम होती थी वहाँ गेहूँ, यव आदि का उत्पादन ही सम्भव था। यही कारण है कि जहाँ चावल की वन्य प्रजाति के साक्ष्य भारत, दक्षिण पूर्वी एशिया चीन आदि से प्राप्त होते हैं, वहीं चावल के आरम्भिक साक्ष्य उन क्षेत्रों से प्राप्त नहीं होते जहाँ वर्षा की मात्रा कम थी। ऐसे स्थानों पर गेहूँ, यव आदि के साक्ष्य ही उपलब्ध होते हैं।

फसल रबी की हो या खरीफ की उनका उत्पादन वनों में स्वतः उत्पादित

वनस्पतियों से ही होता था। इससे तो यही निष्कर्ष निकाला जा सकता है कि जिस क्षेत्र में स्वतः उत्पादित वनस्पतियाँ उपलब्ध थीं वहाँ पर ही उन खाद्यान्नों का उत्पादन आरम्भ हुआ। यही कारण है कि पूर्वी भारत, दक्षिण-पूर्व एशिया एवं दक्षिण-पश्चिम चीन में चावल की वन्य प्रजाति पाई जाती है जबकि यव, गेहूँ, मसूर आदि की वन्य प्रजाति पाकिस्तान, अफगानिस्तान, ईरान लेवाण्ट, टर्की में पाई जाती है।

उपर्युक्त कथन की पुष्टि इस तथ्य से भी हो जाती है कि मेहरगढ़ या हरप्पा से चावल के साक्ष्य नहीं मिलते। इससे यह भी प्रमाणित हो जाता है कि इस काल तक पश्चिमोत्तर भारत के जन चावल से अनभिज्ञ थे। पश्चिमोत्तर एवं उत्तरी भारत में चावल की खेती और मध्य भारत में यव, गेहूँ, मसूर आदि का उत्पादन तभी सम्भव हुआ जब उत्तर एवं दक्षिण के बीच सम्पर्क घनिष्ट हुआ। वास्तव में खाद्यान्नों की विविधता तथा अन्य क्षेत्र के खाद्यान्न का दूसरे क्षेत्र में पाया जाना जहाँ जलवायु की विषमता को इंगित करता है वहीं इससे यह भी प्रमाणित हो जाता है कि नवपाषाण कालीन संस्कृतियों का परस्पर सम्पर्क रहा होगा।

मध्यपाषाण काल के जन सन्निवेशों के अध्ययन से यह प्रतीत होता है कि इस काल में विभिन्न क्षेत्रों में विद्यमान संस्कृतियों में परस्पार सम्पर्क होता रहा होगा। उदाहरणार्थ गंगा के. क्षेत्र की संस्कृतियों और विन्ध्य क्षेत्र की संस्कृतियों में कुछ समान सांस्कृतिक विशेषतायें दिखाई देती हैं। इस आधार पर यह सम्भावना व्यक्त की जा सकती है कि इन दोनों संस्कृतियों में परस्पर आदान-प्रदान भी होता रहा होगा।[10]

यह स्वाभाविक था कि कालान्तर में विभिन्न समूहों के बीच इस प्रकार के सम्पर्क एवं आदान-प्रदान की गति पहले की अपेक्षा और तीव्र होती गई। इसका प्रभाव खाद्यान्नों की विविधता और सर्वथा नवीन क्षेत्रों में उनके प्रवेश और विस्तार पर भी पड़ा। गंगा के विशाल मैदानी भाग में स्थित पुरैतिहासिक स्थलों से प्राप्त विभिन्न प्रकार एवं प्रजाति के खाद्यान्नों के परीक्षण से यह ज्ञात होता है कि इनके उत्पादन का मूल स्रोत पश्चिमी या पश्चिमोत्तर भारत था जबकि उनका उत्पादन बाद में बिहार तक होने लगा। इस पर विस्तृत एवं शोधपूर्ण अध्ययन के0एस0 सारस्वत ने प्रस्तुत किया है।[11]

सांस्कृतिक सम्पर्क का महत्त्वपूर्ण पुरातात्त्विक साक्ष्य गेहूँ का गंगा के विस्तृत मैदानी भाग से प्राप्त होता है। यद्यपि अतिरंजीखेड़ा में चित्रित धूसर मृद्भाण्ड (P.G.W.) के साथ गेहूँ के साक्ष्य प्राप्त हुए हैं किन्तु इसके आधार पर यह नहीं

कहा जा सकता है कि गंगा के मैदानी भाग में गेहूँ की खेती की शुरुआत इस काल में ही हुई।[12] ध्यातव्य है कि भगवानपुरा (हरियाणा), दधेरी (जालन्धर) माण्डा (जम्मू) में चित्रित धूसर मृद्भाण्ड के साथ परवर्ती हड़प्पा संस्कृति (Late Harappan) के मृद्भाण्ड भी प्राप्त हुये हैं। जिससे यही ज्ञात होता है कि चित्रित धूसर पात्र परम्परा उस समय अस्तित्व में आ चुकी थी जबकि हड़प्पा संस्कृति की पूरी तरह समाप्ति नहीं हुयी थी। हड़प्पा से गेहूँ के साक्ष्य प्राप्त हो चुके हैं। अतः यह सम्भावना प्रबल प्रतीत होती है कि गेहूँ का उत्पादन हड़प्पा के सम्पर्क का परिणाम रहा हो। जहाँ तक अतिरिक्त उत्पादन का प्रश्न है वह अभी तक सम्भव नहीं था। कृषि के क्षेत्र में अतिरिक्त उत्पादन की कल्पना लोहे के हल के फाल (ploughshare) के बिना नहीं की जा सकती। यद्यपि आलमगीरपुर, अतरंजीखेड़ा, नोह, वटेश्वर, अल्लापुर, अहिच्छत्र आदि स्थानों से चित्रित धूसर पात्र परम्परा के साथ लोहे के उपकरण के साक्ष्य मिले हैं। किन्तु अन्नोत्पादन के लिए लोहे की मात्र तकनीकी जानकारी पर्याप्त नहीं होती है। अतरंजीखेड़ा से चित्रित धूसर पात्र परम्परा के साथ लोहे के उपकरणों की कार्बन तिथि 940 ई0पू0 की है। किन्तु इन उपकरणों से अन्नोत्पादन के विषय में विशेष सूचना प्राप्त नहीं होती है। प्राप्त लोहे के उपकरणों में भाला फलक, मछली पकड़ने की कटिया, खुरपी, वाण फलक, चाकू, चिमटा, वसुला आदि हैं। इनमें कृषि में प्रयुक्त होने वाले हल के फाल के साक्ष्य नहीं मिलते। इसके अतिरिक्त यह भी ध्यातव्य है कि अतरंजीखेड़ा हस्तिनापुर या अन्य पुरैतिहासिक स्थलों से जहाँ लोहे के उपर्युक्त उपकरण मिले हैं, पशुओं की हड्डियाँ बहुत बड़ी मात्रा में मिलती हैं जिन पर कटे होने के साक्ष्य भी प्राप्त होते हैं। इससे यह ज्ञात होता है कि यद्यपि उन्हें चावल, यव, गेहूँ आदि खाद्यान्नों का ज्ञान था, किन्तु उनका प्रमुख आहार पशुमांस ही था। इस विषय में उत्तर वैदिक कृषि के प्रसंग में आगे विचार किया गया है। अतः यहाँ उसका उल्लेख अनावश्यक है।

पश्चिमोत्तर भारत, गंगा के विस्तृत मैदानी भाग, विन्ध्य क्षेत्र, पश्चिमी भारत आदि के पुरैतिहासिक स्थलों से खाद्यान्न के जो प्रमाण उपलब्ध हुये हैं उनसे सहज में ही यह निष्कर्ष निकाला जा सकता है कि चावल, गेहूँ, यव तथा मोटे अन्न (Millet) का प्रचलन व्यापक स्तर पर था और जहाँ इसका उत्पादन आरम्भ में नहीं होता रहा, वहाँ भी कालान्तर में इसकी खेती होने लगी।

संदर्भ

1. एम0एस0 रणधावा, ए हिस्ट्री ऑफ एग्रिकल्चर इन इण्डिया, जिल्द I, पृष्ट 21-23; हिन्दी ऑफ एग्रिकल्चर इन इण्डिया (अप टू 1200 ए0 डी0) लल्लन जी गोपाल एवं वी0सी0 श्रीवास्तव (सं0); कृषि से सम्बन्धित अन्य प्रकार की विस्तत जानकारी के लिए भी यह एक महत्त्वपूर्ण ग्रन्थ है।
2. अ0ह0, दानी एवं वी0एसम0 मसोन (सं0) "हिस्ट्री ऑफ सिविलाइजेशन ऑफ सेण्ट्रल एशिया" जिल्द 1, में प्रकाशित एम0 शरीफ एवं वी0के0 थापर का लेख "फूड प्राड्यूसिंग कम्युनिटिज इन पाकिस्तान एण्ड नार्दर्न इण्डिया", अध्याय 6, पृ0 141
3. कृषि की उत्पत्ति एवं विकास पर द्रष्टव्य पुरुषोत्तम सिंह का "आरिजिन ऑफ एग्रिकल्चर इन द मिडिल गंगा प्लेन", पृ0 3-16 तक, आरिजिन ऑफ एग्रिकल्चर इन इण्डिया (अप टु 1200 ए0डी0 में प्रकाशित)
4. जे0एन0 पॉल, "The changing climatic conditions during early and middle phases of Holo-Cene in the middle Ganga plain played a significant role in the evolution of early farming cultures." p. 4 "The middle Ganga plain is now credited with one of the early centres of origin of agriculture and domestication, which paved the way for development of Chalcolithic cultures and civilization in the early Iron Age in the area." p. 2 Presidential Address, Ancient Section, U.P. History Congress, XXth. session, 2009.
5. "The domestication of animals and cultivation of cereal plants are the hallmark of the Neolithic culture." p. 7 वही
6. जे0एन0 पॉल, वही, पृ0 10, "The available evidence shows that by the late phase of Neolithic culturein the mid-Ganga valley, double crop pattern had become a regular feature." के0एस0 सारस्वत – "The record of crop remains shows that even the simple and unpretentious people in the initial non-metallic phases of occupations, characterized by Black & Red and cord-impressed potteries of Neolithic traits on some sites, praticed persistentely self-sustaining arable agricultural system characterized by the rotation of crops. Cultivation of rice is ovious as the region is one of the hearths of the domestication of the most staple crop in south and south-eastern Asia. Rotation of crops becomes remarkably apparent from Senuwar (Pd. IA), Imlidih Khurd (Pd. I) and Malhar (Pd. I) that the farmers could successfully exploit the land resources for the sufficient means of agriculture re-

gardless of the use of any metallic tools. The achievenment of Neolithic communities in the region of Middle Ganga Plain is incontestably evident by the cultivation of jowar-millet, ragimillet, horse-gram, green-gram (Mung) etc, as summer crops and barley, two forms of wheat, lentil, field-pea, grass-pea (khesari), til, Indian-mustard and linseed as the winter crops in the region, around second millennium B.C. and may be still earlier on some sites." Page 151, प्राग्धारा, अंक 15, Journal of the U.P. State Archaeology Deptt, 2004-2005.

जे0एन0 पॉल, वही

7. नवपाषाण काल एवं ताम्राम काल के विभिन्न खाद्यान्नों के मूल स्रोत पर द्रष्टव्य के0एस0 सारस्वत का उपर्युक्त लेख।
8. के0एस0 सारस्वत, वही, पृ0 148, "The genus comprise .... was probably first cultivated in Arabia and Syria before, finding its way to the Indian subcontinent where G. arboreum had differentiated under cultivation in north-western India and Pakistan."
9. जे0एन0 पाण्डेय एवं आर0पी0 त्रिपाठी, "The settlement and subsistence Pattern of the Early Farming Cultures in the Middle Ganga Plain.: p. 77, History of ariculture in India
10. जे0एन0 पाण्डेय एवं आर0पी0 त्रिपाठी, वही, पृ0 75, "Was there at that time a cultural and perhaps an ethnic inter face between those whose roots were in the south and those who had connection in the north? If so, a certain amount of contact and exchange of goods evidently took place between these two groups, which perhaps had differning ethic and or cultural histories."
11. विभिन्न प्रकार के खाद्यान्नों के वितरण एवं विस्तार पर द्रष्टव्य, के0एस0 सारस्वत का उपर्यक्त शोधपूर्ण लेख।
12. विभा त्रिपाठी, "In the realm of agriculture, wheat cultivation was introduced in the true sense in the upper Gangetic plains by the P.G.W. Culture." p. 354, Origin of Agriculture in India (upto 1200 A.D.) में प्रकाशित

•

चतुर्थ अध्याय

विन्ध्य क्षेत्र की नवपाषाणिक संस्कृतियों में खाद्यान्न के साक्ष्य

कश्मीर, पंजाब, राजस्थान, हरियाणा आदि के पश्चात् पूर्व के नवपाषाणिक स्थलों से खाद्यान्न के सम्बन्ध में अति महत्त्वपूर्ण सूचना प्राप्त होती है। प्रयाग विश्वविद्यालय के प्राचीन इतिहास विभाग द्वारा विन्ध्य क्षेत्र के ऐसे अनेक पुरैतिहासिक स्थलों का उद्घाटन किया गया है, जिनसे आदिम मानव की विकास यात्रा एवं उसकी सांस्कृतिक उपलब्धियों पर पर्याप्त प्रकाश पड़ता है। ऐसे स्थलों में चोपनी, माण्डो, कोलडिहवा, महगरा, महदह, सराय, नाहर राय इत्यादि का उल्लेख किया जा सकता है।[1] इन संस्कृतियों के उद्घाटन विशेष का महत्त्व तीन दृष्टियों से है। प्रथम, पुरापाषाण काल से नवपाषाण काल तक आदिम मानव के सांस्कृतिक विकास का अविच्छिन्न क्रम यहाँ के प्राप्त अवशेषों से ज्ञात हो जाता है। द्वितीय, अन्नोत्पादन, विशेषकर धान की खेती का प्राचीनतम उदाहरण यहीं से प्राप्त होता है। तृतीय, इन संस्कृतियों के उद्घाटन ने उस अवधारणा को बदल दिया है, जिसके अनुसार नवपाषाणिक संस्कृति का विस्तार पश्चिमी या दक्षिण-पूर्वी एशिया से भारत में हुआ। यहाँ इन संस्कृतियों पर किंचित विस्तार से विचार करना अप्रासंगिक नहीं होगा।

चोपनी माण्डो

चोपनी माण्डो इलाहाबाद से 77 कि0मी0 दक्षिण-पूर्व दिशा में बेलन नदी के बायें तट पर स्थित है। इस स्थल की खोज 1967 ई0 में की गई, तत्पश्चात् जी0आर0 शर्मा के निर्देशन में बी0बी0 मिश्र ने यहाँ का उत्खनन कराया। बी0बी0 मिश्र ने चोपनी माण्डो की पुरैतिहासिक संस्कृति को निम्न कालों में विभक्त किया है -

1. अनु पुरापाषाण काल (Epi-Palaeolithic)
2. आरम्भिक मध्यपाषाण काल (Early Mesolithic)
3. विकसित मध्यपाषाण काल अथवा आद्य नवपाषाण काल (Advanced Mesolithic or Proto-Neolithic)

आद्य नवपाषाण कालीन उपकरणों में पत्थर की छेनी, हथौड़ा आदि के अतिरिक्त चक्की, लोढ़ा भी यहाँ से प्राप्त हुये हैं। कम से कम तेरह झोपड़ी के आकार के आवास के अवशेष , चूल्हों की जली हुयी मिट्टी, जानवरों की हड्डियाँ, मृद्भाण्डों के टुकड़े आदि की प्राप्ति से इस काल के निवासियों के भौतिक जीवन पर प्रकाश पड़ता है। संग्रहण एवं आखेट इन आवासों की अर्थव्यवस्था के आधार थे। पशुपालन या सस्योत्पादन के प्रमाण नहीं मिलते। चूल्हों की संख्या आवासों की संख्या से कम हैं। इस आधार पर बी0बी0 मिश्र ने यह मत व्यक्त किया है कि सम्भवतः सम्मिलित चूल्हे (Common hearth) की व्यवस्था रही हो।[2] इसप्रकार के सामुदायिक चूल्हों का होना पुरैतिहासिक काल की पृष्ठभूमि में असाममान्य नहीं कहा जा सकता है। दानी ने मेहरगढ़ के उत्तर में गुमला से वृत्ताकार सामुदायिक चूल्हों (Circular community ovens) का उद्घाटन किया था[3], जिसका उल्लेख ऊपर किया गया है।

यहाँ के प्राप्त अवशेषों में चावल की भी प्राप्ति हुयी है। आद्य नवपाषाण काल (Proto Neolithic) से प्राप्त जले हुये चावल वन्य प्रजाति के हैं[4] जिनका काल नवी-आठवीं सहस्त्राब्दि ई0पू0 निर्धारित किया गया है।[5]

कोल्डिहवा

इलाहाबाद से 85 कि0मी0 दक्षिण-पूर्व में बेलन नदी के बाँयें किनारे पर स्थित कोल्डिहवा से भी चावल की प्राप्ति हुयी है। इस स्थान से प्राप्त चावल के अवशेष नवपाषाण काल के हैं। इनके वैज्ञानिक परीक्षण (Palaeobotanical Analysis) के आधार पर विष्णुमित्रे तथा ते जूं चंग (Te-Tzu Chang) ने यह मत व्यक्त किया कि चावल के अवशेष वन्य प्रजाति के नहीं हैं। इनका उत्पादन नवपाषाणिक जनों द्वारा किया जाता था।[6] प्राप्त कार्बन 14 तिथियों के आधार पर कोल्डिहवा के नवपाषाण की तिथि सातवीं से पाँचवीं सहस्त्राब्दी ई0पू0 निर्धारित की जाती है। ध्यातव्य है कि भारत में चावल के उत्पादन का यह प्राचीनतम साक्ष्य है।

महगरा

बेलन नदी के बायें किनारे पर जहाँ कोल्डिहवा स्थित है वहीं दाहिने किनारे पर महगर की नवपाषाणिक संस्कृति का उद्घाटन हुआ है। उपर्युक्त दोनों स्थान चोपरी माण्डो से मात्र तीन कि0मी0 की दूरी पर हैं। कोल्डिहवा में सांस्कृतिक विकास के तीन काल के प्रमाण उपलब्ध होते हैं प्रथम, नवपाषाण काल, द्वितीय ताम्राश्मकाल तथा तृतीय लौह काल। किन्तु महगर में मात्र नवपाषाणिक संस्कृति का ही प्रमाण प्राप्त होता है। महगर से प्राप्त पुरावशेषों का महत्त्व इस तथ्य में निहित है कि इनसे आखेट युग से अन्नोत्पादन के युग में प्रवेश की प्रक्रिया का स्पष्ट ज्ञान प्राप्त हो जाता है। एक ही स्थान से वन्य पशुओं की हड्डियों के साथ-साथ पालतू गाय, भेड़, बकरी तथा घोड़े आदि के भी प्रमाण प्राप्त होते हैं। एक साथ और काल की वन्य एवं पालतू पशुओं की हड्डियों का मिलना इंगित करता है कि आखेट युग से अन्नोत्पादन के युग में महगर वासियों का संक्रमण हो रहा था।[7] इन अवशेषों में कूटने और पीसने की चक्कियाँ भी प्राप्त होती हैं। किन्तु सर्वाधिक महत्त्वपूर्ण प्राप्ति चावल के दाने तथा धान की भूसी है। मृद्भाण्डों को निर्मित करने से पहले मिट्टी में धान की भूसी मिलाने के प्रमाण मिलते हैं। प्रचुर मात्रा में प्राप्त चावल तथा धान की भूसी, पुआल आदि के आधार पर डी0 मण्डल का यह कथन सर्वथा उचित है कि नवपाषाण कालीन महगर निवासियों का प्रमुख खाद्यान्न चावल रहा होगा।[8] चावल के इन अवशेषों का परीक्षण बीरबल साहनी संस्थान में जहाँ प्राचीन वनस्पतियों का शोध केन्द्र है, किया गया। इसके परिणामस्वरूप विष्णु मित्रे ने चावल के इस विशेष प्रकार को ओरिजा सताइवा (Oryzasativa) कहा। पुनः फिलिपीन्स के अन्तर्राष्ट्रीय व्रीहि शोध संस्थान (International Rice Research Institute, Phillipines) से सम्बद्ध ते जू यंग ने भी इनका परीक्षण करने के बाद इसी प्रकार का मत व्यक्त किया और कहा कि चावल के अवशेष उत्पादित हैं, वन्य प्रजाति के नहीं।[9]

इस तथ्य से भारत में चावल की खेती के विकास क्रम पर भी प्रकाश पड़ता है। ऊपर कहा गया है कि चोपनी भाण्डों से प्राप्त चावल के अवशेष वन्य प्रजाति के हैं और उनकी तिथि नवीं-आठवीं सहस्त्राब्दी है। किन्तु कोल्हिवा तथा महगर से प्राप्त चावल नवपाषाण कालीन जनों द्वारा उत्पादित है तथा इसकी तिथि सातवीं-पाँचवीं सहस्त्राब्दी ई0पू0 है। अतः यह अनुमान स्वाभाविक रूप से लगाया जा सकता है कि लगभग दो सहस्त्राब्दि के अन्तराल में वन्य प्रजाति के चावल के

स्थान पर मनुष्य इसका स्वयं उत्पादन करने लगा था। भारत में धान की खेती का यह प्राचीनतम साक्ष्य है। यहाँ यह उल्लेखनीय है कि वाविलाव (Vavilov) ने बहुत पहले ही यह कहा था कि चावल के उत्पादन का जन्म स्थान भारत ही है।[10] वाविलोव ने यह भी कहा है कि चावल के अतिरिक्त गन्ना, अनेक प्रकार की दलहन की उपज, आम, नींबू की प्रजाति के फल आदि का जन्म स्थान भी भारत रहा है। ध्यातव्य है कि बेलन नदी की इन नवपाषाणिक संस्कृतियों के उद्घाटन से बहुत पहले ही पिगट ने कहा था कि भारत से ही चावल का ज्ञान चीन को हुआ होगा।[11]

यहाँ एक स्वाभाविक प्रश्न यह हो सकता है कि किस प्रकार इस क्षेत्र में प्रभूत मात्रा में धान की खेती होती रही होगी? किस प्रकार मध्यपाषाण काल के वन्य प्रजाति के धान को आद्य नवपाषाण काल में उत्पाादित किया जाने लगा? वास्तव में विन्ध्य के इस क्षेत्र की जलवायु पशु, पक्षी एवं विभिन्न प्रकार की वनस्पतियों के लिए सर्वथा अनुकूल था। बेलन नदी का विस्तृत कछारी क्षेत्र प्रत्येक वर्ष बाढ़ से आप्लावित हो जाता था। इसकी जलोढ़ मिट्टी की खेती के लिये उपयुक्त थी। आरम्भ में वन्य प्रजाति के धान की बाढ़ के वर्षा से पोली हुयी भूमि में प्लवन विधि से (Floatation) डाल दिया जाता था। सम्भव है इस प्रकार की पोली जमीन की लकड़ी के नोकीले दण्ड से खुरच दिया जाता था। इस प्रकार की प्लवन पद्धति में किसी प्रकार के हल की आवश्यकता नहीं होती थी। यही कारण है कि बेलन घाटी के उपर्युक्त नवपाषाणिक स्थलों से उत्पादित चावल या धान के अवशेष तो मिल जाते हैं, किन्तु हल या किसी प्रकार के कृषि सम्बन्धी अन्य उपकरण प्राप्त नहीं होते हैं।[12] कृषि कर्म में बैल या किसी अन्य पशु के प्रयोग के भी प्रमाण नहीं मिलते। सिंचाई के लिये अतिरिक्त संसाधन की भी आवश्यकता नहीं थी। पत्थर के छोटे-छोटे ब्लेड बड़ी मात्रा में यहाँ से प्राप्त हुये हैं, जिनका उपयोग सम्भवतः फसल काटने के लिये किया जाता था। अधिकांश आवासों से पत्थर की चक्की, लोढ़ा या अन्न रखने वाले मृद्भाण्ड प्रचुर मात्रा में मिले हैं। ऊपर कहा गया है कि अन्न कूटने तथा पीसने के उपकरण यहाँ से मिलते हैं, किन्तु अन्न कूटने वाले उपकरण की अपेक्षा पीसने वाले उपकरणों की संख्या अधिक है। इसके अतिरिक्त कोल्डिहवा तथा महगर, दोनों ही स्थानों से, बेर (Jujube) की अध जली या पूरी तरह जली हुयी गुठलियाँ तथा बाँस (Bamboo) के जले हुये कोयले का प्रमाण भी उपलब्ध है। पशुओं के जीवाश्म से भी बेलन घाटी के आदिम मानव के सांस्कृतिक संक्रमण पर प्रकाश पड़ता है। जिस प्रकार वन्य प्रजाति के धान के

स्थान पर वह स्वयं उत्पादन करने लगा, उसी प्रकार अनेक वन्य पशुओं को भी उसने पालतू बना लिया।

जीवाश्म के अध्ययन से निम्न जानवरों की पहचान होती है -

1. गाय-बैल (Bos indicus-Bovidae)
2. भेंड़-बकरी (Ovivignei-Capridae)
3. हरिण (Cervidae)
4. घोड़ा (Equidae)
5. जंगली सूअर (Sus scrofa)
6. कछुआ (Tortoise-Chelonia)
7. मछली (Fish)

अलूर ने इन जीवाश्मों का अध्ययन किया और भेड़, बकरी, गाय, बैल आदि की हड्डियों के परीक्षण के पश्चात् इन्हें पालतू कहा। घोड़े की हड्डी से भी यह ज्ञात हुआ कि यह जानवर भी इस काल में पालतू बना लिया गया था। अन्य जानवरों के जीवाश्म वन्य कोटि के हैं। जिस प्रकार मेहरगढ़ के प्रसंग में जिसका उल्लेख ऊपर किया गया है[13] कुछ विशेष प्रकार के वन्य पशुओं को पालतू बनाने का उल्लेख किया गया है, उसी प्रकार के प्रमाण विन्ध्य क्षेत्र से भी प्राप्त होते हैं। अन्नोत्पादन का ज्ञान होने के पश्चात् आदिम मानव ने उन पशुओं को पालतू बनाना आरम्भ कर दिया जिनमें सहजीवी (Symbiotic trait) प्रवृत्ति विद्यमान थी और जिनकी उसके भौतिक जीवन में उपयोगिता थी। बोलन से बेलन तक पशुओं के सम्बन्ध में यह प्रवृत्ति समान रूप से विद्यमान दिखाई देती है। महगर के नवपाषाणिक जनों के आर्थिक जीवन में पालतू पशुओं का कितना महत्त्व था, यह यहाँ से उद्घाटित पशुओं के बाड़े (Cow pen) से भी ज्ञात हो जाता है। लगभग बीस स्तम्भ गर्तों (Post-holes) से इस बाड़े को घेर दिया गया था। इस बाड़े में किसी प्रकार का घरेलू मृद्भाण्ड का न मिलना और भिन्न-भिन्न आयु के पशुओं के खुर के निशान के मिलने से स्पष्ट हो जाता है कि यह मात्र पशुओं के लिये ही बनाया गया था। इस बाड़े के अन्तर्गत कोई खूँटे (Stake) के निशान नहीं मिलते, जिससे यह ज्ञात होता है कि इसमें पशु बाँधे नहीं जाते थे। पशुओं के खुर के निशान के आधार पर यह कहा गया है कि इन पशुओं की संख्या लगभग 40-60 के बीच रही होगी। पशुधन का महत्त्व इन जनों के जीवन में कितना अधिक था यह इस तथ्य से भी ज्ञात हो जाता है कि बाड़े के पशुओं को सुरक्षित रखने के उद्देश्य से उसके चारों तरफ आवास बना दिये जाते थे। डी0 मण्डल का कथन है

कि यद्यपि नवपाषाण कालीन महगर से परिवार नामक संस्था तथा व्यक्तिगत स्वामित्व की अवधारणा विकसित हो चुकी थी, किन्तु पशुओं के बृहत् बाड़े से ऐसा प्रतीत होता है कि पशुधन पर स्वामित्व सामूहिक (Community property) था।[14]

आखेट एवं जंगल की स्वतः उत्पन्न वनस्पतियों पर जीवन यापन करने वाले आदिम जनों का जीवन संचरणशील होता है। यदि किसी स्थान या क्षेत्र में खाद्य सामग्री या शिकार प्रभूत मात्रा में उपलब्ध हो तो अस्थायी निवास बना कर ऐसे जन रहने लगते थे। इनका जीवन सामूहिक होता था। किन्तु इसी आदिम समूह में जब अन्नोत्पादन का ज्ञान हो जाता है तो शनैः शनैः उनके सामूहिक जीवन में बिखराव या विखण्डन की प्रक्रिया आरम्भ हो जाती है। समूह का स्थान छोटे छोटे कुल या परिवार ले लेते हैं और सामाजिक स्तरीकरण के लक्षण प्रकट होने लगते हैं। इन दोनों ही प्रकार के परिवर्तन के उदाहरण बेलन घाटी की प्रागैतिहासिक संस्कृतियों के उद्‌घाटन से प्राप्त होते हैं। ऊपर चोपनी भाण्डों के उल्लेख के प्रसंग में कहा गया है कि यहाँ के आदिम जनों का जीवन आखेट एवं खाद्य संग्रहण (Gathering) पर आधारित था। पशुपालन या अन्नोत्पादन का ज्ञान नहीं था। पशु का आखेट कर या स्वतः उत्पादित वनस्पतियों आदि से प्राप्त खाद्यान्न क आग में पका कर एक साथ समूह में ही खाते रहे होंगे, जैसा कि यहाँ से प्राप्त सामुदायिक चूल्हे (Common hearth) से ज्ञात होता है। यहाँ से प्राप्त चावल भी वन्य प्रजाति का है। इसे भी आग में पका कर समूह में ही खाते होंगे। किसी प्रकार का व्यक्तिगत स्वामित्व का प्रमाण यहाँ से नहीं मिलता। नवी-आठवीं सहस्त्राब्दी की इस संस्कृति के सामुदायिक जीवन में परिवर्तन लगभग दो सहस्त्राब्दी बाद कोलडिहवा तथा महगरा में दिखाई देता है, जहाँ के निवासियों को अन्नोत्पादन का ज्ञान हो चुका था। इन स्थानों से उद्‌घाटित आवासों में अलग-अलग चक्की, लोढ़ा, अन्न संग्रह करने वाले मृद्‌भाण्ड, भोजन करने के लिए पात्र आदि की प्राप्ति से यह इंगित होता है कि व्यक्तिगत सम्पत्ति की अवधारणा विकसित हो चुकी थी। इसके अतिरिक्त तीन या चार के समूह में आवासों का अलग-अलग बनाया जाना प्रमाणित करता है कि इन स्थानों पर परिवार या कुल में समूह विभक्त हो चुका था। किन्तु इस प्रकार के कुलों में किसी प्रकार के स्तरीकरण की कल्पना का कोई आधार नहीं दिखाई देता है।[15] आवासों से प्राप्त चक्की, लोढ़े आदि की संख्या या किसी किसी आवास में तीन कक्ष के होने का आधार आर्थिक विषमता न हो कर कुलों के सदस्यों का अधिक या कम होना भी हो सकता है। वास्तव में एक ऐसे

आदिम समाज में जो अन्नोत्पादन की प्रक्रिया से अवगत होने के पश्चात् भी पूरी तरह आखेट तथा खाद्य संग्रहण के युग से मुक्त नहीं हो पाया था, सम्पन्नता, स्वामित्व आदि शब्द अप्रासंगिक हो जाते हैं।[16] फिर भी कोल्डिहवा एवं महगर से प्राप्त अवशेषों से ऐसे साक्ष्य मिलते हैं, जिससे सहज में ही यह अनुमान लगाया जा सकता है कि अन्नोत्पादन की प्रक्रिया ने इन आदिमजनों के जीवन को प्रभावित किया था। बड़े-बड़े अन्नागार के नहीं मिलने से स्पष्ट है कि यहाँ के निवासी अभी तक अतिरिक्त उत्पादन (Surplus prouction) नहीं कर पाये थे। किन्तु जैतून के समान, जिसका ऊपर उल्लेख किया जा चुका है[17], यहाँ भी आवासों में अलग-अलग चूल्हों का मिलना प्रमाणित करता है कि परिवार नामक संस्था विकसित होने लगी थी। यह ज्ञात नहीं होता है कि किस प्रकार अन्नोत्पादन तथा उसका वितरण किया जाता था। सम्भवतः अन्नोत्पादन के कार्य में पूरा समूह एक साथ कार्य करता रहा होगा और उत्पादित अन्न का वितरण आवश्यकतानुसार होता रहा होगा। पशुओं के लिये बनाये गये बड़े बाड़े (Cowpen) से भी यही प्रतीत होता है कि पशुधन पर पूरे समूह का अधिकार रहा।

पुरापाषाण काल से मध्य एवं नवपाषाण काल तक, संचरणशीलता से स्थायी निवास तक तथा आखेट से अन्नोत्पादन तक के सांस्कृतिक विकास को उद्घाटित करने वाली उत्तरी विन्ध्य क्षेत्र की इन संस्कृतियों का सम्पर्क समकालीन अन्य संस्कृतियों से था या नहीं, यद्यपि इन प्रश्नों पर विचार करना यहाँ प्रासंगिक नहीं फिर भी पश्चिमी तथा दक्षिण-पूर्वी एशिया की समकालीन अन्य अन्नोत्पादक संस्कृतियों के साथ इनके सादृश्य को रेखांकित किया जा सकता है। इस काल में धान की खेती का ज्ञान इस क्षेत्र को विश्व के अन्य पुरास्थलों से अलग कर देता है, किन्तु ऐसे कतिपय पक्ष हैं जो विन्ध्य के इस क्षेत्र तथा अन्य क्षेत्रों में समान रूप से दिखाई देते हैं। इस सम्बन्ध में जयनारायण पाण्डेय ने एक महत्त्वपूर्ण पक्ष का उल्लेख किया है, जिसका यहाँ प्रस्तुत करना समीचीन प्रतीत होता है। उनके अनुसार "इस संस्कृति की कतिपय विशेषताएँ जैसे गोल समन्तान्त की ओपदार प्रस्तर-कुल्हाड़ियाँ, डोरी-छाप मृद्भाण्ड आदि देश और काल की दृष्टि से पूर्वी तथा पूर्वोत्तर भारत, बांगला देश और दक्षिण-पूर्व एशिया के अपेक्षाकृत विस्तृत क्षेत्र में मिलते हैं। दक्षिण-पूर्व एशिया की संस्कृतियों के रेडियो कार्बन-तिथि क्रम के अनुसार दो कालानुक्रम मिलते हैं। प्रथम मत के अनुसार इन संस्कृतियों का कालानुक्रम पाँचवीं-चौथी सहस्त्रब्दि ई0पू0 माना जा सकता है। द्वितीय मत के अनुसार यह कालानुक्रम तीसरी-दूसरी सहस्त्राब्दि ई0पू0 में रखा जा सकता है।

उत्तरी विन्ध्य क्षेत्र की नवपाषाणिक संस्कृति का प्रस्तावित कालानुक्रम असंदिग्ध और निर्विवाद नहीं कहा जा सकता है। अधिक सम्भावना इस बात की है कि इस संस्कृति के विकास का कालमान 2500 ई0पू0 से 1300 ई0पू0 के मध्य रखा जा सकता है। यह कालमान महगर से प्राप्त रेडियोकार्बन तिथियों को ध्यान में रखते हुये सुझाया गया है। यद्यपि इस सम्बन्ध में किसी निश्चित मत तक पहुँचने के लिये अभी और अधिक साक्ष्य अपेक्षित है, लेकिन उपलब्ध जानकारी के आलोक में यह मत उपर्युक्त एवं संगत प्रतीत होता हैं उत्तरी विन्ध्य क्षेत्र की नवपाषाणिक संस्कृति पर इस प्रकार दक्षिण पूर्व एशिया का प्रभाव माना जा सकता है।"[18]

उपर्युक्त पंक्तियों में पाण्डेय ने दो महत्त्वपूर्ण बातें कहीं हैं। मृद्भाण्डों तथा कुछ विशेष प्रकार के उपकरणों की समानता के आधार पर विन्ध्य क्षेत्र की संस्कृति की पूर्वी, पूर्वोत्तर भारत, बांगलादेश तथा दक्षिण-पूर्वी एशिया की संस्कृतियों से सम्बद्ध माना जा सकता है। स्पष्ट है कि पाण्डेय के अनुसार विन्ध्य क्षेत्र की संस्कृतियाँ, अन्य, क्षेत्रों से असम्पृक्त एवं स्वतः स्फूर्त नहीं थीं। द्वितीय, उन्होंने विन्ध्य क्षेत्र की पाषाणिक संस्कृतियों की तिथि या कालमान के विषय में गम्भीर सन्देह व्यक्त किया है।

जहाँ तक पाषाण कालीन संस्कृतियों के परस्पर सम्पर्क तथा एक का दूसरे पर प्रभाव की बात है जय नारायण पाण्डेय के कथन का समर्थन अन्य साक्ष्यों से भी होता है। उदाहरण के लिये कश्मीर की बुर्जहोम संस्कृति का, जिसका उल्लेख ऊपर किया जा चुका है, साक्ष्य प्रस्तुत किया जा सकता है। ध्यातव्य है बुर्जहोम से ऐसे अवशेष प्राप्त हुये हैं, जो भारत में अन्यत्र दिखाई नहीं देते। ऐसे अवशेषों में हड्डी के उपकरण, पत्थर के आयताकार छिद्र युक्त छुरे, भू-गर्त में आवास तथा अपने स्वामी के साथ कुत्ते को भी समाधि में रखना बुर्जहोम की नवपाषाणिक संस्कृति की ऐसी विशेषतायें हैं जो इसे भारत की अन्य नवपाषाणिक संस्कृतियों से अलग कर देती है। आल्विन ने बुर्ज होम की इन नवपाषाणिक विशेषताओं के सम्बन्ध में कहा है कि यह सभी भारतीय परम्परा से भिन्न हैं। इन सभी विशेषताओं का सादृश्य उत्तरी चीन की नवपाषाणिक संस्कृति में मिल जाता है और अपने स्वामी के साथ कुत्ते को समाधि में रखने का प्रमाण मंचूरिया के अंग-अंग शी (Ang Ang Hsi) से प्राप्त होता है। अमूर नदी के ऊपरी भाग में शिल्का गुफा से जो अवशेष मिले हैं, उनसे भी यही अनुमान लगाया जा सकता है कि यहाँ के निवासी कुत्ते को एक धार्मिक अनुष्ठान का दर्जा देते थे। दूसरी तरफ उत्तरी चीन की नवपाषाणिक संस्कृति के अवशेषों में हड्डी के जो उपकरण अधिक

मात्रा में मिले हैं उनका सम्बन्ध वुर्जहोम से प्राप्त हड्डी के उपकरणों से दिखाई देता है। इस आधार पर यह कहा जा सकता है कि बुर्जहोम की नवपाषाणिक आखेट पर आधारित संस्कृति का सम्पर्क उत्तरी एवं उत्तर पश्चिमी चीन एवं मध्य एशिया से रहा।[19]

जयनारायण पाण्डेय ने उत्तरी विन्ध्य क्षेत्र की नवपाषाणिक संस्कृति का दक्षिण पूर्वी एशिया की नवपाषाणिक संस्कृतियों के साथ जिस सम्पर्क की सम्भावना को व्यक्त किया है या आल्विन ने कश्मीर की जिस नवपाषाणिक संस्कृति का उत्तरी चीन की नवपाषाणिक संस्कृतियों के साथ सम्बन्ध दिखाया है, उससे यह तथ्य पुष्ट हो जाता है कि मध्य एवं नवपाषाण कालीन संस्कृतियों का विकास एक दूसरे से पूरी तरह असम्पृक्त नहीं था। इस काल के मानव की सतत संचरणशीलता ने सांस्कृतिक सम्पर्क एवं अनेक तत्वों के परस्पर आदान-प्रदान को सम्भव ही नहीं, अपरिहार्य भी बना दिया होगा। ऊपर चीन की अन्नोत्पादक संस्कृतियों के प्रसंग में कहा गया है कि एण्डरसन ने यांग शाओसुन से चावल के प्रमाण प्राप्त किये थे और इस आधार पर वाटसन ने कहा था कि यहाँ के निवासी चावल की खेती से अपरिचित नहीं थे। इन संस्कृतियों के उद्घाटन से बहुत पहले ही स्टुअर्ट पिगट ने यह मत व्यक्त किया था कि यद्यपि नवपाषाणिक चीन का खाद्यान्न ज्वार था, किन्तु ई0पू0 2000 के लगभग भारत से धान की खेती का ज्ञान प्रसार चीन में हुआ होगा।[20] अन्नोत्पादन के क्षेत्र में गंगा घाटी के इस अंचल की प्राथमिकता उपर्युक्त साक्ष्य के प्रकाश में जहाँ प्रमाणित होती है, वहीं इसकी भी प्रबल सम्भावना है कि धान की खेती का ज्ञान उत्तरी विन्ध्य क्षेत्र उत्तरी-पूर्वी चीन एवं दक्षिण-पूर्वी एशिया तक गया हो। उत्तरी विन्ध्य क्षेत्र को धान की खेती के सम्बन्ध में प्राथमिकता देने का प्रमुख आधार यहाँ के प्राप्त चावल के अवशेषों की तिथियाँ हैं, जो वैज्ञानिक परीक्षण के पश्चात् निर्धारित की गई है।

अन्नोत्पादक संस्कृतियों के परस्पर सम्पर्क या उनमें विद्यमान सादृश्य को असामान्य नहीं कहा जा सकता है। इस प्रकार के सादृश्य मेहरगढ़, इरान, जैतून आदि की अन्नोत्पादक संस्कृतियों से उद्घाटित हो चुका है। बाह्य जगत के साथ मेहरगढ़ के सम्पर्क के विषय में एम. शरीफ के कथन का उल्लेख ऊपर किया गया है, जिसमें उन्होंने इस अन्नोत्पादक संस्कृति का इरान, मध्य एशिया, उत्तरी अफगानिस्तान आदि के सम्बन्ध को स्वीकार किया है।[21] इसी प्रकार का विचार बी0के0 थापर ने भी व्यक्त किया और कहा कि मेहरगढ़ के पुरावशेषों का दक्षिणी तुर्कमेनिस्तान के जैतून तथा उत्तरी इरान के टेप-संग-इ तथा चकमक से घनिष्ट

सादृश्य दिखाई देता है इसी प्रकार के सांस्कृतिक सम्पर्क के साक्ष्य नवपाषाण काल की जिजियंग संस्कृति (Xinjiang) के साथ भी दिखाई देता है। किन्तू गंगा घाटी क्षेत्र के उद्घाटन ने अन्नोत्पादन के विषय में इस क्षेत्र की प्राथमिकता को प्रमाणित कर दिया है।[22]

निश्चय ही नवपाषाणिक अन्नोत्पादक संस्कृति का प्रस्फुटन एवं विकास मध्यपाषाण कालीन आखेट एवं खाद्यान्न संग्रहण की पृष्ठभूमि से सम्भव हुआ। इसका प्रमाण प्रतापगढ़ से 15 कि0मी0 दूर सराय नहर राय तथा इसी जनपद में पट्टी तहसील के महदह से, जिसका उत्खनन बी0डी0 मिश्र, जे0एन.0 पाल तथा डी0 मण्डल के निर्देशन में हुआ था, प्राप्त होता है।[23] इन दोनों स्थान से अन्नोत्पादन के प्रमाण प्राप्त नहीं होते, किन्तु सरायनहर राय से एक बृहत आकार के चूल्हे (Community Hearth) का अवशेष मिलता है। महदह से प्राप्त अवशेषों में अधिसंख्य ऐसे हैं, जिनका सम्बन्ध खाद्य सामग्री को तैयार करने से होता है। ऐसे उपकरणों में चक्की, लोढ़ा धन (Anvil) हथौड़ा आदि प्रमुख हैं। इन उपकरणों की प्राप्ति से यह स्वाभाविक निष्कर्ष निकाला जा सकता है कि जंगली खाद्यान्न का संग्रह करने के पश्चात् उसे पकाकर पूरा समूह एक साथ खाता रहा होगा। वन्य वनस्पतियों से प्राप्त अन्न के दानों को चक्की लोढ़े आदि से कूट-पीस कर और पुनः आग में पका कर मध्यपाषाण काल के लोग खाते रहे होंगे। चूल्हे में प्राप्त जली हुयी मिट्टी से भी यह स्पष्ट हो जाता है। यहाँ के सस्य-युक्त वनस्पतियों से खाने योग्य सामग्री का संग्रह किया जाता होगा जैसा कि महदह तथा दमदमा से प्रभूत मात्रा में प्राप्त चक्की लोढ़े आदि से ज्ञात होता है। पशुओं की प्राप्त हड्डियों से भी इस कथन की पुष्टि होती है कि यहाँ के लोग अभी तक खाद्य संग्रहण तथा आखेट पर ही निर्भर थे। इन हड्डियों के परीक्षण से ज्ञात होता है गाय-बैल, भेड़, बकरी, सूअर, हरिण, हिप्पो या दरियाई घोड़ा के अतिरिक्त मछली कछुआ एवं पक्षी आदि को मार कर खाया जाता था। वृषभ की तीन प्रजातियों के जीवाश्म प्राप्त हुये हैं, जो बास इण्डिकस (Bos-indicus) बास वुबालस (Bos-bubalus) तथा बास गोरस (Bos-gaurus) है।[24] अलूर ने जीवाश्म के परीक्षण के पश्चात् इन पशुओं को वन्य बताया। अतः स्पष्ट है कि मध्य पाषाण कालीन जनों का जीवन संग्रह एवं पशुओं के शिकार पर ही आधारित था। किन्तु कालान्तर में जब इनका प्रवेश नवपाषाण काल में हुआ, इनमें से कुछ विशेष प्रकार के पशुओं को पालतू बनाने की प्रक्रिया आरम्भ हुयी, साथ ही वन्य खाद्यान्न का बीज के रूप में वपन कर अन्नोत्पादन भी किया जाने लगा।

अन्नोत्पादन के ज्ञान ने संचरणशीलता को समाप्त करने में सहायता प्रदान की। विन्ध्य तथा गंगा की घाटी में स्थायी निवास के प्रमाण नवपाषाण काल से ही मिलने लगते हैं। कालान्तर मे इन स्थायी आवासों के आकार में जहाँ वृद्धि होती गई, वही इनके अन्नोत्पादन में भी विविधता दिखाई देती है। धान के अतिरिक्त गेहूँ, यव, मूंग, मसूर आदि खाद्यान्नों के प्रमाण पूरब में चिरांद तक प्राप्त होते है।। प्राप्त पुरातात्विक प्रमाणों से यह ज्ञात होता है कि नवपाषाणिक आदिम वस्तियाँ आरम्भ में आत्मनिर्भर रहीं, किन्तु उत्तरोत्तर इनकी आत्मनिर्भरता (Self-sufficiency) समाप्त होती गई और इनमें कार्य विभाजन एवं विभिन्न प्रकार के शिल्पों का आविर्भाव हुआ। समूह का एक वर्ग जहाँ पूर्ववत् अन्नोत्पादक बना रहा, वहीं अन्य जन शिल्पी तथा विभिन्न प्रकार के उद्योगों में विशेषज्ञता प्राप्त करने लगे। ताँबा काँसे आदि के ज्ञान ने कार्य विभाजन की इस प्रक्रिया को गति प्रदान किया।

संदर्भ

1. इन पुरास्थलों के विस्तृत विवरण के लिये, द्रष्टव्य 'विगनिंग्स ऑफ एग्रिकल्चर' जी0आर0 शर्मा (सं0), चोपनी माण्डो (बी0बी0 मिश्र) महदह (बी0डी0 मिश्र एवं जे0एन0 पाल)), महगर (डी0 मण्डल)
2. वही, पृ0 40
3. वही, पृ0 21
4. बी0बी0 मिश्र, वही, पृ0 69
5. जी0आर0 शर्मा, वही, पृ0 23
6. द्रष्टव्य, वही, पृ0 135-136
7. द्रष्टव्य, हिस्ट्री ऑफ सिविलाइजेशन ऑफ सेण्ट्रल एशिया, जिल्द 1, ए0एच0 दानी एवं वी0एस0 मसीन (सं0) में प्रकाशित, एम0 शरीफ एवं वी0के0 थापर का लेख, 'फूड प्रोड्यूसिंग कम्युनिटिज इन पाकिस्तान एण्ड नार्दन इण्डिया' में वी0के0 थापर का कथन, पृ0 151
8. द्रष्टव्य, विगनिंग्स ऑफ एग्रिकल्चर में प्रकाशित, महगर पर डी मण्डल का लेख, पृ0 188, वही, जी0आर0 शर्मा, इण्ट्रोडक्सन, पृ0 23
9. वही, पृ0 182
10. वाविलोव के मत के लिये, जो कि Phytogeographic Basis of Plant Breeding में व्यक्त किया गया है, द्रष्टव्य, ''विगनिंग्स ऑफ एग्रिकल्चर में जी0आर0 शर्मा लिखित इण्ट्रोडक्सन, पृ0 22

11. द्रष्टव्य, ऊपर पृ0 37, चावल के सम्बन्ध में चीन के विभिन्न स्थानों से प्राप्त तिथियाँ हैं - ''4200 वी0पी0 (होनान प्रान्त में हु अंग लिवेन शु), 4700 वी0पी0 (चेकियंग प्रान्त में चि येन शन यंग) 5400 वी0पी0 (शंघाई के निकट शुंग ली), थाई लैण्ड के नान नोक था से 5000 वी0पी0 द्रष्टव्य, विगनिंग्स .... जी0आर0 शर्मा लिखित 'इण्ट्रोडक्सन, पृ0 23-24
12. डी0 मण्डल, वही, पृ0 188
13. द्रष्टव्य, ऊपर, पृ0 18
14. वही, पृ0 192-193
15. डी0 मण्डल, वही, पृ0 191, आवासों से प्राप्त घरेलू उपकरणों आदि के आधार पर कुछ परिवार को अपेक्षाकृत अधिक सम्पन्न होने की कल्पना करते हैं।
16. एम0जे0 हर्स्कोविट्रज ने इकानामिक एथ्रोपालिजी, में आखेटक, पशुपालक, खाद्यसंग्राहक, अन्नोत्पादक आदि समूहों में प्रचलित स्वामित्व, सम्पत्ति, भूधृति आदि धारणाओं पर विस्तार से विचार प्रस्तुत किया है; द्रष्टव्य इस पुस्तक के चौथे भाग में अध्याय 14-17 तक
17. द्रष्टव्य, ऊपर, पृ0 31-32
18. जयनारायण पाण्डेय, पुरातत्त्व विमर्श, पृ0 324
19. आल्विन, द बर्थ ऑफ इण्डियन सिविलाइजेशन, पृ0 160
20. द्रष्टव्य, ऊपर, पृ0 37
21. द्रष्टव्य, ऊपर, पृ0 23
22. ए0एच0 दानी एवं वी0एम0 मसोन (सं0) हिस्ट्री ऑफ सिविलाइजेशन्स ऑफ सेण्ट्रल एशिया, जिल्द 1, में प्रकाशित ''फूड प्रोड्यूसिंग कम्यूनिटीज इन पाकिस्तान एण्ड नार्दर्न इण्डिया'', लेखक एम0 शरीफ एवं वी0के0 थापर, पृ0 151
23. इन स्थानों के विस्तृत विवरण के लिये द्रष्टव्य, ''विगनिंग्स ऑफ एग्रिकल्चर'' जी0आर0 शर्मा (सं0) पृ0 79
24. विगनिंग्स ऑफ एग्रिकल्चर', पृ0 79

•

पंचम अध्याय

विन्ध्य क्षेत्र की पुरैतिहासिक संस्कृति II पुनरावलोकन

चावल के पुरातात्त्विक साक्ष्य के प्रसंग में पिछले पृष्ठों में विन्ध्य क्षेत्र के कतिपय पुरास्थलों का उल्लेख किया गया है। इस क्षेत्र की पुरा संस्कृति के उद्‌घाटन का श्रेय जी0आर0 शर्मा, राधाकान्त वर्मा, वी0डी0 मिश्र, जे0एन0 पाण्डेय, जे0एन0 पाल तथा कुछ अन्य पुरातत्त्वविदों को जाता है, जिनके निर्देशन में चोपनी माण्डो, कोल्डिहवा, महगर, कुन्झुन, सरायनाहर राय, महदह, दमदमा, झूसी, टोकवा आदि के पुरास्थलों का उत्खनन कराया गया। इनके प्रयास के परिणाम स्वरूप विन्ध्य की जिस संस्कृति का उद्‌घाटन हुआ उसका काल मध्यपाषाण काल के आरम्भ से नवपाषाण काल तथा इसके बाद तक निर्धारित होता है। इन पुरास्थलों से प्राप्त अवशेषों से यह ज्ञात हो जाता है कि यहाँ रहने वाले कुछ विशेष प्रकार की वनस्पतियों को जो उनके लिए जीवनोपयोगी थीं, पहचानने लगे थे और कालान्तर में उनका उत्पादन भी करने लगे थे। इसके अतिरिक्त पशुओं की जो हड्डियाँ प्राप्त हुयी हैं उनसे यह ज्ञात होता है कि विन्ध्य क्षेत्र में भेड़, बकरी, गाय, बैल, घोड़ा आदि को पालतू बनाया जाता था। इन पुरातत्त्वविदों ने इस क्षेत्र से प्राप्त खाद्यान्न, पशुओं की हड्डियाँ तथा मृद्‌भाण्डों के अवशेषों के आधार पर विन्ध्य-संस्कृति के विषय में जो विचार व्यक्त किया है, उनका उल्लेख पिछले अध्याय में किया गया है। उनके द्वारा प्रस्तुत विवरण की समीक्षा निम्न पृष्ठों में की गई है -

1. मध्यपाषाण काल से ऐतिहासिक काल तक विन्ध्य संस्कृति के विकास क्रम में सातत्य (Continuity) दिखाई देता है।

2. विन्ध्य संस्कृति के निर्माता यहाँ के मूल आदिम जन ही थे। यहाँ के आदिम जनों ने ही सर्वप्रथम वन्य चावल (wild rice) से कालान्तर में स्वतः

उत्पादित चावल (Cultivated rice) को विकसित किया। यहाँ के वन्य पशुओं (Wild animals) में से उन पशुओं को पालतू (domesticated) बनाया जिनकी उनके जीवन में उपयोगिता थी। यहाँ से प्राप्त हस्तनिर्मित मृद्‌भाण्ड यहाँ के लोगों की अपनी कृति थी, इस पर बाहरी प्रभाव नहीं दिखाई देता। कुल मिलाकर विन्ध्य संस्कृति की अलग पहचान और स्वतन्त्र व्यक्तित्व है, इस पर बाह्य प्रभाव कभी नहीं पड़ा।[1]

3. भारतीय पुरातत्त्व के इतिहास में विन्ध्य संस्कृति के महत्त्व का प्रमुख कारण यहाँ से प्राप्त चावल के साक्ष्य हैं। चोपनी भाण्डों से चावल के जो साक्ष्य प्राप्त हुए उसके आधार पर 1980 में जी0आर0 शर्मा ने कहा था कि विश्व में चावल का यह प्रथम और प्राचीनतम साक्ष्य है।[2] आगे उन्होंने यह भी कहा कि अभी तक (1980) जो साक्ष्य प्राप्त हुए हैं उनसे यही प्रमाणित होता है कि वेलन नदी के इस क्षेत्र में चावल का उत्पादन यहाँ के आदिमजनों द्वारा किया जाता था। चावल के उत्पादन में किसी भी बाहरी संस्कृति का कोई योगदान नहीं था। यह यहाँ के आदिमजनों की मौलिक उपलब्धि थी। कोल्डिहवा एवं महगर के प्रसंग में कहा गया है कि यहाँ से चावल के प्रमाण बड़ी मात्रा में प्राप्त हुए हैं जो इंगित करते हैं कि नवपाषाण काल में ही यहाँ का मुख्य भोजन (Staple food) चावल ही था।[3] वी0डी0 मिश्र ने तो अन्नोत्पादन के आधार पर उत्तर भारत को दो वर्गों में बाँट दिया है, प्रथम उत्तर-पश्चिमी जहाँ यव, गेहूँ आदि का उत्पादन होता था और द्वितीय, विन्ध्यक्षेत्र, जहाँ से चावल के उत्पादन का आरम्भ हुआ।[4]

4. विन्ध्य क्षेत्र का महत्त्व गंगा-सरयू के विस्तृत मैदानी भाग के लिए दो अन्य दृष्टियों से भी बहुत अधिक था। प्रथम, पुरापाषाण काल की समाप्ति तथा मध्यपाषाण काल के प्रारम्भ में विन्ध्य क्षेत्र के आदिम जन गोरखपुर के सोहगौरा एवं सन्तकबीर नगर के लहुरादेवा तथा अन्य निकटवर्ती स्थानों में आकर स्थायी या अस्थायी रूप में बस गये।[5] विन्ध्य क्षेत्र से आने वाले आदिम जन मात्र सरयूपार क्षेत्र में ही नहीं बसे, इन्होंने गंगा घाटी में महदह एवं दमदमा (प्रतापगढ़) को भी अपना निवासस्थली बनाया। किन्तु इसी प्रसंग में आगे यह भी कहा गया कि इन स्थानों से मध्यपाषाण काल के पश्चात् अर्थात् नवपाषाण काल के उनके कोई अवशेष यहाँ से नहीं मिलते। इस आधार पर यह कहा गया कि महदहा और दमदमा के लोग जहाँ से आये थे अर्थात् विन्ध्यक्षेत्र से जो उनका मूल स्थान था, वहीं लौट गये।[6] गंगा घाटी के इन क्षेत्रों का त्याग करना और पुनः अपने निवास स्थान विन्ध्य क्षेत्र को लौट जाने का क्या कारण था? इसके उत्तर में यह कहा गया

है कि इसके दो कारण थे प्रथम, आबादी का बढ़ना या दबाव (rise in population) और द्वितीय, नदी के निकटवर्ती क्षेत्र से प्राकृतिक सम्पदा की समाप्ति।[7]

5. गंगा-सरयू क्षेत्र के लिए विन्ध्य की संस्कृति का महत्त्व एक अन्य दृष्टि से भी बताया गया। यह कहा गया है कि गंगा-सरयू के विस्तृत मैदान में पत्थर (Stones) का नितान्त अभाव रहा है। यहाँ पत्थर नहीं मिलता है जबकि महदह एवं दमदमा में पत्थर के जात, मूसल, ओखली आदि बड़ी संख्या में मिले हैं। पत्थर की प्राप्ति के लिए सबसे निकट का श्रोत विन्ध्यक्षेत्र ही था। अतः महदह, दमदमा आदि के आदिम जन विन्ध्य क्षेत्र से ही, जहाँ से वह गंगा घाटी में आये थे और जहाँ के वह मूल निवासी थे, पत्थर लाये होंगे।[8] यही स्थिति सरयूपार क्षेत्र की भी थी। यह कहा गया है कि सरयूपार क्षेत्र में जहाँ सोहगौरा, लहुरादेवा तथा कुछ अन्य पुरा स्थल मिले हैं पत्थर नहीं मिलता है। अतः यहाँ के आदिम जन पत्थर का उपकरण या अन्य सामग्री निर्मित करने के लिए विन्ध्य क्षेत्र से पत्थर लाते थे।[9]

उपर्युक्त पंक्तियों में विन्ध्य संस्कृति के सम्बन्ध में जो कुछ भी कहा गया है उसका आधार वह विवरण है, जो उन पुरातत्त्वविदों द्वारा प्रस्तुत किया गया है, जिन्हें इस संस्कृति को प्रकाश में लाने का श्रेय प्राप्त है। उनके इस विवरण से इस संस्कृति का ऐसा चित्र प्रस्तुत होता है जिससे यह प्रतीत होता है कि गंगा घाटी के विस्तृत मैदान में जो नवपाषाणिक संस्कृति विकसित हुयी उसका उद्गम अथवा स्रोत (springboard) विन्ध्य संस्कृति ही रही।[10]

संक्षेप में, विन्ध्य संस्कृति का योगदान अद्वितीय है। यहीं से भारत एवं भारत से बाहर के लोगों का चावल से परिचय हुआ, यहीं से जाकर लोगों ने गंगाघाटी को आबाद किया और कालान्तर में जब गंगाघाटी में जीविकोपार्जन के स्रोत समाप्त हो गये तो अपने मूल निवास स्थान विन्ध्य क्षेत्र को लौट गये, यहीं से चक्की, जाँत, मूसल आदि बनाने के लिए पत्थर गंगा घाटी में महदह, दमदमा आदि एवं सरयूपार क्षेत्र में सोहगौरा, लहुरादेवा तक आदिम जन ले गये।

यहाँ यह उल्लेखनीय है कि संचरणशीलता पाषाणकालीन आदिम जनों के जीवन की अपरिहार्य विवशता थी। वह किसी स्थान या क्षेत्र में तब तक अस्थायी रूप में रहता था, जब तक वहाँ जीवनयापन के लिए खाद्य वनस्पतियाँ एवं शिकार के लिए जंगली पशु सुलभ होते थे। इनका अभाव होने पर वह अन्यत्र प्रव्रजन कर जाता था। यह संचरणशीलता उसके जीवन में उत्तरोत्तर नवीन पाषाण काल में उस समय समाप्त होने लगी जब उसे कृषि का ज्ञान हुआ और वह स्थायी आवास बना

कर रहने लगा। कृषि ज्ञान से पहले उसके लिए सरयूपार या मध्य गंगा घाटी या विन्ध्यक्षेत्र का कोई महत्त्व नहीं था। एक ही जनसमूह एक अवधि के पश्चात् दूसरे स्थान पर प्रव्रजन कर जाता था।

पुनः यह कहा गया है कि विन्ध्यक्षेत्र में चोपनी भाण्डों से तथा कोल्डिहवा, महगर आदि से धान या चावल के साक्ष्य प्राप्त हुए हैं जो भारत ही नहीं विश्व में प्राचीनतम साक्ष्य हैं। यहीं से चावल के उत्पादन का प्रसार हुआ। इस सम्बन्ध में सर्वप्रथम यह ध्यातव्य है कि उत्तर एवं दक्षिण, पश्चिम एवं पूर्वी भारत में अनेक पुरास्थलों से चावल के साक्ष्य प्राप्त हुए हैं। लोथल (2300 ई0पू0), रंगपुर (2000-1800 ई0पू0), नवदाटोली (1550-1400 ई0पू0), हस्तिनापुर (1100-800 ई0पू0), अतरंजीखेरा (1200-600 ई0पू0), लालकिला (1880 ई0पू0), हरियाणा (2700-2800 ई0पू0) इमलीडीह खुर्द, नरहन, सेनुवार, चिरांड, पाण्डुराजारदिबी आदि पुरास्थलों से चावल, चावल की भूसी, धान के पुआल आदि प्राप्त हुए हैं। इसके अतिरिक्त उड़ीसा के जेपुर (Jeypore) तथा दक्षिण भारत को भी चावल के उद्भव का मूल स्थान बताया गया है।[11]

वास्तव में चावल के उद्भव एवं इसके प्रसार के सम्बन्ध में किसी एक स्थान या एक समय का निर्धारण करना सही नहीं है। इसके जो भी साक्ष्य अब तक भारत या चीन या दक्षिण पूर्वी एशिया से प्राप्त हुए हैं उनके आधार पर यह कहा जा सकता है कि चावल के उद्भव का कोई एक स्थान एवं काल (space nad time) के निर्धारण का प्रयास करना पुरैतिहासिक साक्ष्यों की उपेक्षा करना है।

पुनः इस कथन का कोई आधार नहीं है कि भारत के पश्चिम उत्तरी भाग से चावल के जो साक्ष्य प्राप्त हुये हैं उसका उद्गम (springboard) विन्ध्य का चावल है। इस कथन की पुष्टि तो तब होगी जब विन्ध्य एवं पश्चिम उत्तर के चावल एक किस्म के प्रमाणित होंगे। सत्य यही है कि चोपनीमाण्डो कोल्डिहवा, महगर आदि से प्राप्त चावल स्थानीय (Local) हैं। ठीक उसी तरह जिस तरह जोथल, रंगपुर, नवदाटोली आदि के हैं। इस सम्बन्ध में यह भी ध्यातव्य है कि भारत में ही चावल की चार हजार किस्में पाई जाती हैं जिसका उल्लेख रनधावा ने किया है। अतः विन्ध्यक्षेत्र या किसी अन्य क्षेत्र के चावल का उद्गम स्रोत नहीं कहा जा सकता। इस कथन की पुष्टि के0एस0 सारस्वत द्वारा व्यक्त उस शोधपूर्ण विवरण से हो जाती है जिसका आधार वनस्पतिशास्त्र, भूगर्भशास्त्र, भूगोल, भाषाशास्त्र, पुरातत्त्व आदि हैं। इसे उन्हीं के शब्दों में प्रस्तुत करना संगत होगा।[12]

वास्तव में जिस ओरिजा सताइवा का उल्लेख विन्ध्य क्षेत्र के प्रसंग में किया गया है उसकी उत्पत्ति भी रुफिपोगोन, निवारा आदि वन्य घासों से ही हुयी है। ओरिजा सताइवा से पहले इन वन्य घास के दानों को ही मध्यपाषाण काल के आरम्भ तक आदिम जन खाते थे। यह घास उस क्षेत्र में प्रभूत मात्रा में स्वतः उद्भूत होती है जहाँ जल का श्रोत अधिक होता है। यही कारण है कि भारत में चावल की पैदावार पूर्वी भारत, पश्चिमी बंगाल, उत्तरी विहार एवं उरीसा में सर्वाधिक होती है जहाँ 1500 मि0मी0 वर्षा हो जाती है। उरीसा के जेपुर में आज भी आदिवासी जन चावल की इसी वन्य घासों को संचित करते हैं और खाते हैं। जलवायु और मिट्टी की भिन्नता के कारण इस वन्य घास और सताइवा के रंग और आकार में न्यूनाधिक भिन्नता आ जाती है। भारत के बाहर दक्षिणी चीन, और दक्षिण पूर्वी एशिया में चावल की पैदावार के साक्ष्य नवीन पाषाण काल से ही मिलने लगते हैं।

1970-80 के बीच चीन में हेमुदू (Hemudu) मजियाबैग एवं डैक्सी (Dexi) से चावल के जो साक्ष्य प्राप्त हुये उसका उल्लेख पुरुषोत्तम सिंह ने किया है। इन साक्ष्यों के आधार पर चावल का काल निर्धारण आज से 6000-5500 वर्ष पहले का किया गया था और कहा गया था कि चावल की उत्पत्ति एवं उद्भव का एक केन्द्र यांगटीजी (Yangtze) घाटी का निचला भाग रहा होगा। किन्तु इसके कुछ समय बाद ही मध्य यांगटीजी घाटी में स्थित पेंगताओशान (Pengtoushan) और चेंगबेक्सी (Chengbeixi) से चावल के जो साक्ष्य मिले उनका काल आज से 9000-7000 वर्ष पूर्व निर्धारित किया गया है और यह मान लिया गया कि चावल का उद्गम स्थान यांगटीजी की घाटी ही रहा है। किन्तु इसके बाद के नवीन शोध से चावल की उत्पत्ति और अधिक पहले जाती है। चीन के युचन्यान (Yuchanyan), जियानरेनडांग (Xianrendong), दियाओतोंग (Diaotonghuan) हुआन से चावल की खेती के जो साक्ष्य मिले हैं उनसे इसका काल आज से 10,000 वर्ष पहले निर्धारित होता है। उन्होंने आगे युचन्यान से प्राप्त मृद्भाण्डों एवं अधजले अवशेषों की कार्बन 14 से ज्ञात तिथियों का भी उल्लेख किया जो 12060 $\pm$ 120 और 12320 $\pm$ 120 आज से पूर्व की हैं।[13]

यद्यपि यह नहीं कहा जा सकता है कि चावल की खेती का ज्ञान भारत को चीन से मिला किन्तु इतना निश्चित रूप से कहा जा सकता है कि विन्ध्य क्षेत्र से प्राप्त चावल विश्व में चावल के प्राचीनतम प्रमाण नहीं हैं। जहाँ तक भारत और चीन के बीच सांस्कृतिक सम्पर्क का प्रश्न है वह नवपाषाण काल के पुरातात्विक

साक्ष्य से प्रमाणित हो जाता है। आल्चिन ने वुर्जहोम एवं उत्तर तथा उत्तर-पश्चिमी चीन के बीच नवपाषाण काल की कुछ समान परम्पराओं का उल्लेख किया है।[14] यदि नवपाषाणिक उत्तर-पश्चिमी चीन एवं वुर्जहोम के बीच सम्पर्क का समर्थन पुरातात्त्विक साक्ष्य करते हैं तो दक्षिणी चीन एवं पूर्वी भारत के असम आदि से सम्पर्क को न तो असामान्य और न ही असम्भाव्य कहा जा सकता है। सांकलिया के अनुसार असम की नवपाषाणिक संस्कृति का प्रमुख प्रेरणाश्रोत दक्षिणी-पश्चिमी चीन तथा इण्डो चाइना ही रहा।[15]

पुनः विन्ध्य क्षेत्र के प्रसंग में ऊपर यह भी कहा गया है कि मध्यपाषाण काल के आरम्भ में विन्ध्य क्षेत्र के आदिम जन अपने मूल निवास स्थान से प्रव्रजन कर गंगाघाटी में महदह, दमदमा आदि में आकर बस गये और सरयूपार के क्षेत्र में सोहगौरा और लहुरादेवा को भी अपना निवास स्थल बनाया और मध्यपाषाण काल के अन्त में और नवीन पाषाण काल के आरम्भ में विन्ध्य से आये हुए आदिम जन पुनः गंगा घाटी और सरयूपार को छोड़कर अपने मूल निवास स्थान को लौट गये। इस कथन के समर्थन में यह कहा गया कि गंगा घाटी में जहाँ भी मध्यपाषाणिक अवशेष मिलते हैं वहाँ नवपाषाणिक अवशेष नहीं मिले। यह कहा गया कि इससे यह लगता है कि मध्यपाषाण काल के बाद गंगा-सरयू को इन लोगों ने त्याग दिया। लौट जाने का कारण आबादी का बढ़ना और गंगा-सरयू क्षेत्र में जीविकोपार्जन के स्रोत का अभाव बताया गया।

किन्तु तत्कालीन पुरातात्त्विक साक्ष्य इन पुरातत्त्वविदों द्वारा व्यक्त किए गये विचारों का समर्थन नहीं करते। इस कथन का कोई आधार नहीं है कि दमदमा, सरायनाहर राय आदि से आए लोग विन्ध्यक्षेत्र को पुनः लौट गए। यद्यपि आंशिक रूप से यह सही है कि मध्य पाषाण काल की समाप्ति के साथ ही उन स्थानों से अन्यत्र जाने की प्रक्रिया आरम्भ होने लगी थी, किन्तु इसका कारण गंगा-सरयू क्षेत्र से आजीविका के स्रोत का समाप्त होना कदापि सही नहीं है। वास्तव में मध्यपाषाण काल के मानव की जीवन शैली और आवश्यकता नवीन पाषाण काल के आदिम जनों की जीवनशैली और आवश्यकताओं से सर्वथा भिन्न थी। दोनों काल के आदिम जनों की आवश्यकता और बाध्यता एक दूसरे से भिन्न थी। मध्यकाल के पुरास्थल जहाँ से प्राप्त हुए हैं यदि उनको ध्यान से देखा जाय तो यह ज्ञात हो जाता है कि इस काल में आदिम जन ऐसे स्थानों पर रहने के लिए विवश थे जहाँ उसे भरण पोषण के लिए वन्य पशुओं या फिर जल-जन्तुओं की प्राप्ति सुलभ होती थी। इसी लिए उसने ऐसे स्थानों पर अपना ठिकाना बनाया, जहाँ

जंगल या जल के जीव-जन्तु उसे सुलभ हो सकें। जयनारायण पाण्डेय ने 6 प्रकार के पुरास्थलों को चिन्हित किया है जहाँ मध्यकालीन आदिम जन रहते थे ये स्थान हैं (1) खुले स्थान में स्थित पुरास्थल (open-air sites), (2) बालुकामय क्षेत्र (sandy areas), (3) समुद्रतटीय क्षेत्र (coastal areas), (4) शिलाश्रय एवं गुफायें (Rock-shelters and Caves), (5) नदी तट पर स्थित पुरास्थल (River bank sites), (6) झीलों के तट पर स्थित पुरास्थल (Lake sites)। ऐसे मध्यपाषाणकालीन पुरास्थलों में से जिनकी संख्या बहुत अधिक है कुछ का नामोल्लेख किया जा सकता है। उदाहरण के लिए राजस्थान में बागोर, गुजरात में लंगनाज, मध्य प्रदेश में आदमगढ़, भीमबैठका, पश्चिम बंगाल में बीरभानपुर, उरीसा में मयूरभंज, बागोर बनास नदी की एक सहायक नदी कोठारी नदी के तट पर स्थित है, भीमबैठका एवं आदमगढ़ चट्टानी गुफाओं पर स्थित है और वीरभानपुर दामोदर नदी के तट पर है। उत्तर प्रदेश में मध्यपाषाण कालीन पुरास्थल बड़ी संख्या में ज्ञात हो चुके हैं जिनमें अधिकांश इलाहाबाद, मिर्जापुर, वाराणसी आदि से उद्घाटित हो चुके हैं। विशेष रूप से उल्लेखनीय उत्तर प्रदेश के दक्षिणी भाग के पठारी क्षेत्र में, जिसे उत्तरी विन्ध्य क्षेत्र भी कहते हैं, अनेक महत्त्वपूर्ण मध्यपाषाणिक पुरास्थल प्रकाश में आए हैं। इनको प्रकाश में लाने का श्रेय इलाहाबाद विश्वविद्यालय के प्राचीन इतिहास विभाग को है। मिर्जापुर में मोरहना पहाड़, बधईखोर, लेखहिया के अतिरिक्त उत्तरी विन्ध्य क्षेत्र से ही चोपनी माण्डों, मध्यपाषाणिक पुरास्थल का उद्घाटन हुआ जो बेलन नदी के तट पर स्थित है। इनके अतिरिक्त प्रतापगढ़ जिले में सराय नाहर राय, महदहा, दमदमा से भी मध्यपाषाणिक अवशेष प्राप्त हुए। सराय नाहर राय एक गोखुर झील के किनारे स्थित है जो अब सूख गई है। माहदहा भी एक गोखुर झील के पश्चिमी किनारे पर स्थित है जबकि दमदमा भी सई नदी की एक सहायक नदी और तम्बरा नाले की दो धाराओं के संगम पर स्थित है। ऊपर कहा गया है कि प्रतापगढ़ के इन तीन स्थानों को छोड़कर मध्यपाषाणिक जन विन्ध्य क्षेत्र को ही लौट गये जहाँ से वह आये थे। जो कारण बताये गये उसकी पुष्टि पूरी तरह तत्कालीन साक्ष्य नहीं करते।

सर्वप्रथम यह ध्यातव्य है कि मध्यपाषाणिक मानव जहाँ निवास करते थे वहाँ से प्राप्त जानवरों की हड्डियों से ज्ञात होता है कि ये सभी वन्य हैं या फिर नदी, तालाब, के झील आदि में रहने वाले जीव जन्तु हैं। उदाहरण के लिए बागोर से हरिण, खरगोश, सूअर, गाय-बैल, चीतल, सांभर, चिंकारा तथा कछुआ मछली;

लंगनाज से प्राप्त जंगली पशुओं में जंगली सूअर, बारहसिंघा, नीलगाय, हरिण, गैण्डा, भेड़िया आदि। इसी प्रकार के वन्य जानवर तथा जल जन्तु की हड्डियाँ अन्य सभी मध्यपाषाणिक पुरास्थलों से प्राप्त होती है।

ऐसे भी पुरातात्त्विक साक्ष्य प्राप्त हुए हैं जिनसे यह ज्ञात होता है कि मध्य पाषाणिक जन केवल वन्य पशुओं के या जलजन्तुओं के आहार पर ही निर्भर नहीं था। पाल ने सनई ताल से प्राप्त साक्ष्य का उल्लेख किया है जिससे यह ज्ञात होता है कि पुरापाषाण काल एवं मध्यपाषाण काल के आदिम जन अपने भरण पोषण के लिये मात्र पशुओं एवं जल जन्तुओं पर ही निर्भर नहीं रहता था। वह जिन स्थानों पर रहता था वहाँ प्रभूत मात्रा में वनस्पतियाँ उपलब्ध थीं। वह ऐसी वनस्पतियाँ में से उनका चयन कर लेता था जिनसे वह अपना भरण पोषण कर सकता था।[17] यहाँ यह भी उल्लेखनीय है कि मध्यपाषाण काल की दीर्घ अवधि में आदिम जनों का जीवन सर्वदा एक ही समान नहीं रहा। उसमें भी परिवर्तन एवं विकास की प्रक्रिया अनवरत चलती रही। आबादी का बढ़ना, आजीविका के स्रोत का उत्तरोत्तर अभाव एवं जलवायु में परिवर्तन आदि ऐसे कारण थे जिससे मध्यपाषाणिक मानव को अपने आदिम निवास को छोड़कर अन्यत्र जाने के लिए विवश होना पड़ा। इन कारणों के अतिरिक्त एक अन्य कारण भी था जिसके परिणाम कालान्तर में क्रान्तिकारी रूप में दिखाई दिये। यह क्रान्तिकारी कारण था कृषि का ज्ञान। जैसा कि ऊपर कहा गया है मध्यपाषाण कालीन मानव खाने योग्य वनस्पतियों का चयन कर लेता था। इन उपयोगी वनस्पतियों के गिरे हुए दानों को स्वतः पौधे के रूप में प्रस्फुटित होते हुए वह देखता था। कालान्तर में इन बीजों का वह स्वयं वपन (Sowing) करने लगा। उसने यह भी देखा कि कुछ विशेष प्रकार के बीज विशेष मौसम में ही उद्भूत होते हैं। सम्भवतः इनका संरक्षण कर वह अनुकूल समय में भी उन्हें जमीन में छीट कर उनके उत्पादन की प्रक्रिया आरम्भ की। यह कृषि के आरम्भ की अवस्था थी। जिस तरह अपने भरण पोषण के लिए उपयोगी घास के दानों को संचित करने लगे उसी तरह उन पशुओं में से जो जंगली थे उनको पालतू बनाने लगे जो उसके लिए उपयोगी थे। ऐसे पशुओं में गाय या भैंस जिससे उसे दूध मिलता था, भेड़ जिससे उसे ऊन की प्राप्ति होती थी एवं कुत्ता जिससे उसे वन्य जीवों से सुरक्षा प्राप्त होती थी सर्वप्रथम पालतू बनाये गये।

इस पुस्तक के आरम्भिक पृष्ठों में ही यह कहा गया है कि मनुष्य और पशुओं में एक मौलिक अन्तर यह था कि मनुष्य में सोचने की शक्ति के अतिरिक्त

वह उत्पादक भी था। इन दो कारणों से उसका जीवन बहुत काल तक एक ही समान कभी नहीं रहा। मध्यकाल की दीर्घ अवधि में भी उसके जीवन में ऐसे परिवर्तन आते गये जिसने मध्यपाषाण काल के स्थान पर नवीन पाषाण काल का सृजन किया। मध्यपाषाण काल के प्राप्त अवशेषों से ज्ञात होता है कि वह जिन वन्य वनस्पतियों को खाता था उनका संचय भी करता था और बीज को जमीन में डालकर पुनः उत्पादन करना भी आरम्भ कर चुका था। यह मध्यपाषाण काल की अन्तिम अवस्था थी जब कि कुछ विशेष प्रकार के पशुओं को पालतू बनाया और विशेषवन्य उद्भिजों को जमीन में डालकर उनका उत्पादन करने लगा। इस तरह पशुपालन (domestication) एवं अन्नोत्पादन (cultivation) जो कि नवीन पाषाणकाल के पहचान थे, इनकी नींव मध्यपाषाण काल में ही पड़ी।

कृषि के इस ज्ञान ने मध्यपाषाणिक मानव के समक्ष सर्वथा नवीन परिस्थितियाँ उत्पन्न कर दीं। वह जिन स्थानों पर अभी तक रह रहा था वह कृषि के लिए सर्वथा अनुपयुक्त थे। अतः उसे इन मध्यपाषाणिक पुरास्थलों को छोड़ कर ऐसे स्थानों पर प्रव्रजन करना पड़ा जहाँ कृषि के लिए उसे अनुकूल जलवायु एवं भूमि सुलभ हो। इस प्रकार की भूमि उसे गंगा के विशाल और विस्तृत मैदानी क्षेत्र में ही उपलध थी। भूतत्त्ववेत्ताओं (geologist) के अनुसार इस काल में जलवायु में भी परिवर्तन हो रहा था जिसके परिणामस्वरूप गंगा का विशाल मैदान आदिम जनों के लिए उपयुक्त शरणस्थली बन गया। इस मैदानी भाग में भाँगर और खादर दोनों ही प्रकार की मिट्टी मिलती है। भाँगर अपेक्षाकृत अधिक पुरानी और जलोढ़ होने के कारण कृषि के लिये बहुत उपयुक्त है। मध्यपाषाण काल में जो आदिम जन अन्य क्षेत्रों से आकर उन स्थानों में बस गये थे जिनका उल्लेख ऊपर किया गया है उन्हें छोड़कर उन स्थानों पर प्रव्रजन करने लगे जो कृषि एवं पशुओं के लिए उपयुक्त था। ऐसा स्थान मध्य गांगेय क्षेत्र में सुलभ था। संक्षेप में यह कहा जा सकता है कि जलवायु परिवर्तन और कृषि के आरम्भिक ज्ञान ने मध्यपाषाण कालीन आदिम जनों को अपने मूल स्थान को छोड़कर अन्यत्र जाने के लिये प्रेरित किया। यही कारण था कि चोपनी माण्डों के मध्य पाषाण कालीन जन जो अब तक पशुओं के शिकार तथा स्वतः उत्पन्न वनस्पतियों जैसे रुफिपोगोन एवं निवारा आदि को खाकर अपना जीवन यापन करते थे, कृषि के ज्ञान के साथ ही अपना मूल निवास स्थान छोड़कर कोल्डिहवा एवं महगर को अपनी शरणस्थली बनाया। दमदमा और महदह को छोड़ने के पीछे भी यही कारण था। किन्तु इस कथन का कोई आधार नहीं है कि मध्यपाषाण काल की समाप्ति पर सरायनाहर राय, महदह एवं दमदमा

तथा सरयू क्षेत्र के आदिम जन पुनः विन्ध्यक्षेत्र, जहाँ से वह आये थे, लौट गये। यद्यपि कुछ अपवाद को छोड़कर मध्यपाषाण कालीन जन अन्यत्र अपना निवास स्थल बनाये। किन्तु ऐसे निवास स्थलों में से अधिकांश मध्यगांगेय क्षेत्र में ही थे क्योंकि कृषि एवं पशुओं के लिये भारत में सर्वाधिक उपयुक्त क्षेत्र यही था। पुनः अभी तक कोई ऐसा उदाहरण नहीं मिला है जिससे यह ज्ञात हो कि एक बार गंगा की घाटी में आने पर, वह आदिम जन हों या विदेशी जातियाँ, यहाँ से लौट कर भारत के किसी अन्य प्रदेश में गये हों। गंगा, यमुना, ब्रह्मपुत्र, गण्डक, घाघरा आदि नदियों के अतिरिक्त अनेक सहायक नदियों का जाल गंगा के मैदान में हर वर्ष जलोढ़ मिट्टी से इस क्षेत्र को उर्वर बना देता था। यह कहना कि यहाँ जीविकोपार्जन के स्रोत का अभाव होने लगा इसलिये यहाँ के लोग पुनः विन्ध्यक्षेत्र को लौट गये पूरी तरह निराधार है। पुरातात्त्विक स्रोत से यही ज्ञात होता है कि मध्यपाषाणिक गुफाओं और पठारी क्षेत्रों को छोड़कर इन लोगों ने मध्य गंगा के मैदानी भाग में अपना निवास बना लिया और अपने कृषि कर्म एवं पशुपालन के साथ एक नये युग का सृजन किया जिसे नवीन पाषाण युग (Neolithic Age) कहा गया है। इसकी पुष्टि इस तथ्य से भी होती है कि जहाँ नवीन पाषाण काल के साक्ष्य मिलते हैं वहाँ मध्यपाषाण काल के साक्ष्य नहीं मिलते और जहाँ मध्यपाषाण काल के साक्ष्य मिलते हैं वहाँ नवीन पाषाणिक संस्कृति के साक्ष्य प्राप्त नहीं होते हैं। सरयू पार से लेकर उत्तर प्रदेश, बिहार तथा पश्चिम बंगाल तक जितने भी पुरास्थल अब तक उद्घाटित हुए हैं वहाँ से सर्वत्र चावल तथा अन्य खाद्यान्नों के अवशेष प्राप्त हुए हैं। ये सभी पुरास्थल नवीन पाषाण कालीन तथा कृषि (Cultivation) एवं पशुपालन (domestication) के साक्ष्य प्रस्तुत करते हैं। यहाँ झूसी एवं हेतापट्टी का उल्लेख करना अप्रासंगिक नहीं होगा जहाँ मध्यपाषाण काल से भारतीय इतिहास के मध्य काल तक के साक्ष्य मिल जाते हैं। सम्भवतः इसका कारण यह रहा होगा कि गंगा-यमुना के संगम पर स्थित इस क्षेत्र को कृषि योग्य भूमि पहले से ही सुलभ रही और एक बार मध्यपाषाण काल में यहाँ शरणस्थली बना लेने के बाद कृषि का ज्ञान होने के बाद भी झूसी के आदिम जनों को अन्यत्र जाने की आवश्यकता नहीं पड़ी।

हिमालय के दक्षिणी भाग में स्थित इस क्षेत्र में 1000-1500 मि0मी0 वर्षा औसतन हो जाती है। पुन भांगर मिट्टी जो इस क्षेत्र में प्राति-नूतन काल से ही निर्मित होने लगी थी कृषि के लिए सर्वाधिक उपयोगी थी। अनेक नदियों के जल से सिंचित इस क्षेत्र में नवीन पाषाण कालीन अनेक पुरास्थलों का उद्घाटन हो

चुका है। अतः यह कहना कि यहाँ आजीविका के स्रोत का अभाव होने के कारण लोग पुन विन्ध्यक्षेत्र को लौट गये पूरी तरह निराधार है। वास्तविकता यह है कि अन्य क्षेत्रों से गंगा के इस समृद्ध मैदान में आने की प्रक्रिया जो नवीन पाषाण काल के साथ आरम्भ हुयी वह भारत के मध्यकाल तक अनवरत चलती रही। नगरीय एवं व्यापारिक केन्द्रों के जो भी उल्लेख उत्तर वैदिक एवं बौद्ध साहित्य में मिलते हैं वह सभी इस समृद्ध गंगा के मैदान में ही स्थित थे। इसके विपरीत विन्ध्य क्षेत्र से एक भी नगर या कस्बे के उल्लेख कभी नहीं मिले।

अन्त में यहाँ यह उल्लेख करना भी अप्रासंगिक नहीं होगा कि कहा है कि सरयूपार क्षेत्र तक के लोग मध्यपाषाण काल में ओखली और मूसल आदि निर्मित करने के लिए पत्थर भी विन्ध्य क्षेत्र से ही ले जाते थे। ध्यातव्य है कि सरयूपार क्षेत्र से 100 कि0मी0 की दूरी पर उत्तर में हिमालय का चट्टानी भाग फैला है जहाँ पत्थर सुलभ था। सरयूपार के मध्यपाषाण कालीन आदिम जन यहाँ की उपत्यका से पत्थर न लेकर 300 कि0मी0 दूर विन्ध्य क्षेत्र से पत्थर लाते होंगे इसका क्या कारण रहा यह स्पष्ट नहीं किया गया है। जब तक कि सरयूपार से प्राप्त तत्कालीन पत्थर के अवशेषों और विन्ध्य क्षेत्र के तत्कालीन पत्थर के अवशेषों में समानता सुनिश्चित नहीं हो जाती तब तक इस कथन को प्रामाणिक नहीं कहा जा सकता। जहाँ तक विन्ध्य संस्कृति के काल निर्धारण का प्रश्न है और इस विषय में जो कुछ भी कहा गया है उसे पूरी तरह असन्दिग्ध नहीं कहा जा सकता। सर्वप्रथम, कोल्डिहवा से प्राप्त तिथियाँ एक समान नहीं हैं द्वितीय कोल्डिहवा के निकट महगर से प्राप्त तिथि भी इस संस्कृति का काल इतना पहले का नहीं सूचित करती है जैसा कि नीचे दी हुई तालिका से स्पष्ट हो जायेगा -

1. कोल्डिहवा कार्बन-14 तिथियाँ	4530 ± 185 ई0पू0
	5440 ± 40 ई0पू0
	6570 ± 210 ई0पू0
2. महगर उ0दी0 (T.L.)	2265 ई0पू0
	1616 ई0पू0
कार्बन 14	1400 ± 150 ई0पू0
	1330 ± 120 ई0पू0
	1440 ± 100 ई0पू0

	1480 $\pm$ 110 ई0पू0
3. कुन्झुन	1565 - 1265 ई0पू0
	2675 - 2515 ई0पू0
	3530 - 3335 ई0पू0
4. लहुरादेवा	4220 ई0पू0; 5298 ई0पू0
	6442 - 6376 ई0प9ू0
	8317 - 8555,
	8340 - 8696,
	8813 - 9171

नव पाषाणिक कोल्डिहवा की जो तिथियाँ इस तालिका में दी गई हैं उसके आधार पर कोल्डिहवा के नवपाषाण काल का निर्धारण सातवीं-छठवीं सहस्राब्दी ई0पू0 किया गया था किन्तु विन्ध्य संस्कृति की इतनी अधिक प्राचीनता पर आरम्भ से ही पुरातत्त्वविदों ने सन्देह व्यक्त किया। इस सन्देह का प्रथम कारण यह था कि यहाँ से प्राप्त अवशेषों की तिथियाँ एक ही समान नहीं थीं। चावल के जो अवशेष प्राप्त हुए थे, उनमें स्वतः उत्पादित (domesticated) और कृषि जनित (cultivated) का सम्भवतः भेद नहीं किया गया मध्यपाषाण काल की सुदीर्घ अवधि में आदिम जन निवारा एवं रुफिपोगोन के दाने को खाते रहे और संचित भी करते रहे। यह प्रक्रिया अनेक सहस्राब्दियों तक चलती रही। इन वन्य घासों से ही कालान्तर में ओरिजा सताइवा का विकास हुआ जिसकी खेती के आरम्भिक प्रमाण नवपाषाण काल से मिलने लगते हैं। बहुत अधिक सम्भावना यही है कि आरम्भिक काल के ओरिजा सताइवा और बाद के चावल का सम्मिश्रण हो गया हो जिसके कारण तिथियों में इतनी अधिक असमानता आ गई।

इस संस्कृति की इतनी अधिक प्राचीनता पर सन्देह का दूसरा कारण कोल्डिहवा के निकट के ही अन्य किसी पुरास्थल से प्राप्त तिथियाँ इतनी पहले की नहीं हैं। बेलन नदी के बायें तट पर स्थित कोल्डिहवा के निकट ही इसी नदी के दाहिने तट पर महगर का नवपाषाणिक स्थल है जहाँ से प्राप्त तिथियाँ तीसरी सहस्राब्दी ई0पू0 और दूसरी सहस्राब्दी ई0पू0 के बीच की हैं। कुन्झुन से प्राप्त तिथि भी चौथी सहस्राब्दी ई0पू0 के मध्य की हैं। इसी आधार पर क्लार्क एवं खन्ना

ने जिनके मत का उल्लेख जे0एन0 पाल ने किया है, विन्ध्य संस्कृति का काल चौथी सहस्राब्दी ई0पू0 माना है।[18] पोशेल एवं रिशमान ने भी विन्ध्य की नवपाषाण कालीन संस्कृति का काल निर्धारण 4000-1200 ई0पू0 के मध्य किया। यद्यपि चौथी सहस्राब्दी ई0पू0 में यहाँ कि नवपाषाणिक संस्कृति के आरम्भ को पूरी तरह सन्देह रहित नहीं कहा जा सकता क्योंकि विन्ध्यक्षेत्र से या अन्यत्र जहाँ कहीं भी नवपाषाणिक संस्कृति के अवशेष प्राप्त हुए हैं वह सभी तीसरी सहस्राब्दी ई0पू0 के बाद की ही है। इन सभी तथ्यों की समीक्षा करने के बाद जयनारायण पाण्डेय ने कहा है कि इस संस्कृति के विकास का कालमान 2500 ई0पू0 से 1300 ई0पू0 के मध्य रखा जा सकता है। यह कालमान महगड़ा से प्राप्त रेडियो कार्बन तिथियों को ध्यान में रखते हुए सुझाया गया है।''[19] विन्ध्यक्षेत्र की अन्य नवपाषाणिक पुरास्थलों की प्राप्त तिथियों की पृष्ठ भूमि में पाण्डेय द्वारा सुझाया गया इस संस्कृति का काल निर्धारण सुसंगत प्रतीत होता है।

जहाँ तक विन्ध्य से प्राप्त चावल को विश्व का प्राचीनतम प्रमाण मानने का प्रश्न है परवर्ती शोधों से यह भी गलत सिद्ध हो चुका है। चीन से प्राप्त चावल के साक्ष्य को जिसका उल्लेख ऊपर के पृष्ठों में किया गया है, बाहर का मान कर छोड़ भी दें तो भारत में ही सरयूपार क्षेत्र से लहुरादेवा से चावल के जो प्रमाण के प्राचीनतम स्तर से प्राप्त हुआ है वह चावल की प्राचीनता को सातवीं सहस्राब्दी या इससे भी पहले निर्धारित करता है।[20]

उपर्युक्त विवरण से विन्ध्य संस्कृति का जो पुरैतिहास उद्घाटित होता है उससे ऐसा कदापि नहीं ज्ञात होता है कि इस संस्कृति का कोई अपना विशिष्ट व्यक्तित्व रहा होगा। तत्कालीन पुरातात्त्विक साक्ष्यों की समीक्षा करने पर यह ज्ञात होता है कि न तो यह चावल का उद्गम स्रोत था और नहीं यहाँ से प्राप्त चावल को विश्व का या भारत का ही प्राचीनतम अवशेष कहा जा सकता है। यह कहना भी सरासर गलत है कि उस समृद्ध गंगा एवं सरयू के मैदानी भाग को छोड़कर जहाँ भारत में सर्वप्रथम नगरों एवं नागर संस्कृति का विकास हुआ, त्याग कर विन्ध्य क्षेत्र को लोग लौट गये। गंगा घाटी को छोड़कर विन्ध्यक्षेत्र को पुनः लौट जाने का कथन कितना अधिक निराधार एवं कल्पित है यह दो हजार वर्ष बाद में सातवीं सदी में लिखे गये बाण के हर्षचरित् से स्पष्ट हो जाता है जिसकी चर्चा गुप्तोत्तर काल की कृषि के प्रसंग में की गई है। इस ग्रन्थ के तृतीय उच्छ्वास में श्रीकण्ठ (सहारनपुर) में हल से खेती करने और धान की फसल से समृद्ध जनपद के विवरण के पश्चात् सातवें उच्छ्वास में विन्ध्य क्षेत्र का वर्णन बाण ने किया है।

इस क्षेत्र को विन्ध्यावटी शब्द से सम्बोधित करते हुये उन्होंने कहा है कि इस वनाच्छादित प्रदेश में वनग्रामों में ऐसे कृषक रहते थे जिन्हें अपने कुटुम्ब का पेट पालने के लिए बड़ी कठिनाई से भूमि का कुछ भाग कुदाली से तोड़कर खेती करनी पड़ती थी। फसल के नाम पर साँवा (श्यामाक), छुईमुई घास (अलम्बुस) और तालमखाने के पौधे (कोटिलाक्ष) दिखाई देते थे। इसी प्रकार का निराधार कथन विन्ध्य क्षेत्र से गंगा एवं सरयूपार तक पत्थर ले जाने के विषय में भी प्रतीत होता है। सारांशतः यह कहा जा सकता है कि विन्ध्य संस्कृति की प्रस्तुति में उस वस्तुपरकता (objecturty) का अभाव दिखाई देता है जो किसी विवरण को विश्वसनीय बनाता है। फिरभी यह कहा जा सकता है कि नवपाषाण कालीन विन्ध्य क्षेत्र के हस्तनिर्मित मृद्भाण्डों का प्रभाव मध्य गांगेय क्षेत्र के मृद्भाण्डों की निर्माण शैली पर पड़ा है।

संदर्भ

1. वी0डी0 मिश्र, विगनिंग्स ऑफ एग्रिकल्चर, पृ0 25 "In the present state of our knowledge, the Vindhyan Neolithic represents its independent personalty."

   रा0का0 वर्मा, वही, पृ0 45 "The VindhyanNeolithic has a district character of its own and is not comparable in totality with the Neolithic culture of the Northeast India and Southeast Asia."
2. रा0का0 वर्मा द्वारा उद्धृत जी0आर0 शर्मा का मत, विगनिंग्स, पृ0 40-41 "As the evidence stands, the possibilities of incipient cultivation of rice at that stage may not be ruled out. The evidence of domestication of rice (oryaza sativa) in view of the radio Corbon dates from the early Neolithic levels at koldihava and its earlier history in the Advanced Mesolithic, it is the earliest in the world."
3. रा0का0 वर्मा, वही, पृ0 40
4. वी0डी0 मिश्र, वही, पृ0 27 "In the light of the available data, it may be pointed out that in the Indian subcontivent two regional centres for the cultivation of cereals were develoing in 7th millennium B.C. In the northwest, barley, wheat etc, were being cultivated, while in the Vindhyas, the cultivation of rice was initicated."
5. रा0का0 वर्मा, वही, पृ0 44 "The horseshoe lakes formed by the Sarayu and its tributaries provided fertile semi-permanent or permanent bases

to the MesolithicèNeolithic new comers from the Vindhyan region, where edible seeds from wild grasses were available. uncultivated rice oryza rufipogen and wild grasses such as Foxtail grass, Sataria of Glauca have been reported from the excavation at Lahuradeva. The new settlers must have exploited these fertile tracts. The scenario must have been quite similar to the Ganga Valley where men shifted from the Vindhyan region during the Epi-PalacolithicèMesolithic periods in search of food and fodder."

6. वही, पृ0 36-37
7. वही, पृ0 37
8. वही, पृ0 35, "Here it is worthwhile to remember that the Ganga Valley is completely devoid of stones and the nearest source of raw materials for the manufacture of tools is the Vindhyan ranges from where the orignial inhabitants of Damadama had migrated."
9. वही; पृ0 44, "It should be noted that the lithic material was not locally available, hence it was imported in all provability from the Vindhyan region. This phase had a fairly wide destribution in the Sarayupar region."
10. वी0डी0 मिश्र, वही, पृ0 27, "If the Vindhyan area served as sprinigboard for the Neolithic Culture of the middle Ganga Valley, the greater antiquity for the Vindhyan Neolithic would be only a logical hypothesis."
11. द्रष्टव्य, पुरुषोत्तम सिंह, विगनिंग्स ऑफ, पृ0 14; रनधावा, वही, पृ0 271
12. के0एस0 सारस्वत, प्राग्धारा, नम्बर 15, 2004-2005; पृ0 155; "The aggregate consensus aroused on botinical, phytogeo-graphical, genetical, ecological, palaeo-climatological and philological grounds is that the oryza sativa evolved from an annual putative progenitor (supposedly oryza nivara) over a broad belt extended from Ganga Plains below the foothills of Himalayas across Myanmar (Burma), northern Thailand and Laos, to northern Vietnam and south China. Annual ancestral forms of Asian Cultigen of rice (Oryza sativa) began to appear in Neothermal Age (10,000 - 15000 years, B.P.) at the periphery of the wild annual progenitors, mainly on the southern slopes of Himalaya and to a lesser extent in south and south-west China. It is perennial proposed that major explosion of annuals from their perenjial ancestral origins occurred at sometime during the be-

ginning of Neothermal as a result of abrupt changes in environment which involved a progressive increase in aridity combind for the first time with rising temperatures Domestication could have occurred independently and concurrently in different regions, inside and bordering the vast expanse from India to south China."

13. पुरुषोत्तम सिंह, वही, पृ0 14-16
14. द बर्थ ऑफ इण्डियन सिविलाइजेशन, पृ0 160, "The Burzahom Neolithic appears as a sort of hunting based culture whose affinities are with the Neolithic and surviving hunting people of the peripheral regions north and north-west of China and of Central Asia."
15. रनधावा की उपर्युक्त पुस्तक में उद्धृत सांकलिया का मत, पृ0 263, "The Assam Neolithic primarily drew its inspiration from south-west China and Indo-China."
16. जयनारायण पाण्डेय, पुरातत्त्व विमर्श, (1988) पृ0 270-72
17. जे0एनप0 पाल, यू0पी0 हिस्ट्री कांग्रेस, अध्यक्षीय भाषण, बीसवाँ सेशन, 2009, पृ0 4, "The evidence of wild rice, millet jujube etc. from excavations of the Mesolithic sites and scenes of plants in the rock paintings in the hilly regions, indicate that the plant food was included in the Mesolithic diet.
18. जे0एन0 पाल, वही, पृ0 15
19. जयनारायण पाण्डेय, वही, पृ0 324
20. प्राग्धारा, 2007-2008, पृ0 366, 364

•

अध्याय - 6

सैन्धव घाटी क्षेत्र में अन्नोत्पादन

पश्चिम एशिया से पूरब में चीन तक जिस अन्नोत्पादक संस्कृतियों का विवरण प्रस्तुत किया गया है, उन सभी में एक समानता दिखाई देती है। यह सभी संस्कृतियाँ छोटी या बड़ी नदियों के किनारे ही विकसित हुयी। इसका कारण स्पष्ट था। प्रभावी या शक्तिशाली उपकरण के अभाव में नदियों से दूर मैदानी भाग में जहाँ की भूमि कठोर थी और जल का संसाधन उपलब्ध नहीं था, भूमि की जुताई सम्भव नहीं थी। उत्तर में हड़प्पा से लेकर दक्षिण में मोहन जोदड़ो तक फैली सैन्धव संस्कृति ताम्राश्म युगीन थी। यहाँ से अन्नोत्पादन के प्रत्यक्ष तथा अप्रत्यक्ष दोनों ही प्रकार के प्रमाण प्राप्त हो जाते हैं। प्रत्यक्ष के अन्तर्गत यहाँ से उपलब्ध विभिन्न प्रकार के खाद्यान्नों के अवशेष तथा अन्नागार के प्रमाण हैं, जबकि अप्रत्यक्ष के अन्तर्गत इस संस्कृति का नागर स्वरूप है। नगरों में उपभोक्ता वर्ग ही निवास करता है जिसमें शासक वर्ग के अतिरिक्त शिल्पी एवं व्यापारी आदि सभी सम्मिलित होते हैं। इस उपभोक्ता वर्ग का अस्तित्व तभी सम्भव होता है जबकि इन नगरों की पृष्ठभूमि में कृषकों का ऐसा वर्ग हो जो कि अतिरिक्त उत्पादन (Surplus producation) करता हो और अपनी आवश्यकता का खाद्यान्न रख कर नगरों को देता हो। यहाँ से प्राप्त खाद्यान्न में गेहूँ के दो प्रकार, क्लब ह्वीट (Triticum Compactum) और डवार्फ ह्वीट (Triticum sphacrococcum), यव (Hordcum vulgare), खजूर, तिल, मटर, सरसों तथा कपास है। यहाँ यह भी उल्लेखनीय है कि यद्यपि धान की खेती का कोई साक्ष्य हड़प्पा या मोहन जोदड़ो से प्राप्त नहीं हुआ है, किन्तु इस संस्कृति के प्रभाव क्षेत्र के अन्तर्गत लोथल तथा रंगपुर (ii, A) से प्राप्त मृद्भाण्डों तथा मिट्टी से धान की भूसी के अवशेष मिले हैं। विभिन्न प्रकार के खाद्यान्नों के उत्पादन के आधार पर आल्चिन ने प्राचीन भारतीय कृषि को चार या पाँच क्षेत्रों में विभाजित किया है और यह मत व्यक्त

किया है कि पाकिस्तान के बलुचिस्तान तथा सैन्धव घाटी से अन्नोत्पादन के सर्वप्रथम साक्ष्य प्राप्त होते हैं। उनके अनुसार गेहूँ, यव, मटर, मसूर, तीसी आदि जंगली वनस्पति के रूप में पश्चिम एशिया में पाये जाते थे और सर्वप्रथम जर्मो तथा मेसोपोटामियाँ के अनेक स्थानों पर इनकी खेती आरम्भ हुयी, वहाँ से ही इनकी खेती का प्रसार भारत में हुआ।[1] विशेष रूप से उल्लेखनीय कपास की खेती है मोहन जोदड़ो से लाल रंग के मजीठ से रंगा हुआ एक सूती कपड़ों का टुकड़ा, चाँदी के पात्र में मिला है। इससे यह ज्ञात होता है कि यहाँ कपास की खेती होती थी और सूती वस्त्र भी बनाये जाते थे। ऊपर कहा गया है कि मेहरगढ़ से प्रचुर मात्रा में कपास के बीज प्राप्त हुये हैं।[2] सम्भव है यहाँ से रूई या उससे तैयार किया गया सूत सिन्धु के इन नगरों तक आयात किया जाता हो और मोहन जोदड़ो तथा हड़प्पा के जुलाहे उनसे वस्त्र तैयार कर मेसोपोटामियाँ को निर्यात करते रहे हों। स्टुअर्ट पिगट का कहना है कि मेसोपोटामियाँ में सूती वस्त्र को 'सिन्धु' कहते थे, जिससे यह ज्ञात होता है कि सिन्धु के क्षेत्र से ही पश्चिमी एशिया को सूती वस्त्र का निर्यात होता होगा। बाद में यह 'सिन्धु' शब्द 'सिण्डोन' के रूप में यूनानी भाषा में भी प्रचलित हो गया।[3]

खाद्यान्न के अतिरिक्त पशुधन का भी यहाँ के निवासियों के आर्थिक जीवन से महत्त्वपूर्ण स्थान था। पशुओं के जो जीवाश्म तथा मुहरों पर चित्र मिलते हैं, उससे यह ज्ञात होता है कि भैंस, बकरी, भेड़, सूअर आदि पशुओं को पालतू बनाया जाता था। बकरी की जिस प्रजाति का पालन किया जाता था आज भी उस नस्ल की बकरी के बाल से कश्मीर में उत्तम कोटि के शाल बनाये जाते हैं। सम्भवतः हड़प्पावासी बकरी का पालन दूध के अतिरिक्त उनके बाल के लिये भी करते रहे होंगे और उससे निर्मित ऊनी वस्त्र का उपयोग करते होंगे। बकरी के अतिरिक्त भेड़ से भी ऊन की प्राप्ति होती थी। घरेलू जीवों में कुत्ते और बिल्ली के भी साक्ष्य प्राप्त हुये हैं।

अन्य पालतू पशुओं में डील वाले बैल (Humped bull, Zebu, Bos indicus), एक डील वाला ऊँट (Camelus drome darius), गधा (equus asinus), घोडा (equus caballus) तथा हाथी उल्लेखनीय हैं। ध्यातव्य है कि घोड़े का मात्र एक साक्ष्य मोहन जोदड़ो के ऊपरी स्तर से प्राप्त हुआ है और निश्चित रूप से यह नहीं कहा जा सकता है कि यहाँ के निवासियों को घोड़े का ज्ञान था। उत्तरी बलूचिस्तान के रानागुण्डइ से घोड़े के जिन चार दाँतों की प्राप्ति हुयी है और जिसका उल्लेख ऊपर किया गया है, उसके विषय में भी सन्देह व्यक्त

किया गया है।[4] सम्भवतः प्राक् हड़प्पा या हड़प्प काल तक घोड़े को पालतू बनाने का ज्ञान नहीं था। किन्तु वृषभ के जो साक्ष्य मिले हैं, उनमें दोनों ही प्रजाति के, डील वाले तथा बिना डील वाले (Humpless, Bos primigenius) उदाहरण मिलते हैं। डील वाले वृषभ के साक्ष्य रानागुण्डई से प्राप्त हुये हैं, जिसका ऊपर उल्लेख हुआ है।[5] सम्भव है बलूचिस्तान से ही सर्वप्रथम सैन्धव क्षेत्र में इसका प्रवेश हुआ हो। इन पालतू पशूओं के अतिरिक्त हरिण आदि अनेक जंगली जानवरों का शिकार माँस के लिये किया जाता होगा, जिनकी हड्डियाँ प्राप्त हुयी हैं। विभिन्न प्रकार के खाद्यान्नों के उत्पादन ने ही हड़प्पा एवं मोहन जोदड़ो की नागर संस्कृति को सम्भव किया। किन्तु यह स्पष्ट रूप से ज्ञात नहीं हो पाता कि किस प्रकार यह उत्पादन सम्भव हुआ होगा। अन्नोत्पादन के लिये दो ही अपरिहार्य शर्तें होती हैं - प्रथम, कृषि कर्म से सम्बन्धित प्रभावी उपकरण, द्वितीय, अनुकूल जलवायु एवं भूमि।

यहाँ यह उल्लेखनीय है कि हड़प्पा या मोहन जोदड़ो से हल या हल के फाल का कोई साक्ष्य उपलब्ध नहीं होता। वास्तव में लोहे के ज्ञान से पहले हल से खेती की सम्भावना नहीं थी। यदि हल का ज्ञान यहाँ के निवासियों को रहा होता तो किसी न किसी रूप में उसका अवशेष या चित्र या खिलौना आदि मिला होता। इन नगरों के कुशल शिल्पियों द्वारा निर्मित पत्थर, ताँबा, काँसा, सोना, चाँदी, आदि की कृति मिलती है, किन्तु इनसे हल जोतते हुये कृषक या हल के चित्र नहीं मिलते, यद्यपि खिलौना बैलगाड़ी के अवशेष मिले हैं। वास्तव में ताम्राश्मयुगीन अन्नोत्पादन की प्रक्रिया नवपाषाणिक प्रक्रिया से बहुत भिन्न नहीं रही होगी। ऊपर जितनी भी नवपाषाणिक अन्नोत्पादक संस्कृतियों का उल्लेख हुआ है, उदाहरण के लिये मेहरगढ़, जैतून या बलूचिस्तान की अन्य संस्कृतियों, नदियों की जलोढ़ एवं नम मिट्टी में ही अन्नोत्पादन करती थी। सिन्धु नदी की बाढ़ से मैदानी भाग में अत्यधिक उपजाऊ मिट्टी फैल जाती थी और उसमें लकड़ी के तीक्ष्णाग्र दण्ड से खुरच कर बीज वपन कर दिया जाता होगा।

सैन्धव घाटी की अन्नोत्पादन की प्रक्रिया में सिन्धु एवं उसकी सहायक नदियों का योगदान रहा। ताम्राश्मयुगीन प्रथम नागर क्रान्ति में नदियों की वही भूमिका थी, जो कि छठी सदी ई0पू0 की द्वितीय नागर क्रान्ति में लोहे की। उत्तर में रावी नदी के बायें तट पर हड़प्पा तथा दक्षिण में सिन्धु नदी के दाहिने तट पर स्थित मोहन जोदड़ो नदियों की ही देन थे। पंजाब, सिन्धु, वलूचिस्तान तथा दक्षिणी अफगानिस्तान में पर्याप्त वर्षा नहीं होती है। परिणामतः अन्नोत्पादन के

लिये लोगों को नदियों के जल पर ही निर्भर रहना पड़ता है। सिन्धु एवं उसकी सहायक नदियाँ प्रतिवर्ष बाढ़ के साथ अत्यधिक उपजाऊ मिट्टी लाती हैं और उससे उत्तर में पंजाब से लेकर दक्षिण में सिन्ध तक का विशाल क्षेत्र अन्नोत्पादन के लिये सर्वथा उपयुक्त हो जाता है। सिन्धु नदी से लाई गई इस प्रकार की उपजाऊ मिट्टी से मोहन जोदड़ो के मैदानी भाग में 30 फीट मोटी परत जम चुकी है। यह उल्लेखनीय है कि मोहन जोदड़ो या हड़प्पा से किसी प्रकार के सिंचाई के साक्ष्य नहीं मिलते हैं। यह इसलिये और अधिक महत्त्वपूर्ण हो जाता है, क्योंकि इन नगरों में जल-प्राप्ति (Watert-supply) के लिये सार्वजनिक तथा अलग-अलग घरों में कुओं की व्यवस्था थी तथा नगर से जल निकासी के लिये नालियों (Drainage) का प्रबन्धन था। किन्तु खेती की सिंचाई करने के लिये नहरों के प्रमाण नहीं मिलते। फसल की सिंचाई की व्यवस्था न होने का कारण, स्पष्ट था। यहाँ के निवासियों की अन्नोत्पादन के लिये नदियों के जल तथा वर्षा ऋतु में वर्षा से आवश्यक मात्रा में जल प्राप्त हो जाता था, जिससे कृषक अन्नोत्पादन कर लेते थे।

इस सम्बन्ध में आल्विन ने लौम्ब्रिक के, जिन्होंने सिन्ध के क्षेत्र को बहुत नजदीक से देखा था, कथन का उल्लेख किया है। इससे यह स्पष्ट हो जाता है कि किस प्रकार यहाँ के कृषक विभिन्न प्रकार के खाद्यान्न के उत्पादन में सिन्धु नदी की बाढ़ का तथा वर्षा से प्राप्त जल का उपयोग करते थे। सिन्धु तथा उसकी सहायक नदियों की बाढ़ की समाप्ति के बाद उस जलमग्न हो चुकी भूमि पर गेहूँ, यव आदि रबी की फसल की बोआई कर दी जाती है जिसे मार्च-अप्रैल के महीने में काट लिया जाता है। इसी प्रकार खरीफ की फसल जैसे कपास, तिल आदि का वपन बाढ़ आने से पहले कर दिया जाता था और वर्षा ऋतु की समाप्ति के बाद उसे काट लिया जाता था। लैम्ब्रिक का कथन है कि खाद्यान्नों के उत्पादन की इस प्रक्रिया में भूमि को न तो हल से जोतने की जरूरत होती है और न ही उसमें खाद डालने की। इस पूरी प्रक्रिया में कृषकों को कोई परिश्रम नहीं करना पड़ता और कृषि से सम्बन्धित किसी उपकरण की भी आवश्यकता नहीं होती थी।[6] सिंचाई की भी कोई आवश्यकता नहीं पड़ती। यही कारण है कि मोहन जोदड़ो तथा हड़प्पा से प्राप्त अवशेषों में हल या नहरों के साक्ष्य प्राप्त नहीं होते।

सैन्धव क्षेत्र के जलवायु तथा यहाँ की कृषि के सम्बन्ध में स्ट्रैबो तथा कुछ अन्य यूनानी इतिहासकारों ने भी बिलकुल वैसा ही विवरण दिया है जैसा लैम्ब्रिक ने। स्ट्रैबो ने अरिस्टोब्यूलस के कथन का उल्लेख किया है, जो सूचित करता है कि पटलेन (पटल) से लेकर उत्तर में झेलम (हाइडेंस्पीस) तक वर्षा का सर्वथा अभाव

रहता है।[7] यहाँ तक कि जब मानसूनी हवा पूरे बेग से चलती है, तब भी मैदानी भाग को वर्षा का पानी नहीं मिलता। पानी उसे नदियों की बाढ़ से ही, मिलता है।[8] नदियों की बाढ़ का स्तर चालीस हाथ की ऊँचाई तक उठ जाता है, जिसमें बीस हाथ तक तो नदियों के ऊपरी सतह तक रहता है। जबकि शेष बीस हाथ दोनों तरफ के मैदानी भाग में फैल जाता है। बाढ़ की समाप्ति के बाद मैदान में उस समय बीज डाल दिये जाते हैं, जबकि मिट्टी में आर्द्रता रहती थी। अरिस्टोब्यूलस यह भी कहता है कि बीज वपन के समय इस मिट्टी को किसी भी उपकरण से खुरच दिया जाता है (Furrowed by any sort of digging instrument)[9] फिर भी उत्तम कोटि की पैदावार हो जाती है। खेतों के चारों तरफ ऊँची मेड़ (enclosure) बना कर नदी के जल को संचित कर दिया जाता था और उसमें धान डाल कर चावल की खेती की जाती थी। धान के बीज डालने या उसकी रोपनी (Transplanting) के समय तालाबों के जल का भी उपयोग किया जाता था।

सिकन्दर के समकालीन युनानी इतिहासकारों के इस विवरण से दो सूचनायें प्राप्त होती हैं। प्रथम, पंजाब से सिन्ध तक के क्षेत्र में वर्षा का अभाव रहता था और अन्नोत्पादन के लिये नदियों के जल पर ही आश्रित रहना पड़ता था, द्वितीय, इन इतिहासकारों ने गेहूँ, यव आदि खाद्यान्नों के बीज वपन के प्रसंग में हल का उल्लेख न कर भूमि को खुरचने वाले 'किसी भी प्रकार के उपकरण' का उल्लेख किया है। यदि चतुर्थ सदी ई0पू0 में पंजाब से सिन्ध तक की यह स्थिति थी, तो तीन सहस्राब्दि ई0पू0 में इससे उन्नत प्रकार के कृषि के उपकरण या उससे भिन्न जलवायु की कल्पना नहीं की जा सकती।[10] पंजाब की अपेक्षा सिन्ध में तो वर्षा और भी अल्प मात्रा में होती है। यदि आज पंजाब अन्नोत्पादन में सम्पूर्ण भारत में सर्वोच्च स्थान रखता है, तो उसका कारण वर्षा न हो कर पंजाब की नदियों से जुड़ी हुयी नहरों का प्रबन्धन है, जिसकी व्यवस्था सैन्धव संस्कृति में दिखाई देती है।

वास्तव में अन्नोत्पादन के लिये सिन्धु घाटी के लोग तीसरी सहस्राब्दि में दो प्रकार की प्रक्रिया पर निर्भर दिखाई देते हैं। प्रथम, सिन्धु तथा उसकी सहायक नदियों पर बन्धों (Dam) का निर्माण, द्वितीय, बाढ़ के समय नदी जल के फैलाब को तथा वर्षा के जल को खेती के चारों तरफ ऊँची-ऊँची मेड़ बना कर संचित कर लेना। डी0डी0 कोशाम्बी ने प्रथम पद्धति को विशेष महत्त्व दिया है और कहा है कि सिन्धु की सहायक नदियों पर बन्धों को निर्मित कर देने से नदी का जल तथा

उसके साथ लाई गई उपजाऊ मिट्टी भी दोनों तरफ फैल जाती थी। इस मिट्टी को नुकिले यन्त्र से (Harrow) खुरच कर बीज डाल दिया जाता था। किन्तु इस प्रक्रिया से होने वाली पैदावार उस उपज की अपेक्षा कम होती थी जो कि विकसित तरीके के हल से जोती गई भूमि तथा नहरों से की गई सिंचाई से प्राप्त होती है।[11]

यदि आज इन बन्धों (Dam) के अवशेष नहीं मिलते हैं, तो इसका कारण आर्यों द्वारा इनको विनष्ट करना है। डी0डी0 कौशाम्बी ने इस सम्बन्ध में ऋग्वेद से स्पष्ट तथा असन्दिग्ध उदाहरण प्रस्तुत किये हैं। उन्होंने ऋग्वेद में प्रयुक्त 'वृत्र' तथा 'रोध' शब्दों का उल्लेख किया है, जिसका अर्थ वास्तव में बाँध या अवरोध होता है। इन्द्र ने अपने बज्र से वृत्र का वध कर नदियों के जल को मुक्त किया और यह जल सूखी भूमि पर चारों तरफ फैल गया।[12] बन्धे के अर्थ में वृत्र शब्द का प्रयोग ऋग्वेद में अन्यत्र भी हुआ है, जिसका उल्लेख डी0डी0 कौशाम्बी ने किया है। 'रोध' शब्द भी मनुष्यकृत बन्धे के अर्थ में ऋग्वेद में प्रयुक्त मिलता है[13] उदाहरण के लिये - रिणग्रोधाँसि कृत्रिमाण्येषां (ऋ0 2.15.8)। बन्धों के अतिरिक्त खेतों के चारों तरफ मेड़ बना कर वर्षा ऋतु में जल को संचित कर उसमें खरीफ की खेती भी यहाँ के निवासी करते रहे होंगे। इस प्रकार की खेती नदियों के किनारे ही सम्भव होती होगी।

उपर्युक्त विवरण से स्पष्ट है कि अन्नोत्पादन के लिये आवश्यक तीन कारकों में से कोई भी कारक सैन्धव घाटी में विद्यमान नहीं दिखाई देता। यहाँ न तो भूमि को जोतने के लिये हल का प्रयोग होता था, न तो इस क्षेत्र में पर्याप्त वर्षा होती थी और न ही सिंचाई के लिये नहरों की कोई व्यवस्था थी। ऐसी स्थिति में किस प्रकार यहाँ इतना अधिक अन्नोत्पादन हो जाता था, जिससे हड़प्पा एवं मोहन जोदड़ो में नागर संस्कृति विकसित हो सकी। यद्यपि इस प्रश्न का सही उत्तर तब तक सम्भव नहीं जब तक कि सैन्धव लिपि पठ्य नहीं हो जाती फिर भी यहाँ से प्राप्त अवशेषों से इस पर प्रकाश पड़ता है। इन अवशेषों से ज्ञात होता है कि खाद्यान्न के वितरण पर ही नहीं उसके उत्पादन पर भी शासन का पूर्ण नियंत्रण था। अन्नागार के साक्ष्य मोहन जोदड़ो तथा हड़प्पा दोनों ही नगरों से प्राप्त हुये हैं। हड़प्पा से दो पंक्तियों में निर्मित अन्नागार के जो अवशेष मिले हैं, उनमें प्रत्येक पंक्ति में 6 अन्नागार हैं, जिनमें, खाद्यान्न का संचयन होता था। इन अन्नागारों के दक्षिण में ईंट के बने हुये वृत्ताकार चबूतरों की पंक्तियाँ मिलती हैं। इन चबूतरों पर गेहूँ, यव आदि के दाने तथा भूसे अथवा डण्ठल मिलते हैं। इनसे सहज में ही यह अनुमान लगाया जा सकता है कि ईंट के इन चबूतरों पर फसल की दँवाई

(Threshing) होती रही होगी। इससे यह तथ्य उद्घाटित होता है कि कटिया के बाद फसल को नगर में ही लाया जाता था, जहाँ दवाई के बाद खाद्यान्न का संग्रहण अन्नागारों में कर लिया जाता हो। निकट ही वृहद आकार की लकड़ी की ओखली का अवशेष मिला है, जिसमें अन्न डाल कर बड़े-बड़े मूसल से कुटाई की जाती थी। यह उल्लेखनीय है कि मोहन जोदड़ो या हड़प्पा से खाद्यान्न को पीसने वाली चक्की या जाता नहीं मिला है, यद्यपि लोथल से इसकी प्राप्ति हुयी है। सम्भव है कूटने के पश्चात् आटा सिल बट्टे पर पीस कर तैयार किया जाता था। श्रमिकों की बस्ती का साक्ष्य इसके समीप ही मिलते है जो मिस्र के टेल एल अमर्ना की याद दिलाता है। अन्न को काटने पीसने का कार्य इन श्रमिकों से कराया जाता होगा। सम्भव है राजकीय अन्नागार (State Granary) से तैयार किये गये आटा या खाद्यान्न का वितरण मोहन जोदड़ो तथा हड़प्पा के निवासियों को प्रशासकीय देख-रेख में ही होता हो। अन्यथा राज्य नियंत्रित इन केन्द्रीय अन्नागारों का कोई प्रयोजन नहीं रह जाता। इन नगरों की आबादी का निश्चित ज्ञान नहीं। लैम्ब्रिक ने मोहन जोदड़ो की आबादी 35000 अनुमानित की है और इसी के आसपास हड़प्पा की भी आबादी की कल्पना की जा सकती है।[14]

डी0डी0 कौशाम्बी का कथन है कि यद्यपि सिन्धुघाटी की मिट्टी उपजाऊ थी, किन्तु यहाँ पर खाद्यान्न का उत्पादन मेसोपोटामियाँ अथवा नील नदी की घाटी के उत्पादन की अपेक्षा बहुत कम था।[15] उनका कहना है कि यही कारण था कि जहाँ सिन्धु की घाटी में मात्र दो नगर मोहन जोदड़ो तथा हड़प्पा ही विकसित हो सके, वहीं मेसोपोटामियाँ में छोटे-छोटे अनेक नगर तथा सात बड़े नगरों के प्रमाण उपलब्ध होते हैं। इस विषमता का कारण था सिन्धु की घाटी में खाद्यान्न के उत्पादन के लिये प्रयुक्त साधनों का अपर्याप्त होना। मेसोपाटामियाँ तथा मिस्र में नहरों की व्यवस्था ने जहाँ प्रभूत मात्रा में अतिरिक्त अन्नोत्पादन को सम्भव किया वहीं इसके अभाव ने सिन्धु के इन दो नगरों के विस्तार को ही नहीं रोका, अपितु उनके क्रमिक ह्रास का भी कारण बना।[16] अन्नोत्पादन जिस क्षेत्र में किया जाता था वह नदियों के समीप ही होता था, जहाँ आर्द्रता रहती थी। नदियों से दूर जहाँ पानी की सुविधा नहीं थी, इस काल में खेती सम्भव नहीं थी। बन्धों को बाधने से नदी का जो जल दोनों तरफ फैल जाता था, उससे व्यापक पैमाने पर अन्नोत्पादन नहीं किया ज सकता था। बाहर से आने वाले आक्रान्ताओं द्वारा इन बन्धों (वृत्र) को नष्ट कर देने के बाद अन्नोत्पादन की यह सम्भावना भी क्षीण हो गई और कालान्तर में इन नगरों के उपभोक्ता वर्ग को वहाँ से पलायन करना पड़ा।[17]

संदर्भ

1. व्रिजेट एवं रेमण्ड आल्विन, द वर्थ ऑफ इण्डियन सिविलाइजेशन्स, पृ0 265-66
2. द्रष्टव्य, ऊपर, पृ0 13
3. स्टुअर्ट पिगट, प्री हिस्टोरिक इण्डिया, पृ0 155
4. द्रष्टव्य, ऊपर, पृ0 26
5. वही
6. बर्थ ऑफ इण्डियन सिविलाइजेशन, पृ0 260
7. आर0सी0 मजूमदार, द क्लासिकल एकाउण्ट्स ऑफ इण्डिया में प्रकाशित 'द ज्याग्रफी ऑफ स्ट्रैबो, 15.1.19
8. वही, 15.1.17
9. क्लासिकल एकाउण्ट्स, पृ0 251
10. स्टुअर्ट पिगत ने, प्रीहिस्टोरिक इण्डिया, पृ0 133-136; कहा है कि सिन्धु के इन नगरों में प्रयुक्त पक्के इटों के लिए जो आवाँ (kiln) की लकड़ी ईंधन के रूप में इस्तेमाल की जाती थी उससे अनुमान लगया जा सकता है कि वहाँ घने जंगल रहे होंगे। पक्के ईंटों के प्रयोग से भी यही ज्ञात होता है कि वहाँ वर्षा प्रचुर मात्रा में होती होगी। इसके अतिरिक्त प्राप्त जंगली पशुओं की हड्डियों तथा उनके चित्र आदि से ज्ञात होता है कि गैंडा, हाथी, चीता, जंगली सुअर आदि के रहने लायक घने जंगल वहाँ रहे होंगे। प्रभूत वर्षा के अभाव में जंगल सम्भव नहीं हो सकते थे। पिगट के इस मत के सम्बन्ध में यह कहा जा सकता है कि आज जब कि बहुत अधिक जंगल बढ़ती हुयी आबादी के कारण काट दिये गये हैं, उसकी अपेक्षा तीसरी सहस्त्राब्दि में वर्षा वहाँ कुछ अधिक होती रही होगी किन्तु इस क्षेत्र की जलवायु तीसरी सहस्त्रब्दि में आज से बहुत भिन्न नहीं रही होगी। आल्विन ने लैम्बिक के मत के आधार पर कहा है कि जितने इन्धन की आवश्यकता ईंट पकाने के लिए भट्ठों (Kiln) को होती थी उतना नदियों के निकट प्रचुर मात्रा में विद्यमान वृक्षों से उपलब्ध हो जाता होगा (द बर्थ ऑफ इण्डियन सिविलाइजेशन, पृ0 127)
11. डी0डी0 कोसम्बी, ऐन इण्ट्रोडक्शन टु द स्टडी ऑफ इण्डियन हिस्ट्री, पृ0 69
12. ऋ0 4.19, 7-8
13. डी0डी0 कोसम्बी, वही, पृ0 74-75, ने सी0 बेन्वेनिस्ते तथा एल0 रेनू के मत को स्वीकार किया है, जिनके अनुसार, वृत्र शब्द का अर्थ बाधा (Obstacle) वाँध (Barrage) अथवा अवरोध (Bloquage) होता है।
14. द्रष्टव्य, आल्विन, वही, पृ0 244-246; फेयर सर्विस यहाँ की आबादी प्रति व्यक्ति 800 वर्गफीट, अथवा प्रति हेक्टेयर 133 व्यक्ति मानते हैं, द्रष्टव्य, विगनिंग्स ऑफ एग्रिकल्चर, जी0आर0 शर्मा, पृ0 194

15. डी0डी0 कोसम्बी, वही, पृ0 67-68
16. वही, पृ0 70
17. वृत्र पर द्रष्टव्य परिशिष्ट ''ऋग्वेदीय वृत्र - सैन्धव सभ्यता में सिंचाई का प्रवन्धन एवं आर्य-अनार्य संघर्ष''

●

अध्याय - 7

ताम्राश्म युगीन ग्रामीण अन्नोत्पादक संस्कृतियाँ (2000 ई0पू0 से 1000 ई0पू0 तक)

पुरातात्त्विक स्रोत से ज्ञात होता है कि हड़प्पा की नागर संस्कृति के अवसान के बाद या उससे कुछ पहले से ही भारत के अन्य भागों में ग्रामीण संस्कृतियाँ विद्यमान थीं। प्राप्त पुरावशेषों से यह भी ज्ञात होता है कि ये ग्रामीण संस्कृतियाँ विकास की विभिन्न अवस्था में थीं किन्तु खाद्यान्न से इनका परिचय हो चुका था। ऊपर कश्मीर के बुर्जहोम, गुफकराल, राजस्थान, हरियाणा आदि की कालीवंगा, बनावली तथा बिन्ध्य क्षेत्र की नवपाषाणिक संस्कृतियों का विवरण प्रस्तुत किया जा चुका है। यहाँ भारत के विभिन्न प्रदेशों की कतिपय उन संस्कृतियों का संक्षिप्त परिचय प्राप्त करना भी आवश्यक है, जो कि हड़प्पा की नागर संस्कृति के समानान्तर अथवा परवर्ती काल में विकसित हुयी। यद्यपि ये संस्कृतियाँ विकास तथा संरचना की दृष्टि से ग्रामीण ही कही जायेंगी क्योंकि इनके भौतिक जीवन का प्रमुख आधार आखेट तथा पशुधन ही था। पुरावशेषों से यह स्पष्ट है कि खाद्यान्न के उपयोग से पूर्ण रूप से परिचित थी। सातत्य की दृष्टि से यह कहा जा सकता है कि इन ताम्राश्मयुगीन ग्रामीण संस्कृतियों ने ही खाद्यान्न एवं पशुधन के सम्बन्ध में यह आधारशिला प्रदान की, जिस पर ऐतिहासिक काल की अन्नोत्पादक संस्कृति का उद्भव सम्भव हो सका।

सैन्धव प्रदेश के दक्षिण में काठियावाड़ के क्षेत्र में परवर्ती हड़प्पा काल की संस्कृतियों का उद्घाटन लोथल, सोमनाथ, रंगपुर, रोजदी आदि स्थानों से हुआ है। इस क्षेत्र से प्राप्त पुरावशेषों से यह ज्ञात होता है कि 1800 ई0पू0 या किंचित बाद में इस क्षेत्र की स्थानीय संस्कृतियों का उद्भव हुआ। ताम्रधातु के उपकरण यहाँ से प्राप्त होते हैं। रंगपुर (ii) से धान के साक्ष्य प्राप्त हुये हैं जबकि यहीं से (iii)

किंचित बाद में बाजरा (Millet, Pennisetuum typhoideum) भी प्राप्त हुआ है। यहाँ गाय, भेड़, बकरी, भैंस तथा सुअर का पालन भी होता था।

(अ) बनास संस्कृति

राजस्थान के दक्षिण पूर्वी भाग में एक ताम्रपाषाणिक संस्कृति का विकास हुआ। बनास एवं उसकी सहायक नदियों की घाटी में इसका विस्तार होने के कारण इसे बनास संस्कृति कहा गया। इस संस्कृति से सम्बन्धित दो प्रमुख पुरास्थलों की पहचान हुयी है, अहाड़ एवं गिलुण्ड। अहाड़ संस्कृति के विकास क्रम को तीन स्तरों में बाँटा गया है, जिन्हें IA, IB एवं IC कहा गया। इसमें द्वितीय अर्थात् IB का काल कार्बन 14 से 1650 ई0पू0 से 1400 ई0पू0 तक तथा IC का काल 1400 ई0पू0 से 1200 ई0पू0 तक निर्धारित होता है। इस आधार पर प्रथम काल के आरम्भ को 1800 ई0पू0 माना जा सकता है। इस ताम्रपाषाणिक संस्कृति के विषय में यह उल्लेखनीय है कि आहाड़ से प्राप्त उपकरणों में पाषाण के उपकरणों का सर्वथा अभाव है, जबकि ताम्र धातु के उपकरण प्रचुर मात्रा में उपलब्ध होते हैं। गिलुण्ड से प्रस्तर के उपकरण मिलते हैं। ताम्र के उपकरणों की प्रचुरता का कारण सम्भवतः राजस्थान में प्रचुर मात्रा में उपलब्ध होना था।

खाद्यान्न के विषय में विचार करते समय उन उपकरणों की ओर ध्यान देना प्रासंगिक है, जो यहाँ से प्राप्त हुये हैं। ताम्र उपकरणों में अधिकांश चिपटी कुल्हाड़ियाँ, छुरी, छड़ें आदि हैं।

इनका परिचय खाद्यान्न से था, यह अहाड़ से प्राप्त पात्रों के टुकड़ों में धान के अधजले दानों, तथा धान की भूसी एवं पुआल से ज्ञात होता है। पाण्डेय का मत है कि यद्यपि यहाँ से जौ या गेहूँ के साक्ष्य नहीं मिले हैं, किन्तु ये लोग जौ तथा गेहूँ की खेती से भी सम्भवतः परिचित रहे होंगे, अहाड़ की ताम्रपाषाणिक संस्कृति के पूर्व तथा पश्चात् की राजस्थान की संस्कृतियों में इन अनाजों की खेती के साक्ष्य मिलते हैं।[1] बड़ी संख्या में सील, लोढ़े आदि की प्राप्ति से भी यह अनुमान लगाया जा सकता है कि खाद्यान्न के उपयोग से आहाड़ निवासी इस काल में अवगत थे। मिट्टी के खिलौना के रूप में तकले (Spindlewhorls) यहाँ से मिले हैं, जिनका तादात्म्य साकलिया ने ट्राय (Troy) के इसी प्रकार के तकलों के साथ दिखाने का प्रयास किया है, जो कि निश्चय ही असम्भाव्य है। इन तकलों से यह अनुमान लगाया जा सकता है कि यहाँ कपास की खेती होती होगी। जहाँ तक खाद्यान्नों के प्रमाण की बात है इस कथन का कोई आधार नहीं है कि इनकी खेती होती थी। बहुत बड़ी संख्या

में प्राप्त ताम्र उपकरणों में से किसी का सम्बन्ध कृषि से प्रतीत नहीं होता है। वास्तव में वन्य खाद्यान्नों के बीज को ही नदी घाटियों की आर्द्र भूमि में छींट कर अन्नोत्पादन किया जाता होगा। इनके जीवन का मुख्य आधार पशुओं का शिकार ही रहा होगा। बहुत बड़ी संख्या में प्राप्त भेड़, सूअर हरिण कछुआ, मछली आदि की हड्डियों से भी यही लगता है कि इनके भोजन का प्रमुख आधार पशुओं का माँस ही था। सम्भवतः गाय, बैल, भैंस, बकरी, सुअर आदि को पालतू भी बनाया जाता हो। अहाड़ एवं गिलुण्ड से मृत्तिका निर्मित डील वाले बैल की मूर्तियाँ भी मिली हैं।

मालवा की ताम्राश्म संस्कृति

काठियावाड़ से पूरब का क्षेत्र मालवा की ताम्राश्म कालीन संस्कृति का क्षेत्र था। चम्बल नदी से सिंचित इस क्षेत्र की दक्षिणी सीमा पर नर्वदा नदी प्रवाहित होती है। इस नदी के उत्तर में नागदा तथा दक्षिणी किनारे पर नवदाटोली इस संस्कृति के दो प्रमुख स्थल हैं। अन्य पुरास्थलों में माहेश्वर, कायथा, एरण आदि उल्लेखनीय हैं। नवदाटोली से आठ कार्बन 14 तिथियाँ प्राप्त हुयी हैं, जिनसे यह ज्ञात होता है कि इनका काल 1700 ई0पू0 से 1200 ई0पू0 रहा होगा। यहाँ से प्राप्त उपकरण ताँबे तथा प्रस्तर दोनों के मिलते हैं। ताँबे के उपकरणों में चिपटी कुल्हाड़ियाँ, मछली पकड़ने वाले काँटे तथा खंजर आदि हैं। इनके आवास बाँस बल्ली से बने होते थे, जिन पर बाहर तथा भीतर से मिट्टी का लेप कर दिया जाता था।

नवदाटोली से खाद्यान्नों के विषय में अपेक्षाकृत अधिक विस्तृत सूचना प्राप्त होती है। प्राप्त खाद्यान्नों में गेहूँ के दो प्रकार हैं, जिन्हें ट्रिटिकम कम्पैक्ट्म (Triticum Compactum) तथा ट्रिटिकम वल्गेयर (Triticum Vulgare) कहा जाता है। यहीं से बाद के स्तर से (iiiB) धान, मसूर (Lentil, Lens Culinaris) उड़द (Black gram, Phaseolus mungo) मूँग (Green gram, Phascolus radiatus) कलाय या मटर (Grass pea) तथा तीसी (Linseed) के साक्ष्य मिले हैं। इसके अतिरिक्त फलों में बेर (Jujube) तथा आँवला (Myrobalan Phyllanthuse-mblica) के प्रमाण भी प्राप्त हुये हैं। जानवरों में गाय, बैल, भेड़, बकरी, सूअर पाले जाते थे। हरिण की हड्डियों से लगता है कि ये लोग शिकार भी करते थे।

जोर्वे की ताम्राश्म संस्कृति

महाराष्ट्र के अहमद नगर जिले में स्थित जोर्वे से एक विशिष्ट ताम्राश्म कालीन संस्कृति का उद्घाटन हुआ है। इस संस्कृति के अवशेष तापी (ताप्ती) नदी से

लेकर गोदावरी एवं कृष्णा नदी की घाटी तक पाये जाते हैं। इस संस्कृति से सम्बन्धित पुरास्थलों में प्रकाश, बहाल, नेवासा, दायमाबाद, चन्दौली, बहुरूप, सोने गाँव, टेकवाड़ा, नासिक, जोर्व इत्यादि उल्लेखनीय हैं।

विभिन्न स्थानों से प्राप्त इस संस्कृति के पुरावशेषों से यह ज्ञात होता है कि जोर्व संस्कृति उस समय अस्तित्व में आयी, जबकि मालवा संस्कृति विद्यमान थी, किन्तु मालवा संस्कृति के बाद भी जोर्वे संस्कृति का अस्तित्व विद्यमान रहा। नेवासा, चन्दोली एवं सोने गाँव से प्राप्त कार्बन 14 के आधार पर जोर्वे संस्कृति का काल 1375 ई0पू0 से 1050 ई0पू0 निर्धारित किया गया है।[2] दायमावाद (ii) तथा प्रकाश (iA) की प्राप्त कार्बन 14 के आधार पर इसका काल 1700 ई0पू0 से 1400 ई0पू0 निर्धारित होता है। इस आधार पर यह कहा जा सकता है कि जोर्वे की संस्कृति दीर्घ काल तक जीवित रही। दायमाबाद के द्वितीय स्तर से ही सर्वप्रथम ताम्र धातु की एक छुरी मिली।

जोर्वे की ग्रामीण संस्कृति में प्रस्तर के उपकरण पूर्ववत् बनाये जाते रहे किन्तु ताँबे का प्रयोग उत्तरोत्तर अधिकाधिक होने लगा। ताँबे के प्राप्त उपकरणों में जोर्वे तथा चन्दौली से चौकोर एवं चपटी कुल्हाड़ी (Flat axe) तथा चन्दौली से ताँबे की छेनी प्राप्त हुयी है। चन्दौली से ही ताँबे के भाले का फलक तथा इसी धातु का मछली पकड़ने वाला हुक प्राप्त हुआ है। उल्लेख्य है कि विभिन्न प्रकार के पत्थर के उपकरण अभी भी बड़ी मात्रा में बनाये जाते रहे। नेवासा में पत्थर की कुल्हाड़ी का एक निर्माण केन्द्र (Stone axe factory) भी मिला है।

पशुओं में गाय, बैल, भेड़, बकरी तथा भैंस को पालतू बनाया जाता था। ज0ना0 पाण्डेय ने इनाम गाँव से प्राप्त एक पात्र पर बैल गाड़ी में जुते हुये दो बैलों के चित्र का उल्लेख किया है और कहा है कि ''इससे स्पष्ट है बैल भारवाही प्रमुख पालतू पशु थे।''[3]

इस संस्कृति के लोग खाद्यान्नों से परिचित थे। इनाम गाँव से जौ, गेहूँ, मटर, मसूर, समूँग, उड़द आदि खाद्यान्नों के साक्ष्य उपलब्ध हुये हैं। नेवासा तथा चन्दौली से कपास, सन तथा रेशम के कच्चे धागे की प्राप्ति से इस क्षेत्र में कपास तथा सन के उत्पादन का प्रमाण भी प्राप्त होता है। वृक्षों में बेर, जामुन, ताड़ के साक्ष्य मिले हैं।

अन्य ताम्राश्म कालीन संस्कृतियों के समान जोर्वे की ताम्राश्म कालीन ग्रामीण संस्कृति भी विभिन्न नदियों की घाटी में ही विकसित हुयी थी। इस संस्कृति के पुरास्थल ताप्ती, गोदावरी, कृष्णा, आदि नदियों के अतिरिक्त इनकी सहायक

छोटी छोटी नदियों के किनारे मिलते हैं। ऐसी नदियों में भीमा, पंजारा, कान, बरकई, गोमय, अरूनावती, प्रवरा, गिरना, घोड़, चोड़, बहालहुंगी[4] आदि का उल्लेख किया जा सकता है। इन नदियों के किनारे की आर्द्र भूमि में स्वतः उत्पादित वन्य खाद्यान्न को छींट कर उत्पादन किया जाता होगा। अभी तक हल के प्रयोग के कोई साक्ष्य नहीं मिलते हैं। यदि लकड़ी के फाल युक्त हल का भी प्रयोग किया जाता तो उसके चित्र उसी प्रकार मिल जाते जैसे बैलगाड़ी में जुते बैल के। खाद्यान्न के उत्पादन के बाद भी इनके जीवन का आधार पशुओं का आखेट ही रहा होगा। इनकी पुष्टि ताम्र फलक वाले भाले, कुल्हाड़ी आदि से भी होती है।

दक्षिण भारत की ग्राम्य संस्कृतियाँ

कर्नाटक, आन्ध्र प्रदेश, तमिलनाडु में अनेक नवपाषाणिक पुरास्थलों का उद्घाटन हो चुका है। इनसे यह ज्ञात होता है कि इस काल के आदिम जन पहाड़ियों के ऊपर या उसके नीचे की समतल भूमि पर अपना निवास स्थान बना कर रहने लगे थे। प्रमुख पुरास्थलों में संगनकल्लू, टेक्कलकोटा, टीनरसीपुर, पिकलीहाल, मास्की, हल्लूर, नागार्जुनीकोण्डा, सिंगनपल्ली, पैय्यमपल्ली इत्यादि हैं। इसके अतिरिक्त वेलारी जिला में स्थित कुपगल तथा महबूब नगर के उतनूर भी उल्लेखनीय हैं, जहाँ पर राख के टीले (Ashmounds) पाये गये हैं, जिन्हें पशुओं का बाड़ा (Cowpens) कहा गया है और जो नवपाषाणिक है।

इन पुरास्थलों से सांस्कृतिक विकास के तीन स्तर ज्ञात होते हैं। प्रथम स्तर से किसी भी धातु के न मिलने के कारण इसे नव पाषाणिक कहा गया है। उतनूर से प्राप्त कार्बन 14 के अनुसार इसकी तिथि 2300 ई0पू0 से 1800 ई0पू0 निर्धारित होती है। सांस्कृतिक विकास के दूसरे स्तर के ऊपरी भाग से सर्वप्रथम काँसा (Bronze) एवं ताँबा के प्रयोग के प्रमाण उपलब्ध हुये हैं। टेक्कलकोटा, हल्लूर तथा संगन कल्लू से प्राप्त कार्बन 14 के आधार पर इस काल को 1800 ई0पू0 से 1500 ई0पू0 माना गया है। विकास के तीसरे स्तर के प्रमाण टेक्कलकोटा, हल्लूर, पैय्यपल्ली, पिकलीहाल, संगनकल्लू आदि के परवर्ती काल से प्राप्त होते हैं। कार्बन 14 के अनुसार इसका काल 1400 ई0पू0 से 1050 ई0पू0 निर्धारित होता है। पहले की अपेक्षा इस काल में ताँवें एवं काँसे के उपकरणों की संख्या अधिक दिखाई देती है, यद्यपि पहले के समान इस काल में भी पत्थर की कुल्हाड़ी आदि का प्रयोग होता रहा।

अन्य नवपाषाणिक संस्कृतियों के समान दक्षिण भारत की इन संस्कृतियों में भी पशुओं का महत्त्व पूर्ववत् दिखाई देता है। राख के टीलों से यह विदित होता है कि यहाँ के निवासी पशु-पालन करते थे। पशुओं में गाय, बैल, भेड़, बकरी के पालन का साक्ष्य यहाँ से प्राप्त हुआ है। मिट्टी के खिलौनों में डील वाले बैल (Humped bull) के अवशेष मिले हैं। इसके अतिरिक्त गुफाओं में की गई इनके द्वारा चित्रकारी से भी गाय बैल के चित्र ही अधिकांश मिलते हैं। विशेष रूप से उल्लेखनीय हल्लूर के गुहाचित्र हैं जिसमें तलवार हाथ में लिये हुये घोड़े पर सवार को दिखाया गया है।

टेक्कलकोटा के प्रथम स्तर से चना (Horse gram, Dolichos biflorus) के प्रमाण मिले हैं। पैय्यमपल्ली से चना, मूँग (Green gram, Phaseolus radiatus) एवं रागी (Eleusine coracana) के साक्ष्य उपलब्ध होते हैं। टेक्कलकोट और उटनूर से ताड़ की लकड़ी भी प्राप्त हुयी है।

आवासों में सील और लोढ़े मिलते हैं जिनसे ज्ञात होता है कि इन्हें खाद्यान्न के उपयोग का ज्ञान था। नवपाषाण कालीन आदिम जन अपना आवास या तो पहाड़ियों के ऊपर बनाते थे या पहाड़ियों के मध्य समतल भू-खण्ड पर। इस समतल भू-खण्ड को चारों तरफ से पत्थर की चट्टानों से घेर कर जल को संचित कर लिया जाता था और तत्पश्चात् आर्द्र भूमि में बीज छींट कर अन्नोत्पादन किया जाता था। यही कारण है कि अधिकांश पुरास्थल कृष्णा, काबेरी, पेन्नार, ताम्रपर्णी तथा अन्य सहायक नदियों की घाटी में ही पाये जाते हैं।

उपलब्ध साक्ष्यों से यह प्रतीत होता है कि अन्नोत्पादन से परिचित हो जाने पर भी ये लोग पशुओं का शिकार करते थे। इसका कारण या तो यह रहा होगा कि पाषाण काल से ही आखेट पर आधारित जीवन पद्धति से अपने को ये लोग मुक्त न कर सके हों या अन्नोत्पादन सीमित मात्रा में ही होता हो और वन्य पशुओं का आखेट करना अपरिहार्य रहा हो।

पशुओं की प्राप्त हड्डियों में सर्वाधिक डील वाले बैल (Humped bull) हैं, जिसकी सींग घुमावदार होती थी। अन्य पशुओं की हड्डियों में भेड़, बकरी तथा भैंस की है। इसके अतिरिक्त हरिण, कछुआ आदि का भी शिकार किया जाता था। यह भी उल्लेखनीय है कि पशुओं की इन हड्डियों में एक हाथी की भी हड्डी मिली है। ताम्राश्म कालीन हल्लूर के ऊपरी स्तर से एक घोड़े (Equus Cabalus) की हड्डी भी प्राप्त हुयी है। आल्चिन दम्पती का कथन है कि पशुओं की इन हड्डियों पर काटने के निशान हैं जिससे स्पष्ट हो जाता है कि इनका माँस, खाने के लिये

ही इन्हें मारा जाता था।[5] सम्भव है कुछ पशुओं की उपयोगिता दूध के लिये भी रही हो जिसमें गाय, बकरी, भैंस आदि रही होगी। जबकि अन्य पशुओं का शिकार किया जाता हो। आखेट की पुष्टि भाला लिये हुये घुड़सवार के चित्र से भी होती है। यह भी सम्भव है कि बैल का उपयोग भार वाहक पशु के रूप में वैसे ही होता रहा हो जैसा कि जोर्वे संस्कृति से सम्बद्ध इनाम गाँव के एक पात्र पर बैल गाड़ी में जुते दो बैलों के चित्रण से ज्ञात होता है। सारांशतः यह कहा जा सकता है कि यद्यपि अन्नोत्पादन से दक्षिण भारत के इन पुरैतिहासिक जनों का परिचय हो गया था, किन्तु पशुधन का महत्त्व पूर्ववत बना रहा। इन पशुओं को एक स्थान पर बाड़े में (Cowpen) रखा जाता था और कुछ समय बाद जब गोबर (Cowdung) बहुत अधिक एकत्र हो जाता था तो उसे जला दिया जाता था। यही राख आज राख के टीले (Ashmound) के रूप में उतनूर, कुपगल आदि पुरास्थलों पर मिलती है। ऐसे ही एक टीले से बैल का एक पद चिन्ह भी मिला है। ऐसे बाड़ों में 600 से 1000 तक पशु रखे जाते होंगे।[6]

पश्चिमी एवं दक्षिणी भारत के समान उत्तर भारत की ताम्राश्म कालीन संस्कृतियों में खाद्यान्न के विषय में सूचना मिलती है। बंगाल में गंगा के डेल्टा में महिषदल से सांस्कृतिक विकास के दो स्तरों का उद्घाटन हुआ है। कार्बन 14 के अनुसार प्रथम स्तर का काल 1380 ई0पू0 से 855 ई0पू0 निर्धारित होता है। इस काल से ताँबे का एक चपटा उपकरण प्राप्त हुआ है। इसके अतिरिक्त इसी स्तर से चावल के अधजले दाने मिले हैं। दूसरे स्तर से लोहे के प्रमाण मिलते हैं जिसकी कार्बन 14 तिथि 690 ई0पू0 से पहले की निर्धारित की गई है।

बिहार में सोनपुर तथा चिराँद से प्राप्त पुरावशेषों से खाद्यान्न के विषय में जानकारी मिलती है। सोनपुर से चावल के अवशेष मिले हैं जबकि चिराँद से नवपाषाणिक जनों का धान, मूँग, जौ, गेहूँ, मसूर आदि से परिचय उद्घाटित होता है। इसी काल से पाषाण की कुल्हाड़ियाँ, सील, लोढ़ा, हथौड़ा आदि भी प्राप्त हुये हैं। हड्डी के उपकरण जैसे ब्लेड, वाण, हथौड़े, कुदाल आदि भी मिलते हैं।

पशुओं में हाथी, वारहसिंगा, हरिण, गेंडे आदि की अस्थियाँ मिली हैं। इससे ज्ञात होता है कि चिराँद के आदिम जनों में भी आखेट का महत्त्वपूर्ण स्थान था।

(ब) ताम्र निधियाँ एवं गैरिक मृण्भाण्ड परम्परा

उपर्युक्त ताम्राश्म कालीन ग्राम्य संस्कृतियों के संक्षिप्त विवरण से यह स्पष्ट हो जाता है कि भारत के विभिन्न भागों में निवास करने वाले यहाँ के मूल निवासी क्षेत्र

विशेष की जलवायु में उत्पन्न होने वाले खाद्यान्नों से परिचित थे। इसी प्रसंग में उन ताम्रनिधियों तथा गैरिक मृण्भाण्ड परम्परा से जुड़ी हुयी संस्कृतियों का उल्लेख करना समीचीन होगा, जिनके अवशेष समय-समय पर प्राप्त होते रहे हैं। ताम्रनिधियों के विषय में सर्वप्रथम 1822 ई0 में जानकारी प्राप्त हुयी।[7] ये ताम्रनिधियाँ गंगा-यमुना दोआब, छोटा नागपुर, उड़ीसा दक्षिण में मध्य भारत एवं दकन के क्षेत्र तक फैली मिली हैं। इन ताम्रनिधियों का काल क्या है तथा इनके निर्माता कौन थे? इन प्रश्नों के उत्तर के सम्बन्ध में मतैक्य का अभाव है। जहाँ स्टुअर्ट पिगट ने इन्हें हड़प्पा के विस्थापितों से सम्बद्ध बताया वहीं हाइन जेल्डर्न ने इन्हें आर्यों की कृति कहा।

यहाँ यह उल्लेखनीय है कि ताम्रनिधियों में से जिनकी संख्या लगभग 86 है 37 केवल दो आबे से ही मिली हैं। विसौली (बदायूँ) राजपुर परसु (विजनौर) आदि से प्राप्त इन निधियों के निकट उत्खनन से गैरिक मृद्भाण्ड (Ochre coloured pottery, O.C.P.) प्राप्त हुये हैं। हस्तिनापुर, अहिच्छत्र अतरंजीखेड़ा आदि के उत्खनित स्तरों में कृष्ण लोहित (Black and Red ware) एवं चित्रित धूसर (Painted Grey ware) मृद्भाण्ड परम्परा के नीचे गैरिक मृद्भाण्ड (O.C.P.) प्राप्त हुये हैं, जिससे यह तथ्य उद्घाटित होता है कि चित्रित धूसर, कृष्ण लोहित पात्र परम्परा से पहले की गैरिक मृद्भाण्ड परम्परा है। यदि चित्रित धूसर मृद्भाण्ड परम्परा 1000 ई0पू0 या इससे कुछ पहले की है तो गैरिक मृद्भाण्ड परम्परा के काल को 1200-1300 ई0पू0 में रखा जा सकता है और यही काल सम्भवतः ताम्रनिधियों का भी रहा होगा।

यद्यपि यहाँ ताम्रनिधियों से सम्बन्धित विभिन्न पक्षों की सविस्तार समीक्षा करना प्रासंगिक नहीं है, तथापि प्राप्त साक्ष्यों के आधार पर यह सम्भावना व्यक्त की जा सकती है कि इन ताम्रनिधियों के निर्माता यहाँ के आदिम जन या आदिवासी रहे होंगे, जो आर्यों के आने के पहले से ही गंगा-यमुना के दो-आब तथा पूरब में बिहार, झारखण्ड उड़ीसा, एवं दक्षिण में विदर्भ तक फैले रहे होंगे। बी0बी0 लाल, जिन्होंने इन ताम्रनिधियों का विस्तृत विवेचन किया है दोआब के इन आदिम जनों को शबरों, निषादों आदि का पूर्वज मानते हैं।

इतने विस्तृत क्षेत्र में फैले हुये आदिवासियों का जीवन एक ही प्रकार का नहीं रहा होगा। इनमें एक वर्ग ऐसा रहा होगा जो आखेट के माध्यम से ही अपना जीवन यापन करता होगा और गंगा के पूरब में सिंहभूमि, उड़ीसा से लेकर मध्यभारत एवं विदर्भ के आटवी क्षेत्र तक फैले हुये जंगलों के समीप रह

कर पशुओं का शिकार करता होगा, जैसा कि आज भी आदिवासी करते हैं। आखेट पर आधारित जीवन होने के कारण संचरणशीलता इन के जीवन का अपरिहार्य अंग बन चुकी थी। किन्तु इन आदिम जनों का एक वर्ग ऐसा भी रहा होगा जो कि ताम्र उपकरण बनाने में विशिष्टता प्राप्त कर चुका था। इन ताम्रनिधियों से प्राप्त उपकरणों को देखने से यह स्पष्ट हो जाता है कि इनको निर्मित करने वाले शिल्पी अपने कार्य में बहुत दक्ष रहे होंगे। ह्वीलर ने इन ताम्र उपकरणों की कुशल कारीगरी देख कर यह कहा है कि घुमन्तू होते हुये भी इनका एकमात्र कार्य इन उपकरणों को निर्मित करना ही रहा होगा।[8] विभिन्न प्रकार के इन उपकरणों को देखने से यह स्पष्ट हो जाता है कि इनका निर्माण पशुओं का शिकार करने, मछली पकड़ने, लकड़ी काटने या जमीन खोदने आदि के उद्देश्य से किया जाता होगा। इनमें चिपटी आयताकार कुल्हाड़ियाँ (Sub-rectangular flat axes) स्कन्धित कुल्हाड़ियाँ (shouldered axes) छेनी या खन्ती (Bar-celts or chisels) दुधारी कुल्हाड़ियाँ (Double edged aaxes) कुठार या परशु (Hatchet), मछली पकड़ने या मारने वाले भाले (Harpoon-heads), तलवार या भाले (Spear-heads or swords) तथा मानवाकृतियाँ (Anthropomorphic figures) जो अठारह इंच तक लम्बे होते थे, इन निधियों में पाये गये हैं।

इन उपकरणों में पशुओं के शिकार करने वाले उपकरणों के अतिरिक्त मछली पकड़ने वाले उपकरण (Harpoon) भी हैं, जिनसे सहज में ही यह अनुमान लगाया जा सकता है कि इनके प्रयोग करने वाले नदियों के किनारे रहते होंगे और मछली पकड़ना इनके भौतिक जीवन का आधार रहा होगा।[9] नवपाषाण काल में मछली पकड़ने के लिए हड्डी या प्रस्तर के उपकरण बनाये जाते थे, किन्तु ताम्रधातु का ज्ञान हो जाने के बाद पत्थर या हड्डी के स्थान पर इनका निर्माण ताँबे से होने लगा। ताम्रधातु की जो मानवाकृतियाँ प्राप्त हुयी हैं, उनकी क्या उपयोगिता रही होगी, इसकी निश्चित जानकारी नहीं हो सकी है।

इस सम्बन्ध में आल्चिन ने छोटा नागपुर के सन्थाल तथा अन्य आदिवासियों द्वारा यज्ञ आदि अनुष्ठानों के अवसर पर लौह धातु की इसी प्रकार की मानवाकृतियों के प्रयोग का उल्लेख किया है।[10] सम्भवतः ताम्रनिधियों की इन मानवाकृतियों की उपयोगिता भी इसी प्रकार के अनुष्ठान से रही हो। ध्यातव्य है कि सर्वदा से ही आदिवासियों में तांत्रिक क्रिया का प्रचलन रहा है जिसमें इनके लिये प्रतीकों का आश्रय लिया जाता था।

आदिवासियों के इस समूह को, जिनका सम्बन्ध ताम्रधातु के विभिन्न प्रकार के उपकरणों के निर्माण से था, ताँबे की प्राप्ति राजस्थान में खेतड़ी, पूरब में सिंह भूमि तथा दक्षिण में मिले बालाघाट के निकट गुगेरिया (प्राप्त 424 ताम्र उपकरण) जहाँ खनिज पदार्थ प्रचुरता से उपलब्ध थे, हो जाती थी।

इन आदिम जनों का एक वर्ग ऐसा था, जिससे सम्बन्धित गैरिक मृद्भाण्ड (O.C.P.) पंजाब, राजस्थारन तथा उत्तर प्रदेश में प्राप्त हुये हैं। प्रमुख प्राप्ति स्थानों से जालंधर के निकट कतपलाँव, राजस्थान में नोह एवं जोधपुरा, उत्तर-प्रदेश में राजपुर परसू, बिसौली, बुलन्द शहर में स्थित लालकिला, अतरंजीखेड़ा, हस्तिनापुर, अहिच्छत्र, बहदराबाद, बड़ागाँव, आंबरवेड़ी, सेफई आदि हैं। इलाहाबाद जिले में स्थित शृंगबेरपुर से भी गैरिक मृद्भाण्ड प्राप्त हुये हैं जिसे पाण्डेय ने इस मृद्भाण्ड परम्परा की अब तक प्राप्त पुरावशेषों की पूर्वी सीमा माना है।[11]

यहाँ यह विचारणीय है कि कुछ स्थान ऐसे हैं जहाँ ताम्रनिधियाँ प्राप्त हुयी हैं और उनके समीप ही गैरिक मृद्भाण्ड प्राप्त हुये हैं। ऐसे स्थानों में राजपुर, परसू एवं विसौली का उल्लेख किया जा सकता है। इसी प्रकार बहदराबाद, नसीरपुर से भी ताम्रनिधियाँ मिली और बाद में गैरिक मृदृभाण्ड इनके निकट मिले, जबकि इटावा में सेफई नामक स्थान से एक मत्स्य भाला तथा गैरिक मृद्भाण्ड दोनों ही प्राप्त हुये। इसके आधार पर ताम्रनिधियों तथा गैरिक मृद्भाण्ड संस्कृति को समकालीन माना जा सकता है।

किन्तु यदि ताम्रनिधियों तथा गैरिक मृद्भाण्डों के भौगोलिक विस्तार को देखा जाये तो स्पष्ट रूप से यह ज्ञात हो जाता है कि समकालीन होते हुये भी प्रथम का क्षेत्र दूसरे से कहीं अधिक विस्तृत था। ताम्रनिधियों के प्राप्ति स्थान, हरियाणा, राजस्थान उत्तर-प्रदेश, बिहार, पश्चिम बंगाल, उड़ीसा, मध्य प्रदेश एवं कर्नाटिक तक फैले हैं, जबकि गैरिक मृदृभाण्ड पंजाब से उत्तर-प्रदेश में इलाहाबाद तक अभी प्राप्त हुये हैं। अतः यह कहा जा सकता है कि समकालीन होते हुये भी इनमें विस्तार की दृष्टि से भिन्नता थी। इसका कारण दोनों के सांस्कृतिक विकास के भिन्न स्तर थे।

ऊपर कहा गया है कि ताम्र उपकरणों का सम्बन्ध मुख्य रूप से पशुओं के शिकार तथा मछली मारने से है ऐसे आदिम जन बिहार, झारखण्ड, उड़ीसा या विदर्भ क्षेत्र के घने जंगलों तथा नदियों के निकट ही रहते होंगे, इसीलिये इन उपकरणों के प्राप्ति स्थान भी इन क्षेत्रों में स्थित हैं। किन्तु गैरिक मृदृभाण्ड राजस्थान, हरियायणा तथा पूरब में इलाहाबाद तक ही सीमित है। यह वही क्षेत्र

है जिसे वैदिक साहित्य में मध्यदेश की संज्ञा दी गई है और मनु ने जिसकी पूर्वी सीमा प्रयाग माना है।[12] इन मृद्भाण्डों की समीक्षा से यह ज्ञात होता है कि इनसे सम्बन्धित आदिम जनों का जीवन संचरणशील न होकर स्थायी था। इनके पात्र चाक निर्मित थे जो इनके स्थायी निवास को इंगित करता है। इसके अतिरिक्त खाद्यान्नों से इनका परिचय तथा इनके द्वारा किये जाने वाले पशुपालन के भी प्रमाण उपलब्ध होते हैं। पुरातत्त्वविद पाण्डेय ने कहा है कि "अतरंजीखेड़ा के गैरिक मृद्भाण्ड वाले स्तरों से धान, जौ तथा दालों के कार्बनीकृत दाने प्राप्त हुये हैं। इस प्रकार ऊपरी गंगा घाटी में यह साक्ष्य कृषि-कार्य का प्राचीनतम प्रमाण है। इनके अतिरिक्त सिल-बट्टे भी प्राप्त हुये हैं, जो अनाज के दानों को पीसने के सूचक हैं। बड़े-बड़े मटके और घड़े भी सम्भवतः अनाज-भण्डारण के लिये उपयोग में आते रहे होंगे।[13] पालतू पशुओं में गाय-बैल के प्रमाण उपलब्ध होते हैं। मृद्भाण्डों में प्राप्त नाँद (Trough) जहाँ पशुओं के उापयोग के सूचक हैं, वहीं साधार तश्तरी (Dish-on-stand) तसले एवं घड़े आदि उनके स्थायी जीवन पद्धति की उद्घाटित करते हैं। इनके आवास सम्भवतः बाँस-बल्ली एवं घास के बने होते थे।

उपर्युक्त विवरण की पृष्ठभूमि में यह कहा जा सकता है कि बारहवीं-तेरहवीं सदी ई0पू0 में उत्तर भारत के विस्तृत भू-खण्ड में फैले हुये आदिम जनों का जीवन विविध प्रकार का था। इनमें एक समूह मात्र आखेट एवं पशुओं के माँस, मछली के शिकार पर निर्भर था, तो दूसरा वर्ग प्रथम वर्ग की आवश्यकता पूर्ति हेतु प्रभूत मात्रा में ताम्र उपकरण बनाने में दक्षता प्राप्त कर चुका था। यह दोनों ही संचरणशीलता की स्थिति में थे। किन्तु इस आदिम समूह का एक वर्ग ऐसा था जो पशुधन, खाद्यान्न तथा दैनिक उपयोग में आने वाले मृद्भाण्डों का चाक पर निर्माण करता था। इस वर्ग का जीवन यायावरी न होकर स्थायित्व ग्रहण कर चुका था। सम्भवतः यही कारण था कि यह वर्ग गंगा की घाटी तक ही सीमित रहा। इस दृष्टि से पाण्डेय का यह कथन सर्वथा समीचीन प्रतीत होता है कि "गैरिक मृद्भाण्ड परम्परा ऊपरी गंगा घाटी में ग्राम्य जीवन का सबसे पहला उदाहरण प्रस्तुत करती है।"[14]

उत्तर वैदिक काल में जिसका विवरण नीचे प्रस्तुत किया गया है आर्यों का प्रवेश इसी गंगा-यमुना के दो आब में हुआ जिसे मध्य प्रदेश की संज्ञा दी गई। इन तीन शताब्दियों में, 1300 ई0पू0 से जो गैरिक मृद्भाण्ड एवं ताम्रनिधियों का काल है 1000 ई0पू0 तक जिसे उत्तर वैदिक काल का आरम्भ कहा जा सकता है - इन आदिम जनों की संस्कृति में भी परिवर्तन हुये। ताम्र धातु के स्थान पर लोहे का

ज्ञान हो चुका था जिसका उल्लेख उत्तर वैदिक साहित्य करता है। गैरिक मृद्भाण्ड का स्थान अब चित्रित धूसर मृद्भाण्ड ने ले लिया जो गंगा की घाटी में अनेक स्थलों से प्राप्त होता है। जिन खद्यान्नों का उल्लेख ऊपर गैरिक मृद्भाण्ड के प्रसंग में किया गया है उनके अतिरिक्त खाद्यान्नों की विस्तृत सूची भी उत्तर वैदिक साहित्य करता है, जिसका उल्लेख नीचे किया गया है।

संदर्भ

1. ज0ना0 पाण्डेय, वही, पृ0 424-25
2. आल्चिन, वही, पृ0 193
3. जयनारायण पाण्डेय, वही, पृ0 439
4. ज0ना0 पाण्डेय, वही, पृ0 0435-36
5. आल्चिन, वही, पृ0 262
6. वही
7. ताम्रनिधियों पर विस्तृत एवं सर्वांगीण विवेचन के लिये द्रष्टव्य जयनारायण पाण्डेय की उपर्युक्त पुस्तक, पृ0 443-460, बी0बी0 लाल, फर्दर कापर होर्ड्स फ्राम द गैगेटिक वेसिन एण्ड ए रिव्यसू ऑफ द प्राब्लम, एंश्येण्ट इण्डिया नं0 7 में प्रकाशित; स्टुअर्ट पिगट, वही, पृ0 237-38; आल्चिन वही, पृ0 200-206; मार्टिमर ह्वीलर, वही, पृ0 123-27
8. ह्वीलर, वही, पृ0 126-27; "The Coppoer implements are shown by their frequently specialized character and skilful casting and hammering, and by their distribution over 800 miles of jungle landscape to have been the work of substantially wholeètime experts who were probably also (as in other parts of the world) itinerant."
9. स्टुअर्ट पिगट, वही, पृ0 237-38; ह्वीलर, वही, पृ0 126
10. आल्चिन, वही, पृ0 204
11. जयनारायण पाण्डेय, वही, पृ0 454
12. द्रष्टव्य, नीचे (उत्तर वैदिक काल के विवरण में)
13. जयनारायण पाण्डेय, वही, पृ0 459
14. वही, पृ0 460

•

अध्याय - 8

ऋग्वेदीय पृष्ठभूमि

चर्षणि

पश्चिम एशिया से पूर्व में चीन, मंगोलिया आदि तक फैली हुयी जिन संस्कृतियों का ऊपर विवरण प्रस्तुत किया गया है, उनसे यह तथ्य उद्घाटित होता है कि खाद्यान्न उत्पादन के ज्ञान से पूर्व वे सभी संचरणशीलता की अवस्था में थी। अन्नोत्पादन की प्रक्रिया के साथ ही उनके जीवन में स्थायित्व आया। ऋग्वेद से भी यही ज्ञात होता है कि पूर्व वैदिक काल में आर्यजनों का जीवन संचरणशील था तथा उनके भौतिक जीवन में पशुओं का ही महत्त्व था। अभी तक अन्नोत्पादन से उनका पूर्ण परिचय नहीं हुआ था। चर्षणि शब्द जो ऋग्वेद में अनेकशः प्रयुक्त हुआ है इनके यायावरीय जीवन के सम्बन्ध में महत्त्वपूर्ण सूचना प्रदान करता है। यद्यपि इस शब्द की व्युत्पत्ति पर टीकाकारों ने विभिन्न प्रकार की व्याख्या प्रस्तुत की है, किन्तु भट्टभास्कर मिश्र द्वारा प्रस्तुत व्याख्या व्युत्पत्तिशास्त्र एवं आदिमजनों के विकास के इतिहास की दृष्टि से सर्वाधिक ग्राह्य प्रतीत होती है।[1] इस टीका के अनुसार चर्षणि शब्द चर् धातु से व्युत्पन्न है और इसका अर्थ चरणशील होता है। पुनः उन्होंने इसकी दूसरी व्याख्या भी दी है, जिसके अनुसार इस शब्द को कृष् से सम्बद्ध मानकर चर्षणि का अर्थ कर्षक या खेतिहर करते हैं। ऋग्वेद के प्रासंगिक स्थलों की समीक्षा से भी भास्कर मिश्र द्वारा प्रस्तुत व्याख्या की पुष्टि होती है। अनेक ऋचाओं में चर्षणियों का सम्बन्ध पशुओं के साथ दिखाई देता है, जबकि अन्यत्र हम उन्हें कृषि कर्म में प्रवृत्त पाते हैं। प्रथम अवस्था में पशु ही इन चर्षणियों का धन होता था, जिसके लिये बाड़ा बना कर स्थान विशेष में इन्हें निवास भी करना पड़ता था।[2] कालान्तर में जब कृषि आर्यजनों के जीवन की प्रमुख आधार बनी, तब भी पशुओं से उनका अपरिहार्य रूप से सम्बन्ध बना रहा।[3] खाद्यान्न के ज्ञान ने चर्षणियों को जहाँ उत्पादन की नवीन पद्धति से परिचित कराया, वहीं उनके यायावरी जीवन के स्थान पर स्थायी निवास के लिये भी प्रेरित

किया। यह नवीन पद्धति भूमि को खोदने अथवा रेखांकित करने और उसमें बीज बपन करने की थी। इस प्रक्रिया के लिये कृष धातु, जिसका अर्थ खींचना होता हे, का प्रयोग किया गया है। इस प्रसंग में प्रो0 वी0एस0 पाठक का कथन समीचीन प्रतीत होता है कि व्युत्पत्ति की दृष्टि से क्वेल टेल झ चर् ढ चृष झ कृष सम्बद्ध है।[4] यह ध्यातव्य है कि इचृष् उस काल का द्योतन करता है जब भारोपीय आर्यों का जीवन चरणशील था। अवेस्ता तथा ऋग्वेद में कृष् धातु का प्रयोग मिल जाता है, जिससे यह ज्ञात होता है कि सर्वप्रथम भारतेरानी युग में आर्यों का परिचय कृषि से हुआ। कृषि, कर्षक अथवा कृषक के संगोत्री शब्द भारोपीय भाषाओं में नहीं मिलते। मूल निवास स्थान से अलग होने से पहले सम्पूर्ण आर्य जन की स्थिति चरणशीलता की थी, इसलिये चर्षणि शब्द सामान्य जन (विश्वा चर्षणि) का बोधक था।[5] कहीं-कहीं तो मनुष्य या मानव शब्द का प्रयोग न कर उसके पर्याय वाची रूप में चर्षणी शब्द का ही प्रयोग कर दिया गया है। उदाहरणार्थ, वृषभ चर्षणीनाम् (6.18.1; 10.180.3)।[6] इसी प्रकार रूसी भाषा में 'क्रेस्टजनिन' शब्द का प्रयोग सामान्य रूप से मनुष्य या आदमी के अर्थ में और बाद में कृषक के लिये प्रयुक्त हुआ तथा चर्चस्लावी में कृष्टीजनू एवं कृष्टीजनिनृ का भी विकास हुआ।[7] यह एक मनोरंजक तथ्य है कि चर-चृष् धातु से व्युत्पन्न चर्षणि शब्द का स्वरूप भारतीय साहित्य में यथावत बना रहा। प्रो0 सच्चिदानन्द मिश्र ने प्राकृत तथा विभिन्न क्षेत्रीय भाषाओं में प्रचलित इस शब्द के विभिन्न रूपों के विषय में कहा है कि देसी नाममाला में यह शब्द 'चास' के रूप में मिलता है, जिसका अर्थ 'हलविदारित भूमि रेखा' तथा भोजपुरी एवं मैथिल में विद्यमान चास का अर्थ हल से भूमि जोतना, बंगला में चासी का अर्थ हलवाहा अथवा मजदूर तथा उड़ीसा में मुख्य कृषक वर्ग को चास कहा जाता है।[8] जहाँ चास या चासी के रूप में चर्षणी कृषि से सम्बन्धित रहा वहीं अपने मूल चरणशीलता अथवा घूमन्तु के अर्थ में यह संस्कृत साहित्य में पूर्ववत बना रहा। कामसूत्र में खेतों में मजदूरी करने वाली स्त्रियों को चर्षणी कहा गया है[9] और राजतरंगिणी में ऐसी स्त्रियों को जो पतिव्रता नहीं होती थीं चर्षणी नाम से संबोधित किया जाता है।[10]

कृष

चृष का कृष् से सम्बन्ध जहाँ व्युत्पत्ति शास्त्र तथा विभिन्न टीकाओं से प्रमाणित होता है वहीं ऋग्वेद की विभिन्न ऋचाओं में चर्षणी, कृष्टि आदि भी परस्पर सम्बन्धित दिखाई देते हैं। आरम्भ में सम्पूर्ण समूह यायावरीय था, इसलिये

क्रेस्टजनिन, कृष्टीजनिनू, चर्षणी आदि शब्द पूरे समूह के लिये प्रयुक्त होते थे। कालान्तर में खाद्यान्न उत्पादन की विधा से परिचय हो जाने के बाद सम्पूर्ण आर्य जनों के लिये कृष्टि शब्द का प्रयोग होने लगा। ऋग्वेद में चर्षणि एवं कृष्टि दोनों के लिये एक ही प्रकार के विशेषण मिलते हैं। 'विश्वा चर्षणी'[11] 'विश्वा कृष्टि'[12] शब्द वन्ध सम्पूर्ण समूह के लिये प्रयुक्त है। कहीं कहीं 'सम्पूर्ण' के लिये 'विश्वा' के स्थान पर 'पञ्च' का विशेषण के साथ 'पञ्च चर्षणी'[13] या 'पंच कृष्टयः'[14] भी मिलता है। पञ्च शब्द यहाँ पाँच के अर्थ में प्रयुक्त न होकर सम्पूर्ण के लिये हुआ है और उसके सगोत्री शब्द अन्य भारोपीय भाषाओं में भी मिल जाते हैं।[15] ऋग्वेद के कुछ स्थलों में चर्षणि या कृष्टि शब्द के स्थान पर 'पाञ्चजन्यासु कृष्टिषु' (सम्पूर्ण कृषक जन) शब्दबन्ध भी मिलता है।[16] निश्चय ही जनों (Tribe) को संख्या 5 से कहीं अधिक थी, अतः पञ्च या 'पाञ्च' को पाँच गानना अर्थहीन है।

चर्षणियों के भौतिक जीवन में उस समय परिवर्तन आया जब वह कृषि कर्म में प्रवृत्त हुये और यायावरीय का स्थान स्थायी निवास (क्षिति) ने ले लिया। इन्द्र ही ऐसे स्थायी निवास करने वाले चर्षणियों तथा उनके धन का स्वामी या (एकंश्चर्षणीनां वसूनमिरज्यसतिं। इन्द्रः पञ्च क्षितीनाम। 1.7.9) अन्यत्र भी चर्षणियों को स्थायी निवास करने वालों का पर्याय मान लिया गया है।[17] सारांशतः प्रो0 सच्चिदानन्द मिश्र का यह कथन सर्वथा समीचीन है कि "चर्षणि चरणशीलता की स्थिति से चल कर कर्षणशीलता की ओर गया। दूसरे शब्दों में 'चर्षणि शब्द उस काल का शब्द प्रतीत होता है, जब प्रजाजन चरणशील अथवा भ्रमणशील थे। प्रजाजन के लिये 'कृष्टि' शब्द का प्रयोग उस समय किया गया, जब चरणशीलता का ह्रास हुआ और क्षितिनिवास का क्रमशः विकास हुआ।"[18] यहाँ यह प्रश्न उपस्थित होता है कि आर्यों को कृषि का ज्ञान कैसे हुआ? इस प्रश्न के उत्तर के लिये ऋग्वेद में कृषि से सम्बन्धित ऋचाओं की समीक्षा करनी होगी।

ऊपर कहा गया है कि भारतीय एवं ईरानी आर्यों के अलग होने से पहले ही उन्हें कृषि का आरम्भिक ज्ञान हो चुका था जैसा कि अवेस्ता के 'यवो करेष' तथा ऋग्वेद के 'यव कृषि' से उद्घाटित होता है। किन्तु आर्यों का कृषि से यह परिचय आरम्भिक अवस्था में ही था, जबकि लकड़ी के एक तीक्ष्णाग्र दण्ड से, जिसकी चर्चा नीचे की गई है, भूमि को खुरच कर उसमें बीज छींट दिया जाता था। ऋग्वेद से ज्ञात होता है कि भारत प्रवेश के पश्चात् आर्यों का यहाँ के जिन मूल निवासियों से सम्पर्क हुआ उनमें कृषि का ज्ञान पहले से था, किन्तु अन्नोत्पादन की उनकी विधा भिन्न थी, जिसे आर्यों ने अपना लिया। इस मूल निवासियों को दस्यु कहा

गया है। आर्यजन इन मूल निवासियों की कृष्टि का विस्तार करते थे।[19] इन दस्युओं को पराजित कर इन्द्र ने आर्यों को अश्व, गाय एवं बहुमूल्य धन प्रदान किया।[20] कृष्टि कर्म में आर्य तथा अनार्य दोनों ही प्रवृत्त थे, इसलिये कृष्टि शब्द का प्रयोग दोनों के लिये ही किया जाता था। अन्तर मात्र इतना था कि दस्युओं अथवा अनार्यों को कृष्टि के साथ शत्रुजन एवं ऐसे जन जो अग्निदेव के उपासक नहीं थे (अनग्निवा अभ्यमन्त कृष्टीः) कहा गया है।[21] सायण ने ऐसे कृष्टिजन को शत्रु सम्बन्धिनीः प्रजा कहा है। किन्तु आर्यजनों के लिये जिन्हें भारतेरानी काल से ही कृषि विरासत में मिली थी, पूर्वी चर्षणी (3.43.2) तथा पूर्वी कृष्टि (8.62.2) शब्द वन्ध का प्रयोग किया गया है।

अर

आर्य शब्द की व्याख्या भी कृषि के विकास के सम्बन्ध में महत्त्वपूर्ण साक्ष्य है। यह शब्द अर शब्द से व्युत्पन्न है और कृषक का बोधक है। अर शब्द भारोपीय काल में ही प्रचलित हो चुका था। यह एक ऐसे यंत्र का बोधक था, जिसका अग्रभाग तीक्ष्ण होता था और इसका प्रयोग भूमि के खनन के लिये किया जाता था। इस यंत्र के माध्यम से भूमि को खोद कर उसमें बीज वपन किया जाता था। यूनानी भाषा में अरो या अरोत्रोन, लैटिन में अरारे या अरात्रुम तथा अन्य अनेक यूरोपीय भाषाओं में अर के सगोत्री शब्द हल के अर्थ में प्रयुक्त मिलते है।।[22] ईरान में भी अर, अवेस्ता में इर, अर आदि मिलते हैं। ऋग्वेद में भी अर शब्द मिल जाता है, जहाँ यह एक यन्त्र के अर्थ में और कहीं रथ के पहिये के आरा के रूप में इसका उल्लेख हुआ है।[23] इसके अतिरिक्त ऋग्वेद में अर शब्द का प्रयोग एक सूक्त में कृषि से सम्बन्धित अन्य शब्दों के साथ हुआ है। इस सूक्त (ऋ0 10.101) में सीर (हल का जुआ), वरत्रा (बैलों को बाँधने वाली रस्सी), बैलों के लिये बनाये गये लकड़ी के नाद (द्रोणाहावम), अश्म चक्र (पाषाण की चक्की), जल प्राप्त करने के लिये कूआँ (अवत), पशुओं के गोशाला (ब्रज), भूमि में बीज वपन करने (कृते योनौ वपतेह बीजम) आदि के अतिरिक्त अर का उल्लेख आयुध के साथ (आयुधार) हुआ है।[24] इस सूक्त में भूमि में बीज वपन की प्रक्रिया की समता नारी में किये जाने वाले बीज वपन से की गई है (10.101.3)। इस प्रकार किया गया अन्नोत्पादन सौभाग्य का प्रतीक (स्वस्ति वाहं) था।[25] अन्नोत्पादक होने के कारण ही 'अरं करत' शब्द बन्ध ऋग्वेद[26] तथा अथर्ववेद[27] में पर्याप्त के अर्थ में प्रायः मिलता है। सायण ने भी 'अरं अलं पर्याप्तो' कहा है। स्पष्टतः खनन यन्त्र के माध्यम से ही जिसे अर,

अरो, अरोत्रान, अरारे, अरात्रुम आदि नाम से अभिहित किया जाता था, भारोपीय काल में बीज वपन किया जाता होगा। सस्योत्पादन का यह सर्वथा आदिम रूप था। अभी तक सीर, वरत्रा, बैल, हल आदि का ज्ञान आर्यों को नहीं हुआ था। बाद के काल में कृषि सम्बन्धी अन्य सहायक साधनों का ज्ञान हो जाने पर भी उत्पादक यन्त्र होने के कारण अर का केन्द्रीय महत्त्व पूर्ववत् बना रहा। जिस प्रकार सायण की टीका में अरं का विकास अलं के रूप में हुआ, उसी प्रकार प्रारम्भिक ग्रीक भाषा का अरोत्रोन न्यू ग्रीक में अलेत्री अथवा अलोत्रोन बन गया। ऋग्वेद का 'अरं कर' भी बाद में अलंकर और पुनः अलंकार के रूप में प्रचलित हो गया।

भूमि को खोदने वाला यह अर वृक्ष की शाखा काट कर बनाया जाता था। इसके आकार प्रकार के विषय में श्रादर ने कहा है कि भारोपीय काल का यह हल वैसा ही होता था जैसा कि प्राचीन काल में रोम में तथा यूनान का आरोत्रोन आतोगुआन होता था। यह किसी मजबूत लकड़ी का दण्ड होता था जो हुक की शक्ल में मुड़ा होता था। इसमें किसी प्रकार की मुठिया नहीं होती थी। कृषि के इस भारोपीय आदिम उपकरण में किसी प्रकार की धातु का प्रयोग नहीं होता था। बीज वपन से पहले लकड़ी के इस तीक्ष्ण दण्ड से भूमि को खोद दिया जाता था, हाथ से मिट्टी के ढेलों को तोड़ दिया जाता था तथा घास की जड़ों को और पत्थर आदि को निकाल लिया जाता था।[28] भारोपीय 'अर' तथा ऋग्वेदीय 'अर' एक समान है। अन्नोत्पादन के सामर्थ्य के कारण ही अर का कृषि के सम्बन्ध में विशेष महत्त्व था और इससे सम्बद्ध जनों को आर्य कहा गया।

अन्नोत्पादक यन्त्र के अर्थ में ऋग्वेद में वृक शब्द का प्रयोग भी मिलता है। एक स्थान पर कहा गया है कि वृक अर्थात हल द्वारा अश्विन ने आर्यों के लिये यव का वपन किया।[29] किन्तु ऋग्वेद में ही तथा बाद में भी वृक शब्द का प्रयोग भेड़िया के लिये हुआ है। यूनानी भाषा में वृक का समानार्थी शब्द इयुलक था। तीक्ष्ण दातों के कारण वृक[30] या इयुलक से हल का तादात्म्य स्थापित किया गया। श्रादर ने ग्रिम के मत का उल्लेख किया है, जिनके अनुसार अनेक प्राचीन भाषाओं में जानवरों के नाम पर ही हल या उसके किसी हिस्से का नामकरण कर दिया जाता था।[31] किन्तु जमीन को खोद कर बीज वपन करने की यह विधा आदिम काल में ही प्रचलित थी और भारत में प्रवेश के कुछ काल पश्चात् आर्यों का परिचय कृषि में प्रयुक्त होने वाले अधिक विकसित यन्त्र से हुआ? जिसके परिणामस्वरूप हल के अर्थ में वृक शब्द का प्रयोग वैसे ही विलुप्त हो गया जैसे अर शब्द।

लांगल

ऋग्वेद तथा अन्य वैदिक ग्रन्थों में हल के लिये प्रायः लांगल शब्द का ही प्रयोग मिलता है।[32] सम्भवतः यह आर्येतर भाषा का शब्द है। जे0 प्रिजिलुस्की एवं टी0 वरो ने लांगल शब्द को मुण्डा भाषा का माना है। रोमिला थापर ने द्रविड़ भाषा के नांगल शब्द का उल्लेख किया है, जो निश्चय ही लांगल का परिवर्तित रूप है। भारोपीय शब्द लेग/लेंग से लांगल शब्द को जोड़ने की जो कोशिश की गई है, उसे रोमिला थापर ने भाषा वैज्ञानिक कारणों से गलत माना है।[33] दस्युओं की जिस कृष्टि का उल्लेख ऊपर किया गया है और जिन्हें पराजित कर आर्य अपनी कृष्टि का विस्तार कर लेते थे, सम्भव है उनमें प्रयुक्त होने वाले अन्नोत्पादक यन्त्र को लांगल कहा जाता हो। ये दस्यु द्रविड़ जनों से अभिन्न थे, जिनकी भाषा का प्रभाव पश्चिमोत्तर में विद्यमान ब्राहुवी भाषा पर दिखाई देता है।[34] इस सम्बन्ध में वी0पी0 राय का यह कथन महत्त्वपूर्ण हो जाता है कि पंजाब एवं हरियाणा में नांगल नामान्त अनेक स्थान आज भी विद्यमान है।[35] लकड़ी का निर्मित लांगल मुड़ा होता था (वक्रंदारू)।[36] इसका अग्र भाग भाले के समान नोकीला (पवीरवत) तथा ऊपरी भाग में चिकनी मुठिया (सोमसत्सरू) बनी होती थी।[37] मूल निवासियों द्वारा अन्नोत्पादन के लिये प्रयुक्त लांगल निश्चय ही अर की अपेक्षा अधिक विकसित और सुविधाजनक रहा होगा। अर में मुठिया न होने के कारण मात्र भूमि को खोदने और उसमें से घास, पत्थर आदि निकाल लेने के बाद बीज वपन के काम ही आता रहा होगा, जबकि लांगल में मुठिया होती थी और इसके नोकीले भाग को पोली जमीन में धँसा देने के बाद सम्भवतः मनुष्यों द्वारा खींचा जाता होगा। खदिर अथवा उदुम्बर आदि की मजबूत लकड़ी से ही इसका फाल बनता होगा। अभी तक धातु निर्मित हल के फाल के कोई प्रमाण नहीं मिले हैं। आर्यों ने मूल निवासियों को उनकी कृषि से बेदखल कर दिया, किन्तु उनकी अन्नोत्पादन पद्धति तथा अन्नोत्पादन यन्त्र एवं उसके नाम को अपना लिया।

सीर

लांगल के अतिरिक्त सीर शब्द का भी प्रयोग हल के लिये ऋग्वेद[38] तथा बाद के ग्रन्थों में मिलता है। ऋग्वेद में सीर शब्द कृषि से सम्बन्धित अन्य शब्दों के साथ एक ही सूक्त में (4.57) मिल जाता है। यहाँ क्षेत्रपति, गो, अश्व, हल जोतने वाले बैल, लांगल, हराई, बाँधने के लिये रस्सी (वरत्रा) पैना (अष्ट्रा), भूमि को सिंचित

करने के लिये जल, सीता (furrow), कृष्य भूमि को विदारित करने वाले हल के फाल, कृषक (कीनाश), वर्षा के देवता (पर्जन्य) आदि का उल्लेख मिलता है। इस विवरण से ऐसा प्रतीत होता है कि इस सूक्त की रचना उस समय हुयी होगी जब कृषि एवं पशुधन का आर्यों के जीवन में महत्त्वपूर्ण स्थान बन चुका था। अधिकांश विद्वानों द्वारा ऋग्वेद का 1 तथा 8-10 वे तक के मण्डलों को बाद का और 2-7 वें मण्डलों को जिन्हें वंश मण्डल कहा जाता है, पहले का माना गया है और इस आधार पर चौथा मण्डल भी पहले का है फिर भी कृषि से सम्बन्धित जो विस्तृत एवं विकसित सूचना चौथे मण्डल के इस सूक्त में दी गई है वह अन्य वंश मण्डलों की अपेक्षा बाद की प्रतीत होती है।[39] सम्भवतः अन्नोत्पादन की प्रक्रिया के विकास की यह तीसरी अवस्था थी। आरम्भ में अर द्वारा भूमि को खोद कर बीज छींट दिया जाता था। दूसरी अवस्था में मुठिया लगे हुये लांगल से जो उदुम्बर अथवा खदिर की लकड़ी से निर्मित होता था आदमियों द्वारा खींच कर भूमि की जुताई और बीज वपन किया जाता था, किन्तु कृषि के विकास की तीसरी और अन्तिम अवस्था में सीर अथवा लांगल में मनुष्य के स्थान पर बैलों का प्रयोग होने लगा जो हल को खींचते थे।[40] हल का फाल लकड़ी का ही होता रहा होगा। अभी तक धातु के प्रयोग के साक्ष्य नहीं मिलते। कृषि के प्रसंग में बैलों का उल्लेख उपर्युक्त मंडल एवं सूक्त में मिलता है। यद्यपि इस मण्डल में मात्र बैलों द्वारा हल खींचने का ही उल्लेख हुआ है।[41] किन्तु बाद में सीर अथवा हल को खींचने के लिये बैलों की संख्या 6, 8, 12 अथवा 24 बताई गई है।[42]

हल

यहाँ यह उल्लेखनीय है कि कृषि से सम्बन्धित सर्वाधिक प्रचलित शब्द 'हल' ऋग्वेद में नहीं मिलता है। कर्षण यन्त्र के रूप में संस्कृत साहित्य में यह शब्द बहुधा प्रयुक्त हुआ है किन्तु जहाँ अर, लांगल, सीर, फाल, आदि शब्द ऋग्वेद में प्रायः मिलते हैं, 'हल' शब्द का नहीं मिलना असामान्य है। इस शब्द की व्युत्पत्ति भी अभी तक एक पहेली ही है। ऊपर कहा गया है कि यूनानी भाषा के अरोत्रान का न्यू ग्रीक से अलेत्री बनने के साक्ष्य हैं। सम्भव है न्यू ग्रीक के समान भारत में भी अर अल हल शब्द का विकास हुआ हो, यद्यपि भाषा-शास्त्री इसे स्वीकार नहीं करते। बक के अनुसार सम्भवतः संस्कृत का 'हल' शब्द अर्मेनियन जोल तथा लिथुआनियन जुओलिस से सम्बद्ध हो, जिसका अर्थ क्रमशः काष्ठ दण्ड एवं वृक्ष का तना होता है। अर्मेनियन भाषा में ज्लेम का अर्थ हल होता भी है।[43]

प्रागैतिहासिक काल में जबकि लोहे का ज्ञान नहीं था, भूमि को खोदने के लिये लकड़ी का ही खनन यन्त्र बनाया जाता था। श्रादर ने गोथिक शब्द 'होह' का उल्लेख किया है, जिसका अर्थ 'हल' होता है। यह होह शब्द संस्कृत के शाखा तथा लिथुआनियन के ज़का से अभिन्न है।[44] लोहे का ज्ञान हो जाने के बाद भी पहले से चले आ रहे शब्द का प्रयोग कर्षण यन्त्र के अर्थ में प्रयुक्त होता रहा।

उपर्युक्त विवरण से जिसका आधार भारोपीय भाषायें हैं यह ज्ञात होता है कि मूल निवास स्थान से अलग होने के पहले ही आर्यों को अन्नोत्पादन की प्रक्रिया का ज्ञान हो चुका था। वह मात्र स्वतः उत्पादित वन्य खाद्य पर ही निर्भर न रह कर भूमि को खनन यन्त्र से खोद कर बीज का वपन करने लगे थे। मूल निवास स्थान में ही उन्हें भूमि की उत्पादकता एवं उसकी उपयोगिता का महत्त्व ज्ञात हो चुका था। ऋग्वेद की विभिन्न ऋचाओं में उर्बरा[45] शब्द उपजाऊ भूमि के अर्थ में मिलता है। उर्बर शब्द जेन्द में भी मिलता है। इस शब्द का सम्बन्ध यूनानी अरोर तथा लैटिन अर्वुभ से है।[46] यूनानी यूरोस से यह विवाद का विषय हो सकता है, किन्तु इतना निश्चित है कि उर्वरा शब्द की व्युत्पत्ति भारोपीय काल को ही इंगित करती है।[47] ऋग्वेद के उर्वरा से सम्बन्धित स्थलों से ज्ञात होता है कि आर्य जन उर्वरा भूमि की प्राप्ति के लिये उतने ही प्रयत्नशील रहते थे जितना पुत्र, पौत्र एवं पशुओं के लिये (ऋ0 6.25.4)। वह सर्वदा चिन्तित रहते थे कि कहीं अग्नि कृषित होकर उनकी उर्वरा भूमि को जला कर अकृष्य या बंजर (खिल्व) न बना दे (ऋ0 10. 142.3)।

यहाँ एक स्वाभाविक जिज्ञासा यह होती है कि उपर्युक्त उत्पादक यंत्र से तथा उर्वरा भूमि पर किन खाद्यान्नों का उत्पादन पूर्व वैदिक काल में किया जाता होगा। ऋग्वेद में मात्र यव का उल्लेख ही खाद्यान्न के रूप में हुआ है।[48] यह एक ऐसा अन्न था जिसके विषय में साहित्यिक एवं पुरातात्त्विक प्रमाण व्यापक रूप से प्राप्त होते हैं। ऊपर मेहरगढ़, जैतून ईरान आदि जिन प्रागैतिहासिक काल की संस्कृतियों का उल्लेख हुआ उनमें यव के प्रमाण सर्वत्र प्राप्त हुये हैं।

आरम्भ में यव के वन्य प्रकार का ही खाद्य के रूप में उपयोग होता रहा किन्तु शनैः शनैः इसका वपन सीमित मात्रा में और बाद में व्यापक रूप से होने लगा। यद्यपि मैकडानेल एवं कीथ ने यह सम्भावना व्यक्त की है कि ऋग्वेद में प्रयुक्त यव शब्द सामान्य रूप से सभी प्रकार के खाद्यान्न के अर्थ में प्रतीत होता है[49] किन्तु इस कथन का कोई स्पष्ट आधार नहीं है। वैदिक साहित्य के टीकाकारों ने यव को एक विशेष प्रकार का खद्यान्न ही माना है परवर्तीकाल में जब की अन्य

खाद्यान्नों का ज्ञान हो चुका था तब भी यव (जौ) एक विशेष प्रकार का खाद्यान्न ही माना गया। इसके अतिरिक्त यह ध्यातव्य है कि धार्मिक अनुष्ठान में आरम्भ से ही यव का प्रयोग होता रहा है। अग्नि को दी जाने वाली आहूति में यव का प्रयोग पूर्व, वैदिक काल से ही होता रहा है।[50] ऋग्वेद में अग्नि को इसीलिए यवसाद (यव को खाने वाला) कहा भी गया है।[51] लोहे का फाल (Ploughshare) न होने के कारण यव की खेती के लिये भूमि का आर्द्र होना आवश्यक था। इसलिये वर्षा का बहुत महत्त्व था। अश्विन की कृपा से जब वर्षा हो जाती थी तो वृक (हल) से यव की कृषि सम्भव होती थी।[52] उपयुक्त भूमि की अनेक बार जुताई करने के पश्चात् यव की खेती की जाती थी।[53] गाय, स्वर्ण एवं अश्व के समान ही यव की कामना की जाती थी और कृषक हाथ में हँसिया लेकर अपने खेत पर यव के लिये इन्द्र का आह्वान करता था।[54] आर्यजनों के अतिरिक्त पशुओं को भी यव खिलाया जाता था।[55] होमर ने जी (यव) तथा ओलूर का उल्लेख किया है जिसे घोड़ों को खिलाया जाता था।[56] ध्यातव्य है कि मात्र यव ही एक ऐसा खाद्यान्न था, जिसके लिये सभी भारोपीय भाषाओं में सगोत्री शब्द मिल जाते हैं। ओसेटिक भाषा में यो अथवा जौ, लिथुनियन में जबई तथा यूनानी जी के अतिरिक्त अवेस्ता में यव शब्द[57] इस खाद्यान्न की व्यापकता को प्रमाणित करते हैं, जिसके पुरातात्त्विक साक्ष्य भी, जिनका उल्लेख ऊपर किया गया है, प्रचुर मात्रा में उपलब्ध हो चुके हैं। यव के अतिरिक्त अन्य सभी खाद्यान्नों के नाम भारोपीय भाषाओं में अलग-अलग हैं जिससे यह ज्ञात हो जाता है कि मूल निवास में भारोपीय जनों का परिचय मात्र यव से ही हुआ था और विभिन्न क्षेत्रों में प्रवजन के पश्चात ही उन्हें अन्य खाद्यान्नों का ज्ञान हुआ होगा।

यव को कूट कर या पत्थर की चक्की में पीस कर खाया जाता होगा। ऋग्वेद में 'पिंस' शब्द का प्रयोग मिलता है[58] जिसका अर्थ पीसना या कूटना होता है। नवपाषाण कालीन आदिम जनों के निवास स्थल पर पाषाण चक्कियों की प्राप्ति का उल्लेख ऊपर किया जा चुका है।[59] इन पुरावशेषों से चक्कियों के अवशेष का प्राप्त होना जहाँ खाद्यान्न के उपयोग विधि पर प्रकाश डालता है, वहीं ऋग्वेद में प्रयुक्त 'पिंस' शब्द इन चक्कियों से खाद्यान्न के कूटने-पीसने की प्रक्रिया को स्पष्ट कर देता है। यहाँ यह ध्यातव्य है कि कूटने पीसने की यह प्रक्रिया भारोपीय काल में ही ज्ञात हो चुकी थी। 'पिंस' के सगोत्री शब्द अन्य भारोपीय भाषाओं में भी मिलते हैं उदाहरण के लिये पिंसो (लैटिन), पिस्सो (ग्रीक), पिसेनो (ओल्ड स्लेवोनिक), पिस्त्र (जेन्द), पिस्त (आधुनिक पर्सियन) इत्यादि।[60]

कृषि से सम्बन्धित कुछ अन्य सूचनायें भी ऋग्वेद से उपलब्ध हो जाती हैं उदाहरण के लिये यव की कटाई के लिए प्रयुक्त होने वाले उपकरण को दात्र अथवा हँसिया कहा जाता था।[61] कटे हुये यव का गड्डर (पर्ष) बनाया जाता था और खलिहान में अन्न को भूसे से अलग किया जाता था।[62] तत्पश्चात् यव को उर्दर में रखा जाता था।[63]

जल या तो वर्षा से प्राप्त होता था या खनित्र के माध्यम से नालियाँ बना कर जलाशय से सुलभ होता था।[64] कुआँ (अवत) खोदने तथा उससे जल निकालने[65], कुओं तक पशुओं को ले जाने

मनुष्य कृत सिंचाई का साधन सीमित तथा अपर्याप्त रहा होगा। ऋग्वेद में अनेकशः वर्षा के लिये देवताओं का आहवान किया गया है।[68] वर्षा को अन्न का श्रोत

का निवास क्षेत्र पंजाब ही रहा जहाँ पर्याप्त वर्षा का सर्वदा अभाव रहा। अभी तक नदियों से नहर आदि के निर्माण का ज्ञान आर्य जनों को नहीं हुआ था। इसीलिये वर्षा के लिये मित्र, वरुण, पर्जन्य, आदि देवताओं से याचना की जाती थी। इस काल तक कृषि आर्यों के भौतिक जीवन का आधार नहीं बन सकी थी।

पशुधन

ऋग्वेद में कृषि की अपेक्षा पशुओं का महत्त्व अधिक दिखाई देता है। देवताओं से सैकड़ों, हजारों की संख्या में गाय, बैल, अश्व आदि देने के लिये याचना की जाती थी।

[73] चरागाहों में हजारों की संख्या में गाय और घोड़े भरे रहते थे। इन पशुओं के स्वामित्व की पहचान के लिये उनके कान पर चिह्न बना दिया जाता था, जिसे अष्टकर्णी कहा जाता था।

, दधि[77], माँस[78], ऊन[79], चमड़ा[80] आदि की प्राप्ति होती थी। क्षेत्र विशेष के पशुओं को महत्त्वपूर्ण माना जाता था। सिन्धु तथा सरस्वती के घोड़ों का विशेष महत्त्व था इसीलिये इन दोनों नदियों को वाजिनीवती कहा गया है।[81] इसी प्रकार का महत्त्व गन्धार की तथा परुष्णी नदी के क्षेत्र की भेड़ों का था।[82]

यायावरी जीवन व्यतीत करने वाले इन आर्यजनों के लिये पशुओं का महत्त्व भारोपीय काल से पूर्व वैदिक काल तक यथावत बना रहा। ऋग्वेद के पशु शब्द का सगोत्री अवेस्ता में पशु तथा लैटिन में 'पेकु' मिलता है।[83] यह ध्यातव्य है कि ऋग्वेद[84] में तथा बाद के वैदिक साहित्य से भी पशु शब्द के अन्तर्गत चोपाया (चतुष्पाद) तथा दोपाया (द्विपाद) दोनों प्रकार को सम्मिलित किया गया है। दोपाया से अभिप्राय मनुष्य से है। वेन्वेनिस्ते का कथन है कि पशु के अन्तर्गत मनुष्य को पशुचारण काल में इसलिये परिगणित किया गया था क्योंकि मनुष्य तथा अन्य चौपाया जानवर एक साथ रहते थे। विस्तृत मैदानों को जहाँ पशु चरते थे अज्र[85] कहा जाता था। अज्र शब्द अन्य भारोपीय भाषाओं में भी मिल जाता है। उदाहरणार्थ एजर (लैटिन), एग्रास (यूनानी), अक्र (गाथिक) आदि।[86] 'अग' गत्यर्थक धातु है, जिसका अर्थ 'ले जाना' होता है अर्थात् वह स्थान जहाँ पशुओं को ले जाते थे (पशुचर या Pasture)। इस 'अग' से ही अंग्रेजी भाषा का एग्रिकल्चर शब्द बना।

यह आशंका सर्वदा बनी रहती थी कि पशु तस्कर उनके पशुओं को चुरा न लें अथवा उन पर कोई हथियारों से आक्रमण न कर दें। इसी लिये पशुओं के स्वामी (गोपति) को सर्वदा उनकी निगरानी करनी पड़ती थी।[87] इन विस्तृत अज्रों में पशु यव चरते थे।[88] पशुओं को अपने स्वामी (अर्य) से कितना लगाव होता था इसका बड़ा ही रोचक चित्रण एक ऋचा में हुआ है, जहाँ यह कहा गया है कि गोरक्षक (गोपा) की निगरानी में पशुओं का समूह यव चरता रहता था, किन्तु अपने स्वामी (अर्य) के आवाज देने पर सभी पशु उसके चारों तरफ एकत्र हो जाते थे।[89] अज्र या विस्तृत चरागाह पर्वतीय उपत्यकाओं में पाये जाते थे[90] और इन्द्र की कृपा से सूखे अज्र वर्षा के जल से वैसे ही भर जाते थे जैसे बन्ध्य गाय दूध से।[91] यह स्वीकार किया जाता था कि पशुधन से दारिद्र्य का निवारण वैसे ही हो जाता था जैसे यव के खाने से भूख का।[92] द्रविण[93], वसु[94], रयि[95], वित्त[96], धन[97] आदि शब्दों का प्रयोग भौतिक समृद्धि प्राप्त करने के लिये ऋग्वेद में अनेकशः हुआ है। यह उल्लेखनीय है कि पशुधन को ही जिसमें अश्व, गाय आदि सम्मिलित थे, इस समृद्धि का पर्याय माना गया है। अन्न[98] शब्द का प्रयोग ऋग्वेद में विरल ही हुआ है।

प्रो0 शर्मा ने ऋग्वेद में प्रयुक्त गोमत, गविष्टि, गोषु, गव्यत, गव्यु, गवेषण, गव्युति आदि शब्दों का उल्लेख किया जो पूर्व वैदिक काल में पशुओं के विशेषकर गायों के, महत्त्व को स्पष्ट कर देते हैं।[99] यद्यपि आज भी यह शब्द प्रयोग में है,

किन्तु इनका अर्थ भिन्न हो चुका है उदाहरण के लिये गोत्र (गायों के रहने का स्थान) आज कुल (Clan) के लिये, गव्यूति (वह स्थान जहाँ गाय चरने के लिये जाती थी) दूरी मापन के लिये इत्यादि प्रयुक्त होते हैं।

यह प्रतीत होता है कि पूर्व वैदिक काल में आर्य जन अन्नोत्पादन की प्रक्रिया से परिचित होने लगे थे, किन्तु नवपाषाण कालीन यायावरी जीवन और पशुओं से उनकी घनिष्टता पूर्ववत् बनी रही। यद्यपि लांगल या सीर के माध्यम से यव का उत्पादन करने लगे थे, किन्तु अभी उनका आहार मुख्य रूप से पशु-माँस ही था। पशुओं की उपयोगिता दूध, दधि, घी आदि के लिये भी स्वीकार की जाती थी और इसीलिये देवताओं का आह्वान पशुधन के लिये ही किया जाता था।

संदर्भ

1. चर्षणि शब्द पर विस्तृत विवेचन के लिये द्रष्टव्य डॉ0 सच्चिदानन्द मिश्र की पुस्तक 'प्राचीन भारत में ग्राम एवं ग्राम्य जीवन', पृ0 121-133; तथा इसी पुस्तक के 'आलोक' में व्यक्त प्रो0 विश्वम्भर शरण पाठक की व्याख्या, पृ0 23
2. ऋ0वे0, 4.20.8 ईक्षे रायः क्षयस्य चर्षणीनामृत ब्रजपवर्तासि गोनाम्।
3. अथ0वे0, 13.1.38, यशा यासि प्रदिशो दिशश्व यशाः पशूनाभुत चर्शणीनाम्।
4. ''प्राचीन भारत में ग्राम एवं ग्राम्य जीवन'' आलोक, पृ0 23, मानियर विलियम्स, संस्कृत इंगलिश डिक्शनरी, पृ0 391 में चर्षणी को कृष् से सम्बद्ध करते हैं।
5. ऋ0वे0, 1.86.5; 4.7.4; 5.23.1
6. द्रष्टव्य, 1.184.4; 3.43.2; 6.2.2 इत्यादि
7. कार्लडार्लिंग बक, ए डिक्शनरी ऑफ सेलेक्टेड सिनानिम्स, इन द प्रिन्सिपल इण्डोयुरोपियन लैंग्वेजेज', 8.11.6
8. वही, पृ0 122
9. कामसूत्र, 5.5.5
10. राजतरंगिणी, 7.102; द्रष्टव्य मानियर विलियम्स, संस्कृत-इंगलिश डिक्शनरी, पृ0 391; अमरकोश में पुंश्चली को चर्षणी का पर्याय कहा गया है, 6.10
11. ऋ0वे0, 1.86.5; 4.7.4, 5.23.1
12. वही, 1.100.10; 3.49.1
13. वही, 5.86.2; 7.15.2; 9.101.9
14. वही,, 2.2.10; 3.53.16; 4.38.10; 10.60.4
15. पंच शब्द के लिये द्रष्टव्य 'विश्वम्भरा' में प्रकाशित जे0 राय, भक्ति, ए सिमैण्टिक

स्टडी, तथा जार्ज, कार्डोना (सं0), इण्डोयुरोपियन्स में प्रकाशित विनफ्रड पी लेहमन का लेख 'लिग्विस्टिक स्ट्रक्चर ऐज डायाक्रिटिक एविडेन्स आन प्रोटोकल्चर' 16. ऋ0वे0, 3.53.16

17. ऋ0वे0, 8.16.9 तमर्केभिस्तं सामभिसस्तं गायत्रैचर्षणयः। इन्द्रं वर्धन्ति क्षितयः
18. सच्चिदानन्द मिश्र, वही, पृ0 133-134
19. ऋ0वे0, 6.18.3, त्व ह नु त्वददमायो दस्यमूं रेकः कृष्टीरवनोरार्याय।
    अस्ति स्विच वीर्य तत् त इन्द्र न स्विंदस्ति दङ्गतथा दि वोचः।।
20. ऋ0वे, 3.34.9; 6.5.6
21. ऋ0वे, 1.189.3
22. बक, वही, 8.21
23. ऋ0वे, 1.32.15 राजा क्षयति चर्षणीनामरान; 10.78.4 स्थानां न ये अरा; द्रष्टव्य, 5.58.5; 8.77.3 इत्यादि
24. ऋ0वे0, 10.101.2
25. ऋ0वे0, 10.101.7
26. ऋ0वे, 5.44.8; 10.63.6
27. अ0वे0, 18.2.1
28. ओ0 श्रादर, प्रीहिस्टोरिक एण्टिक्विटीज, पृ0 287
29. ऋ0वे0, 1.117.21 यवं वृकेणाश्विना वपन्ते वं दुहन्तामनुषाय दस्त्रा।
    अभि दस्युं वकुरेणां धमन्तो रू ज्योतिचक्रथुरार्याय।।; 8.22.6
30. निरूक्त, 6.26; वृको लांगलं भवति विकर्तनात्।
31. श्रादर, वही, पृ0 288-289
32. ऋ0वे0, 4.57.4; अथर्व0वे0, 2.8.4; तै0सं0, 6.6.7.4
33. रोमिला थापर, प्राचीन भारत का सामाजिक इतिहास, पृ0 185 तथा पादटिप्पणी 24
34. ए0ए0 मैकडॉनेल एवं ए0वी0 कीथ, वैदिक इण्डेक्स, जिल्द 1, पृ0 347-48
35. ब्रजदेव प्रसाद राय, द लेटर वैदिक इकॉनमी, पृ0 132
36. वही, पृ0 133
37. अथ0वे0, 3.17.3
38. ऋ0वे0, 4.57.8; 10.101.3-4; अथ0वे0, 6.30.1; 91.1; 8.9.16 इत्यादि
39. द्रष्टव्य, आर0एस0 शर्मा, मैटेरियल कल्चर एण्ड सोशल फार्मेशन्स इन एंशियेण्ट इण्डिया, पृ0 022, 25

40. द्रष्टव्य, ब्रजदेव प्रसाद राय, वही, पृ0 131
41. ऋ0वे0, 4.57.4 शुनं वाहाः शुनं नरः शुनं कृषतु लाग्लम्।
शुनं वरत्रा वध्यन्तां शुनमष्ट्रामुषिग्यः।।
42. अथ0वे0, 6.91.1 इमं यवमष्टायोगैः षड्योगेमिरचर्कृषिः।
द्रष्टव्य, तैत्ति0सं0, 1.8.7.1; 5.2.5.2; का0सं0, 15.2 इत्यादि
43. बक, वही, 8.21.8
44. श्रादर, वही, पृ0 288
45. ऋ0वे0, 4.41.6; 5.33.4; 6.25.4 इत्यादि
46. बक, वही, 8.12.2
47. श्रादर, वही, पृ0 283; मानियर विलियम्स, वही, पृ0 217, 921 में उरु = विस्तृत, वर = स्थान मानते हैं और उर्बरा का तादात्म्य यूनानी युरुस से दिखाते हैं
48. ऋ0वे0, 1.23.15; 66.3; 117.21; 135.8; 176.2; 2.5.6; 14.11; 5.85.3; 7.3.4; 8.2.3 इत्यादि
49. वैदिक इण्डेक्स, जिल्द 2, पृ0 187
50. ऋ0वे0, 7.3.4 यवं न दस्म जुहूवा विवेक्षि।; 1.135.8 पच्यते यवो
51. ऋ0वे0, 1.94.11
52. ऋ0वे0, 8.22.6 दृशस्यन्ता मनवे पूर्व्यं दिबि यवं वृकेण कर्षथः ता वामद्य समतिमिः शुभस्पती अश्विना प्रस्तुवीमहि। द्रष्टव्य, 1.117.21
53. ऋ0वे, 1.23.15
54. ऋ0वे0, 8.78.9-10
55. ऋ0वे0, 10.27.9 सं0 यद्वय यवसादो जनाना महं यवादं उर्वज्रे अन्तः।
8.63.9 यवं न पम्‍ आ ददे; 10.27.8 गावो यवं प्रयुता, 10.100.10
56. श्रादर, वही, पृ0 282
57. वही
58. ऋ0वे0, 1.161.10
59. द्रष्टव्य ऊपर पृ0 28, 29, 33, 40, 48, 53 इत्यादि
60. श्रादर, वही, पृ0 282-83
61. ऋ0वे0, 8.78.10 तवेदिन्द्राहमाशसा हस्ते दात्रं चना ददे।
दिनस्य वा मथवन् त्संभृतस्य वा पूर्धि यवस्य काशिना।।
62. ऋ0वे0, 10.48.7; 71.2
63. वही, 2.14.11

64. वही, 7.49.2
65. वही, 1.116.22
66. वही, 10.25.4
67. वही, 10.101.7
68. वही, 5.63.2; 6; 5.83.6-7; 6.70.5; 7.64.2; 7.65.4 इत्यादि
69. वही, 7.102.1; 8.7.16; 9.39.2; 9.49.1; 9.97.17; 9.106.9
70. वही, 10.98
71. वही, 8.89.2; 4.32.17; 1.83.1; 1.43.2; 1.162.22; 9.9.9 इत्यादि
72. वही, 5.4.11
73. वही, 8.5.37
74. ऋ0वे0, 10.62.7 इन्द्रेण युजा निः सृजन्त वाधतो ब्रजं गोमन्तमश्विनम्।
सहस्त्रं में ददतो अष्ट कर्ण्यः श्रवो देवेश्वक्रतः।।
75. ऋ0वे0, 1.134.6; 2.10.4; 4.10.6
76. वही, 1.62.9; 180.3; 8.77.10
77. वही, ,1.5.5
78. वही, 8.43.11
79. वही, 4.22.2; 5.52.9
80. वही, 1.110.8; 1.161.7; 3.60.2
81. वही, 10.75.8; 1.3.10; 2.41.18; 6.61.3
82. वही, 1.126.7; 4.22.2; 5.52.9
83. वेन्येनिस्ते, इण्डोयुरोपियन लैंग्क्वेज एण्ड सोशायटी, पृ0 40 और आगे
84. ऋ0वे0, 3.62.14; सोमो अस्मभ्य द्विपदे चतुष्पदे च पशवे।
85. मानियर विलियम्स, वही, पृ0 10
86. बक, वही, 8.12; श्रादर, वही, पृ0 283
87. ऋ0वे0, 6.28.3 न ता नशन्ति न दमाति तस्करो ना सामामित्रो व्यथिरा दधर्षति। देवांश्च यामिर्यजते ददाति चं ज्योगित् ताभिः सचते गोपति सह।।
88. वही, 10.27.9 सं यद्वयं यव सादो जानाना महं यवाद उर्वज्रे अन्तः
89. वही, 10.27.8 गावो यवं प्रयुता अर्यो अक्षन् ता अपश्यं सहगोपाश्चरन्तीः।
हवा इदर्यो अभितः समायन् कियदासु स्वपतिश्छन्दयाते।।
90. वही, 6.24.8
91. वही, 4.19.7

92. वही, 10.44.10
93. वही, 2.21.6; 4.23.4; 4.5.11; 10.70.7 इत्यादि
94. वही, 4.17.11.13; 4.20.8; 6.55.3; 8.13.22 इत्यादि
95. वही, 1.73.1; 2.21.6; 3.1.19; 4.2.7; 5.41.5; 8.6.9 इत्यादि
96. वही, 5.42.9; 10.34.13 इत्यादि
97. वही, 1.42.6; 102.5; 6.16.15; 9.85.5; 10.97.8 इत्यादि
98. वही, 4.2.7
99. रामशरण शर्मा, मैटेरियल कल्चर ऐण्ड सोशल फार्मेसन्स इन एन्श्येन्ट इण्डिया, पृ0 24

●

अध्याय - 9

उत्तर वैदिक काल में अन्नोत्पादन (1000 ई.पू. से 600 ई.पू. तक)

प्रथम सहस्त्राब्दी ईसापूर्व से छठीं सदी ई0पू0 का काल अन्नोत्पादन के इतिहास की दृष्टि से सर्वाधिक महत्त्वपूर्ण कहा जा सकता है। इस काल के पुरातात्त्विक एवं साहित्यिक स्रोत से जहाँ खाद्यान्नों की विविधता पर प्रकाश पड़ता है वहीं इनके क्षेत्र विस्तार के विषय में भी प्रामाणिक सूचना प्राप्त होती है। आर्थिक परिवर्तन एवं प्रगति की जो आधारशिला इस काल ने प्रतिष्ठित की उसी के परिणामस्वरूप छठीं शताब्दी ईसापूर्व की द्वितीय नागर क्रान्ति का प्रस्फुटन हुआ।

पूर्वाभिमुखी वैदिक संस्कृति इस काल में मध्य देश की निवासिनी बन गई। जो महत्त्व पूर्व वैदिक काल में सप्त सैन्धव अथवा पंजाब क्षेत्र का था वही महत्त्व उत्तर वैदिक काल में मध्य देश का दिखाई देता है जिसकी सीमा उत्तर में हिमालय, दक्षिण में विन्ध्य पर्वत, पूर्व में प्रयाग तथा पश्चिम में विनशन[1] अर्थात वह क्षेत्र जहाँ सरस्वती नदी विलुप्त होती है, तक फैली थी। इस प्रकार सतलज से पश्चिमी उत्तर प्रदेश तक के भाग इसमें सम्मिलित था। उत्तर वैदिक साहित्य की रचना इसी क्षेत्र में हुयी। इसी क्षेत्र में कुरु-पंचाल जन निवास करते थे। इस साहित्य में आर्थिक जीवन और मुख्य रूप से कृषि से सम्बन्धित सूचनायें प्रभूत मात्रा में प्राप्त होती हैं।

जहाँ तक उत्तर वैदिक काल के काल निर्धारण का प्रश्न है इस विषय में हमें अन्य प्रकार के श्रोत से सहायता प्राप्त होती है। अधिकांशत पुरातत्त्वविदों की यह मान्यता रही है कि सैन्धव संस्कृति का अवसान दूसरी सहस्त्राब्दी ई0पू0 के मध्य में या इससे कुछ पहले हुआ था। स्टुअर्ट पिगट[2] तथा मार्टिमर ह्वीलर[3] लगभग 1500 ई0पू0 में आर्यों के प्रवेश तथा सैन्धव संस्कृति के अन्त का मत व्यक्त करते

हैं। जबकि आल्बिन[4] ने 1750 ई0पू0 में सैन्धव संस्कृति के अन्त को स्वीकार किया है। इस आधार पर 1500 ई0पू0 से 1000 ई0पू0 का काल पूर्व वैदिक काल कहा जा सकता है तथा इसके बाद के काल को उत्तर वैदिक काल की संज्ञा दी जा सकती है जिसकी समाप्ति छठी सदी ई0पू0 में हुयी जबकि जैन एवं बौद्ध धर्म का अभ्युदय हुआ। इसी अवधि में यजु, साम, अथर्व वेद, ब्राह्मण, आरण्यक एवं उपनिषद आदि उत्तर वैदिक साहित्य की रचना हुयी जिसका क्षेत्र पंजाब के पूर्वी भाग से उत्तर प्रदेश के गंगा-यमुना के दो-आब तक फैला था।

1000 ई0पू0 से 500 ई0पू0 तक की आर्थिक स्थिति के विषय में उपर्युक्त साहित्य के अतिरिक्त पुरातत्त्व से भी महत्त्वपूर्ण सूचना प्राप्त होती है। पंजाब से लेकर पश्चिमी उत्तर प्रदेश के मध्य स्थित विभिन्न स्थानों से एक विशिष्ट प्रकार की मृद्भाण्ड परम्परा का उद्‌घाटन हुआ है, जिसे चित्रित धूसर मृद्भाण्ड परम्परा (Painted Grey Ware) कहा गया है। हस्तिनापुर से उत्खनन में प्राप्त इस परम्परा के साक्ष्यों के आधार पर बी0बी0 लाल ने चित्रित धूसर मृद्भाण्ड परम्परा का सम्बन्ध आर्यों से माना। किन्तु बाद के पुरातात्त्विक उत्खनन में प्राप्त अवशेषों से लाल का यह मत निराधार सिद्ध हो चुका है। यद्यपि यह सही है कि जिस मध्य देश को आर्यों ने उत्तर वैदिक काल में अपना निवास क्षेत्र बनाया वह चित्रित धूसर मृद्भाण्ड परम्परा का भी केन्द्र विन्दु रहा, सही यह भी है कि इस क्षेत्र में आर्यों के प्रवेश का काल इस मृद्भाण्ड परम्परा के काल से मिलता जुलता है, किन्तु यहाँ दो महत्त्वपूर्ण तथ्यों का भी ध्यान रखना होगा। प्रथम यह कि मृद्भाण्ड की यह परम्परा एकान्तिक (Exclusive) नहीं थी। दधेरी (लुधियाना), कतपलन, नगरा (जलन्धर), माण्डा (जम्मू) तथा भगवानपुरा से प्राप्त पुरातात्त्विक अवशेषों में चित्रित धूसर पात्र परम्परा परवर्ती हड़प्पा पात्र परम्परा के साथ मिलती है।[5] इसी प्रकार इस मृद्भाण्ड परम्परा के सम्बन्ध कृष्ण-लोहित (Black and Ted Ware), लोहित (Red Ware) तथा धूसर पात्र परम्परा (Grey Ware) के साथ भी उद्‌घाटित हो चुके हैं।[6] इस आधार पर प्रो0 शर्मा ने यह मत व्यक्त किया कि चित्रित धूसर पात्र परम्परा एक मिश्रित संस्कृति (Composite Culture) को ठीक वैसे ही व्यक्त करती है जैसे उत्तर वैदिक साहित्य में संस्कृत एवं गैर-संस्कृत, आर्य एवं आर्येत्तर तत्त्वों की अभिव्यक्ति हुयी है।[7] यहाँ यह भी उल्लेखनीय है कि इस पात्र परम्परा के साक्ष्य व पश्चिम में पाकिस्तान के सिन्ध प्रान्त में लखियोपुर, उत्तर में जम्मू के निकट भाण्डा, दक्षिण में मध्य प्रदेश में उज्जैन तक प्राप्त हुये हैं।

दूसरा तथ्य यह है कि आर्यों की अपनी कोई विशिष्ट मृद्‌भाण्ड परम्परा नहीं थी। वह जिन जनों के सम्पर्क में आते थे उनमें प्रचलित मृद्‌भाण्ड परम्परा को ही अपना लेते थे।[8] इसकी पुष्टि इस तथ्य से भी हो जाती है कि कुलाल (Potter) के सगोत्री शब्द किसी भारोपीय भाषा में नहीं मिलते। वास्तव में यह पात्र परम्परा यहाँ के मूल निवासियों की देन थी, ठीक उसी प्रकार जिस प्रकार मृद्‌भाण्ड की अन्य परम्परायें। आर्यों से इस परंपरा को जोड़ने का कारण मात्र यह था कि दोनों के क्षेत्र एवं काल में साम्य था। आर्यों ने इस क्षेत्र की मृद्‌भाण्ड परम्परा को वैसे ही स्वीकार कर लिया जैसे इस क्षेत्र के खाद्यान्न को जिसकी चर्चा किंचित बाद में की जायेगी। मूलनिवासियों की मृद्‌भाण्ड परम्परा के सम्बन्ध में ब्रजदेव प्रसाद राय का यह कथन सर्वथा समीचीन है कि "यद्यपि तत्कालीन जन समुदाय के सामाजिक एवं आर्थिक जीवन में कुम्भकार की महत्त्वपूर्ण भूमिका थी तथापि तत्कालीन साहित्य उनकी निम्न सामाजिक स्थिति का उल्लेख करता है। सम्भवतः इसका कारण उसका शूद्र वर्ण से सम्बन्धित होना था। इसके परिणामस्वरूप यज्ञ सम्बन्धी कुछ विशेष प्रकार के पात्र, उदाहरण के लिये मैत्रायणी, वह नहीं बना सकता था। काटक संहिता निर्देश करती है कि अग्निहोत्र के लिये दूध का पात्र कुलाल द्वारा निर्मित नहीं होना चाहिये। उसे आर्य द्वारा निर्मित होना चाहिए।[9]

यद्यपि 1940-44 के बीच सर्वप्रथम अहिछत्र से इस पात्र परम्परा के साक्ष्य प्राप्त हुये थे किन्तु 1950-52 के बाद ही इसके सांस्कृतिक महत्त्व को स्वीकृति मिली जब हस्तिनापुर के उत्खनन में इस परम्परा के पात्र जैसे थाली, कटोरे आदि तथा ताँबे के उपकरण, बैल, घोड़े आदि की मृण्मूर्तियाँ भी मिलीं। हस्तिनापुर के इन अवशेषों के आधार पर ह्वीलर ने चित्रित धूसर मृद्‌भाण्ड परम्परा को काँस्य युगीन मान लिया था।[10] किन्तु कालान्तर में जो उत्खनन हुये उसमें इस पात्र परम्परा के साथ लोहे के उपकरण अतरंजीखेड़ा, अहिच्छत्र आलमगीरपुर, अल्लापुर, कौसाम्बी, नोह इत्यादि अनेक स्थानों से प्राप्त हुये। अतः अब यह स्वीकार कर लिया गया है कि चित्रित धूसर पात्र परम्परा भी लौह युगीन थी।

वास्तव में विकास की दृष्टि से इस परम्परा को दो वर्गों में विभक्त किया जा सकता है : (1) प्राक् लौह चित्रित धूसर पात्र परम्परा, (2) लौह उपकरण युक्त पात्र परम्परा। ऊपर भगवानपुरा तथा दधेरी आदि पंजाब के कुछ स्थानों का उल्लेख किया गया है, जहाँ इस पात्र परम्परा के साक्ष्य तो मिलते हैं, किन्तु उनमें लोहे के उपयोग के कोई साक्ष्य नहीं मिलते किन्तु पूरब में गंगा जमुना की तरफ यह परम्परा लोहे के उपकरणों के साथ मिलती है। इस आधार पर यह सम्भावना

व्यक्त की जा सकती है कि यह परम्परा आरम्भ में पंजाब, हरियाणा, कश्मीर आदि में विकसित हुयी और कालान्तर में इसका विस्तार पश्चिमी उत्तर प्रदेश तक हुआ हो।

कार्बन 14 से इस परम्परा की तिथियाँ निर्धारित करने का प्रयास किया गया है। अतरंजी खेड़ा में लोहे के साथ इसकी तिथि 940 ई0पू0, जोधपुर 800 ई0पू0, नोह 725 ई0पू0 तथा कौशाम्बी 885 ई0पू0 निर्धारित होती है। इससे तो यही प्रतीत होता है कि 1000 ई0पू0 या इसके बाद ही लोहे से यहाँ के निवासियों का परिचय हुआ होगा लगभग यही काल उत्तर वैदिक साहित्य का भी निर्धारित होता है जिसमें लोहे का उल्लेख मिलता है।

खाद्यान्न

यद्यपि चित्रित धूसर पात्र परम्परा एवं उत्तर वैदिक साहित्य से खाद्यान्न एवं पशुपालन के विषय में सूचना प्राप्त हो जाती है, किन्तु इसका अभिप्राय यह नहीं कि भारत के अन्य क्षेत्र खाद्यान्न से अपरिचित थे। जहाँ उत्तर वैदिक साहित्य से प्राप्त खाद्यान्न सम्बन्धी सूचना मुख्य रूप से पूर्वी पंजाब राजस्थान, हरियाणा तथा पश्चिमी उत्तर प्रदेश तक सीमित है, वहीं पुरातात्त्विक स्रोत पश्चिम में सुराष्ट्र, पूरब में बिहार, बंगाल तथा दक्षिण में कर्नाटक, आन्ध्र आदि के खाद्यान्नों पर प्रामाणिक प्रकाश डालते हैं।[11]

उत्तर वैदिक साहित्य एवं पुरातात्त्विक स्रोत से इस काल के भौतिक जीवन और विशेषकर खाद्यान्नों के विषय में प्रामाणिक सूचना प्राप्त होती है। इस काल के साहित्य में लोहे का उल्लेख प्रायः हुआ है। अथर्ववेद[12] में इसे श्याम कहा गया है जबकि इसी ग्रन्थ[13] में तथा अन्यत्र इसे अयस अथवा कार्ष्णायस[14] भी कहा गया। बाद में कार्ष्णायस के स्थान पर अर्थशास्त्र में कालायस शब्द का भी प्रयोग लोहे के लिये हुआ है।[15] इससे यह स्पष्ट हो जाता है कि उत्तर वैदिक काल में लोहे का ज्ञान हो चुका था। इसकी पुष्टि इस काल के मृद्भाण्ड के साथ लोहे की प्राप्ति से भी हो जाती है, जिसका उल्लेख ऊपर किया जा चुका है।

किन्तु लोहे के उल्लेख या प्राप्ति के आधार पर यह नहीं कहा जा सकता है कि अन्नोत्पादन में या इस काल के भौतिक जीवन में इसकी कोई महत्त्वपूर्ण भूमिका रही होगी। लोहे के प्राप्त उपकरणों में बाण या भाले के फलक, एवं कुल्हाड़ियाँ, नोह, अतरंजी खेड़ा आदि से मिले हैं जो उस काल के निवासियों के आखेट पर आधारित जीवन को ही उद्घाटित करते हैं। अभी तक लोहे के हल का

फाल (Ploughshare) कहीं से नहीं मिला है। प्रो0 शर्मा[16] ने एटा जनपद में अखेरा से प्राप्त हल के फाल का उल्लेख किया है, जो 500 ई0पू0 से पहले का नहीं हो सकता है, क्योंकि चित्रित धूसर मृद्भाण्ड परम्परा की समाप्ति का काल था। यद्यपि उत्तर वैदिक साहित्य में विविध प्रकार के खाद्यान्नों तथा लांगल से खेती करने का अनेकशः उल्लेख हुआ है, किन्तु इस साहित्यिक सूचना की पुष्टि पुरातत्त्व से नहीं होती है। उद्घाटित स्थलों से जो पुरातात्त्विक साक्ष्य उपलब्ध हुये हैं उनसे यह ज्ञात होता है कि लौह युग में प्रवेश के पश्चात् भी यह काल पूरी तरह नवपाषाणिक जीवन पद्धति से मुक्त नहीं हो सका था। इस प्रकार की स्थिति दक्षिण भारत में भी दिखाई देती है जहाँ लोहे के ज्ञान के पश्चात् भी बहुत काल तक किसी प्रकार का परिवर्तन भौतिक जीवन में नहीं दिखाई देता है।[17] हस्तिनापुर के प्राप्त अवशेषों में केवल जले हुये चावल के अवशेष प्राप्त हुये हैं। इसके अतिरिक्त डील वाले बैल के खिलौना तथा उसकी हड्डियों के अलावा भैंस, घोड़े, भेड़, सुअर आदि की हड्डियाँ बड़ी मात्रा में प्राप्त हुयी हैं। इन्ही के साथ हरिण की भी हड्डियों के अवशेष मिले हैं। चावल तथा पशुओं की हड्डियों के आधार पर ह्वीलर ने इसे मिश्रित अर्थव्यवस्था की संज्ञा दी जिसमें कृषि एवं आखेट दोनों ही साथ-साथ विद्यमान थे उन्होंने हस्तिनापुर को एक विकसित नगर (Developed Township) माना है।[18]

यह ध्यातव्य है कि चित्रित धूसर मृद्भाण्ड परम्परा के प्रायः सभी पुरास्थलों से, भगवानपुरा को छोड़कर, जहाँ आवास बनाने के लिये पकी ईंटों का प्रयोग हुआ है, मिट्टी या कच्चे ईंटों से बनाये हुये मकानों के अवशेष मिलते हैं। इन आवासों में मिट्टी की दीवाल बनाने में बांस या बल्लियों का प्रयोग हुआ है। मकानों के फर्श भी कच्चे हैं। इन प्रमाणों के आधार पर ह्वीलर के उपर्युक्त मत का खण्डन करते हुये प्रो0 शर्मा ने कहा है कि चित्रित धूसर पात्र परम्परा के प्राप्त साक्ष्यों से जो चित्र उद्घाटित होता है वह नगर का न होकर प्राक् नागर (Proto Urban) कहा जा सकता है।[19] आल्विन, जयनारायण पाण्डेय आदि पुरातत्त्वविदों ने तो हस्तिानापुर तथा अन्य चित्रित धूसर मृद्भाण्ड परम्परा से सम्बन्धित पुरास्थलों को ग्रामीण ही माना है।[20] वास्तव में नगरों के उद्भव एवं विकास में जिन आर्थिक कारकों की भूमिका अपरिहार्य होती है वह इस काल तक सम्भव नहीं हो सके थे। कृषि के क्षेत्र में अतिरिक्त उत्पादन अभी तक सम्भव नहीं हो सका था। औद्योगिक प्रगति के साक्ष्य भी लगभग नहीं के बराबर ही रहे। यद्यपि इस काल के साहित्य में अनेक प्रकार के खाद्यान्नों का उल्लेख हुआ है, जिनकी चर्चा नीचे की गई है, किन्तु

खाद्यान्न की विविधता अतिरिक्त उत्पादकता का प्रमाण नहीं हो सकती। नगर शब्द का प्रयोग तैत्तिरीय आरण्यक में दो बार हुआ है।[21] किन्तु इस ग्रन्थ की रचना इस काल के अन्त में छठीं सदी ई0पू0 के बाद में की गई है।

इसी काल के ग्रन्थ ऐतरेय ब्राह्मण में नगरी जानश्रुतेय का उल्लेख मिलता है।[22] भष्यकार के अनुसार जानश्रुतेय के पिता जनश्रुत राजपुरोहित होने से सर्वदा नगर में रहते थे।[23] यह ध्यातव्य है कि उत्तर वैदिक काल की समाप्ति तक छोटे-छोटे जानपदीय (Tribal) राज्यों का उद्भव होने लगा था। इनका शासन जिस स्थान से संचालित होता था, उसे ही नगर की संज्ञा दी गई होगी। राजपुरोहित होने के कारण जनश्रुत का भी सम्बन्ध, ऐसे ही शासन केन्द्र से रहा होगा और इसीलिए इन्हें नगरी कहा गया। मध्यदेश में स्थित पंचाल जनपद की राजधानी काम्पील भी इसी प्रकार का शासन केन्द्र रही होगी।[24] वास्तव में नगरों के विकास में आर्थिक कारकों की भूमिका इस काल के बाद ही दिखाई देती है।

लोहे का ज्ञान होने के बाद भी अन्नोत्पादन में इसका कोई योगदान नहीं दिखाई देता है। हल या लांगल से खेती का उल्लेख उत्तर वैदिक साहित्य में अनेक बार मिलता है, किन्तु यह लांगल और इसका फाल खदिर (खैर) लकड़ी का ही बनता था, जो बहुत मजबूत होता था (फाल खदिरमोजसे)।[25] फाल द्वारा कृष्ट की गई उर्वरा भूमि में बीज वपन करने से ही सन्तति (प्रजा) पशु एवं अन्न की वृद्धि होती थी।[26] अच्छा फाल (सुफाल) उसे कहा जाता था, जिससे भूमि की सुगमता से जुताई हो जाती थी।[27] इस काल के साहित्य में धातु निर्मित अथवा लोहे के फाल का कहीं भी उल्लेख नहीं मिलता है। लांगल से खेती करने का उल्लेख ऋग्वेद में हुआ है, जिसकी चर्चा ऊपर की गई है। अथर्ववेद, तैत्तिरीय संहिता आदि इस काल के साहित्य में भी लांगल का उल्लेख मिलता है।[28] इन दोनों ही ग्रन्थों में तथा इस काल के अन्य साहित्य में भी लांगल को 'पवीरम' कहा गया है।[29] निरुक्त के अनुसार पवीर का अर्थ भाला (Lance) होता है।[30] किन्तु यह स्पष्ट नहीं कि यह लांगल का फाल लोहे का बनता था या खदिर ऐसी कठोर लकड़ी का निर्मित होने के कारण इसे पवीरवत् कहा गया। यहाँ यह उल्लेखनीय है कि पवीर शब्द का प्रयोग ऋग्वेद[31] में भी हुआ है, जहाँ इसका अर्थ सम्भवतः युद्ध में प्रयुक्त होने वाले बज्र से है।

खदिर लकड़ी से निर्मित हल से खेत की जुताई की जाती थी। अथर्ववेद[32] हल में 6 या 8 बैलों के प्रयोग का उल्लेख करता है, जबकि तैत्तिरीय संहिता तथा अन्य संहिताओं में बारह या चौबसी बैलों के प्रयोग का भी उल्लेख हुआ है।[33] हल

में इतने अधिक बैलों के प्रयोग का क्या कारण रहा होगा? इस सम्बन्ध में विभिन्न प्रकार की व्याख्या प्रस्तुत की गई है, जैसे कृष्य भूमि की कठोरता, हल का बहुत भारी होना, अधिक गहरी जुताई करना, इत्यादि। किन्तु इस विषय में सर्वाधिक प्रामाणिक व्याख्या प्रो0 ब्रजदेव प्रसाद राय ने प्रस्तुत की हैं इनके अनुसार यह संख्या वास्तव में प्रतीकात्मक है (Symbolical) और यज्ञ सम्बन्धी भूमि (Sacrificial ground) को जोतने के प्रसंग में ही इसका उल्लेख हुआ है; कृषि के सम्बन्ध में नहीं।[34] उनके कथन का आधार तैत्तिरीय संहिता है जहाँ वास्तव में 6 बैल 6 ऋतुओं को, बारह बैल वर्ष के बारह मास को, चौबीस बैल वर्ष के चौबीस पक्ष को इंगित करते हैं।[35]

कृष्णयजुर्वेदीय तैत्तिरीय संहिता जो शुक्ल यजुर्वेदीय वाजसनेयी संहिता से पहले की है विभिन्न ऋतुओं तथा उनमें बोई जाने वाली फसलों का उल्लेख करती है।[36] कौन सा खाद्यान्न किस मास या ऋतु में पक कर तैयार हो जाता है, इसका उल्लेख भी इस ग्रन्थ में मिलता है। यव ग्रीष्म में, ब्रीहि (चावल) शरद ऋतु में, माष और तिल हेमन्त तथा शिशिर ऋतुओं में पक कर तैयार होने वाली फसलें थी।[37]

मध्यदेश में प्रवेश के साथ ही आर्य जनों के कृषि सम्बन्धी ज्ञान में पहले की अपेक्षा बहुत अधिक वृद्धि हुयी। लांगल से उनका परिचय पूर्व वैदिक काल में ही हो चुका था, किन्तु मध्यदेश में सर्वप्रथम विभिन्न प्रकार के खाद्यान्नों से उनका परिचय हुआ। ऋग्वेद के काल तक मात्र यव से वे परिचित थे, किन्तु उत्तर वैदिक साहित्य में अनेक खाद्यान्नों के नाम मिलते हैं। तैत्तिरीय संहिता जो कि वाजसनेयी से पहले की है और जिसकी रचना यमुना गंगा के ऊपरी भाग में हुयी थी, जहाँ भरत-पंचाल जन-निवास करते थे ब्रीहि, यव, माष, तिल, मूँग, खल्व, गोधूम, मसूर, प्रियंगु, अणु, श्यामाक, नीवार आदि का उल्लेख करती है।[38] गंगा-यमुना के क्षेत्र में इन सभी प्रकार के खाद्यान्नों की खेती पहले से ही होती रही। उपर्युक्त खाद्यान्नों के नाम वाजसनेयी संहिता[39] तथा वृहदारण्यक उपनिषद[40] में भी मिलते हैं। इन खाद्यान्नों के अतिरिक्त भी अन्य प्रकार के खाद्यान्नों के नाम इस काल के साहित्य में मिलते हैं। गवीधुका एक प्रकार की घास (Coix Barbataa) थी, जिस का उल्लेख प्रायः हुआ है।[41] उसे चावल या यव के साथ मिश्रित कर सत्तू के रूप में खाया जाता था (गवीधुका यवागू, गवेधुका सक्तव)। इसी प्रकार की एक वन्य वनस्पति गर्मुत भी थी।[42]

यद्यपि कृषि के माध्यम से अन्नोत्पादन होने लगा था, फिर भी ऐसी वन्य वनस्पतियाँ या स्वतः उत्पादित खाद्यान्न थे, जिनकी नवपाषाण काल से ही आदिम

जन भोजन के रूप में प्रयोग करते रहे। उत्तर वैदिक काल के साहित्य में भी ऐसे उल्लेख मिलते हैं, जिनसे यह ज्ञात होता है कि खाद्यान्न दोनों ही प्रकार के थे, कृषि के माध्यम से प्राप्त खाद्यान्न को फाल-कृष्ट तथा जंगल में स्वतः उत्पादित को आरण्य कहा जाता था[43] (काठ0सं0 12.7; कौषी0ब्रा0, 25.15)। इससे इस कथन की ही पुष्टि होती है कि विविध प्रकार के अन्न का उत्पादन गंगा-यमुना के ऊपरी भाग में होने लगा था, किन्तु लकड़ी के फाल से पर्याप्त उत्पादन इस काल तक सम्भव नहीं हो सका था। यही कारण है कि भोजन की आपूर्ति में स्वतः उत्पादित खाद्यान्नों का भी योगदान था। इस काल के पुरावशेषों में पर्याप्त मात्रा में प्राप्त पशुओं की हड्डियों से भी यही ज्ञात होता है।

इसी प्रकार का एक खाद्यान्न नीवार भी था, जो मैकडोनेल एवं कीथ के अनुसार चावल की एक वन्य प्रजाति थी।[44] चावल के लिये ब्रीहि शब्द का प्रयोग अनेकशः हुआ है।[45] चावल सर्वाधिक प्रिय खाद्यान्न था। यमुना-गंगा के दोआब से लेकर पूरब में सोनपुर तथा वीरभूमि में महिषदल तक चावल के पुरातात्त्विक साक्ष्य प्राप्त हुये हैं। उत्तरी दकन, पश्चिमी भारत तथा दक्षिण तक धान की खेती के प्रमाण बहुत पहले से ही प्राप्त हो चुके हैं, जिनका उल्लेख ऊपर किया गया है। इस काल के साहित्य में ब्रीहि के उल्लेख का समर्थन हस्तिनापुर से चित्रित धूसर मृद्‌भाण्ड के साथ जले हुये चावल से प्राप्त प्रमाण से होता है। तैत्तिरीय संहिता में काला चावल, जल्दी तैयार होने वाली चावल की फसल की प्रजाति तथा बड़े आकार के चावल का भी उल्लेख मिलता है।[46] चावल की जल्दी तैयार होने वाली फसल जिसे आशु ब्रीहि कहा गया है, बाद में षष्टिका (साठ दिन में तैयार होने वाली) कही गई है।[47] आज इसे साठी कहा जाता है। पूर्व वैदिक काल में जो महत्त्व यव का था, वही महत्त्व उत्तर वैदिक काल में ब्रीहि या चावल का दिखाई देता है। अथर्ववेद में तो यव और ब्रीहि को क्रमशः श्वास लेना (Breath) और श्वास छोड़ना (Expiration) कहा गया है।[48] इन दोनों खाद्यान्नों के औषधीय गुणों (भेषज) की प्रशंसा की गई है और इन्हें दिवापुत्र तथा अमर (दिवस्पुत्रावमर्त्यौ) कहा गया है।[49] यज्ञादि अनुष्ठानों में यव और ब्रीहि का ही प्रयोग होता रहा है। पुरोडाश या देवताओं को दी गयी भेंट (Oblation) चावल का ही बनाया जाता था। धान की लोकप्रियता का कारण यह रहा है कि इसकी अनेक प्रजातियाँ होती हैं और जहाँ अच्छे किस्म का धान बिहार आदि में उगाया जाता है, वहीं निवार प्रजाति जो वन्य (Wild) थी, सामान्य तापमान तथा तालाब आदि के सीमित जल में भी उगाया जा सकता था। युनानी इतिहासकार मेजिलस सूचित करता है कि वर्षा आरम्भ

होने के पहले ही धान की बोआई कर दी जाती थी और बाद में तालाब के पानी से इसकी सिंचाई की जाती थी।[50] धान ऐसे क्षेत्रों की फसल है जहाँ का औसत मासिक तापमान 21 डिग्री से0ग्रे0 से नीचे नहीं रहता है। सामान्यतया 21 डिग्री से 35 डिग्री से0ग्रे0 के बीच में जहाँ का तापमान रहता हैं, वहाँ सफलतापूर्वक इसे उगाया जाता है। यद्यपि इससे अधिक तापमान में भी इसकी फसल सम्भावित है। इस दृष्टि से धान की फसल के लिये उड़ीसा, पश्चिम बंगाल, बिहार-झारखण्ड असम तथा दक्षिण भारत की निम्न भूमि (Low land) उपयुक्त क्षेत्र है जहाँ का औसत तापमान वर्ष में 9 से 12 महीने तक 21 डि0से0ग्रे0 से ऊपर रहता है। इसीलिये इनमें से कुछ राज्यों में धान की दो फसल एक वर्ष में सम्भव होती है।[51]

यव एवं गोधूम (गेहूँ) का उल्लेख भी तैत्तिरीय संहिता में हुआ है। इन दोनों खाद्यान्नों के साक्ष्य सैन्धव सभ्यता से भी प्राप्त हुये हैं, जिनका उल्लेख किया जा चुका है। किन्तु ऋग्वेद में यव का उल्लेख तो मिलता है, गेहूँ का नहीं। अवेस्ता में गेहूँ को गन्दुम कहा गया है। इससे इतना स्पष्ट हो जाता है कि भारतेरानी काल में आर्य-जन गेहूँ से परिचित हो चुके थे। सिन्धु घाटी में तथा अवेस्ता में गेहूँ के मिलने तथा ऋग्वेद में इसके न मिलने का क्या कारण हो सकता है? इसका उत्तर आर्यजनों के पंजाब में प्रवेश और हड़प्पा वासियों के साथ उनके संघर्ष में ही निहित है। नहरों की व्यवस्था से अनभिज्ञ हड़प्पा वासियों द्वारा खाद्यान्न उत्पादन के लिये पंजाब की सहायक नदियों पर बाँध (Dam) बनाने की चर्चा ऊपर की जा चुकी है। इन बन्धों के माध्यम से अवरूद्ध नदी का पानी दोनों किनारों पर दूर तक फैल जाता था, जिसमें विभिन्न प्रकार के खाद्यान्नों का बीज वपन और फसलोत्पादन किया जाता था। आर्यों ने नगरों के साथ ही इन बन्धों (वृत्र) को विनष्ट कर (ऋ0वे0, 1.33.13) नदियों के जल को मुक्त कर दिया (1.103.3)। इसके परिणामस्वरूप नदियों के किनारे की आर्द्र भूमि पर गेहूँ अथवा अन्य किसी प्रकार के खाद्यान्न का उत्पादन समाप्त हो गया। यव के उत्पादन के साथ इस प्रकार की बाधा लगभग नगण्य होती है। यह अपेक्षाकृत अधिक शुष्क जलवायु में भी उगाया जा सकता है। यव की फसल के लिये सिंचाई की व्यवस्था अपरिहार्य नहीं होती।

यव की खेती से गेहूँ की खेती की आवश्यकता भिन्न होती है। गेहूँ की फसल के लिये ठण्डी जलवायु आवश्यक होती है। इस फसल के विकास के समय 30 से0मी0 के करीब वर्षा का जल आवश्यक होता है और कुल मिलाकर 4 से 6 बार सिंचाई आवश्यक होती है। यह ध्यातव्य है कि पंजाब में वर्षा 20 से0मी0 से 100

से0मी0 के बीच होती है जिसमें जुलाई, अगस्त एवं सितम्बर के तीन महीनों में 70 से 80 प्रतिशत वर्षा हो जाती है और वर्षा की समाप्ति शीत ऋतु के आरम्भ होने के साथ ही हो जाती है। शीतकालीन वर्षा जो जनवरी में होती भी है वह लगभग नगण्य होती है।[52] आज की आपेक्षा तीन हजार वर्ष पहले पंजाब की जलवायु और अधिक शुष्क थी। अन्नोत्पादन के लिये नदियों के जल पर निर्भर रहना पड़ता था। गेहूँ रबी की फसल है और इसकी बोआई जाड़ों में ही की जाती है। नदियों पर पानी को रोकने वाले बन्धों को नष्ट कर देने तथा शीत कालीन वर्षा के अभाव में गेहूँ के उत्पादन की सम्भावना समाप्त हो गईं। यही कारण है कि ऋग्वेद में जिसके रचना काल में आर्य जनों ने पंजाब को अपना निवास स्थल बनाया? गेहूँ का उल्लेख नहीं मिलता। किन्तु उत्तर वैदिक साहित्य का भूगोल पंजाब का न होकर मध्यदेश का है। इस क्षेत्र के जिन खाद्यान्नों का उल्लेख साहित्य में हुआ है, उनमें से कुछ के पुरातात्त्विक साक्ष्य भी उपलब्ध हो चुके हैं। अतरंजीखेड़ा से यव के अतिरिक्त धान एवं गेहूँ, नोह (राजस्थान) से यव तथा धान के अवशेष मिले हैं। वास्तव में इस काल के साहित्य में जिन खाद्यान्नों का उल्लेख मिलता है, वह इस काल से पहले ही भारत के विभिन्न भागों में उगाये जाते थे। इनके विषय में ताम्राश्म कालीन कृषि के प्रसंग में चर्चा की जा चुकी है। सारांशतः मध्य देश में आने के पश्चात् उत्तर वैदिक आर्य जन विविध प्रकार के खाद्यान्न के महत्त्व से पूरी तरह परिचित हो चुके थे। पृथ्वी के समस्त प्राणियों का जीवन अन्न से ही सम्भव है।[53] अन्न का तादात्म्य ब्रह्म से स्थापित किया गया।

संदर्भ

1. मनु संहिता, 2.21, हिमवद्विन्ध्ययोर्मध्यं यत् प्राग्विनशनादपि। प्रत्यरोध प्रयाग/मध्यदेशः प्रकीर्तितः।। द्रष्टव्य, नन्दलाल डे, द ज्योग्राफिकल डिक्शनरी ऑफ एंश्येण्ट एण्ड मेडिवल इण्डिया, पृ0 116
2. स्टुअर्ट पिगट, प्रीहिस्टोरिक इण्डिया, पृ0 144
3. मार्टिमर ह्वीलर, अर्ली इण्डिया एण्ड पाकिस्तान, पृ0 28, 114
4. ब्रिजेट एण्ड रैमाण्ड आल्विन, द वर्थ ऑफ इण्डियन सिविलाइजेशन, पृ0 139-40
5. रा0श0 शर्मा, वही, पृ0 23, जयनारायण पाण्डेय, वही, पृ0 476-77
6. रा0श0 शर्मा, वही, पृ0 57; ज0ना0 पाण्डेय, वही, पृ0 471
7. वही
8. डी0डी0 कोसम्बी, ऐन इण्ट्रोडक्शन टु द स्टडी ऑफ इण्डियसन हिस्ट्री, पृ0 81

9. ब्रजदेव प्रसाद राय, वही, पृ0 297
10. ह्वीलर, वही, पृ0 26, 114, 130
11. द्रष्टव्य ऊपर (ताम्राश्मकालीन ग्रामीण संस्कृतियाँ)
12. 11.3.1.7 - श्याममयो अस्य मांसानि लोहितमस्य लोहितम्। 9.5.4; वाजसनेयी सं0, 18.13
13. अथ0वे0, 5.28.1; शत0ब्रा0, 5.4.1.2
14. छान्दोग्य उप0, 4.17.7; 6.1.5
15. अर्थशास्त्र, 2.17.14
16. रा0श0 शर्मा, वही, पृ0 60, 72
17. आल्विन, वही, पृ0 232
18. ह्वीलर, वही, पृ0 130
19. रा0श शर्मा, वही, पृ0 59
20. आल्विन, वही, पृ0 215; जयनारायण पाण्डेय, वही, पृ0 478
21. तैत्तिरीयारण्यकम्, ए महादेव शास्त्री के रंगाचार्य (सं0), पृ0 96, नैतभूषिं विदित्वा नगरं प्रविशेत्, 1.11.54; पृ0 175, संहार्य नगर तव, 1.31.123
22. ऐतरेय ब्राह्मणम्, 5.5.30, एतद्ध स्म वै तद् विद्वान् नगरी जानश्रुतेव उदितहोमिनमेका दशाक्ष मानुतन्तव्यसमुवाच, पृ0 878
23. वही, पृ0 879, स च राजपुरोहितत्वात् नित्यं नगरे वसतीति 'नगरी'
24. रा0श0 शर्मा, वही
25. अथ0वे0, 10.6.6.; 7; 8; 9; 10
26. वही, 10.6.33; 10.6.23
27. वही, 3.17.5
28. अथ0वे0, 2.8.4; तैत्ति0सं0, 6.6.7.4
29. अथ0वे0, 3.17.3, लाग्लं पवीरवत् सुशीमं सोमसरत्सरू तैत्ति0सं0 4.2.5.6 लाग्लं पवीरथं सुशेव सुमतित्सरू। वाज0सनेयी सं0, 12.71; मैत्रा0सं0, 2.7.12; काट0सं0, 16.11
30. वैदिक इण्डेक्स, जिल्द 1, पृ0 509
31. ऋ0वे0, 10.60.3
32. अथ0वे0, 6.91.1; 8.9.16
33. तैत्ति0सं0, 1.8.7.1; काठ0सं0, 15.2; मैत्रा0सं0, 2.6.2
34. द लेटर वैदिक इकानमी, पृ0 134

35. तैत्ति0सं0, 5.2.5.2; यजुषा युनक्ति यजुषा कृषति व्यावृत्यै षड्गवेन कृषति षड् वा ऋतव कृषति यद् द्वादशगवेन संवत्सरेणैवे
36. तैत्ति0सं0, 5.1.7.3; जनयस्ताभिरेवैनां पचतिषद्वि पचति षड्वा ऋतव ऋतुभिरेवैनं पचति द्विः पचन्वित्याह तस्माद् द्विः संवत्सीरस्य सस्यं पच्यतेः
37. वही, 7.2.10.2 यवं ग्रीष्मायौषधीर्वर्षाभ्यसो ब्रीहीच्छरदे माषतिलौ हेमन्तशिशिराभ्यां।
38. तैत्ति0सं0, 4.7.4.2-3, अन्नंच मे अक्षुच्च में ब्रीहयश्च में यवाचमें माषाश्चमेतिलाश्यमे मुद्गाश्च मे खल्वाश्च मे गोधूमाश्च में मसुराश्च मे प्रियंग व श्च में अणवश्च में श्यामाकाश्च में नीवारश्च मे।
39. वाज0सं0, 18.12
40. वृह0उ0, 6.3.22
41. तै0सं0, 5.4.3.2; 1.8.10.1; शत0ब्रा0, 9.1.1.8
42. वही, 2.4.4.1-2
43. वैदिक इण्डेक्स, जिल्द 2, पृ0 058
44. वही, जिल्द 1, पृ0 457
45. तैत्ति0सं0, 7.2.10.3; अथ0वे0, 6.140.2; 8.7.20; 9.6.14; काठ0सं0, 10.6.11. 15; मैत्रा0सं0, 3.10.2; 4.3.2; वाज0सं0, 18.12; ऐत0ब्रा0 2.8.7; 11.12; वृह0उप0, 6.3.22, इत्यादि
46. तैत्ति0सं0, 1.8.10.1; कृष्णानां ब्रीहीणां सोमायस वनस्पतये श्यामाकं आशूनां ब्रीहीणां रूद्राय पशुपतये गावीधुकं चरुं वृहस्पतये वाचस्पतये नैवार - महाब्रीहीणां मित्राय-आम्बानां-यवमयं चरुः
47. वैदिक इण्डेक्स, 2, पृ0 345
48. अथ0वे0, 11.4.13
49. वही, 8.7.20
50. ज्याग्राफी ऑफ स्ट्रैबो, 15.18
51. डॉ0 रामदेव मिश्र एवं डॉ0 अरविन्द कुमार की पुस्तक "भारत का सस्यभूगोल", पृ0 0130
52. डॉ0 रामदेव मिश्र एवं डॉ0 अरविन्द कुमार, वही, पृ0 193-94; यूनानी लेखक स्ट्रैबो (15.1.19) सूचित करता है कि झेलम से पटलेन (जहाँ सिन्धु नदी गिरती है) तक के क्षेत्र में वर्षा नहीं होती है; नियर्कस ने यह कहा है (15.1.18) कि ग्रीष्म ऋतु में मैदानी भाग में वर्षा हो जाती है किन्तु जाड़े के मौसम में वर्षा नहीं होती है। कुल मिलाकर ऐसा प्रतीत होता है कि गेहूँ आदि रबी की फसल के लिये पंजाब का क्षेत्र प्राचीन काल में अनुकूल नहीं रहा। आज पंजाब में जो हरित क्रान्ति

दिखाई देती है उसका श्रेय यहाँ के उन्नत सिंचाई प्रबन्धन को जाता है। पंजाब के कुल भौगोलिक क्षेत्रफल का 63.4 प्रतिशत सिंचित है। इसमें 43.3 प्रतिशत सिंचाई नहरों द्वारा 33.7 प्रतिशत कूपों द्वारा और शेष तालाबों एवं अन्य श्रोतों द्वारा सम्मिलित हैं पंजाब के आधुनिक फसलोत्पादन के आधार पर वैदिक काल के पंजाब की फसलों की कल्पना नहीं की जा सकती है। आधुनिक जल प्रबन्धन ने पंजाब के फसलोत्पादन के परिदृश्य को पूरी तरह बदल दिया है। ''भारत का सस्य भूगोल' के लेखकों का कथन है कि ''पंजाब की कृषि की एक निराली विशेषता खरीफ फसलों के अन्तर्गत अपेक्षाकृत कम क्षेत्रफल (40 प्रतिशत) है और अधिक क्षेत्रफल में रबी फसलों (60 प्रतिशत) की खेती की जाती है, यद्यपि वर्षा का प्रमुख भाग खरीफ मौसम में प्राप्त होता है। पंजाब में फसलोत्पादन के स्वरूप की एक दूसरी विशेषता चना एवं गेहूँ जैसी फसलों पर अधिक बल दिया जाना है जिनसे कम कीमत प्राप्त होती है (पृ0 198)। आज पंजाब में गेहूँ की खेती 31.0 लाख हैक्टर पर होती है तथा 101.8 लाख टन गेहूँ यह राज्य पैदा कर रहा है। (पृ0 126)। यूनानी लेखकों ने पंजाब के मैदान की उपजाऊ शक्ति की प्रशंसा की है। एरियन पंजाब की पाँच नदियों का उल्लेख करते हुये कहता है कि इसका अधिकांश भाग इन नदियों द्वारा लायी गयी जलोढ़ मिट्टी का बना है (द अनबसिस ऑफ अलेक्जेण्डर, बुक 5, अध्याय 6)। यही कारण है कि प्रति हेक्टेयर उपज सबसे अधिक पंजाब (3289 कि0ग्रा0/हेक्टेयर) में है। 53.

तैत्तिरीयोपनिषद्, 2.2.3.2; 7

अध्याय - 10

मध्य गांगेय क्षेत्र में सस्योत्पादन (600 ई.पू. से 300 ई.पू.)

उत्तर वैदिक काल की समाप्ति के पश्चात् कृषि ने एक सर्वथा नवीन युग में प्रवेश किया जिसका आरम्भ लगभग 600 ई0पू0 या इससे कुछ पहले हुआ। लोहे के ज्ञान, कृष्य भूमि के क्षेत्र का विस्तार, विभिन्न प्रकार के नवीन खाद्यान्नों से परिचय और उनका उत्पादन, अन्नोत्पादन के लिए कृत्रिम जल संसाधनों का प्रयोग तथा अतिरिक्त उत्पादन (Surplus production) इस काल की विशिष्ट उपलब्धियाँ हैं।

बौद्ध एवं जैन साहित्य, अष्टाध्यायी आदि के अतिरिक्त यूनानी इतिहासकारों के यात्रा विवरण से इस काल की कृषि के विषय में महत्त्वपूर्ण एवं प्रामाणिक सूचना प्राप्त होती है जिसकी पुष्टि पुरैतिहासिक काल के प्राप्त अवशेषों से होती है।

उत्तर वैदिक काल की समाप्ति तक आर्य संस्कृति का विस्तार पूरब में प्रयाग तक हो चुका था। शतपथ ब्राह्मण[1] में जिसकी रचना 600 ई0पू0 के आसपास हुई थी। विदेघ माधव की जो कथा मिलती है उससे दो सूचनायें प्राप्त होती हैं। प्रथम, इस ग्रन्थ की रचना के काल तक वैदिक संस्कृति का प्रवेश सदानीरा (गण्डकी नदी) के पश्चिमी भाग तक हो चुका था; द्वितीय, यह क्षेत्र बनाच्छादित था और इन विस्तृत वनों को जलाने के बाद ही पूरब की ओर आर्य संस्कृति का प्रसार सम्भव हो सका। उस ग्रन्थ से प्राप्त सूचना का समर्थन तत्कालीन मृद्भाण्ड परम्परा से भी होता है। उत्तर वैदिक काल की मृद्भाण्ड परम्परा, चित्रित धूसर (P.G.W.) के जो अवशेष सोहगौरा, कौशाम्बी अथवा वैशाली से प्राप्त हुए, मात्रा में अत्यल्प हैं और बनावट में भी बाद के लगते हैं। दूसरी तरफ, सोनपुर, बक्सरी,

राजघाट, चिराँड, प्रहलादपुर आदि पुरास्थलों से प्राप्त कृष्ण-लोहित पात्र परम्परा (Black and Red Ware) के पश्चात् उत्तरी-काली चमकीली पात्र परम्परा (N.B.P.) के साक्ष्य मिलते हैं जिसका काल छठीं सदी ई0पू0 या इसके बाद का है। इन स्थानों पर चित्रित धूसर पात्र परम्परा के साक्ष्य नहीं मिलते हैं। इस क्षेत्र को बौद्ध साहित्य में मज्झिमदेश अथवा मध्य गांगेय क्षेत्र कहा गया है इसके अन्तर्गत वाराणसी, गोरखपुर से लेकर पूरब में कजंगल तथा महासाल सम्मिलित थे।[2] इस प्रकार पूर्वी उत्तर प्रदेश, बिहार तथा झारखण्ड का पूरा क्षेत्र मज्झिम देश के अन्तर्गत था।

इस वनाच्छादित प्रदेश में कृषि का विस्तार तभी सम्भव हो सकता था जब इन वनों को काटकर भूमि को कृषि योग्य बनाया जाये। इन्हें आग से जलाने के पश्चात् भी विशाल वृक्षों की जड़ें जमीन से रह जाती थीं जिससे इरा भूगि पर खेती करना सम्भव नहीं था। लोहे के उपकरण के बिना यह कार्य कठिन ही नहीं असम्भव था।

साहित्य एवं पुरातत्त्व दोनों से ही यह ज्ञात होता है कि ई0पू0 सातवीं-छठीं सदी रो लोहे का ज्ञान और इस धातु से विभिन्न प्रकार के उपकरण निर्मित करने की प्रक्रिया से आदिम जन परिचित हो चुके थे।

आरम्भ में इस धातु का प्रयोग सीमित रहा किन्तु शनैः शनैः व्यापक स्तर पर इसके प्रयोग के साक्ष्य मिलने लगते हैं। उत्तरी काली चमकीली पात्र परम्परा से पहले ही कृष्ण लोहित पात्र परम्परा के साथ चिराँद, सोनपुर, पाण्डुराजारधिवि और महिषादल से लौह उपकरण प्राप्त हो चुके हैं। वाराणसी के निकट राजघाट से लौह धातु मल की प्राप्ति हो चुकी है जिसकी तिथि 700 ई0पू0 निर्धारित होती है। 500 ई0पू0 में लोहे के साक्ष्य इसी स्थान के निकट प्रहलादपुर से मिलते हैं। लौह धातु मल, लौह धातु अयस्क तथा लौक धातु शोधन की भट्टियों के प्रमाण जो पाण्डुराजा- रधिवि, वैशाली, सोनपुर, भागलपुर एवं राजधाट आदि पुरास्थलों से प्राप्त हुए हैं, इंगित करते हैं कि कृष्ण लोहित एवं उत्तरीचमकीली पात्र परम्परा के आरम्भिक काल से ही पूर्वी भारत में लौह तकनीक से यहाँ के निवासियों का परिचय हो चुका था। इस अतिउपयोगी धातु से एक बार परिचित हो जाने के पश्चात् इसकी लोकप्रियता और व्यापकता उत्तरोत्तर बढ़ती गई। पूर्वी भारत में मनेर, ताराडीह, खैराडीह, चिरॉड, नरहन एवं सोनपुर से उत्तरी-काली चमकीली पात्र परम्परा (N.B.P.W.) के साथ लोहे के उपकरण प्राप्त हुए हैं। यह ध्यातव्य है कि ताम्राश्मकाल में लोहे के जो साक्ष्य उपरोक्त छः स्थानों से प्राप्त हुए उनकी संख्या

मात्र 20 है जबकि परवर्ती काल में उत्तरी काली चमकीली पात्र परम्परा के साथ इनकी संख्या बढ़ कर 352 हो गई।[3] मिर्जापुर में अगियाबीर से भी इसी प्रकार के साक्ष्य प्राप्त हुए हैं जहाँ से द्वितीय स्तर (II) से जिसका काल (900-600 ई0पू0) और उ0का0च0 पात्र परम्परा से पहले का है लोहे के उपकरणों की संख्या मात्र 35 है किन्तु इस पात्र परम्परा के साथ, स्तर तृतीय (III) से जिसका काल (600-200 ई0पू0) है यह संख्या 73 तक पहुँच गई।[4]

लौह धातु निर्मित उपकरणों के साक्ष्य केवल पूर्वी भारत तक ही सीमित नहीं है। भारत के जिन पुरैतिहासिक स्थलों का उत्खनन हुआ है और जो उत्तर पश्चिम से दक्षिण में तमिलनाडु तक और पश्चिम में गुजरात से पूरब में बंगाल तक फैले हैं लौह उपकरणों के साक्ष्य प्राप्त हो चुके हैं और इनका काल लगभग 800 ई0पू0 से 200 ई0पू0 तक निर्धारित किया जा सकता है। श्रीमाली ने जिन पुरैतिहासिक स्थलों का उल्लेख किया है और जो सम्पूर्ण भारत से लोहे के उपकरणों के साक्ष्य प्रस्तुत करते हैं[5] उनके अवलोकन मात्र से यह निष्कर्ष निकलता है कि 800 ई0पू0 से 200 ई0पू0 के काल को लौह युग की संज्ञा दी जा सकती है।

इन पुरैतिहासिक स्थानों से लोहे के जो उपकरण प्राप्त हुए उनमें छेनी, बाण, हँसिया, कुल्हाड़ी, फावड़ा, चाकू, कुदार, खुरपी, वसुला आदि हैं। लोहे की धातु से निर्मित हल के फाल (plough share) की प्राप्ति उपरोक्त किसी भी स्थालन से नहीं हुई है। दक्षिण भारत में वृहत् पाषाण समाधियों में (Megalith) जिनका काल सामान्य रूप से 1000 ई0पू0 से 300 ई0पू0 निर्धारित किया गया है, कृष्ण लोहित पात्र परम्परा (Black and Red Ware) के साथ लोहे के उपकरण प्राप्त होते हैं। लोहे के प्राप्त उपकरणों में चिपटी कुल्हाड़ियाँ, छेनी, चाकू, हंसिया, फावड़ा, मछली पकड़ने की कटिया, घोड़े की लगाम आदि हैं। सस्योत्पादन के प्रसंग में यह उल्लेखनीय है कि दक्षिण भारत की इन वृहत्पाषाणिक समाधियों में एक दर्जन से भी अधिक स्थानों पर कुल्हाड़ी तथा लोहे के हल के फाल (Plough share) कुदार, हंसिया आदि प्राप्त हुए हैं। इस संस्कृति से सम्बन्धित जन पशु-पालन भी करते थे। पालतू पशुओं में, घोड़े, गाय, बैल, भैंस, बकरी आदि के साक्ष्य प्राप्त हुए हैं। वृहत्पाषाणिक समाधियाँ प्रायः नदियों के निकट ही प्राप्त हुई हैं इनसे यह अनुमान लगाया जा सकता है कि इन्हें कृषि कर्म का ज्ञान हो चुका था और सस्योत्पादन के लिये नदी के जल से मुलायम हुयी मट्टी में कुछ विशेष प्रकार के खाद्यान्न का उत्पादन करने लगे थे। उत्पादित खाद्यान्नों में रागी, चना, घान, यव आदि का उल्लेख किया जा सकता है। सारांशतः यह कहा जा सकता

है कि वृहत्पाषाणिक जनों की मिश्रित अर्थव्यवस्था (Mixed economy) थी। ये लोग पशुपालक एवं कृषक (agropastoral) दोनों ही थे।

किन्तु पूर्वी भारत के पुरैतिहासिक स्थलों से लोहे के हल के फाल के नहीं मिलने का कारण क्या हो सकता है? ध्यातव्य है कि इन स्थानों से लौह धातु निर्मित घरेलू उपकरण तो प्राप्त होते हैं किन्तु हल का फाल मात्र एटा जनपद के जखेरा से प्राप्त हुआ जो 500 ई0पू0 के पहले का नहीं हो सकता है। इसका कारण सम्भवतः यह रहा होगा कि हल का लोहे का फाल सर्वदा मिट्टी और पानी में रहने के कारण पचीस सौ वर्षों में जंगयुक्त होकर स्वयं मिट्टी में मिल गया हो जबकि घरेलू उपकरण जंग से अपेक्षाकृत अधिक सुरक्षित रहे होंगे। यही कारण दक्षिण भारत की वृहत्पाषाणिक समाधियों में प्राप्त हल के लोहे के फाल के सम्बन्ध में भी रहा होगा जो कि पाषाण से आच्छादित होने के कारण जंग से सुरक्षित रह गये और आज अन्य घरेलू उपकरणों के साथ प्राप्त हो सके हैं।

वास्तव में लौह युग को दो स्तरों में विभक्त किया जा सकता है। आरम्भ में लोहे के छोटे-छोटे घरेलू उपकरण ही बनाये जाते थे जिनमें हँसिया, छुरी, कुल्हाड़ी आदि के अतिरिक्त मछली पकड़ने की कटिया सम्मिलित थे किन्तु विकास के दूसरे स्तर से सस्योत्पादन या कृषि में प्रयुक्त होने वाले हल के फाल भी निर्मित होने लगे।

पुरातत्त्व से प्राप्त इस दूसरे स्तर की सूचना की पुष्टि तत्कालीन साहित्य से भी होती है जिसमें पाली एवं संस्कृत ग्रन्थों के अतिरिक्त विदेशी साहित्य भी सम्मिलित हैं। पाणिनिकृत अष्टाध्यायी में, जो इस काल की रचना है, लौह धातु निर्मित विभिन्न प्रकार के उपकरणों के नाम मिलते हैं, जिनका उपयोग खेती सम्बन्धी कार्यों में होता था। लोहे का कार्य करने वाला शिल्पी कर्मार कहलाता था। उसके औजारों में भस्त्र (7.3.47) अयोधन या लोहे का हथौड़ा या घन (Anvil) (3.3.82), लौह निर्मित हल की कुशी या फाल (4.1.42), द्रुघन या कुल्हाड़ी (3.3.82), नई परती जमीन को तोड़ने के लिये बड़े हल का प्रयोग किया जाता था जिसे जित्य कहा जाता था (3.1.117)।[7] बौद्ध साहित्य में लोहे के हल के फाल के लिए अयनंगल शब्द का प्रयोग मिलता है।

किन्तु लोहे के उपकरण मात्र से ही फसलोत्पादन सम्भव नहीं होता है। प्रभूत अन्नोत्पादन के लिये अनुकूल जलवायु तथा कृष्य भूमि का उपजाऊ होना अपरिहार्य शर्तें हैं। यूनानी इतिहासकारों ने उत्तर भारत की भूमि की उर्वरता की बहुत अधिक प्रशंसा की है। एरियन सूचित करता है कि इसके मैदान का बहुत बड़ा भाग नदियों

द्वारा लाई गई जलोढ़ मिट्टी से निर्मित हुआ है।[8] उत्तर-प्रदेश और बिहार के मैदानी भाग में प्रवाहित होने वाली गंगा नदी का उल्लेख करते हुये स्ट्रैबो ने कहा है कि यह पालिवोथ्रा (पाटलिपुत्र) से होते हुये पूरब में समुद्र में गिरती है। इरेटास्थनीय से प्राप्त सूचना के आधार पर स्ट्रैबो आगे यह भी कहता है कि नदियों से उठने वाली भाप (Vapour) तथा इटेशियन (मानसूनी) हवाओं के कारण ग्रीष्म ऋतु में यह मैदानी भाग जलाप्लावित तथा दलदली (Marshy) हो जाता है।[9] इस क्षेत्र में छोटी छोटी नदियाँ बहुत अधिक थीं और पूर्वी मानसून के कारण वर्ष में दो बार वर्षा हो जाती थी। जाड़े की वर्षा में रबी के फसल की और ग्रीष्म ऋतु की वर्षा से खरीफ की फसलें उगाई जाती थीं। इसके कारण यहाँ के कृषक वर्ष में दो फसलें प्राप्त कर लेते थे। यदि कभी एक मौसम की बरसात नहीं हुयी और फसलोत्पादन नहीं हो सका तो भी दूसरे मौसम की फसल इन कृषकों को अवश्य प्राप्त हो जाती थी।[10] वर्षा की प्रचुरता एवं अनुकूल मानसूनी हवाओं ने मध्य गांगेय क्षेत्र को उत्तर भारत के अन्य क्षेत्रों की अपेक्षा अधिक सस्य सम्पन्न कर दिया था। मानसूनी हवायें जैसे-जैसे पूरब से पश्चिम की ओर बढ़ती हैं कमजोर पड़ती जाती हैं। पश्चिमी बंगाल में, जो मानसूनी हवाओं के भाग में पड़ता है, लगभग 175 से0मी0 वर्षा हो जाती है। जबकि बिहार-झारखण्ड में वार्षिक वर्षा का औसत 138 से0मी0 से 152 से0मी0 तक, किन्तु उत्तर प्रदेश में प्रवेश करने पर वाराणसी में वर्षा का वार्षिक औसत 111 से0मी0 और थोड़ा सा पश्चिम में बढ़ने पर आगरा में 76.5 से0मी0 रह जाता है। उत्तर प्रदेश से पश्चिम हरियाणा में वर्षा की मात्रा और कम तथा अनिश्चित हो जाती हैं यहाँ वर्षा का वार्षिक औसत 75 से0मी0 है, यद्यपि पूर्वी भागों में अपेक्षाकृत अधिक 75 से 150 से0मी0 तक तथा पश्चिमी एवं दक्षिणी भागों में 50 से 75 से0मी0 तक हो जाती है। हरियाणा से पश्चिम की तरफ पंजाब में वर्षा औसत 20 से0मी0 से 100 से0मी0 के बीच ही रह जाती है।

मध्य गांगेय क्षेत्र की सस्य-समृद्धि का एक अन्य कारण फसलोत्पादन के लिये पर्याप्त मात्रा में उपजाऊ भूमि की उपलब्धता है। बंगाल की अधिकांश भूमि नदियों द्वारा लाई गई बारीक जलोढ़ मृदा से बनी है।[11] यह सस्योत्पादन के लिये सर्वोत्तम होती है। इसके पश्चिम में बिहार झारखण्ड का विस्तृत मैदान है, जो मध्यगांगेय क्षेत्र का सर्वाधिक महत्त्वपूर्ण भू-खण्ड है।[12]

अनुकूल मानसून, नदियों की बहुलता एवं जलोढ़ मृदायुक्त विस्तृत मैदानों ने मध्य गांगेय क्षेत्र को समृद्ध किया। लोहे की प्रचुर उपलब्धि एवं कृषि सम्बन्धी

कार्यों में इसके व्यापक प्रयोग ने इस प्रगति को पहले की अपेक्षा और अधिक तीव्रता प्रदान की। अनुकूल भौगोलिक स्थिति के कारण विविध प्रकार के खाद्यान्नों का उत्पादन यहाँ बहुत पहले से ही होता रहा। इस क्षेत्र के मूल निवासी ताम्राश्म काल से ही नदियों के किनारे सीमित क्षेत्र में धान या गन्ने की खेती करते रहे। लौह धातु शोधन की प्रक्रिया का ज्ञान हो जाने के बाद खेती में विस्तार के साथ-साथ विविधता भी आ गई।

मध्य गांगेय क्षेत्र के फसलोत्पादन पर यहाँ की जलवायु का प्रभाव पड़ना स्वाभाविक था। बिहार का बहुत बड़ा भाग उप-आर्द्र है। बिहार एवं झारखण्ड के विस्तृत भू-खण्ड में तापमान में भी असमानता रहती है और यही कारण है कि यहाँ की फसलों में भी प्राचीन काल में विविधता पाई जाती है। अथर्ववेद में जो मगध के क्षेत्र से पूरी तरह परिचित है, सर्वप्रथम गन्ने का उल्लेख हुआ है।[13] डायोडोरस सिक्युलस तथा इरेटास्थनीज के विवरण से ज्ञात होता है कि नदियों तथा वर्षा के जल से यहाँ आर्द्रता बनी रहती है और इसकी दलदली भूमि में गन्ना उगाया जाता है। गन्ने को जो पानी नदियों तथा वर्षा से प्राप्त होता है, वह सूरज की किरणों से गरम हो जाता है। यही कारण है कि गन्ने का रस शहद के समान मीठा होता है।[14] प्राचीन काल में मध्य गांगेय क्षेत्र में गन्ने की खेती व्यापक रूप से की जाती थी, क्योंकि इस क्षेत्र की जलवायु, तापमान एवं मृदा इसके लिये अनुकूल थी।[15]

विभिन्न मौसम में बोई जाने वाली फसलों का उल्लेख भी इन यूनानी इतिहासकारों ने किया है। बरसात के मोसम में उगाई जाने वाली खरीफ की फसलें पटसन (सन-पटुआ), बाजरा, जुन्हरी आदि मोटा, अनाज तथा तिल, धान एवं वास्मोरम थी। जबकि जाड़े के मौसम में रबी की फसल - गेहूँ, यव, दलहन तथा अन्य खद्यान्नों की खेती होती थी।[16] वास्मोरम क्या था, स्पष्ट नहीं। यूनानी इतिहासकारों से फसलों के विषय में जो सूचना प्राप्त होती है उसकी पुष्टि प्राचीन भारतीय साहित्य से भी होती है। ये स्रोत सूचित करते हैं कि धान की खेती यहाँ बहुत व्यापक स्तर पर होती थी। यद्यपि यूनानी लेखकों ने चावल की विभिन्न किस्मों का उल्लेख नहीं किया है, किन्तु इनके विवरण से यह ज्ञात होता है कि अन्न में चावल यहाँ का प्रमुख खाद्य था। स्ट्रैबो (15.1.53) से ज्ञात होता है कि चावल यहाँ के लोगों का प्रमुख भोजन था और इसके अतिरिक्त यहाँ चावल से शराब भी बनाई जाती थी। महास्थान अभिलेख (बोगरा जनपद) में धान का उल्लेख मिलता है जिससे अनुमान लगाया जा सकता है कि पुण्ड्रनगर (बंगाल) में इसकी खेती होती थी।[17] चावल का उल्लेख बौद्ध साहित्य में, विशेषकर जातक

कथाओं में प्रायः मिलता है। मगध में एक कृषक द्वारा अपने 1000 करीस की खेती में मात्र धान उगाये जाने का उल्लेख सालिकेदार जातक में हुआ है।[18] इसके अतिरिक्त अन्य जातक कथाओं में तथा इस काल के बाद में लिखे गये ग्रन्थ महावस्तु, मिलिन्द पन्हों, महाभाष्य आदि में धान की व्यापक स्तर पर खेती किये जाने का उल्लेख है। प्राचीन भारतीय साहित्य चावल के विभिन्न प्रकार की किस्मों का भी उल्लेख करता है जिनमें सालि, ब्रीहि, महाब्रीहि, हायन, षष्टिका, नीवार, कुरुम्भक, कुमुदभण्डिका, रत्तसालि, तण्डुल, कलम आदि सम्मिलित हैं। चावल के इन प्रकारों में कुछ उत्तम किस्म के थे जो सम्पन्न वर्ग द्वारा खाया जाता था जबकि अन्य सामान्य वर्ग का खाद्य था।[19]

वास्तव में मध्य गांगेय क्षेत्र में धान की खेती का आरम्भ छठीं सदी ई0पू0 से बहुत पहले ही हो चुका था। महिषादल (वीर भूमि जनपद), सोनपुर, चिराँद (बिहार) आदि से चावल के अवशेष प्राप्त हो चुके हैं, जो 700 ई0पू0 या इससे पहले के हैं और जिनका उल्लेख ऊपर किया जा चुका है। किन्तु छठी सदी ई0पू0 से पहले धान की खेती नदियों के किनारे अथवा ऐसे क्षेत्रों तक सीमित रही होगी, जहाँ वर्षा का जल सर्वदा सुलभ रहा होगा। बेविलोनियन लेखक बार्डसेनिज (Bardesanes) सूचित करता है कि गंगा के किनारे वन्य प्रजाति का चावल स्वतः उत्पादित होता है (क्लैसिक एकाउण्ट्स, पृ0 426)। छठी सदी ई0पू0 में लोहे के उपकरणों के प्रयोग ने इसकी खेती को बहुत विस्तृत कर दिया जबकि जंगलों को काट कर जमीन को खेती योग्य बनाना सम्भव हुआ। अब 1000 करीस पर मात्र धान की खेती मगध क्षेत्र में सम्भव हो गई। कृष्य भूमि के विस्तृत क्षेत्र की उपलब्धि ने कृषकों को भी अन्नोत्पादन में नूतन प्रयोग के अवसर प्रदान किये। अब वह पहले के समान मात्र नदी के किनारे धान की खेती करने के लिये बाध्य नहीं था। लौह उपकरणों ने वन्य भूमि को कृष्य बना दिया और कृषक धान के विविध प्रकार के बीजों का आरोपण करने लगे। बौद्ध ग्रन्थ महावस्तु से ज्ञात होता है कि वैशाली में तथागत एवं उनके शिष्यों को पचीस से भी अधिक प्रकार के चावल का भोजन कराया गया था और मौर्योत्तर काल के ग्रन्थ महाभाष्य में मगध में उगाये जाने वाले शालि चावल की प्रशंसा की गई है।[20] केसव जातक में गन्धशालि (सुगन्धित चावल) का उल्लेख मिलता है।[21]

कुल मिलाकर ऐसा प्रतीत होता है कि भारत में सर्वत्र धान की खेती कम या अधिक होती रही किन्तु इसकी फसल के लिये बंगाल और विशेषकर बिहार सर्वाधिक उपयुक्त थे। अनेक नदियों द्वारा लाई गई जलोढ़ मृदा, आवश्यक

तापमान, अनुकूल मानसूनी हवायें तथा प्रचुर मात्रा में सिंहभूमि के क्षेत्र में लोहे की उपलब्धि ने माध्य गांगेय क्षेत्र को धान के उत्पादन में वरीयता प्रदान की थी।[22]

गन्ना, धान के अतिरिक्त इस क्षेत्र की जिन अन्य फसलों का उल्लेख डायोडोरस सिक्युलस, स्ट्रैबो आदि ने किया है उनमें रबी की फसलों में गेहूँ एवं यव को भी परिगणित किया है जो वास्तव में उत्तर भारत में सर्वत्र बहुत पहले से ही उगाई जाने वाली फसलें थीं। यूनानी इतिहासकार अपोलोनियस ने गंगा के इस विस्तृत मैदान का उल्लेख किया है और कहा है कि भारत का यह सर्वोत्तम क्षेत्र है। इसकी काली मिट्टी बहुत ही उपजाऊ है। इसमें उगाये जाने वाले गेहूँ के डण्ठल नरकुल के समान होते हैं।[23]

संदर्भ

1. शत0ब्रा0, 1.4.1.10-14
2. न0ला0 डे, द ज्योग्रिफिकल डिक्शनरी ऑफ एन्श्येण्ट एण्ड मेडिवल इण्डिया, पृ0 116
3. के0एम0 श्रीमाली, द एज ऑफ आयरन एण्ड द रिलिजस रिवोल्यूशन (सी0 700-सी0 250 ई0पू0), पृ0 8
4. वही, पृ0 9
5. पश्चिमी उत्तर प्रदेश - अत्रंजिखेरा (तृतीय स्तर, काल 640-400 ई0पू0); हस्तिनापुर (द्वितीय स्तर के पश्चात्, उ0का0च0 पात्र परम्परा के साथ, काल 600-300 ई0पू0); कौशाम्बी (उ0का0च0 पात्र परम्परा के साथ); मध्य भारत - नागदा (द्वितीय स्तर कृष्ण-लोहित पात्र परम्परा - (Black and Red Ware), के साथ, काल 700-500 ई0पू0); त्रिपुरी (काल चौथी सदी ई0पू0); उज्जैन (काल 500 ई0पू0); महाराष्ट्र - प्रकाश, बहल, टेकवार्ड (काल 600-300 ई0पू0); उत्तरी-पश्चिमी भारत - राजस्थान में रैरह (काल 300 ई0पू0); पंजाब में रूपर; तक्षशिला, गुजरात टिम्बर्वा (काल-कृष्ण-होहित परम्परा-ब्लैक एण्ड रेडवेयर एवं उ0का0च. पात्र परम्परा के साथ) काठियावाड़ से 369 लौह युगीन पुरास्थलों का उद्घाटन हो चुका है, काल 800-300 ई0पू0) प्रमुख पुरास्थलों में भरूच, नगल, नगर; अन्य पुरास्थल प्रभासपटन, लोखा, बड़े नगर काल 300 ई0पू0; दक्षिण भारत - कृष्ण-लोहित - ब्लैक एण्ड रेड वेयर तथा वृहतपाषाण समाधि के साथ, काल 1000-300 ई0पू0, कर्नाटक में हल्लूर एवं कुमार नहल्ली-काल 1000 ई0पू0। वही, पृ0 4-12
6. वही, पृ0 10
7. वासुदेव शरण अग्रवाल, पाणिनि कालीन भारतवर्ष, पृ0 224, 198

8. एरियन, द अनबेसिस ऑफ अनेक्लेण्डर, 5.6
9. द ज्योग्राफी ऑफ स्ट्रैबो, 15.1.13
10. डायोडोरस सिक्युलस, 2.36; ज्याग्राफी ऑफ स्ट्रबो, 15.1.20; 294, 11. मृदा परीक्षण के आधार पर आधुनिक कृषि वैज्ञानिकों ने बंगाल में चार प्रकार की मृदा का उल्लेख किया है। किन्तु उनमें फसलोत्पादन की दृष्टि से सर्वाणिक उपयुक्त जलोढ़ एवं कछारी मृदा है जो हुगली, मुर्शिदावाद एवं माल्दा में सर्वत्र पायी जाती है। इसके अतिरिक्त चौबीस परगना, बीरभूमि, जलपायीगुड़ी के अधिकांश भागों में और मिदनापुर, वाँकुड़ा तथा वर्दवान जिलों में भी कहीं-कहीं मिलती है।
12. बिहार-झारखण्ड के तीन प्राकृतिक विभागों में सस्योत्पादन की दृष्टि से गंगा के उत्तर एवं दक्षिण में फैला विस्तृत मैदान अति उपजाऊ है। उत्तरी भाग में गंगा के अतिरिक्त घाघरा, गंडक, कोसी एवं वागमती तथा दक्षिणी भाग में सोन नदी बहती है। इस वृहत मैदान का निर्माण नदियों द्वारा लाई गई अत्यधिक उपजाऊ जलोढ़ मृदा से हुआ है। कृषि-वैज्ञानिकों ने परीक्षण के पश्चात् इन राज्यों में 23 प्रकार की मृदायें पाई हैं। इन मृदाओं में जहाँ कुछ अत्यधिक उपजाऊ हैं वहीं सिंह भूमि में दक्षिणी भाग में लाल पीली, गहरी लाल-भूरी मृदायें पाई जाती हैं जिनमें लौह अयस्क (iron ore) की मात्रा बहुत होती है।
13. अथ0वे0, 1.34.5
14. डायोडोरस सिक्युलस, 2.36; ज्योग्राफी ऑफ स्ट्रबो, 15.1.20
15. गन्ना गर्म जलवायु की फसल है और इसकी वृद्धि के लिये आदर्श तापमान 21.5 डिग्री से0ग्रे0 के आसपास होना चाहिये। नम, गर्म मौसम और अधिक वर्षा में इसकी वृद्धि अच्छी होती है किन्तु तैयार होने के समय शुष्क मौसम और तेज धूप आवश्यक है। अंकुरण के समय 33-38 डिग्री से0ग्रे0 तापमान आदर्श होता है। आज भी बिहार-झारखण्ड की महत्त्वपूर्ण फसलों में गन्ना ही है। मुख्य रूप से गन्ना की खेती तिरहुत क्षेत्र तक सीमित है किन्तु सोन नदी के पूर्व एवं पश्चिम, पटना, मुंगेर एवं भागलपुर के उन क्षेत्रों में इसकी खेती होती है, जहाँ सिंचाई की सुविधा उपलब्ध है। प्राचीन भरत में जबकि आधुनिक युग के समान जल प्रबन्धन की सुविधायें नहीं थीं गन्ना मुख्य रूप से उत्तरी भारत के जलोढ़ मृदाओं वाले मैदानी भाग में ही उगाया जाता था। आज इन राज्यों के कुल क्षेत्रफल के 1.1 प्रतिशत भाग में गन्ने की खेती होती है, जबकि उत्तर प्रदेश एवं उत्तरांचल के क्षेत्र में जहाँ सिंचाई की सुविधा बहुत अधिक है, कुल सस्यगत भूमि के 5.8 प्रतिशत भाग पर गन्ना की खेती होती है। (प्रो0 रामदेव मिश्र एवं अरविन्द कुमार की पुस्तक से प्राप्त सूचना)।
16. द. ज्योग्राफी ऑफ स्ट्रौबो, 15.1.13

17. डी0सी0 सरकार, सेलेक्ट इन्स्कृप्शन्स, जिल्द 1, संख्या 45
18. जिल्द 5, पृ0 276
19. धान एक ऐसी फसल है जिसके लिये वर्षा अपरिहार्य है। इसकी खेती ऐसे क्षेत्र में ही सम्भव है जहाँ 100 से0मी0 से अधिक वार्षिक वर्षा होती है और जहाँ के खेतों में वर्षा ऋतु में पानी भर जाता है। इसके अतिरिक्त इसकी फसल के लिये जलवायु उष्ण या उपोष्ण होनी चाहिये। इसकी अच्छी खेती उन क्षेत्रों में होती है, जहाँ का औसत मासिक तापमान 21 से0ग्रे0 से नीचे नहीं रहता है। यद्यपि इससे अधिक तापमान में भी धान का उत्पादन हो जाता है। इस फसल के लिये उत्तम क्षेत्र उड़ीसा, बंगाल, बिहार, झारखण्ड, असम तथा दक्षिण भारत की निम्न भूमि है जहाँ का औसत तापमान लगभग 9 से 12 महीने तक 21 से0ग्रे0 से ऊपर रहता है। यही कारण है कि इनमें से कुछ राज्यों में एक वर्ष में धान की दो फसलें उगाई जाती हैं। इन राज्यों में वर्षा का वार्षिक औसत 100 से0मी0 से अधिक रहता है। बंगाल में 175 से0मी0; उड़ीसा में 147.5 से0मी0, बिहार में 138-152 से0मी0 वर्षा का वार्षिक औसत रहता है। यहाँ यह उल्लेखनीय है कि भिन्न तापमान में भी धान की खेती हो जाती है, यदि वर्षा का जल सुलभ हो। यही कारण है कि ग्रीष्मकालीन मानसूनी वर्षा के कारण भारत के प्रायः सभी भागों में धान की खेती सम्भव हो जाती है। यदि आज पश्चिमी उत्तर प्रदेश, हरियाणा एवं पंजाब में धान की खेती की जाती है तो उसका कारण सिंचाई अथवा वर्षा के जल का सुलभ होना है। यहाँ यह ध्यातव्य है कि प्राचीन काल में जब सिंचाई की व्यवस्था आज के समान नहीं थी उस समय भी ग्रीष्मकालीन वर्षा के जल से भारत के विभिन्न भागों में धान की खेती हो जाती थी। राजस्थान में नोह, गुजरात में लोचल, रंगपुर, मध्यप्रदेश में नवदाटोली, मैसूर में हल्लूर आदि पुरास्थलों से चावल के अवशेष प्राप्त हो चुके हैं। गंगा-यमुना के दोआब में हस्तिनापुर से चित्रित धूसर पात्र परम्परा के साथ केवल एक ही खाद्यान्न के अवशेष मिले हैं और वह चावल है। उत्तर वैदिक साहित्य जो इसी काल का है चावल के विभिन्न प्रकारों का उल्लेख करता है। चावल का महत्त्व कितना था इसका प्रमाण इष्टि में देवताओं को अर्पित नैवेद्य है जिसका उल्लेख रोमिला थापर ने किया है। इस नैवेद्य में ''सबसे ज्यादा चावल की विभिन्न किस्मों का ही उपयोग किया जाता है'' (रोमिला थापर प्राचीन भारत का सामाजिक इतिहास, पृ0 100)।
20. एन0एन0 खेर, अग्रेरियन एण्ड फिस्कल इकानमी, पृ0 109-110; विभिन्न प्रकार की फसलों की सूची एवं उनके सन्दर्भ के लिये द्रष्टव्य इस पुस्तक का परिशिष्ट, सं0 1, पृ0 379-400
21. संख्या 346

22. आधुनिक भारत में धान के फसलोत्पादन का विवरण प्राचीन काल के विवरण से मेल नहीं खाता। प्राचीन काल में गन्ना, धान या कोई अन्य फसल का उत्पादन प्राकृतिक दशा पर निर्भर था जिसे अर्थशास्त्र आदि ग्रन्थों में देवमातक कहा गया है। किन्तु आज के युग में मनुष्यकृत संसाधनों ने शस्योत्पादन के भूगोल को बदल दिया है। धान की फसल आज उन राज्यों में अधिकतम हो रही है जिन्हें प्राचीन काल के बंगाल, बिहार आदि की तुलना में बहुत पिछड़ा कहा जा सकता था। 'भारत का सरू भूगोलन' के लेखकों द्वारा 1984-85 के प्रस्तुत आंकड़े से ज्ञात होता है कि 'उपज उन राज्यों में अधिक थी जहाँ सिंचाई की पर्याप्त सुविधायें थीं। पंजाब, हरियाणा, आन्ध्र प्रदेश एवं तमिलनाडु में धान के अन्तर्गत 90 प्रतिशत से अधिक क्षेत्रफल और कर्नाटक में 65 प्रतिशत क्षेत्रफल सिंचित है। उत्तर प्रदेश तथा उड़ीसा में 28 प्रतिशत एवं मध्य प्रदेश में धान के अन्तर्गत केवल 18.4 प्रतिशत क्षेत्रफल सिंचित है। बिहार में भी सिंचित क्षेत्रफल केवल 33.7 प्रतिशत है (पृ0 132)।' इन लेखकों ने 1984-85 के धान उत्पादन की जो सारणी दी है उससे प्राचीन काल के देवमातक एवं आधुनिक युग के मनुष्य कृत जल संसाधनों के परिणामस्वरूप अन्तर को स्पष्ट रूप से देखा जा सकता है। इस वर्ष धान की सबसे अधिक उपज पंजाब में 3074 कि0ग्रा0/हेक्टेयर तत्पश्चात् हरियाणा में 2447 कि0ग्रा0/हेहक्टेयर, तमिलनाडु में 2140 कि0ग्रा0/हेक्टेयर, कर्नाटक में 2053 कि0ग्रा0/हेक्टेयर, जबकि धान की कम उपज वाले राज्य है उत्तर प्रदेश 1297 कि0ग्रा0/हेक्टेयर, उड़ीसा 970 कि0ग्रा0/हेक्टेयर, मध्य प्रदेश 759 कि0ग्रा0/हेक्टेयर और बिहार 1029 कि0ग्रा0/हेक्टेयर। विस्तृत सूची के लिये द्रष्टव्य उपर्युक्त पुस्तक की 1984-85 की सारणी, पृ0 133। इस सूची से स्पष्ट है कि बंगाल, बिहार एवं पूर्वी उत्तर प्रदेश आदि माध्य गांगेय के क्षेत्र जो प्राचीन काल में धान के उत्पादन में अग्रणी थे आज इसके उत्पादन में सबसे पीछे रह गये हैं।

23. द क्लैसिकल एकाउण्ट्स ऑफ इण्डिया, पृ0 395

•

अध्याय - 11

मौर्यकालीन कृषि

मौर्य साम्राज्य की स्थापना के परिणामस्वरूप भारत में महत्त्वपूर्ण राजनीतिक एवं आर्थिक परिवर्तन हुये। मौर्यवंश के संस्थापक चन्द्रगुप्त के शासन काल में सर्वप्रथम भारत का बहुत बड़ा भाग एक राजनीतिक सूत्र में बँध गया जिसमें पश्चिमी समुद्र से पूर्वी समुद्र तक तथा उत्तर में हिमालय से लेकर दक्षिण में मैसूर तक का. क्षेत्र सम्मिलित था। मौर्यवंशीय शासकों से पहले इतने विशाल क्षेत्र पर किसी ने भी अपनी सम्प्रभुता नहीं स्थापित की थी। यह स्वाभाविक था कि इतनी बड़ी राजनीतिक घटना का प्रभाव आर्थिक क्षेत्र पर पड़ता। कौटिल्य के अर्थशास्त्र तथा यूनानी एवं रोमन इतिहासकारों की कृतियों से तत्कालीन इतिहास पर महत्त्वपूर्ण प्रकाश पड़ता है।

उपर्युक्त दोनों स्रोतों से ज्ञात होता है कि इस काल में कृषि सम्बन्धी ज्ञान पहले की अपेक्षा कहीं अधिक विस्तृत एवं विशिष्ट हो गया था। ये श्रोत यह भी सूचित करते हैं कि राज्य ने सर्वप्रथम इस काल में ही कृषि, उद्योग आदि उत्पादन के सभी स्रोत पर अपना नियंत्रण स्थापित कर लिया तथा एक सुनियोजित कृषि-नीति का अनुसरण किया।

अध्ययन की दृष्टि से मौर्यकालीन कृषि पर विचार करते समय इसे दो भागों में विभक्त किया जा सकता है। सर्वप्रथम इस काल की कृषि पर सामान्य रूप से विवरण प्रस्तुत करने के पश्चात् मौर्य शासकों की कृषि नीति पर विचार करना उचित होगा।

भूमि के प्रकार एवं महत्त्व

विशाल भू-खण्ड पर एक क्षत्र राज्य की स्थापना का परिणाम यह हुआ कि अनेक प्रकार की भूमि शासन के अन्तर्गत आ गयी। अर्थशास्त्र सूचित करता है कि उत्तर

में हिमालय से लेकर दक्षिण में समुद्र के मध्य कई प्रकार की भूमि थी जिसमें वन्य भूमि, ग्राम्य भूमि, पर्वतीय भूमि, जलीय भूमि, शुष्क भूमि, सम भूमि, विषम भूमि, इत्यादि थी।[1] विशिष्ट गुणों से सम्पन्न जनपद उसे कहा गया है जिसमें जीविका के पर्याप्त साधन उपलब्ध हों, जो कीचड़ पत्थर से रहित हो, जिसमें ऊसर न हो, जिसकी भूमि समतल हो और जिसमें कटीली झाड़ियाँ एवं वन्य पशु आदि न हों। यह भी कथित है कि जिसमें कृषि के लिये वर्षा पर ही निर्भर न रहना पड़े तथा जहाँ के कृषक परिश्रमी हों।[2] निःसन्देह इस काल में राजनय के अन्तर्गत कृषि को केन्द्रीय महत्त्व मिल चुका था जिसके परिणामस्वरूप कृषि से सम्बन्धित ज्ञान में अभूतपूर्व विस्तार हुआ।

सीताध्यक्ष का कार्य

अब किसी भी प्रकार की भूमि में किसी भी समय किसी बीज का वपन नहीं किया जाता था। अधिकतम उत्पादन के लिये कृषि सम्बन्धी विशिष्ट ज्ञान प्राप्त करना अपेक्षित बन चुका था। अर्थशास्त्र के अनुसार राजकीय कृषि के सर्वोच्च अधिकारी को जिसे सीताध्यक्ष कहते थे और जिसके निर्देशन में राजकीय भूमि पर कृषि की जाती थी, कृषितन्त्र का विशेषज्ञ होना आवश्यक था। इसके अतिरिक्त सीताध्यक्ष को शुल्व शास्त्र का भी विशेषज्ञ होना चाहिये जिसके माध्यम से भूमि के अन्तर्गत विद्यमान जल का पता लगाया जाता था। यह कर्मचारी वृक्षायुर्वेद का भी विशेषज्ञ होता था, जिसके अध्ययन से वृक्षों तथा पौधों आदि के संरोपण तथा संरक्षण का ज्ञान सम्भव होता था।[3] शस्योत्पादन पर्याप्त मात्रा में हो इसके लिये उपयुक्त अवसर पर अच्छे किस्म के बीज का संग्रह कर लिया जाता था। यह बीज विभिन्न प्रकार के धान्य, पुष्प, फल, शाक, कन्द, मूल, लता, क्षौम, कार्पास आदि के होते थे।[4] अच्छी उपज के लिये मात्र अच्छे बीज ही पर्याप्त नहीं होते। बीज वपन से पहले भूमि की अनेक बार अच्छी जुताई करना भी आवश्यक था।[5] किस प्रकार के शस्य के लिये किस प्रकार की भूमि उपयुक्त होगी इसका भी ज्ञान आवश्यक था। जिस मास या ऋतु में कृषि कर्म का आरम्भ करना हो उससे पहले ही कृषि सम्बन्धी सभी प्रकार के प्रबन्ध कर लेना अपेक्षित था जिससे कृषि का समय आने पर विलम्ब न हो। कृषि से सम्बन्धित यन्त्र, उपकरण, बैल आदि के साथ-साथ लुहार, बढ़ई, रस्सी बनाने वाले भी यथा समय उपलब्ध हों।[6] इसके अतिरिक्त कृषि को हानि पहुँचाने वाले जानवरों की भी रोक-थाम की जाती थी।

कृषि एवं जलवायु

कौटिल्य के अनुसार जहाँ पर भूमि के प्रकार का ध्यान रखकर बीज वपन किया जाता था वहाँ पर जल की मात्रा की अलग-अलग आवश्यकता होती थी। उदाहरण के लिये शुष्क क्षेत्र में (जांगल प्रदेश) कृषि के लिये 16 द्रोण वर्षा अपेक्षित थी[7] जबकि आर्द्र प्रदेश में (अनूप देश) इसका डेढ़ गुना ज्यादा अर्थात् 24 द्रोण वर्षा की आवश्यकता होती है। अश्मक (महाराष्ट्र) प्रदेश में साढ़े तेरह द्रोण, अवन्ति (मालवा) में 23 द्रोण, अपरान्त (पश्चिमी प्रदेश) तथा वर्फीले क्षेत्र में अधिक से अधिक, तथा समयानुसार जल की आवश्यकता उन क्षेत्रों में होती है, जहाँ पर नहर से सिंचाई की सुविधा नहीं होती थी।[8] श्रावण, भाद्र, आश्विन एवं कार्तिक मानसून के चार महीने कृषि के लिये उपयुक्त माने जाते थे। इन चार मासों में यदि प्रथम तथा अन्तिम मास में (श्रावण तथा कार्तिक) कुल वर्षा का एक तिहाई तथा भाद्र एवं आश्विन मास में दो तिहाई वर्षा हो तो फसल के लिये उत्तम माना जाता था। इसे सुषमा कहा गया है।[9] वर्षा की मात्रा के माप के लिये कोष्ठागार के सामने एक वर्षामापन यंत्र (वर्षमान) लगाया जाता था जिसके मुँह का घेरा एक अरत्नि अर्थात् 24 अंगुल होता था।[10] बीज का चयन अथवा वपन करते समय इसका ध्यान रखना आवश्यक था कि उस क्षेत्र में जल की मात्रा कितनी उपलब्ध होती है।[11] जल की उपलब्धि का ध्यान रखकर ही यह निर्णय लेना चाहिये कि उस क्षेत्र में वर्षा ऋतु की फसल (केदार) अथवा जाड़े की (हेमन्त) या ग्रीष्म ऋतु की फसल का बीज बोना लाभदायक होगा।[12]

विभिन्न ऋतुओं की अलग-अलग फसलों का नाम भी कौटिल्य ने दिया है। उदाहरण के लिये वर्षा के आरम्भ में (पूर्वावाप) चावल के दो प्रकार शालि तथा ब्रीहि, कोद्रव (कोदो), तिल, प्रियंगु, दारक तथा वरक का वपन कर देना चाहिये।[13] वर्षा के मध्य में (मध्यवाप) मुग्द (मूँग), माष तथा शैम्ब्य तथा वर्षा के पश्चात् कुसम्भ (Safflower), मसूर (lentil), कुलत्थ, यव, गेहूँ, कलाय, अतसी (Linseed), सर्षप आदि का वपन लाभदायक माना जाता था।[14] इसके अतिरिक्त मौसम की अनुकूलता देखकर भी बीज वपन कर लिया जाता था।

निःसन्देह कृषि से सम्बन्धित ज्ञान में विशेषकर जलवायु, (Climatology), भूमि-परीक्षण, बीज-शोधन आदि के क्षेत्र में अभूतपूर्व विस्तार एवं गहराई आ चुकी थी। कोष्ठागार के अध्यक्ष (Superintendent of Magazine) के लिये यह आवश्यक निर्देश दिया गया था कि वह साम्राज्य के अन्तर्गत विभिन्न प्रकार के उत्पादित शस्य का भली-भांति ज्ञान रखे।[15]

खाद्यान्नों की विविधता

अर्थशास्त्र में वर्णित उत्पादों की जो विस्तृत सूची प्राप्त होती है उसका अवलोकन करने से यह स्पष्ट हो जाता है कि विस्तृत मौर्य साम्राज्य में जलवायु, कृष्य-भूमि, जल-प्रबन्धन आदि में पर्याप्त विभिन्नता रही होगी, जिसके परिणामस्वरूप उत्पादों में यह विभिन्नता सम्भव हुयी। गन्ने की खेती, तिलहन की खेती, गन्ने की पेराई तथा उससे शक्कर बनाना, तिल आदि से तेल निकालना[16], कपास की खेती[17] आदि कार्य इस काल में व्यापक स्तर पर होने लगे थे।

इसके अतिरिक्त विभिन्न प्रकार के मसालों का भी उत्पादन होता था जैसे पीपल, मरिच, अदरक, जीरा, चिरायता (Agathotes Chirayata), सफेद सरसो, धनियाँ, चोकर, दमनक (Artemisia Indica), मैनफल (Vangueria Spinosa), सैजन (Hyperanthera Moringa) तथा इनकी जड़ें।[18]

खाद्यान्न एवं मसाले आदि के अतिरिक्त विभिन्न प्रकार के सब्जियों तथा फल का उत्पादन इतना अधिक होने लगा था कि इनको राजस्व के श्रोत के रूप में परिगणित किया जाने लगा। विभिन्न प्रकार के फल, फूल, बाग-बगीचा, सब्जी के खेत आदि का उल्लेख अर्थशास्त्र में सेतु के अन्तर्गत हुआ है जिससे यह प्रतीत होता है कि इनकी खेती के लिए सिंचाई की विशेष व्यवस्था करनी होती थी।[19]

कृषि के अन्तर्गत ऐसे फलदार वृक्ष एवं पौधों का भी परिगणन हुआ है जिनका महत्त्वपूर्ण स्थान राष्ट्र की अर्थव्यवस्था में था। अर्थशास्त्र गन्ना, जामुन, कटहल (पनस) आम्र, आँवला, इमली, करौदा, अनार, नीबू, बेर आदि की लम्बी सूची प्रस्तुत करता है जिनके रस का प्रयोग किया जाता था।[20]

कृषि के उपकरण

उन्नत कृषि के लिये बीज, सिंचाई के साथ-साथ कृषि से सम्बन्धित उपकरणों के प्रबन्धन पर भी अर्थशास्त्र के लेखक का ध्यान था। अनाज को ऐसे रखना चाहिए कि यह जमीन के सम्पर्क से ऊपर रहे[21], घास के घने बिने हुये बोरे में चीनी, गुड़ (क्षार) को रखना चाहिये मिट्टी या लकड़ी के घड़े में घी या तेल को।[22] कृषि से सम्बन्धित जिस अनेक उपकरणों की आवश्यकता पड़ती है उनमें तराजू, बाट (तुलामानभाण्ड), चक्की (रोचनीदृशद्), सिल, लोढ़ा, मूसल, ओखली, कूटने-पीसने की मशीन (कुट्टकरोचक यन्त्र), खँचिया (पत्रक), सूप (शूर्प), चलनी (चालनिका) आदि को सम्मिलित किया गया है।[23]

बीज संरक्षण

अन्न का उत्पादन अधिक से अधिक हो इसके लिये बीज को सात दिन तक रात में ओस में तथा दिन में धूप में रखना चाहिये, दलहन (कोशीधान्य) के बीज को तीन दिन रात अथवा पाँच दिन रात ओस तथा धूप में रखना चाहिये, जिसके डण्ठल बीज के रूप में प्रयुक्त होते हैं (काण्डबीज) जैसे गन्ना उनके कटे हुये स्थान पर शहद, घी तथा सूअर की चर्बी के साथ गोबर मिलाकर लेप कर देना चाहिए, कन्द फलों जैसे सूरनप, शकरकन्द आदि के कटे हुये स्थान पर शहद एवं घी का लेप; अस्थि बीज (कपास) में गोबर का लेप, वृक्षों के बीज को गड्ढे में डालकर गर्मी देनी चाहिये और तत्पश्चात गाय की हड्डी तथा गोबर मिलाकर रखना चाहिए।[24] वपन के बाद जब ये बीज अंकुरित हो जाँय तो छोटी मछली की खाद तथा सेंहुड़ के दूध से सींचना चाहिये।[25]

कृषि एवं ज्योतिष

कृषि के लिये वर्षा का महत्त्व सर्वाधिक रहा है और भारतीय कृषक सर्वदा से ही वर्षा की पूर्व सूचना के आधार पर खेती का कार्य आरम्भ करता है। इसके लिये नक्षत्र एवं ग्रहों की स्थिति का ज्ञान परमावश्यक था। इसका महत्त्व प्राचीन काल में तो और भी अधिक था। अर्थशास्त्र के अनुसार वृहस्पति की स्थिति एवं गति से वर्षा की अनुकूलता का पूर्वानुमान लगाया जाता था। इसके अतिरिक्त शुक्र के उदय, अस्त एवं गति से और साथ ही इससे भी कि सूर्य दर्शन किस दिन, तिथि आदि को कब हुआ। सूर्य की स्थिति से बीज के अंकुरित होने, वृहस्पति की स्थिति से पौधों में डण्ठल, शाखा आदि की वृद्धि पर एवं शुक्र की स्थिति से वर्षा आदि की जानकारी होती थी।[26]

बरसने वाले बादल कौन से होते हैं, उनसे कितनी मात्रा में प्राप्त होने वाली वर्षा कृषि के लिये लाभदायक होती है एवं जलवायु आदि का भी ज्ञान कृषि के लिये आवश्यक था। बादलों में तीन ऐसे होते हैं, जो एक सप्ताह तक लगातार बरसते हैं, अस्सी ऐसे होते हैं जो छोटी छोटी बूँदों की वर्षा करते हैं तथा साठ ऐसे होते हैं जिनके बरसने के बीच-बीच में धूप भी निकलती रहती है। इस प्रकार से यदि वर्षा हो तो वह कृषि के लिये अनुकूल एवं लाभदायक होती है।[27] इसके अतिरिक्त ऐसी वर्षा कृषि के लिये लाभदाय मानी जाती थी, जिसके बरसने के बीच-बीच में हल जोतने का अनुकूल अवसर मिल जाता है। इस प्रकार की बरसात

होने पर फसल के सर्वोत्तम होने की सम्भावना अधिक होती है।[28] किस बीज का वपन करना चाहिये इसके लिये वर्षा की सम्भावित मात्रा का ध्यान देना उपयोगी होता था।

सन्दर्भ

1. अ0शा0, 9.1.18-19
2. अ0शा0, 6.1.8 पटपाषाणोषरविषमकण्टकश्रेणीव्यालमृगाटवीहीन कान्तः सीताखनिद्र-व्यवहस्तिवनवान् गव्यः ..... पशुमानदेवमातृको ..... कर्मशीलकर्षको ... इति जनपदसंपत्।
3. अ0शा0, 2.24.1 सीताध्यक्षः कृषितन्त्रशुल्बवृक्षायुर्वेदज्ञस्तज्ज्ञसखे वा
4. वही
5. वही, 2.24.2
6. वही, 2.24.3 कर्षणयन्त्रोपकरण बलीवर्दैश्वैशमर्सं कारयेत् कारुभिश्च कर्मारकुट्टाकमेदकरंजवर्तकसर्पग्राहादिभिश्च।
7. 16 द्रोण = 32" होता था, द्रष्टव्य आर0पी0. कांग्ले, द कौटिलीय अर्थशास्त्र, भाग दो, पृ0 149, पादटिप्पणी 5
8. वही, 2.24.5, षोडशद्रोणं जांगलानां वर्षप्रमाणम्, अध्यर्धमानूपानां देशवापानाम्, अर्थत्रयोदशाश्मकानाम्, त्रयोविंशतिरवन्तीनाम्, अमितम-परान्तानां हैमन्यानां च, कुल्यावापानां च कालतः।
9. वही, 2.24.6
10. वही, 2.5.7
11. वही, 2.24.11
12. वही, 2.24.19
13. वही, 2.24.12, शालिब्रीहिकोद्रवतिलप्रियंगुदारकवरकाः पूर्ववापाः।
14. वही, 2.24.13-15, मुद्गभाषशैम्ब्या मध्यवापाः। कुसुम्भमसूरकुलत्थयवगोधूमकलायातसीसर्षपाः पश्चाद्वापाः। यथर्तुषशेन वा बीजवापाः।
15. वही, 2.15.1
16. वही, 2.15.8; 14
17. वही, 2.15.41
18. वही, 2.15.20
19. वही, 2.6.5, पुष्पकलवाटषण्डकेदारमूलवापाः सेतुः।

20. वही, 2.15.17-18
21. सम्भवतः सन या जूट से अभिप्राय है
22. अ0शा0, 2.15.64
23. वही, 2.15.62
24. वही, 2.24.24
25. वही, 2.24.25
26. वही, 2.24.7-8
27. वही, 2.24.9
28. वही, 2.24.10

अध्याय - 12

यूनानी इतिहास लेखकों की दृष्टि में मौर्यकालीन कृषि

चन्द्रगुप्त द्वारा मौर्य साम्राज्य स्थापित करने के बाद मेगास्थनीज नामक यूनानी राजदूत उसके दरबार में बहुत काल तक रहा। उसने अपने काल के शासन प्रबन्ध, समाज, आर्थिक एवं धार्मिक स्थिति आदि के विषय में अपनी पुस्तक इण्डिका में विस्तार से विवरण प्रस्तुत किया है। यद्यपि आज यह पुस्तक उपलब्ध नहीं है किन्तु बाद के यूनानी इतिहासकारों ने इस पुस्तक के आधार पर इसी नाम से भारत के विषय में विवरण प्रस्तुत किया है। इसके अतिरिक्त सिकन्दर के सैनिक अभियान के साथ भी जो यूनानी आये उन्होंने भी अपने यात्रा-विवरण में भारत के विषय में महत्त्वपूर्ण सूचनायें दी हैं।

उर्वराशक्ति प्रशंसा

भारत के मैदानी भाग की उपजाऊ शक्ति की प्रशंसा डायोडोरस, सिक्युलस, स्ट्रैबो आदि ने की है। डायोडोरस सिक्युलस का कथन है कि इन उपजाऊ शक्तियुक्त मैदानी भागों की सिंचाईं के लिये जल की प्राप्ति इस क्षेत्र में बड़ी संख्या में विद्यमान नदियों से होती थी। इस प्राकृतिक सुविधा से सम्पन्न भूमि से एक वर्ष में दो फसल यहाँ के किसान प्राप्त कर लेते थे।[1] एक वर्ष में दो फसल एवं फलों की प्राप्ति का उल्लेख स्ट्रैबो ने भी किया है। इरैटास्थनी के विवरण के आधार पर स्ट्रैबो सूचित करता है कि जाड़े तथा गर्मी की फसलों को प्रत्येक वर्ष नियमित वर्षा का जल भी प्राप्त हो जाता है जिसके परिणामस्वरूप अच्छी फसल के अतिरिक्त प्रभूत मात्रा में फलों की भी प्राप्ति हो जाती है।[2] स्ट्रैबो यह भी कहता है कि एरिस्टोब्यूलस के अनुसार मिस्र में नील नदी दक्षिणी

मानसून से भर जाती थी जबकि भारत की नदियों में बाढ़ उत्तरी मानसून से आती थी।[3]

वर्ष में दो बार वर्षा होने का लाभ यह होता था कि अगर एक ऋतु में वर्षा नहीं भी हुयी तो भी यहाँ के किसान दूसरी फसल प्राप्त कर लेते थे। स्वतः पैदा होने वाले फलों तथा पंकिल भूमि में उगने वाले विभिन्न प्रकार के स्वादिष्ट खाद्य मूलों की प्रशंसा करते हुये डायोडोरस सूचित करता है कि नदियों के जल से अथवा नियमित वर्षा के कारण भूमि में आर्द्रता सर्वदा बनी रहती थी जिसके कारण अनेक प्रकार की पैदावार सम्भव हो जाती थी और जब गर्मी अधिक पड़ती थी तो दलदली भूमि में उपजने वाले कन्द, मूल पक जाते थे।[4]

नियर्कस तथा एरिष्टोव्यूजलस सूचित करते हैं कि बाढ़ के बाद जब नदियों का पानी घट जाता था और जमीन पूरी तरह सूखी नहीं होती थी तभी किसान उनमें बीज-वपन कर देते थे। बीज वपन करने के लिये किसान किसी भी तरह के खनन उपकरण का प्रयोग कर लेते थे। फिर भी पौधे भली प्रकार निकलते थे तथा पैदावार भी भरपूर होती थी।[5]

कृषि उत्पाद

यूनानी इतिहासकार भारत के विभिन्न भागों में पैदा होने वाले खाद्यान्न, फल एवं अनेक प्रकार के मसालों का भी उल्लेख करते हैं। स्ट्रैबो के एक उल्लेख से यह ज्ञात होता है कि यहाँ के सभी वर्ग में चावल या चावल से तैयार किये गये विविध प्रकार के व्यंजन सर्वाधिक प्रिय थे।[6] चावल से शराब भी बनाई जाती थी जो जौ से बनाई जाने वाली शराब की अपेक्षा अधिक प्रिय थी।[7] मेजिलस के अनुसार वर्षा आरम्भ होने से पहले ही धान के बीज डाल दिये जाते थे। बाद में उनकी रोपनी (transplanting) तथा सिंचाई (irrigation) का प्रबन्ध किया जाता था।[8] सिंचाई के लिये तालाब बनाये जाते थे। एरिस्टाव्यूलस से हमें ज्ञात होता है कि धान के खेतों में क्यारियाँ बना दी जाती थीं, जिनके चारों तरफ मेड़ बना कर उसमें पानी भर दिया जाता था। उसमें धान के पौधे खड़े रहते थे। इन पौधों की ऊँचाई चार हाथ तक होती थी और उनमें कई बालियाँ हुआ करती थीं। यव की तरह धान की भी भूसी निकाली जाती थी।[9]

दूसरा महत्त्वपूर्ण कृषि-उत्पाद कपास था जिसका उल्लेख नियर्कस से प्राप्त सूचना के आधार पर स्ट्रैबो ने किया है।[10] इससे ज्ञात होता है कि भारतीय कपास से अतिसूक्ष्म वस्त्र बनते थे। भारत में रहने वाले यूनानी जिनकी संख्या पर्याप्त थी,

इस कपास का प्रयोग अपनी तकिया बनाने तथा घोड़ों का जीन बनाने में करते थे।

डायो डोरस सिक्युलस तो यहाँ की कृषि एवं उसके उत्पादों से इतना अधिक प्रभावित हुआ कि उसने यह कह दिया कि कृषि-जगत में जो भी उत्पाद ज्ञात हो चुके हैं वह सभी भारतीय भूमि पर पैदा होते हैं। उसका कहना है कि इस भूमि के ऊपर विविध प्रकार के फसल उत्पन्न होते हैं तो भूमि के नीचे सभी प्रकार की धातुयें जैसे सोना, चाँदी, ताँबा, लोहा तथा अन्य उपलब्ध होती हैं। मक्का, बाजरा आदि मोटे अन्न के अतिरिक्त उत्तम कोटि का दलहन, चावल तथा वास्पोरम (?) (Bosporum) भी यहाँ पैदा होता है।[11] विविध प्रकार के फसल इतनी बड़ी मात्रा में यहाँ होते हैं कि पशुओं को भी खिलाया जाता है। अन्न का अभाव यहाँ कभी नहीं रहा। इसका कारण यह था कि वर्ष में दो बार वर्षा हो जाती थी। एक बार जाड़े में जब गेहूँ की बोआई होती थी और दूसरी बार गर्मी में जबकि धान, वास्पोरम, तिल और बाजरा की बोआई होती थी।[12] स्ट्रैबो ने एरिस्टाव्यूलस के कथन का उल्लेख करते हुये कहा है कि भारत के दक्षिणी भाग में दालचीनी, जटामाँसी तथा अन्य प्रकार की सुगन्धि-युक्त मसालों की खेती प्रचुर मात्रा में होती थी।[13] गन्ने के रस तथा उससे और अंगूर से बनाई जाने वाली शराब का भी उल्लेख मिलता है।[14]

शासन तथा समाज दोनों ही कृषि एवं कृषक वर्ग के हितों को सुरक्षा प्रदान करने के लिये तत्पर रहते थे। यूनानी इतिहासकारों के अनुसार भारतीय समाज सात जातियों में विभक्त था जिनमें प्रथम जाति या वर्ग के अन्तर्गत दार्शनिक, ज्योतिषी, चिन्तक आदि सम्मिलित थे। एरियन, डायोडोरस, स्ट्रैबो आदि सूचित करते हैं कि वर्ष के आरम्भ में ही इन ज्योतिषियों को धर्म-परिषद (Synod) में आहूत किया जाता था। वहाँ ये ग्रह नक्षत्रों आदि की गति के आधार पर मौसम, सूखा, वर्षा, मानसून आदि की भविष्यवाणी करते थे, जिसके अनुसार ही कृषक अपना कार्य करते थे।[15] दूसरा वर्ग कृषकों का था जिन्हें शासन का पूरा संरक्षण प्राप्त रहता था। इस वर्ग को सैनिक सेवा से मुक्त रखा गया था। कृषि कार्य में ही ये सर्वदा संलग्न रहते थे और नगरों में भी जाने से परहेज करते थे। तीसरे वर्ग की जिसमें आखेटक, गोपालक आदि सम्मिलित थे, कृषि में महत्त्वपूर्ण भूमिका थी। यद्यपि यह वर्ग मूलतः संचरणशील था, किन्तु ऐसे पशु-पक्षियों का शिकार करता था जिनसे कृषि को बहुत अधिक क्षति पहुँचती थी। डायोडोरस इस वर्ग की प्रशंसा करते हुये सूचित करता है कि इस वर्ग के परिश्रम के परिणामस्वरूप

साम्राज्य के अन्तर्गत विद्यमान बहुत बड़ा भू-खण्ड जिस पर अभी तक खेती नहीं होती थी, कृषि क्षेत्र के अन्तर्गत आने लगा था।

संदर्भ

1. आर0सी0 मजूमदार, क्लैसिकल एकाउण्ट्स ऑफ इण्डिया, पृ0 232, डायोडोरस सिक्युलस, 2.35
2. वही, पृ0 252 ज्याग्रफी ऑफ स्ट्रैबो, 20
3. स्ट्रैबो, 19
4. डायोडोरससिक्युलस, 36, पृ0 233
5. ज्योग्राफी ऑफ स्ट्रैबो, 18, पृ0 251, ध्यातव्य है कि इन यूनानी लेखकों ने कर्षण यन्त्र के रूप में हल का उल्लेख नहीं किया, उसके स्थान पर खनन यन्त्र का उल्लेख करते हैं (furrowed by any sort of digging-instrument)
6. वही, स्ट्रैबो (53), पृ0 270
7. वही
8. वही, स्ट्रैबो (18), पृ0 251
9. वही
10. वही, स्ट्रबो (20), क्लासिकल एकाउण्ट्स, पृ0 253; एरियन (16), वही, पृ0 228-30
11. यह स्पष्ट नहीं कि वास्पोरस किस खाद्यान्न को कहते थे, किन्तु ओनेसिक्रिटस के अनुसार वास्पोरम का दाना गेहूँ से छोटा होता था और ऐसी भूमि पर होता था जो नदियों के मध्य स्थित हो, द्रष्टव्य, ज्योग्रफी ऑफ स्ट्रैबो (18), क्लासिकल अकाउण्ट्स, पृ0 251
12. डायोरोरस सिक्युलस (36 क्लासिकल अकाउण्ट्स, पृ0 233; स्ट्रैबो (13), पृ0 249
13. स्ट्रैबो, (22), वही, पृ0 254
14. वही
15. एरियन (11), पृ0 224; डायोडोरस सिक्युलस (40), पृ0 237; स्ट्रैबो (39), पृ0 264

●

अध्याय - 13

मौर्य राजनय एवं कृषि

मौर्य साम्राज्य का विशाल बट वृक्ष जो चन्द्रगुप्त के शासन काल के उत्तरार्द्ध में दिखाई देता है, वह स्थापना के समय मात्र एक नवसंरोपित शिथिल तरु के समान था। सुनियोजित एवं दूरदर्शितापूर्ण नीति के माध्यम से ही इसे सुरक्षित और संबर्द्धित किया जा सकता था। सौभाग्यवश उसे कौटिल्य के रूप में एक अप्रतिम प्रतिभासम्पन्न व्यक्ति मिला जिसके दूरदर्शितापूर्ण निर्देशन एवं मन्त्रणा के फलस्वरूप आसन्न एवं अनागत दोनों ही प्रकार के अवरोधों का निराकरण हुआ। कौटिल्य के अनुसार सुदृढ़ अर्थव्यवस्था ही यह आधार प्रदान करती है जिस पर सेना, कोश आदि का अस्तित्व सम्भव होता है।

अर्थशास्त्र में वार्ता[1] (Economics) के क्षेत्र के अन्तर्गत कृषि, पशुपालन एवं वाणिज्य को सम्मिलित किया गया है। किन्तु इस ग्रन्थ से यह तथ्य भी उद्‌घाटित होता है कि मौर्य शासकों द्वारा प्रतिष्ठापित राष्ट्रनीति में कृषि को ही वरीयता दी गयी। वास्तव में मौर्य साम्राज्य की स्थापना से पहले ही भारत कृषि के क्षेत्र में आत्मनिर्भर (Self-sufficient) हो चुका था। किन्तु मौर्य शासन ने जिस आर्थिक नीति का अनुसरण किया उसके परिणामस्वरूप इतनी प्रगति हुयी कि उसने न केवल आत्मनिर्भरता के युग से निकलकर अतिरिक्त उत्पादन (Surplus production) के युग में प्रवेश कर लिया अपितु राजकीय आय का प्रमुख स्रोत बन गयी। ईसा से लगभग ढाई सौ वर्ष पहले मौर्य काल में कृषि को उद्योग का दर्जा मिला जो उसे पुनः आज तक प्राप्त नहीं हो सका।

कृषि केवल खाद्यान्न का ही स्रोत नहीं थी। राज्य के अनेक उद्योगों के लिये कच्चा माल भी कृषि के माध्यम से सुलभ होता था। गन्ना, चावल, सेव, आम आदि फलों से शराब बनाने, सिरका (Vinegar) तैयार कराने का कार्य तथा उसके विक्रय से राज्य को आय की प्राप्ति होती थी, जिसकी पूरी व्यवस्था सुराध्यक्ष को

करनी पड़ती थी, उसके निर्देशन और निरीक्षण में शराब बनाई और बेची जाती थी।[2]

कृषिजनित कच्चे माल में वृक्षों की छाल (वल्क), कपास (कार्पास), रेशम (तूस), सन (Hemp), क्षौम (flax) आदि से धागे बनवाने, वस्त्र एवं रस्सी तैयार कराने तथा उनके विक्रय आदि का प्रबन्ध करने का उत्तरदायित्व सूत्राध्यक्ष का होता था।[3]

ध्यातव्य है कि कृषि शब्द से अभिप्राय मात्र कर्षण क्रिया ही नहीं था। इसके अन्तर्गत बीज प्रबन्धन, कृषि सम्बन्धी उपकरण, पशु आदि भी सम्मिलित थे।[4] यद्यपि वार्ता के तीन अंग थे तथापि इनमें कृषि को ही वरीयता दी गयी थी। सैनिक अभियान प्रस्तुत करने से पहले शासक को यह विचार कर लेना चाहिये कि वह जिस राज्य पर विजय करने जा रहा है, वह खनिज प्रधान है या कृषि प्रधान। इन दोनों में उसे प्राथमिकता ऐसे राज्य पर विजय करने के लिये देनी चाहिए जहाँ अन्नोत्पादन की प्रचुरता हो, क्योंकि खनिजों की प्रधानता से (खनिभोगः) मात्र कोश की वृद्धि होती है जबकि धान्य की प्रधानता से (धान्यभोग) कोश एवं कोष्ठागार दोनों ही परिपूर्ण होते हैं।[5] अच्छा जनपद वह है जहाँ पंक, पाषाण, ऊसर भूमि, विषम भूमि, कटीली झाड़ियाँ, वन्य पशु आदि न हों, जो सुरम्य, कृषि योग्य भूमि, खनिज पदार्थ, द्रव्य वन, हस्तिवन पशुओं के लिये अनुकूल सुरक्षित पशुचर, पशुओं से भरा पूरा, कृषि के लिये वर्षा के जल पर ही निर्भर नहीं हो (अदेवमातृक), परिश्रमी कृषक वर्ग तथा निम्न वर्ण बहुल हो।[6]

कृषि नीति के निर्धारण में इसका भी ध्यान रखना चाहिये कि विस्तृत किन्तु जलविहीन जनपद की अपेक्षा छोटा किन्तु ऐसा जनपद लाभकारी होता है जहाँ प्रभूत मात्रा में जल सुलभ हो क्योंकि इसमें पूरे वर्ष अन्न का उत्पादन होता रहता है। जलयुक्त दो जनपदों में श्रेयस्कर वह जनपद होता है जहाँ विभिन्न प्रकार के धान्य का बीज वपन सुगमता से होता हो।[7]

राजकीय आय की वृद्धि तभी सम्भव है जबकि अन्य उपायों के साथ-साथ प्रभूत मात्रा में अन्न का उत्पादन हो (सस्यसम्पत्) और कर में छूट कम से कम हो (परिहारक्षयो)[8] आधुनिक शब्दावली में सब्सिडी (Subsidy) न्यूनतम होनी चाहिये।

कृषि को राजकीय आय का प्रमुख स्रोत बनाने के उद्देश्य से ही ग्रामीण क्षेत्र के कुशल प्रबन्धन पर कौटिल्य का विशेष ध्यान था।[9] इस उद्देश्य से समाहर्ता जो राजकीय आय का लेखा जोखा रखने वाला (Revenue Collector) सर्वोच्च अधिकारी था जनपद अथवा ग्रामीण क्षेत्र को चार वर्गों में विभक्त करता था और

इन ग्रामों को उत्तम (ज्येष्ठ) मध्यम (Middling) एवं कनिष्ठ की तीन कोटियों में सूचीबद्ध करता था।[10] इस सूची में इसका उल्लेख होना चाहिये कि कौन सा ग्राम कर-मुक्त (परिहारक) है। किस कोटि के ग्राम से धान्य, पशु, नकद, (हिरण्य) वन-सम्पदा (कुप्य), बेगार, प्रतिकर के रूप में राज्य को कितनी आय होती है। किस ग्राम में कितनी भूमि पर खेती होती है और कितनी भूमि परती रहती है, कितना सूखा मैदान है, कितना जल युक्त है, बाग, बगीचा, सब्जी के खेत, वन, सिंचाई की व्यवस्था, पशुओं के लिये चरागाह, इत्यादि के अतिरिक्त प्रत्येक ग्राम के प्रत्येक घर की सूची, कौन से घर करदायी है और कौन कर-मुक्त, गाँव में विभिन्न वर्णों की कितनी आबादी है, उसमें कितने कृषक, कितने ग्वाला, द्विपद एवं

भाग का लेखा-जोखा रखता था।[11]

निश्चय ही ग्रामीण क्षेत्र के लिये शासन ने एक विशिष्ट आर्थिक योजना तैयार की थी। इस क्षेत्र से होने वाली आय पर राज्य का सर्वाधिक ध्यान था, अन्यथा यह कार्य समाहर्ता नामक सर्वोच्च अधिकारी को नहीं दिया जाता। ग्रामीण क्षेत्र की भू-सम्पदा, कृष्ट एवं अकृष्ट भूमि, कितने लोग खेती करते हैं और कितने नहीं, पशु, जलप्रबन्धन आदि के विषय में सूचना एकत्र करने का उद्देश्य ग्रामीण अंचल से राजस्व की प्राप्ति ही था, इसीलिये यह कार्य रेवेन्यू कलेक्टर को दिया गया था।

राज्य इतने से ही सन्तुष्ट नहीं था। भू-सम्पदा से अधिक से अधिक राजस्व की प्राप्ति के लिये शासन ने अपनी कृषि नीति में सर्वथा नवीन प्रयोग किये जिसके अन्तर्गत अब तक अकृष्ट पड़ी हुयी भूमि पर खेती करने के लिये योजना तैयार की। निश्चय ही इस प्रकार की भूमि बड़ी मात्रा में विद्यमान थी। उत्तर में हिमालय से दक्षिण में समुद्र तक विस्तृत विशाल भू-खण्ड चक्रवर्ती का क्षेत्र था। इसमें कई प्रकार की भूमि थी जैसे वन्य भूमि, ग्राम्य भूमि, पर्वतीय भूमि, दलदली भूमि (Marshy land) सूखी भूमि (भौमः) समतल भूमि एवं असमतल भूमि (विषम)।[12] भारत का एक बड़ा भाग बहुत बाद तक वनाच्छादित था। गुप्त काल के महाराज संक्षोभ के खोह ताम्रपत्र (गु0सं0 209) में मध्य भारत के अठारह

नाम मिलता है जहाँ व्याघ्रराज का शासन था।[14] बराह मिहिर ने वृहत्संहिता में जिस वन-राष्ट्र एवं वन-राज्य का उल्लेख किया है वह फ्लीट के अनुसार भारत के उत्तरी-पूर्वी भाग में स्थित थे।[15] कुल मिलाकर ऐसा प्रतीत होता है कि विशाल मौर्य साम्राज्य में जलवायु और भूमि की विविधता बहुत अधिक थी। बहुत बड़ा क्षेत्र पथरीला तथा वनाच्छादित जन-शून्य था बिरल आबादी वाला था। इस क्षेत्र में रहने वालों का जीवन मुख्य रूप से आखेट पर निर्भर था। जनपद निवेश के प्रसंग में कौटिल्य ने (2.1.6) हवागुरिक, शबर, पुलिन्द, चण्डाल आदि जंगल में रहने वाले आदिम जनों का उल्लेख किया है। एरियन, डायोडोरस सिक्युलस, स्ट्रैबो आदि यूनानी इतिहासकारों के अनुसार तृतीय वर्ग उन लोगों का था जो भेड़ या अन्य पशुओं का पालन करते थे, इसका कोई स्थायी निवास नहीं था, जीवन खानाबदोशों का था। वे नगर या गाँव से दूर, पहाड़ियों या जंगलों में खेमा गाड़कर उसी में रहते थे। इनका जीवन आखेट पर ही निर्भर था। इनकी उपयोगिता यह थी कि ऐसे जानवरों को यह मारते थे जो खेती को नुकसान पहुँचाते थे।[16]

राजकीय आय में वृद्धि तभी सम्भव थी जब साम्राज्य के अन्तर्गत विद्यमान इस प्रकार के विरल एवं परती पड़े क्षेत्र को आबाद किया जाय और यहाँ की भूमि पर खेती की जाये।

अर्थशास्त्र तथा अशोक के अभिलेख सूचित करते हैं कि इन क्षेत्रों में राजकीय स्तर पर नवीन जनसन्निवेश बनाये गये। इस प्रकार के सन्निवेशों की स्थापना का उद्देश्य मात्र यही था कि वहाँ कृषि कार्य आरम्भ किया जाय जिससे राजकीय आय की वृद्धि हो। अर्थशास्त्र के अनुसार दूसरे देश से लोगों को लाकर (परदेशापवाहनेन) अथवा अपने ही देश के उन क्षेत्रों से जहाँ आबादी घनी हो (स्वदेशाभिष्यन्दवमनेन) लोगों को लाकर नवीन जनपद बसाने चाहिये।[17] किन्तु कौटिल्य के वर्ता (Economics) में प्रधानता उत्पादक वर्ग को दी गयी थी, उपभोक्ता वर्ग को नहीं। अर्थशास्त्र का लेखक इस तथ्य से अवगत था कि राष्ट्रीय उत्पादन में, ब्राह्मण और क्षत्रिय, इन दो उच्च वर्णों का कोई विशेष योगदान नहीं होता है। यह वर्ग सामान्यतया उपभोक्ता ही रहा है। नवीन जनसन्निवेश की स्थापना शूद्रवर्ण के कृषकों द्वारा की जानी चाहिये जिनके परिवार की संख्या कम से कम एक सौ और अधिक से अधिक पाँच सौ रहे।[18] अन्यत्र वह अच्छा जनपद उसे कहता है जहाँ के कृषक परिश्रमी हों और जो निम्न वर्ण बहुल हो।[19] चार वर्णों के सन्निवेश में श्रेयस्कर निम्नवर्णों की बहुलता वाला सन्निवेश ही होता है क्योंकि वह अनेक प्रकार से लाभदायक होता है।[20] अशोक के शिलालेख संख्या तेरह में

कलिंग युद्ध में डेढ़ लाख लोगों को बन्दी बनाकर अन्यत्र ले जाने का (अपबुढ़े) उल्लेख मिलता है। इसी अभिलेख में अशोक यह भी कहता है कि जब भी अविजित देश पर विजय प्राप्त की जाती है तो पराजित जनों को बन्दी बनाकर अन्यत्र ले जाया जाता है (अपवहो)।[21] जैसा कि ऊपर कहा गया है कौटिल्य ने भी दूसरे देशों से लोगों को लाकर जनसन्निवेश बनाने का उल्लेख किया है और उसी शब्द 'अपवाह' का प्रयोग किया है जिसका अशोक के उपर्युक्त शिलालेख में हुआ है।

इससे यह ज्ञात होता है कि अन्य स्थानों से लोगों को लाकर नवीन जनसन्निवेश स्थापित करना मौर्यकालीन शासन की राजस्व विषयक नीति का अंग था। यह ध्यातव्य है कि ऐसे जनसन्निवेश साम्राज्य के अन्तर्गत उन क्षेत्रों में स्थापित किये जाते थे जहाँ अब तक खेती नहीं होती थी। इस प्रकार की भूमि पर स्वामित्व राजा का होता था। अब तक परती पड़े हुये अकृष्ट क्षेत्र में खेती का कार्य आरम्भ करना कठिन था। इसीलिये कौटिल्य ने कर्मशील एवं उद्यमी लोगों को बसाने की बात कही है। इस प्रकार की भूमि पर स्वामित्व राजा का होता था अतः इस क्षेत्र पर की जाने वाली खेती राज्य के निरीक्षण में ही होती थी। राज्य ऐसे कृषकों को अनेक प्रकार का प्रोत्साहन (incentive) छूट एंवं सहायता प्रदान करता था। यह स्पष्ट कर दिया गया था कि राज्य उन लोगों को वेदखल नहीं करेगा जो अपने परिश्रम से अकृष्ट भूमि को खेती लायक बनायेगें।[22] जो खेती न कर रहे हों उनसे जमीन लेकर दूसरों को दे देनी चाहिये।[23] ऐसे सन्निवेश में बसने वाले कृषक परिश्रमी होते हुये भी साधनविहीन और निर्धन हो सकते थे। राज्य का कर्त्तव्य था कि इनको अन्न, पशु और द्रव्य से सहायता की जाय।[24] इस प्रकार की सहायता ऋण या तकाबी के रूप में ही दी जाती थी जिसे कृषक अपनी सुविधानुसार लौटा सकता था।[25] कौटिल्य का मत था कि राज्य द्वारा प्रदत्त इस प्रकार की सुविधा से किसान उत्साह के साथ खेती के कार्य में लगे रहेंगे और इससे राजस्व की ही वृद्धि होती है। किन्तु यहाँ यह उल्लेखनीय है कि मौर्य शासन ने जिस कृषि नीति का प्रतिपादन किया है, उसमें मुख्य उद्देश्य राजस्व की वृद्धि था। कौटिल्य यह स्पष्ट रूप से व्यवस्था देता है कि राज्य द्वारा कृषकों को ऐसे अनुग्रह और ऐसी छूट देनी चाहिये जिससे कोश की वृद्धि हो, ऐसे अनुग्रह या छूट नहीं देना चाहिये जिससे कोश की हानि हो।[26] बार-बार छूट (exemptions) एवं अनुग्रह (favours) देने का परिणाम भी बहुत अच्छा नहीं होता है। इससे कृषक वर्ग सुविधाभोगी हो सकता था। इसीलिये कौटिल्य ने यह व्यवस्था भी दी कि छूट

सन्निवेश की स्थापना के समय अथवा विशेष अवसर पर (emergent occasions) ही देनी चाहिये।[27] कर में छूट का काल समाप्त हो जाने के पश्चात् कृषक कर दासी बन जाते थे। ऐसे कृषकों के प्रति शासक को पितृवत व्यवहार करना चाहिये।[28]

जल प्रबन्धन

कृषि नीति के अन्तर्गत सिंचाई अथवा जल संसाधन का विशेष महत्त्व था।[29] जल की उचित व्यवस्था के अभाव में खेती तथा अन्नोत्पादन सम्बन्धी सभी प्रयास निष्फल हो जाते। राज्य को चाहिये कि बन्धा या तालाब आदि का निर्माण कराये और यदि कोई व्यक्ति स्वयं इस प्रकार का निर्माण करा रहा हो तो उसे आवश्यकतानुसार भूमि, मार्ग या उपकरण आदि सुलभ कराये।[30] जैसाकि ऊपर कहा गया है कौटिल्य के अनुसार सर्वोत्तम जनपद वह है, जो अदेवमातृक हो अर्थात् जो खेती के लिये वर्षा के जल पर निर्भर न रहता हो तथा जहाँ नदी, झील, ताल आदि प्रचुर मात्रा में उपलब्ध हों। ऐसे जनसन्निवेशों में जो देवमातृक है, जहाँ खेती के लिये नदी आदि का जल सुलभ न हो एवं जहाँ के किसान खेती के लिये वर्षा पर ही निर्भर रहते हों, वहाँ राज्य या व्यक्ति विशेष द्वारा जल प्रबन्धन 'सेतु' का महत्त्व बहुत बढ़ जाता है।

ग्रामीण अर्थव्यवस्था (agronomy) में इन कृत्रिम जल संसाधनों का कितना अधिक महत्त्व था, यह इस सम्बन्ध में कौटिल्य द्वारा दी गयी व्यवस्था से ज्ञात हो जाता है। यदि कोई व्यक्ति नवीन तड़ाग या बन्धा निर्मित कराता है, तो उसे पाँच वर्ष तक कर में छूट दी जाती थी, यदि किसी व्यक्ति द्वारा भग्न तड़ाग आदि का जीर्णोद्धार किया गया हो तो चार वर्ष की, यदि बहुत काल तक उपेक्षा के कारण कोई तड़ाग घास एवं झाड़ियों से ढक गया हो और उसकी सफाई करायी गई तो तीन वर्ष की और यदि कोई सूखी एवं परती पड़ी हुयी भूमि को खेती योग्य बनाता है तो दो वर्ष तक कर में छूट (परिहार) राज्य द्वारा दी जाती थी।[31] पुण्य कार्य मानते हुये यदि कभी किसी व्यक्ति ने धर्मसेतु या तड़ाग को बनवाया हो और बाद में कोई अन्य व्यक्ति ऐसे तड़ाग का बन्धक रख दे या उसका विक्रय कर दे तो ऐसे व्यक्ति पर मध्यम कोटि का जुर्माना (मध्यम साहस दण्ड) लगाया जाता था।[32] किन्तु यदि कोई व्यक्ति किसी जल से भरे हुये तड़ाग को बन्धा तोड़ देता है तो ऐसे व्यक्ति को उसी स्थान पर जल में डुबो कर मार डालना चाहिये, यदि सुखे तड़ाग का बन्धा तोड़ता है तो प्रथम कोटि का और यदि पहली से ही भग्न तड़ाग का

बन्धा तोड़ता है तो मध्यम कोटि के जुर्माने से ऐसे व्यक्ति को दण्डित करना चाहिये।[33] जल संसाधन सम्बन्धी इस प्रकार की व्यवस्था जिसमें तड़ागादि के निर्माण में कर-छूट और उसे विनष्ट करने में मृत्यू दण्ड का निर्धारण था कृषि को समृद्ध करने में अवश्य ही सहायक हुयी होगी। राज्य स्तर पर भी इस काल में सिंचाई की व्यवस्था की जाती थी जैसा कि महाक्षत्रप रुद्रदामन के जूनागढ़ अभिलेख से ज्ञात होता है। यह अभिलेख सूचित करता है कि चन्द्रगुप्त मौर्य के शासन काल में उसके राष्ट्रीय वैश्य पुष्यगुप्त ने सुदर्शन झील का निर्माण कराया था और पुनः अशोक के शासन काल में उसके अधीनस्थ यवनराज तुषास्फ ने इस झील से छोटी-छोटी अनेक नालियाँ बनवाई थीं। सिंचाई के लिये किये गये इस प्रकार के कार्य जो व्यक्तिगत और राजकीय दोनों स्तर पर थे, मौर्य शासकों की कृषि नीति के ही अनुभाग थे।

यहाँ यह उल्लेखनीय है कि राजा साम्राज्य की सम्पूर्ण भूमि का ही नहीं अपितु उसके अन्तर्गत विद्यमान जल का भी स्वामी था। अतः यदि कोई व्यक्ति अपने साधनों से भी अपने खेत में सिंचाई करता था तो उसे कर (उदक भाग) देना पड़ता था। यह कर साधन की विविधता के अनुसार कम या अधिक हो सकता था। यदि किसान अपने जल संसाधन से और अपने हाथ से (अथवा परिश्रम से) खेत की सिंचाई करता था तो 1/5 उदक भाग, यदि कन्धे से जल लाकर (बैल के कन्धे से) सिंचाई करता है तो 1/4; यदि किसी यन्त्र के माध्यम से अपने खेत में नालियों द्वारा पानी ले जाकर सिंचाई करता है तो 1/3 और यदि नदी, तालाब, ताल, कुआँ आदि से जल को ऊपर उठाकर खेत तकले जाता है तो 1/4 उदक भाग राज्य लेता था।[34] यह उदक भाग जो कृषक से प्राप्त किया जाता था, षड भाग के अतिरिक्त था जो प्रत्येक कृषक अपनी उपज के 1/6 के रूप में देता था।

कृषि से राज्य को अन्य अनेक प्रकार के लाभ होते थे।[35] अर्थशास्त्र कृषि से प्राप्त राजस्व का उल्लेख 'राष्ट्र' के अन्तर्गत करता है।[36] यह राजस्व दोनों प्रकार की कृषि से प्राप्त होता था। राजकीय स्वामित्व के अन्तर्गत विद्यमान भूमि पर की जाने वाली कृषि से प्राप्त होने वाला राजस्व 'सीता' कहलाता था; जबकि व्यक्तिगत स्वामित्व की भूमि से 'भाग' नामक राजस्व की प्राप्ति होती थी।[37] इसके अतिरिक्त भी ग्रामीण क्षेत्र से विविध प्रकार के कराधान लिये जाते थे।[38]

कृषि से अधिकतम आय की प्राप्ति तभी सम्भव थी जब कृषक वर्ग बिना किसी बाधा के खेती के कार्य में लगे रहे। इस उद्देश्य से कौटिल्य ने वह व्यवस्था भी दी है कि ग्रामीण क्षेत्र में किसी भी प्रकार के आमोद प्रमोद मनोरंजन या बिहार

के स्थान नहीं होने चाहिये। नाटक, नर्तक अथवा गायकों की मण्डली या कथावाचक आदि के ग्राम में प्रवेश पर रोक होनी चाहिये क्योंकि इनसे ग्रामीणों को अपना कार्य करने में विघ्न उपस्थित होता है। जब पूरी तरह निर्विघ्न होकर ये अपने खेत (क्षेत्र) में कार्य करेंगे तभी कोश, श्रम, धन, अन्न आदि की वृद्धि होगी (कोशविष्टि द्रव्य धान्य- रासवृद्धिर्भवति)।[39] ऋणादान प्रकरण में कौटिल्य ने यह व्यवस्था भी दी है कि काम करते समय कृषक को बन्दी नहीं बनाया जा सकता है।[40] मौर्य शासन में राज्य स्वयं उत्पादक एवं वितरक के रूप में दिखायी देता है। यह भारत ही नहीं विश्व के इतिहास में सर्वथा नवीन प्रयोग था। ऊपर सीताध्यक्ष के प्रसंग में राजकीय कृषि का उल्लेख हुआ है।

कृष्य भूमि दो कोटियों में विभक्त थी। प्रथम कोटि में वह भूमि थी जिस पर स्वामित्व राज्य का था एवं दूसरी कोटि में व्यक्तिगत स्वामित्व की भूमि थी। प्रथम कोटि की भूमि का सर्वोच्च अधिकारी सीताध्यक्ष था, जिसके कार्य क्षेत्र एवं उत्तरदायित्व का उल्लेख अर्थशास्त्र के 2.24 में हुआ है। यह अधिकारी राजकीय भूमि (स्वभूमि) पर दास, श्रमिक तथा न्यायालय द्वारा आर्थिक दण्ड पाये हुये ऐसे व्यक्ति से जो श्रम के माध्यम से अपने आर्थिक दण्ड को चुकाते थे कर्षण, बीज वपन आदि का कार्य करवाता था।[41] इस अध्याय के आरम्भ में सीताध्यक्ष द्वारा किये गये कार्यों का उल्लेख किया गया है। राजकीय भूमि के उत्पाद को 'सीता' कहा जाता था। सीताध्यक्ष इस उत्पाद को कोष्ठागाराध्यक्ष के यहाँ जमा करता था।[42]

किन्तु विशाल मौर्य साम्राज्य में राजकीय स्वामित्व के अन्तर्गत भूमि का क्षेत्र बहुत विस्तृत था। शासन के लिये सम्पूर्ण भूमि पर दासों, श्रमिकों आदि के माध्यम से खेती करा लेना सम्भव नहीं रहा होगा। अतः जो भूमि सीताध्यक्ष के प्रबन्ध के बाद भी बच जाती थी (वापातिरिक्त) उसे वह या तो अधिया पर (अर्थसीतिका) दे देता था अथवा ऐसे लोगों को जो अपने श्रम से जीविकोपार्जन करते थे, ऐसी भूमि दे दी जाती थी और इस भूमि का पैदावार का 1/4 अथवा 1/5 उन्हें दे दिया जाता था।[43]

ऐसी अपरिहार्य परिस्थितियाँ आ सकती हैं जबकि राज्य को अपनी कृषि नीति में अल्पकालिक परिवर्तन करना पड़े। उदाहरण के लिये युद्ध के कारण अथवा सार्वजनिक उपक्रमों आदि के फलस्वरूप शासन पर व्यय-भार बढ़ जाये और राजकीय कोश रिक्त हो जाये। ऐसी स्थिति में राज्य कृषक वर्ग से अतिरिक्त माँग कर सकता था। 'कोशाभिसंहरणम्' (5.2) के अन्तर्गत कौटिल्य ने यह

व्यवस्था दी है कि यदि कोश रिक्त हो जाय तो ऐसे जनपदों से जो अन्नोत्पादन के लिये वर्षा के जल पर निर्भर न रहते हों (अदेवमातृक) और जहाँ प्रभूत मात्रा में धान्य का उत्पादन होता हो शासक कृषकों से उनके उत्पादन के 1/3 या 1/4 अंश की याचना कर सकता है।[44] यदि जनपद मध्यम या निम्न कोटि का है तो वहाँ के उत्पादन के अनुसार यह माँग की जानी चाहिये। यदि इसके बाद भी राजकीय कोष्टागार में आवश्यकतानुसार अन्नसंग्रह न हो सका हो तो कृषकों से ग्रीष्म ऋतु में भी खेती करवानी चाहिये।[45] ऐसी स्थिति में अन्न का 1/4 अंश राज्य द्वारा ग्रहण कर लेना चाहिये।[46]

इसी प्रकार की कठिन परिस्थिति शासन के लिये उस समय उत्पन्न हो सकती थी जब राज्य में दुर्भिक्ष पड़ा हो। इसके दुष्प्रभाव से पूरा देश पीड़ित होता है और जीविका का साधन नष्ट हो जाता है।[47] शासन को इस प्रकार की प्राकृतिक आपदाओं के लिये पहले से ही सावधान रहना चाहिये। दुर्भिक्ष में अन्न तथा बीज से सहायता प्रदान करना एवं भोजन का आवंटन करना (भक्तसंविभाग) शासन का कर्त्तव्य है।[48] कोष्ठागाराध्यक्ष के कार्यों के प्रसंग में कौटिल्य यह व्यवस्था भी देता है कि कोष्ठागार में जो अन्न आदि संग्रहीत किया जाता है उसका आधा आपद्काल के लिये संरक्षित रखना चाहिये और आधे का ही उपयोग करना चाहिये। संरक्षित खाद्यान्न का भी यथा समय नवीनीकरण करते रहना चाहिये।[49] संग्रहण के सम्बन्ध में उसने यह भी स्पष्ट कर दिया है कि भण्डारगृह की क्षमता इतनी होनी चाहिये कि जिसमें अनेक वर्ष तक के लिये तेल, अन्न, चीनी, नमक, सुखी सब्जी, भूसा आदि को सुरक्षित रखा जा सके। समय-समय पर पुरानी संग्रहित वस्तुओं को देकर उनके स्थान पर नवीन को रख लेना चाहिये।[50]

संदर्भ

1. अ0शा0, 1.4.1, कृषिपाशुपाल्ये वणिज्या च वार्त्ता। वार्ता का कोई सार्वभौम एवं स्थायी क्षेत्र नहीं था। भौतिक विकास के साथ इसके क्षेत्र का भी विस्तार होता रहा। नवपाषाण काल से ही मानव का पशुओं के साथ अभिन्न रहा। और पशुपालन दीर्घकाल तक भौतिक जीवन का आधार रहा। इसीलिये वैदिक साहित्य में पशु के अन्तर्गत द्विपद (मनुष्य) और चतुष्पद (जानवर) दोनों को ही परिगणित किया गया। कृषि के ज्ञान और विकास के साथ ही वार्ता में कृषि को सम्मिलित कर लिया गया। मौर्य काल तक वाणिज्य में अभूतपूर्व उन्नति हो चुकी थी। इसीलिये अर्थशास्त्र में वाणिज्य को भी वार्ता में समाहित कर लिया गया। किन्तु

आर्थिक जीवन के अनवरत विकास और जटिलताओं के फलस्वरूप कालान्तर में कुसीद अथवा ऋणादान का चौथा अंग भी जुड़ गया जैसा कि शुक्रनीति (1.311) से ज्ञात होता है - कुसीद कृषिवाणिज्यं गोरक्षा वार्तयोच्यते। विकास के क्रम में एक समय वह आया जब शिल्प (कर्मान्त) को भी वार्ता में सम्मिलित कर लिया गया - पश्यादि पालनाद्देवि कृषिकर्मान्तकारणात् वार्तायां नित्ययुक्तः स्यात् पशूनां चैव रक्षणे।। (देवी पुराण, अध्याय 45)।

2. अ0शा0, 2.25
3. वही, 2.23
4. महाभाष्य, 3.1.26; 2.33
5. वही, 7.11.10
6. वही, 6.1.8; 7.11.21
7. वही, 7.11.3, 5
8. वही, 2.8.3
9. श्रीमूला - सर्वेभ्य आयस्थानेभ्यो दुर्ग राष्ट्रखनिसेतुवनव्रज वणिकृपथ लक्षणेभ्यो राजार्थानां सम्यगाहर्ता समाहर्ता।
10. अ0शा, 2.35.1
11. वही, 2.35.2-6
12. वही, 9.1.17-19, देशः पृथिवी। तस्यां हिमवत्समुद्रान्तरमुदीचीनं योजनसहस्रपरिमाणं तिर्यक चक्रवर्ति क्षेत्रम्। तत्रारण्यो ग्राम्यः पार्वत औदको भौमः समो विषम इति विशेषाः।
13. का0इ0इ0 जिल्द 3, संख्या 25, पं0 8
14. वही, सं0 1, पं0 19
15. वही, पृ0 013, पादटिप्पणी-7
16. क्लासिकल एकाउण्ट्स, (आर0सी0 मजूमदार), एरियन, XI पृ0 225; डायोडोरस सिक्युलनस 40, पृ0 237; स्ट्रैबो 41, पृ0 264
17. वही, 2.1.1
18. वही, 2.1.2 - शुद्रकर्षकप्रायंकुलशतावरं पंचकुलशतपरं ग्रामं .... निवेशयेत्।
19. वही, 6.1.8 कर्मशीलकर्षको ...... अवरवर्णप्रायो ...... जनपदसंपत्।
20. वही, 7.11.21 - चातुर्वर्ण्यनिवेशे सर्वभोगसहत्वादवरवर्णप्राया श्रेयसी, बाहुल्याद्ध्रुवत्वाच्च।
21. सेलेक्ट इन्सक्रिप्संस, जिल्द 1, (डी0सी0 सरकार (सं0) संख्या 18
22. वही, 2.1.9, अकृतानि कर्तृभ्यो नादेयानि।

23. वही, 2.1.10
24. वही, 2.1.13; 5.2.4
25. वही, 2.1.14
26. वही, 2.1.15 - अनुग्रहपरिहारौ चैतेभ्य कोशवृद्धिकरौ दद्यात्, कोशोपघातकौ वर्जयेत्।
27. वही, 2.1.17 निवेशसमकालं यथागतं वा परिहारं दद्यात्।
28. वही, 2.1.18
29. जल संसाधन पर अन्यत्र विचार किया गया है।
30. अ0शा0, 2.1.20-21
31. वही, 3.9.33
32. वही, 3.10.2
33. वही, 4.11.17
34. वही, 2.24.18 - स्वसेतुभ्यो हस्तप्रावर्तिममुदकभागं पंचमं दद्युः स्कन्ध-प्रोवर्तिमं चतुर्थम्, स्रोतो यन्त्रप्रायर्तिमं च तृतीयम्, चतुर्थ नदीसरस्तटाक कूपोद्घाटम्। राज्य द्वारा उदकभाग लेने के अधिकार के विषय में अर्थशास्त्र की दो टीकाओं में श्रीमूला एवं प्रतिपदपंचिका-एक श्लोक उद्धृत किया गया है -
    राजाभूमेः पतिर्दृष्टः शास्त्रज्ञैरुदकस्य च।
    ताभ्यामन्यत्तु यद् द्रव्यं तत्रर स्वाभ्यसं कुटुम्बिनाम्।।
    किसान को सबसे कम 1/5 उदक भाग तब देना पड़ता था जब वह हाथ से पानी निकाल कर भरे घड़ों से खेत की सिंचाई करता था -
    श्रीमूला-कुम्भादिजलपायन रूपहस्तप्रवृत्तिसाधितम्; स्रोतोयन्त्रप्रावर्तिमं -सारणीपावितजलनिष्पन्नं; नदीसरस्तटाककूपोद्घाटम् को स्पष्ट करते हुये दोनों ही टीकाओं में कहा गया है कि यहाँ अभिप्राय तटाक, कूप आदि से अरघट्ट द्वारा जल उठाने से है, जलमनेनेत्पुद्घाटोऽरघट्टकादियन्त्रं।
35. कृषि से प्राप्त होने वाले राजस्व के लिये द्रष्टव्य 'कराधान'
36. अ0शा0, 2.6.3
37. वही, 2.6.3
38. ग्रामीण क्षेत्र से प्राप्त होने वाले राजस्व के लिये द्रष्टव्य मौर्यकालीन कराधसान
39. वही, 2.1.33-35
40. वही, 3.11.22 अग्राह्याः कर्मकालेषु कर्षका राजपुरुषाश्च। (यूनानी इतिहासकारों ने भी भारतीय राजनय में कृषि के महत्त्व का उल्लेख किया है। डायोडोरस सिक्युलस (II.36) सूचित करता है कि अन्य देशों में युद्ध के समय कृषि को नष्ट कर देना और सम्पूर्ण कृष्य भूमि को सस्य-विहीन कर देना एक सामान्य बात थी

किन्तु भारत में कृषक वर्ग को प्रतिष्ठा एवं सुरक्षा प्राप्त थी। कृषक उस समय भी निर्विघ्न होकर खेतों में कार्य करते रहते थे जब कि निकट में ही युद्ध चलता रहता था। एरियन (XI) भी इसी प्रकार की सूचना देता है।)

41. वही, 2.24.2 बहुहल परिकृष्टायां स्वभूमौ दासकर्मकर दण्ड प्रतिकर्तृ-भिर्वापयेत्।
42. वही, 2.15.2 सीताध्यक्षोपनीतः सस्यवर्णकः सीता।
43. वही, 2.24.16 - वापातिरिक्तमर्धसीतिकाः कुर्युः, स्ववीर्योपजीविनो वा चतुर्थप/भागिकाः
44. वही, 5.2.2
45. वही, 5.2.8
46. वही, 5.2.14
47. वही, 8.4.7
48. वही, 4.3.17
49. वही, 2.15.22, 23
50. वही, 2.4.27-28

●

अध्याय - 14

गुप्त एवं गुप्तोत्तर काल में कृषि

यद्यपि मौर्य काल तक अधिकांश कृषि उत्पादों से उत्तर एवं दक्षिण भारत परिचित हो चुका था किन्तु मौर्योत्तर काल में ऐसे अनेक महत्त्वपूर्ण परिवर्तन हुये जिन्होंने कृषि के स्वरूप एवं विकास को प्रभावित किया। यह उल्लेखनीय है कि लोहे के फाल (plough share) का सर्वप्रथम स्पष्ट उल्लेख मनुस्मृति में ही हुआ है जिसमें लकड़ी में लोहे के फाल (काष्ठमयोमुखम्) लगे हुये हल से खेती करने की सूचना मिलती है।[1]

मौर्य काल में कृषि कार्य राजकीय निरीक्षण एवं नियन्त्रण में किया जाता था और कृष्य भूमि के बहुत बड़े भाग पर बीज वपन फसलों के उत्पादन आदि सीताध्यक्ष की देख-रेख में सम्पन्न होता था, किन्तु मौर्योत्तर काल में इस प्रकार के राजकीय नियन्त्रण या निरीक्षण समाप्त हो गये।

मौर्य कालीन आर्थिक नीति में कृषि को सर्वाधिक महत्त्वपूर्ण स्थान प्राप्त था। इस नीति के अन्तर्गत शूद्रवर्ण को ही वरीयता दी गई क्योंकि यह उत्पादक वर्ग था जबकि अन्य वर्ण मुख्य रूप से उपभोक्ता ही था। नवीन जन सन्निवेशों की स्थापना मात्र शूद्र वर्ण के परिवारों द्वारा किये जाने की व्यवस्था अर्थशास्त्र देता है जिसका उल्लेख ऊपर किया जा चुका है।[2] यह ग्रन्थ सर्वोत्तम जनपद उसे मानता है जिसमें निम्न वर्ण की बहुलता हो क्योंकि इस वर्ण में कर्मशील कर्षक होते हैं। किन्तु गुप्त काल में तथा इसके पश्चात् कृषि के सम्बन्ध में राज्य की दृष्टि बदल चुकी थी। राज्यों के अन्तर्गत अब भी अकृष्ट क्षेत्र पड़े हुये थे। ऐसे क्षेत्र मध्य-प्रदेश, विदर्भ, उड़ीसा आदि में विशेष रूप से विद्यमान थे। शासन ने ऐसे अकृष्ट क्षेत्र में कृषि के विस्तार के लिये जिस नीति को अपनाया वह मौर्य कालीन कृषि नीति से सर्वथा भिन्न थी। इस क्षेत्र में नवीन सन्निवेशों की स्थापना के लिये कर्मशील शूद्र वर्ण को स्थान न देकर ब्राह्मणों को वरीयता दी गयी जो कौटिल्य के अनुसार उत्पादन कार्य के लिये अनुपयुक्त माने गये थे।

कृषि के सम्बन्ध में मौर्य एवं मोर्योत्तर काल के शासकों द्वारा अपनाई गयी नीति में कई और अन्तर था। मौर्यकाल में नवीन सन्निवेशों की स्थापना करने वालों को शासन द्वारा पशु, मुद्रा एवं अन्य प्रकार की सहायता दी जाती थी।[3] अर्थशास्त्र का लेखक यह स्पष्ट व्यवस्था देता है कि नवीन सन्निवेशों की स्थापना में शासक रुपये-पैसे से तो सहायता दे किन्तु ग्राम नहीं, दूसरे शब्दों में पहले से स्थापित ग्रामों की स्थिति में किसी प्रकार का परिवर्तन नहीं होना चाहिये।[4] किन्तु गुप्तकाल और इसके बाद के काल के अनुदानों ने ग्राम की सामाजिक एवं आर्थिक स्थिति को पूरी तरह बदल दिया।

यह भी ध्यातव्य है कि मौर्य काल की अपेक्षा गुप्त एवं गुप्तोत्तर काल में देश की आबादी बहुत बढ़ गई थी। गुप्त कालीन अभिलेखों तथा साहित्य से ज्ञात होता है कि उत्तर भारत के कुछ क्षेत्रों में, विशेष कर मध्यदेश एवं बंगाल में घनी आबादी का दबाव भूमि पर बढ़ने लगा था और इन क्षेत्रों में कृषि योग्य भूमि की उपलब्धता अब पहले के समान आसान नहीं रह गयी थी।

भूमि पर बढ़ते हुये दबाव के प्रति शासन ने एक सुनियोजित नीति का अनुसरण किया और अधिक से अधिक अन्नोत्पादन के लिये कृषि पर विशेष ध्यान दिया। नारद ने यह व्यवस्था दी है कि किसी भी स्थिति में खेती योग्य भूमि को खाली नहीं छोड़ना चाहिये। यदि कोई व्यक्ति अपनी भूमि में खेती करने में असमर्थ हो, या मृत हो गया हो अथवा कहीं चला गया हो तो अन्य किसी भी व्यक्ति द्वारा उस भूमि पर अन्नोत्पादन किया जा सकता है।[5] अधिक से अधिक अन्नोत्पादन के लिये सिंचाई के समुचित व्यवस्था पर विशेष बल दिया गया। याज्ञवल्क्य एवं नारद का कथन है कि यदि कोई व्यक्ति खेतों की सिंचाई के लिये वंधा या जल निकासी के लिये कुल्या बना रहा हो और इस प्रकार की कुल्या दूसरे के खेत से निकालना अपरिहार्य हो तो ऐसी स्थिति में दूसरे व्यक्ति को किसी प्रकार का अवरोध उपस्थित नहीं करना चाहिये भले ही उसकी फसल को थोड़ा नुकसान हो रहा हो। क्योंकि इस थोड़े से नुकसान की अपेक्षा लाभ कहीं अधिक होता है। जल के अभाव में अन्नोत्पादन सम्भव नहीं होता इसलिये जमीन को खोद कर नालियाँ बनाई जाती थीं जिसे रवेय कहा जाता था। इसके माध्यम से खेतों तक पानी पहुँचाया जाता था। इसके अतिरिक्त पानी को रोकने के लिये बन्धे बनाये जाते थे जिनको वन्ध्या कहा गया है।[6] इसी काल के दूसरे स्मृतिकार बृहस्पति के अनुसार यदि कोई व्यक्ति कृषि से सम्बन्धित उपकरणों को अथवा बन्धे आदि को तोड़ता है तो ऐसे व्यक्ति पर 100 पण या इससे भी अधिक आर्थिक दण्ड लगाना चाहिये।[7]

इस प्रकार के नियमों से यही ज्ञात होता है कि शासन अधिक से अधिक अन्नोत्पादन के लिये सतत प्रयत्नशील था। इसका विशेष ध्यान रखा जाता था कि खेती योग्य भूमि परती न रह जाये। जिस भूमि पर एक वर्ष तक खेती नहीं हो रही हो और भूमि परती पड़ी हो उसे अर्द्ध खिल कहा जाता था और जिस पर तीन वर्ष तक खेती नहीं हुयी हो उसे खिल कहा गया।[8]

कृषि के विस्तार के उद्देश्य से शासन ने परती पड़ी हुयी खिल भूमि का बहुत कम मूल्य पर विक्रय करना आरम्भ कर दिया और साथ ही इस प्रकार की भूमि को राजस्व मुक्त कर दिया जाता था। बंगाल से ऐसे अनेक अभिलेख इस काल के प्राप्त हुये हैं जिनमें राज्य द्वारा परती पड़ी हुयी बंजर भूमि को बहुत कम कीमत पर विक्रय करने का उल्लेख मिलता है।

वैग्राम ताम्रपत्र[9] (गुप्तसंवत 128=448 ई0) से ज्ञात होता है कि पुस्तपाल नामक कर्मचारी का यह उत्तरदायित्व होता था कि वह सुनिश्चित करे कि उसके क्षेत्र में कहाँ पर राजकीय स्वामित्व के अन्तर्गत कितनी भूमि परती या बंजर पड़ी हुयी है। इस प्रकार की बंजर भूमि को समुदय-बाह्य, आद्यस्तम्ब खिल, अकिंचित्प्रतिकर कहा गया है।[10] ऐसी भूमि को राज्य बिना किसी प्रकार का कर लेकर बेच देता था। इससे राज्य को कोई हानि नहीं होती थी, क्योंकि इस प्रकार की भूमि अनुत्पादक होने के कारण राज्य के लिये किसी प्रकार का लाभ नहीं दे सकती थी। किन्तु इस प्रकार की बंजर भूमि को बिना कर लिये भी बेचने में राज्य को लाभ होता था क्योंकि इससे जन सन्निवेश का विस्तार होता था और भूमि को खरीदने वाला अपने परिश्रम से उसे उत्पादन योग्य बना सकता था। इस प्रकार की भूमि पर स्वामित्व स्थापित करने वाले का कोई विरोधी भी नहीं होता था (स्वकर्षणाविरोधिस्थाने, पंक्ति 18)। ऐसी भूमि को बेचने में राज्य का केवल यह उद्देश्य रहता था कि इससे कृषि का विस्तार होता था। इसीलिये राज्य इस प्रकार की भूमि को बहुत कम कीमत लेकर बेच देता था। यह अभिलेख सूचित करता है कि यहाँ भूमि की कीमत दो दीनार प्रतिकुल्यवाप थी (द्विदीनारिक्क्य-कुल्यवाप विक्क्रयो, पंक्ति 6)। इस दर पर 6 दीनार 8 रूपक लेकर तीन कुल्यवाप और दो द्रोणवाप भूमि का विक्रय राज्य ने किया।[11]

गुप्त काल में भूमि की इतनी कम कीमत के अनेक कारण हो सकते हैं। सम्भव है गुप्तकालीन स्वर्ण एवं रजत धातु की मुद्राओं की कीमत बहुत अधिक रही हो। यह भी सम्भव है कि पाँचवीं सदी के मध्य तक बंगाल में ऐसे बंजर क्षेत्र बहुत अधिक रहे हों जहाँ कोई आबादी न रही हो और राज्य ऐसे क्षेत्र में जन

सन्निवेश बसाने के उद्देश्य से कम कीमत पर भूमि का विक्रय कर देता हो। यह भी सम्भव है कि एक ही समय में अलग-अलग क्षेत्रों में भूमि की कीमत आज के समान उस समय भी अलग-अलग रही हो। इस सम्बन्ध में दो अन्य तथ्य भी उल्लेखनीय हैं। प्रथम, बंजर भूमि की कीमत कम थी किन्तु पहले से आबाद भूमि की कीमत अपेक्षाकृत अधिक थी, द्वितीय, समय के अन्तराल के साथ-साथ आबादी में वृद्धि होती गई, जिसके परिणामस्वरूप भूमि की कीमत भी बढ़ती गई। वैग्राम ताम्रपत्र (गुप्त सं0 128=448 ई0), पहाड़पुर ताम्रपत्र (गु0सं0 159=479 ई0) कुलाई कुरै ताम्रपत्र (गु0सं0 120=439 ई0) आदि में बंजर भूमि की कीमत दो दीनार प्रति कुल्यवाप थी किन्तु गुप्तसंवत 224=543 ई0 के दामोदरपुर ताम्रपत्र में तीन दीनार प्रतिकुल्यवाप भूमि की दर हो गई।[12] छठीं सदी के मध्य में बंगलादेश से ही प्राप्त धर्मादित्य के शासन काल के फरीदपुर ताम्रपत्र और यहीं से प्राप्त इसी काल के गोपचन्द्र के ताम्रपत्र में भूमि की कीमत बढ़ कर चार दीनार प्रतिकुल्यवाप होने के उल्लेख हैं।[13]

कृषि के विस्तार के लिये बंजर भूमि के विक्रय के अतिरिक्त शासन ने एक सुनियोजित नीति का अनुसरण किया जिसकी तरफ आर0एस0 शर्मा ने ध्यान आकृष्ट किया है। शासन ने जंगली और जनशून्य भूमि की कृष्य भूमि में परिवर्तित करने तथा जनसन्निवेश स्थापित करने के उद्देश्य से इसे अनुदान के रूप में ब्राह्मणों को देना आरम्भ किया। इसका उदाहरण लोकनाथ के टिप्पेरा ताम्र पत्र (650 ई0) से प्राप्त होता है। इस अनुदान पत्र से ज्ञात होता है कि लोकनाथ ने एक सौ से भी अधिक ब्राह्मणों को जंगली क्षेत्र में भूमि का अनुदान किया था। ऐसा उदाहरण पश्चिमी भारत से भी प्राप्त होता है। इस प्रकार के अनुदान का उद्देश्य मात्र आकृष्ट और जंगली क्षेत्र में कृषि का विस्तार ही रहा होगा।[14]

यद्यपि कृषि उत्पादों के विषय में अभिलेखों से कोई विशेष सूचना नहीं प्राप्त होती है किन्तु इस काल के साहित्य से ज्ञात होता है कि उत्तर तथा दक्षिण भारत में अनेक प्रकार के खाद्यान्न, मसाले, फल तथा सब्जियों की खेती होने लगी थी। कृषि में प्रयुक्त होने वाला हल जिसे अमरकोश में लांगल भी कहा गया है[15] खेती का सर्वाधिक महत्त्वपूर्ण उपकरण था। वृहस्पति के अनुसार इसके फाल का वजन बारह पल, लम्बाई आठ अंगुल तथा चौड़ाई चार अंगुल होनी चाहिए।[16] निश्चय ही यह लोहे का रहा होगा। हल के फाल से खेत में बनाई गई हराई को सीता कहते थे।[17] सामान्य रूप से खेत को दो या तीन बार जोतते थे। दो बार हल से जोतने को शम्बा कहते थे।[18] किन्तु अच्छी कृषि के लिये खेत को तीन बार भी जोतते

थे।[19] यह स्पष्ट रूप से ज्ञात नहीं होता कि एक हल में कितने बैलों को सम्बद्ध करते थे। शायद परवर्ती काल की तरह दो बैल हल में नाधे जाते थे। अमरकोष खेती में प्रयुक्त होने वाले अन्य उपकरणों का भी उल्लेख करता है। खेत की मिट्टी को खोदने के लिये कुत्तल का प्रयोग किया जाता था, जिसे खनित्र कहा जाता था जबकि फसल को काटने के लिये हंसिया (लवित्र) का प्रयोग किया जाता था।[20] कटी हुयी फसल खलिहान (खल) में लायी जाती थी। इसके अतिरिक्त उलूखल (mortar), मुसल (pestle), तितउ या चालनी (Sieve), शूर्प या सूप (winnowing basket) आदि का उल्लेख भी अमरकोष करता है।[21]

यह ग्रन्थ खाद्यान्नों की लम्बी सूची देता है, जैसे चना या छोटी मटर (वणक[22] = Chick-pear), गेहूँ या गोधूम[23] (wheat), यव या जौ[24] (barley), मसूर[25] (lentil), कोद्रव[26] (paspalum scrobiculatum), सर्शष (mustard), कृष्णसर्शप[27] (black mustard), माष[28] (bean, phaseolus radiatus), व्रीहि[29] (rice), तिल[30] (sesamum), मुद्ग या मूँग[31] (phascolus mungo) इत्यादि। विभिन्न प्रकार के खाद्यान्नों में कुछ ऐसे भी थे जिनमें जलवायु या क्षेत्र विशेष के कारण भेद होते थे। उदाहरण के लिये ब्रीहि या चावल की एक से अधिक प्रजातियों का उल्लेख मिलता है।[32] अलग-अलग खेतों की पहचान फसलों से की जाती थी।

इन खाद्यान्नों के अतिरिक्त प्याज (पलाण्डु[33]) लहसुन[34] (लशुन) तथा अनेक वनौषधियों की सूची भी इस काल के ग्रन्थों से प्राप्त होती है।[35] ईख या गन्ना (sugar cane) तथा उसके भेद[36] का उल्लेख अमरकोश करता है। इस ग्रन्थ से यह भी ज्ञात होता है कि कपास (Cotton) की दो प्रजातियाँ थीं। इसकी खेती भी की जाती थी। कपास की एक वन्य प्रजाति भी थी (भारद्वाजी तु सा वन्या[37])। विभिन्न प्रकार की सब्जियों, मसाले तथा फलों की खेती का उल्लेख भी यह ग्रन्थ करता है।[38]

उपर्युक्त विवरण से यही उद्घाटित होता है कि इस युग में कृषि पर विशेष ध्यान दिया जा रहा था। राज्य जहाँ एक तरफ बंजर क्षेत्र को आबाद करने का प्रयास कर रहा था, वहीं दूसरी तरफ वन्य या जंगली भूमि को अनुदानों के माध्यम से कृष्य क्षेत्र का विस्तार कर रहा था। राजकीय और व्यक्तिगत स्तर पर सिंचाई की व्यवस्था पर भी विशेष ध्यान दिया गया। यह उल्लेखनीय है कि बराहमिहिर ने अपने ग्रन्थ वृहत्संहिता में ग्रहों की स्थिति के कृषि पर अनुकूल या प्रतिकूल प्रभाव पर सूक्ष्म विवेचन किया है[39] जो कृषि के प्रति इस काल की मानसिकता को व्यक्त करता है।

फलों को ध्यान में रख कर भूमि को अनेक कोटियों में वर्गीकृत कर दिया गया था। जलवायु की विषमता का प्रभाव भूमि की गुणवत्ता पर भी देखा जा सकता था। इसको ध्यान में रखकर अमरकोष के रचनाकार ने 'भूमि वर्ग' के अन्तर्गत जिन अनेक प्रकार की भूमि का उल्लेख किया है उनमें कतिपय निम्नलिखित हैं -

1. खिल - अप्रहत[40] (बंजर अथवा परती भूमि)
2. शर्करा[41] (पथरीली भूमि)
3. शाद्वल[42] (तृण से या घास से आच्छादित हरी भूमि)
4. कच्छ[43] (कछारी भूमि)
5. पटिल[44] (कीचड़ युक्त)
6. मरु[45] (निर्जल देश)
7. उर्वरा[46] (उपजाऊ भूमि)
8. ऊसर[47] (खारी या नोनी मिट्टी वाली भूमि)
9. नदीमातृक[48] (नदी के जल से सिंचित) तथा देवमातृक (मेंघ के जल से सिंचित)

वास्तव में उत्तरोत्तर बढ़ती हुयी जनसंख्या तथा खाद्यान्नों की विविधता के ज्ञान ने गुप्त एवं गुप्तोत्तर काल में कृषि को अभूतपूर्व विस्तार दिया। एक तरफ जनसंख्या की वृद्धि ने नवीन क्षेत्रों में कृषि कार्य को प्रेरित किया तो दूसरी तरफ फल, फूल, सब्जी तथा विविध प्रकार के खाद्यान्नों के ज्ञान ने विभिन्न प्रकार की फसलों के लिये मिट्टी की गुणवत्ता की पहचान को आवश्यक बना दिया। इस काल में भूमि का वर्गीकरण एवं नामकरण फसलों के आधार पर होने लगा, जैसे ब्रैहेय, शालेय, यव्य, षष्टिक्य, तिल्य, गौधूमीन, कालामीन, कौलत्थीन, प्रैयंगवीण आदि जिन्हें धान्योद्भव क्षेत्र कहा गया है।[49] सभी प्रकार की फसलें देश के सभी क्षेत्रों में नहीं बोई या उगाई जा सकती थीं। बंगाल ऐसे क्षेत्र में था जहाँ वर्षा का जल पर्याप्त मात्रा में उपलब्ध था। धान की खेती व्यापक रूप से वहाँ की जाती थी। चावल की विभिन्न किस्मों का उल्लेख कालिदास एवं वराह मिहिर ने अपने ग्रन्थों में किया है। इन किस्मों में शालि, कलमा, नीवार, उँच, श्यामाक आदि की खेती व्यापक रूप से की जाती थी।[50] गन्ना की खेती के लिये भी यह क्षेत्र अनुकूल माना जाता था।

इसके विपरीत उत्तर प्रदेश, मध्य प्रदेश, पंजाब एवं राजस्थान की जलवायु और मिट्टी गेहूँ और यव के लिये सर्वथा उपयुक्त मानी जाती थी, क्योंकि यहाँ वर्षा

की मात्रा अपेक्षाकृत कम रहती थी। दक्षिण भारत काली मिर्च, इलायची मसाले आदि के लिये सर्वदा से प्रसिद्ध रहा है।

नदियों के तटवर्ती क्षेत्रों में साग-सब्जी की खेती प्रचुर मात्रा में होती थी। कृषक अपने उत्पाद को आवश्यकतानुसार बाजार में ले जाकर बेचते थे।[51] देश में ऐसे क्षेत्र भी थे, जो विभिन्न प्रकार के उत्पादों के लिये प्रसिद्ध थे।[52]

यद्यपि खेती के लिये सामान्य रूप से हल का ही उपयोग होता था किन्तु ऐसे अनेक क्षेत्र थे जहाँ हल से जमीन को जोतना सम्भव नहीं था। कछारी, पथरीली, ऊसर, मरु आदि भूमियों का उल्लेख ऊपर किया गया है। जिस भूमि में हल से खेती होती थी, वहाँ विभिन्न प्रकार की फसलें प्रभूत मात्रा में पैदा होती थीं। ऐसे क्षेत्रों में सम्पन्नता स्पष्ट दिखाई देती थी। किन्तु ऐसे भी क्षेत्र थे, जहाँ की बंजर भूमि में हल चलाना सम्भव नहीं था। इस प्रकार के क्षेत्र प्रायः वनों से घिरे होते थे। यहाँ निवास करने वालों के लिये जीवन यापन करना कठिन होता था। हल से जमीन तोड़ना लगभग असम्भव था। इन वन ग्रामों में निवास करने वाले ग्रामीण जन लोहे की कुदारी से खेती के लिये थोड़ी भूमि को खोद पाते थे और उससे ही अपने परिवार का भरणपोषण करते थे। इसके अतिरिक्त वनों को जलाकर खेती लायक भूमि भी कभी-कभी सुलभ कर ली जाती थी। इन तीनों प्रकार की खेती का उल्लेख बाण ने हर्षचरित में किया है। तृतीय उच्छ्वास में श्रीकण्ठ[53] जनपद के विवरण के प्रसंग में उन्होंने कहा है कि यहाँ हल से खेती की जाती थी।[54] यहाँ पर चारों तरफ धान के खेत फैले हुये थे। फसल की कटिया के बाद 'खलिहान के रक्षकों द्वारा बांटी गयी धान की ढेरियों से सारा सिवान भर जाता था। चारों ओर रहट के द्वारा जीरक की फसल से हरी भरी जमीन जटिल थी। धनखर अच्छे खेत लहराते थे। जगह जगह की कृत्रिम भूमियों में पके हुए राजमाष की रंगीनी और पक कर चटके हुये मूँग और गेहूँ के खेत सब ओर फैले थे।'[55]

किन्तु इस सम्पन्नता के सर्वथा विपरीत विन्ध्य का यह वन्य क्षेत्र था, जहाँ छोटे-छोटे वनग्राम थे और जो घने जंगलों से घिरे थे। इन ग्रामों में ऐसे किसान रहते थे जो अपने कुटुम्ब का पेट पालने के लिये कुदाली से जमीन का कुछ भाग तोड़कर खेत बना लेते थे।[56] इसीलिये खेत छोटे-छोटे और दूर-दूर थे। यहाँ की काली मिट्टी लोहे की तरह कठोर थी (कालायसैरिव कृष्ण मृत्तिकाकटिनैः)। ऐसे विरल वनग्रामों में यदि भाग्यवश थोड़ी सी खेती योग्य भूमि मिल भी जाती थी तो भी उसमें बड़ी कठिनाई से हल चल पाता था (कृच्छांत्कृष्य माणैः)। फसल के नाम

पर साँवाँ (श्यामांक) की पैदावार का उल्लेख हर्षचरित करता है। इसके अतिरिक्त छुइमुई घास (अलम्बुस) तथा तालमखाने के पौधे (कोकिलाक्ष) दिखाई दे जाते थे।

हर्षचरित के आधार पर ए0के0 चौधरी ने कहा है कि बिहार के दक्षिणी-पश्चिमी वन्य प्रदेश में जंगलों को जलाकर खेती लायक भूमि निकाल ली जाती थी।[57] यह ग्रन्थ आग से जली हुयी भूमि का उल्लेख करता है।[58] इन वनों से लगी हुयी आदिवासियों की बस्तियाँ थीं। वन की आग के शान्त होने पर उसकी जली हुयी काली मिट्टी को कुदाल से तोड़कर ये आदिवासी उसमें थोड़ा बहुत अन्न उत्पादन कर लेते थे।

यद्यपि विस्तृत वन्य क्षेत्र अन्नोत्पादन के लिये बहुत अनुकूल नहीं थे, तथापि इन वनों से ऐसे अनेक उत्पाद प्राप्त हो जाते थे, जो आदिवासियों के जीवन यापन के आधार थे। इनमें विविध प्रकार की वनौषधियाँ, शाक-सब्जी, फल, फूल, ईंधन, पशु-पक्षियों का शिकार आदि कार्य सम्भव था।

वाण ने विन्ध्यावटी क्षेत्र में रहने वाले आदिवासियों का विस्तृत एवं सूक्ष्म विवरण सातवें उच्छ्वास में दिया है। इससे तत्कालीन आर्थिक जीवन में वनों के महत्त्व को समझने में सहायता प्राप्त होती है। इस विवरण को वासुदेव शरण अग्रवाल ने बहुत ही रोचक और सजीव शैली में प्रस्तुत किया है।[59] यद्यपि वा0श0 अग्रवाल द्वारा दिया गया यह विवरण किंचित लम्बा है तथापि उन्हीं के शब्दों में प्रस्तुत करना अधिक उपादेय होगा -

"विन्ध्यावटी, जैसा ऊपर कहा गया है, बहुत बड़ा वन था। उसके शुरू में ही एक वनगाँव (वनग्रामक) या जंगल को साफ करके बनाई हुई बस्ती थी। बाण ने इसका विस्तृत वर्णन किया है (227-230), जो हर्षचरित का विशिष्ट स्थल माना जा सकता है। संस्कृत साहित्य में तो यह वर्णन अपने ढंग का एक ही है। जंगली देहात की आदिमकालीन रहन-सहन का इसमें स्पष्ट चित्र है। ऐसे स्थान के आदमियों को हम शिकार और किसानी के बीच का जीवन व्यतीत करते हुए पाते हैं।

इस लम्बे वर्णन की रूपरेखा इस प्रकार है - गाँव के चारों ओर वन-प्रदेश फैले थे। खेत बहुत विरल थे। किसान हल-बैल के बिना कुदाल से धरती गोड़कर बीज छितराकर कुछ वो लेते थे। जंगली जानवरों का उपद्रव होता रहता था। जंगली रास्तों पर पानी की प्याउओं का अच्छा प्रबन्ध था। पास-पड़ोस के लोग कोयला फूंकने और लकड़ी काटने का काम करते थे। काफी लोग छोटे-बड़े जानवरों के शिकार से पेट पालते थे। पुरुष जंगल में होने वाले विविध सामान के बोझ लेकर और स्त्रियाँ जंगली फल बटोरकर इधर-उधर बेच आती थीं। थोड़े से

स्थान में हल-बैल की खेती भी थी। वहाँ किसानी का धंधा करने वाले किसान बंजर धरती तोड़कर उसमें खाद डालकर खेतों को उपजाऊ बना रहे थे। गन्ने के बड़े-बड़े बाड़े यहाँ की विशेषता थी। जंगली बस्ती के घरों के चारों ओर काँटेदार बाड़े थे, जिनके भीतर लोग रहते और अपने पशु बाँधते थे, फिर भी जंगली जानवरों द्वारा वारदातें होती रहती थीं। घरों के भीतर गृहस्थी चलाने के लिये बहुत तरह का जंगल में होने वाला सामान, फल-फूल-रूखड़ी आदि बटोर कर रख लिया गया था। आटवी-कुटुम्बियों के उसी गाँव में हर्ष ने भी अपना पड़ाव किया।

अब बाण के प्रस्तुत किये हुए चलचित्र का निकट से क्रमवार अध्ययन करना चाहिए।

1. वनबस्ती के चारों ओर के वन-प्रदेश दूर से ही उसका परिचय दे रहे थे। लोग साठी चावल का भूसा जलाकर धुआँ करने के आदी थे। कभी-कभी ऐसा होता कि उसकी आग फैलकर जंगली धान्य के खलिहान तक पहुँच जाती, जिससे वे धुमैले लगते थे। कहीं पुराने बीहड़ बरगदों के चारों ओर सूखी टहनियों के अंबार लगाकर गायों का बाड़ा बना लिया गया था। कहीं बघेरों ने बछड़ों पर वार किया था। उससे खीझकर लोगों ने बाघ को फँसाने के लिये जाल (ब्याघ्रयन्त्र) लगा रखा था। घूमकर गश्त लगाने वाले वनपालों ने अनधिकृत लकड़ी काटने वाले ग्रामीण लकड़हारों के कुठार जबरदस्ती छीन लिये थे। एक जगह पेड़ों के घने झुरमुट में चामुंडा देवी का मण्डप बना हुआ था।

2. वनग्राम के चारों ओर घोर जंगल के सिवा और कुछ न था। इसलिए, लोग कुटुम्ब का पेट पालने के लिए व्याकुल रहते थे। उसी चिन्ता में दुर्बल किसान केवल कुदारी से कोड़कर परती धरती तोड़ते और खेत के टुकड़े (खंडलक) निकाल लेते। खुली जगह के अभाव में खेत छोटे (अल्पावकाश) और दूर-दूर पर स्थित (विरलविरलैः) थे। खेती के लिए बैल न थे। भूमि कास से भरी हुई थी। काली मिट्टी की पटपड़ तह लोहे के तवे की तरह कड़ी थी। कुछ भी पैदा करने के लिए किसानों को छाती फाड़कर कुदाली भाँजनी पड़ती थी, वही उनका सहारा था। जगह-जगह पेड़ों के कटने से जो ठूँठ बचे थे, वे फिर पत्तों का फुटाव लेने लगे थे। भूमि पर साँवाँ और छुईमुई (अलम्बुषा) का ऐसा घना जंगल छाया था और तालमखाने (कोकिलाक्ष) के क्षुप पैरों को ऐसे जकड़ लेते थे कि बोई हुई क्यारियों तक पहुँचना मुश्किल था, उन्हें जोतना-बोना तो और भी कठिन था। आने-जाने वाले कम थे, इसलिए पगडंडियाँ भी साफ दिखाई न पड़ती थीं। खेतों के पास ऊँचे मचान बँधे हुए कह रहे थे कि वहाँ जंगली जानवर लगते थे।

3. जंगल और बस्ती के मार्गों पर प्याउओं का विशेष प्रबन्ध था। ये प्याऊ क्या थे, पथिकों के ठहरने-आराम करने के विश्राम-गृह थे। पेड़ों के झुरमुट देखकर प्याऊ के स्थान बना लिये गये थे। बटोही वहाँ आते और नये पल्लवों की टहनी तोड़कर पैरों की धूल झाड़कर छाया में बैठते थे। वहीं पर छोटी कुइयाँ खोदकर उसे नागफनी से घेर दिया गया था और दूर से पहचान कराने के लिये जंगली साल के फूलों के गुच्छे टाँग दिये गये थे। कुइयाँ के पास ही प्याऊ की मड़ैया घने घास-फूस से छा ली गई थी। बटोहियों ने सत्तू खाकर जो शकोरे फेंक दिये थे, उन पर जंगल की बड़ी नीली मक्खियाँ भिनभिना रही थीं। पास में ही राहगीरों ने जामुन खाकर गुठलियाँ डाल दी थीं। कहीं कदम्बों के फूलों से लदी हुई टहनियाँ तोड़कर धूल में फेंक दी गई थी।

इन प्रपाओं के भीतर जल का प्रबन्ध बड़े शौक से किया गया था। घड़ौचियों पर प्यास बुझाने के लिए छोटी लम्बोतरी मिट्टी की गगरियाँ रखी हुई थीं। उनके ऊपर काँटे जैसी बुंदकियों की सजावट बनी थी। बालू की बनी हुई कलशियों में से पानी रिसकर गीली पेंदी से टपकता हुआ पथिकों की थकान मिटाता था। सिरवाल नामक गीली घास में लपेटे हुए अलिंजर या बड़े माटी काजल खूब ठंडा हो गया था। जल रीता करके जल कुम्भों में लाल शर्करा भरकर प्याऊ में रखी गई थी और (शरबत के लिए) थोड़ी-थोड़ी निकाली जा रही थी। उससे भी ठंडक उत्पन्न होती थी, उससे ऐसा ज्ञात होता है, मानों ग्रीष्म में शिशिर ऋतु आ गई हो। प्याऊ में कुछ घड़े ऐसे थे, जिनके मुँह गेहूँ की नालियों या तिनकों के ढक्कन (कट) से ढके थे और उनके ऊपर ग्रीष्म में जल को सुवासित करने के लिए पाअल के फूलों की कलियाँ रखी गई थीं (घटमुखघटित कटहार-पाटलपुष्पपुटानाम, 228)। भीतर यूनियों के सिरों पर बालसहकार के फलों की डालें झूल रही थीं और हरे पत्तों पर पानी का छींटा देकर उनके झुराते हुए फलों को ताजा रखा जा रहा था। झुंड के झुंड यात्री प्याऊ में आकर विश्राम करते और पानी पीकर चले जाते थे। एक ओर अटवी की प्रवेश-प्रपाओं से आने वाली ठंडक से गर्मी कुछ कम हो रही थी। दूसरी ओर कोयला फूंकने के लिए लकड़ी के ढेरों में आग लगाकर अंगार बनाने वाले लुहार फिर उतनी ही तपन पैदा कर रहे थे (अंगारीयदारुसंग्रहदाहिभिः ब्यौकारैः, 228)।

4. पड़ोसी प्रदेश में रहने वाले निकटवासी कुणबी लोग सब ओर से जंगल में काष्ठ संग्रह के लिए आ रहे थे। वे अपने घरों में खाने का आटा-सीधा आदि सामान छिपाकर (स्थगित) रख आए थे और बुड्ढ़ों को रखवाली के लिए बैठा

आये थे। लकड़ी काटने के लिए कुल्हाड़ा भाँजने की जो कड़ी मेहनत थी, उसे बरदाश्त करने के लिए अपने शरीर पर उन्होंने आवश्यक तेल आदि की मालिश कर रखी थी। उनके कन्धों पर भारी कुठार रखे थे और गले में कलेजे की पोटली (प्रातराशपुट) बँधी लटक रही थी। चोरों के डर से विचारों ने फटे कपड़े पहन रखे थे। उनके गले में काले बेंत की तिलड़ी माला लपेटी हुई थी और उसी से पानी की लम्बोतरी घड़ियाँ, जिनके मुँह में पत्तों की डाट लगी थी, लटकी हुई थी। लकड़ी लादने के लिए उनके आगे-आगे बैलों की जोड़ी चल रही थी।

5. जंगल में तरह-तरह के शिकारी थे। खूँखार बड़े जानवरों (श्वापद) का शिकार करने वाले व्याधे वन ग्राम के बाहर वाले जंगल में विचर रहे थे। उनके हाथ में पशुओं की ताँत की डोरियाँ, जाल और फन्दे थे। वन के हिंसक जानवरों (साउजी) के शिकार में ढूढ़ने के लिए अट्टियाँ (व्यवधान) खूब मोटी लगाई गई थी। शिकारी कूटपाशों की गेंडुरी बनाकर साथ में लिए थे। दूसरी तरह के बहेलिये चिड़ियाँ फँसाने वाले शाकुनिक थे, जो कंधे पर वीतंसक जाल या डला लटकाए थे और जो उनके बालपाशित आभूषण से उलझ-उलझ जाता था। उनके हाथों में बाज (ग्राहक), तीतर (क्रकर) और भुजुगो (कपिंजल) आदि के पिंजड़े थे। ये चिड़ियों की टोह में गाँव के आस-पास ही मँडरा रहे थे। उनके अलावा चिड़ीमारों के लड़के या छोटे चिरहटे (पाशिक-शिशु) बैलों पर लासा लगाकर गौरैया पकड़ने के ब्योंत में इधर से उधर फुदक रहे थे। चिड़ियों के शिकार के शौकीन नवयुवक शिकारी कुत्तों को, जो बीच-बीच में झाड़ी में से उड़ते हुए तीतरों की फड़फड़ाहट से बेचैन हो उठते थे, पुचकार रहे थे।

6. गाँव के लोग वन की पैदावार के बोझ सिरपर उठाये जा रहे थे। कोई शीघु (सेहुँड़) की छाल का गट्ठा लिये थे। किसी के पास धाय (धातकी) के ताजा लाल फूलों की बोरियाँ थीं। कई लोग रूई, अलसी, सन के मुट्ठों का बोझ लिये थे। शहद, मोम, मोर के पिच्छ, खस (जामज्जक), कत्थे की लकड़ी, कूठ और लोघ्र के भार सिरों पर उठाये हुए बोझिये जा रहे थे।

7. जंगली फल बीनकर उन्हें बेचने की चिन्ता में जल्दी-जल्दी डग रखती हुई गँवई स्त्रियाँ (ग्रामेयिका) आस-पास के गाँवों को जा रही थीं।

8. जंगल के कुछ हिस्से में झूम की खेती थी, जहाँ सम्भवतः आदिम वासी हल के बिना सिर्फ कुदाली से कोड़ते थे। लेकिन कुछ हल-बैल की खेती करने वाले किसान भी थे। उनके पास तगड़े बैलों की जोटें थीं। वे पुराने खाद-कूड़े के ढेर उन खटिया गाड़ियों पर जिनके डगमग पहिये घिटते हुए चूँ-चूँ कर रहे थे और कूड़े-धूल

से लथपथ जिनके बैलवान बैलों को ललकार रहे थे, लादकर उन रूखे खेतों में ले जाकर डाल रहे थे जिनकी उपजाऊ शक्ति कम हो गई थी।

9. गन्नों के खूब लहलहाते हुए चौड़े बिआस वाले पौधों से भरे हुए ईख के बाड़े गाँव की हरियाली बढ़ा रहे थे। खेतों के रखने वाले जब गन्नों में छिपे हुए हिरनी को ताक-कर बैलों के हाँकने का डंडा उनकी ओर चलाते तो हिरन छलांग मारकर ऊँची बाँसों की बाड़ के उस पार निकल जाते थे। जंगली भैंसों के लम्बे हड्ड खेट में बिजूके की तरह गाड़े गये थे, उनसे डरे हुए खरहे गन्ने के ऊँचे अंकुरों को ही कुतर डालते थे।

10. वनग्राम के घर एक दूसरे से काफी फासले पर (अतिविप्रकृष्टान्तर) थे। उनके चारों ओर मरकत के जैसे चिकने हरे रंगवाली सेहुँड (स्नुहा) की बाड़ लगी थी। धनुष बनाने के योग्य कड़े पतले बाँसों की बँसवारी पास में उग रही थी। कंजुए के काँटेदार वृक्षों की पंक्ति में रास्ता बनाकर घुसना मुश्किल था। एरं, बचा, वेंगक (बैंगन), तुलसी, सूरण कन्द, सोहिजन (शिग्रु), गठिवन (ग्रन्थिपणी), गरबेरुआ (गवेधुक) और मरुआ धान (गर्भुत्) के गुल्म घरों के साथ लगी हुई बारियों, छोटी बगीचियों) में भरे हुए थे।[58] ऊँची बल्लियों पर चढ़ाई हुई लौकी की बेलें फैलकर छाया दे रही थी। बेरी के गाल मंडलों के नीचे खैर के खूँटे गाड़कर बछड़े बाँध दिये गये थे। मुर्गों की कुकुड़ूँ कूँ से पहचान मिलती थी कि घर कहाँ-कहाँ बसे हैं। आँगन में लगे अगस्त्य वृक्ष के नीचे चिड़ियों को चुग्गा खिलाने और पानी पिलाने की हौदियाँ बनी हुई थीं और लाल-लाल बेरी की चादर सी बिछी थी। घरों में दीवारें बाँव के फट्टे, नरकुल और सरकण्डों को जोड़कर बना ली गई थीं। कोयले के ढेरों पर बबई (बल्बज) घास से मँडवे छाये थे, जिन पर पलाश के फूल और गोरोचना की सजावट थी। उन घरों में चतुर गृहीस्थिनों ने कई तरह की काम की चीजें बटोरकर रख छोड़ी थी, जैसे सेंमल की रूई, नलशालि, कमल की जड़ (कमलन ककड़ी, शालूक), खंडशर्करा, कमल के बीज (मखाने), बाँस, तंडुल और तमाल के बीज। चटाइयों पर गम्भीरी के ढेर (जड़, पत्ती, फल आदि) सूख रहे थे, जो धूल पड़ने से कुछ मटमैले लग रहे थे। खिरनी (राजादन) और मैनफल (मदन फल) सुखाकर रखे गये थे। महुए का आसव और चुआवा हुआ मद्य प्रायः हर घर में मौजूद था। प्रत्येक घर में कुसूम्भ, कुम्भ और गंडकुसूल भी थे। अटवी-कुटुम्बियों के उन घरों में रवाँस, राजमाश), खीरास (त्रपुष), ककड़ी, कोहड़ा और लौकियों के बीजों से बेलें चल रही थीं घरों में बनबिलाव, नेवले, मालुधान और शालिजात (अज्ञात वनपशु) के बच्चे पले हुए थे। इस प्रकार के वनग्राम को देखकर हर्ष का मन प्रसन्न हुआ और उसने वहीं वास किया (230)।''[59*]

जिन अनेक प्रकार के खाद्यान्नों एवं वनौषधियों का उल्लेख ऊपर किया गया है उससे उत्तर और दक्षिण भारत का परिचय बहुत पहले ही हो चुका था। धान और गेहूँ भारत के प्रमुख कृषि उत्पाद सर्वदा से रहे हैं। इस काल के साहित्य से ज्ञात होता है कि धान की खेती असम, बंगाल, बिहार और उत्तर प्रदेश में व्यापक रूप से की जाती थी। श्रीकण्ठ जनपद के हरे भरे धान के खेतों का उल्लेख हर्षचरित करता है। कथासरित्सागर अंग (भागलपुर का क्षेत्र) में धान की एक उच्च कोटि की खेती के विषय में सूचना देता है। अभयकान्त चौधरी ने इस काल

इस काल की धान की फसल पहले की अपेक्षा अधिक उन्नत और विकसित हो चुकी थी। कम से कम दस प्रकार के धान की खेती का उल्लेख इस काल के स्रोत करते हैं, जिनके नाम हैं रक्तशालि, महाशालि, कलमशालि, शूकशालि, नलशालि, षष्टिक, आशुब्रीहि, प्रसादिका, पाटल और कृष्ण ब्रीहि।[62]

आशुब्रीहि, पाटल, कलमा षष्टिका का उल्लेख अमरकोष करता है।[63] किन्तु इस काल में धान की नवीन फसलें विकसित हो चुकी थीं। इनमें रक्तशालि लाल रंग का चावल था, जबकि महाशालि लम्बा था। कलमा उच्च कोटि का सुगन्धियुक्त चावल था। षष्टिका धान की वह किस्म थी जो साठ दिन में तैयार हो जाती थी।

धान, गेहूँ, राजमाष, मूंग आदि फसलों के अतिरिक्त गन्ना, कपास (पिचब्य), पटसन तथा अन्य अनेक प्रकार के वनउत्पादों का विवरण वा0श0 अग्रवाल ने हर्षचरित के आधार पर दिया है।

जिस काल में उत्तर भारत में कृषि के क्षेत्र और उत्पादों का विस्तार हो रहा था उसी समय दक्षिण भारत के प्रसंग में भी इसी प्रकार का विवरण प्राप्त होता है। किन्तु यह उल्लेखनीय है कि कृषि के विस्तार के लिये दक्षिण भारत के शासकों

मालूम पड़ता है।''[64] अभिलेखों से ज्ञात होता है कि जंगलों को साफ कर वन्य क्षेत्र

में कृषि का विस्तार किया गया। इसके अतिरिक्त नदियों के किनारे की परती पड़ी हुयी भूमि को कृषि के अन्तर्गत समाहित करने का कार्य व्यापक स्तर पर किया गया। शासन ने नदियों से नहरों और नवीन तालाबों का निर्माण तथा पुराने और भग्न तालाबों के पुनरुद्धार पर प्रभूत धन व्यय किया। इसी के साथ व्यक्तिगत स्तर पर भी साधन सम्पन्न लोगों ने तालाबों का निर्माण कराया।[65]

एक सुनियोजित नीति के अन्तर्गत जंगलों को साफ किया जाता था और वहाँ गाँव स्थापित किये जाते थे। इन गाँवों में बसने वालों को वन्य भूमि में कृषि कार्य आरम्भ करने में राज्य की तरफ से छूट दी जाती थी। शासकों के आदेश पर वनोन्मूलन तथा नवीन ग्रामों की स्थापना के साक्ष्य इस काल के अभिलेखों से प्राप्त होते हैं। काकतीय शासक प्रतापरुद्रदेव ने विशेष रूप से इस नीति का अनुसरण किया। उसके आदेश पर अनेक वनों को काटकर ग्राम बसाये गये और कृष्य भूमि का विस्तार किया गया। कृषि के विस्तार हेतु इस शासक ने कितनी रुचि ली यह इससे स्पष्ट हो जाता है कि जब उसने कायस्थ प्रमुख अंबदेव के विरुद्ध अपना सैनिक अभियान प्रस्तुत किया और इस दौरान वह नेल्लोर जिले के उत्तर गें कोच्चेलंकोट पहुँचा तो अपने अधिकारी इरुगप्प के तिनायक को यह आदेश दिया कि इस प्रदेश के वनों को काट कर वह ग्राम की स्थापना करे। इसी प्रकार के अन्य उदाहरण भी इस शासक के काल के उपलब्ध होते हैं। इस शासक के आदेश पर श्री शैल पर्वत के पश्चिम का प्रदेश जो बनों से आच्छादित था साफ कर दिया गया और वहाँ गाँव बसाये गये। ग्राम बसाने की ऐसी ही प्रक्रिया कुडुपह और कूर्नूल जनपदों में भी अपनाई गई। ''ये सभी, प्रतापरुद्रदेव द्वारा अपने साम्राज्य के आर्थिक साधनों को विकसित करने की वास्तविक एवं उत्कट रुचि के साक्षी हैं।''[66]

कृषि के लिये वनों को साफ करने के ये उदाहरण तेरहवीं चौदहवीं सदी के हैं। किन्तु इस नीति का अनुसरण बहुत पहले से ही किया जाता रहा। आर0एन0 नन्दी ने गोआ क्षेत्र में शासन करने वाले कदम्बों के शासन काल के छठीं सदी के एक अभिलेख का उल्लेख किया है जिससे ज्ञात होता है कि श्रमिकों के माध्यम से जंगल के एक भाग को साफ करने और यहाँ खेती करने का अधिकार एक ब्राह्मण को दिया गया। इसी प्रकार का साक्ष्य 762 ई0 के गोरीविदनुर तालुका से प्राप्त एक अभिलेख से उन्होंने प्रस्तुत किया है जिसके अनुसार एक काश्यप ब्राह्मण को विभिन्न कोटि की भूमि का अनुदान दिया गया जिसमें जंगली भूमि भी सम्मिलित थी। कभी-कभी जंगलों को जला कर भी खेती लायक भूमि प्राप्त कर ली जाती थी।[67]

कृषि के विस्तार के लिये शासन ने ग्रामीण अंचल की परती या बंजर भूमि को भी अनुदान के रूप में देना आरम्भ किया। ब्राह्मणों को दिये गये ग्राम दान के साथ परती भूमि के अनुदान का उदाहरण पल्लव शासक स्कन्दशिष्य के एक अभिलेख से प्राप्त होता है। आठवीं सदी के गोरीविडनुर अभिलेख में एक ब्राह्मण को चार ग्रामों में विभिन्न कोटि की भूमि अनुदान देने का जो उल्लेख हुआ है, उसमें तीस कुडब परती भूमि (मुर्पल) भी सम्मिलित थी।[68] परती या बंजर भूमि के अनुदान के उल्लेख दक्षिण भारत के अभिलेखों से प्रायः मिलते हैं। इस प्रकार की सूचना से जहाँ यह ज्ञात होता है कि अधिकांश गाँवों में ऊसर, बंजर या परती भूमि बड़ी मात्रा में विद्यमान रही होगी, वहीं इससे यह भी स्पष्ट हो जाता है कि शासन इस कोटि की भूमि पर कृषि-विस्तार के लिये बहुत प्रयास कर रहा था।

कृषि के विस्तार में तीसरा और सर्वाधिक महत्त्वपूर्ण कारक राज्य एवं व्यक्तिगत स्तर पर की जाने वाली सिंचाई की व्यवस्था है। वन्य भूमि में कृषि का विस्तार करना तथा परती एवं बंजर भूमि को कृषि योग्य बनाने का प्रयास तभी सफल हो सकता था, जब सिंचाई का समुचित प्रबन्ध हो। कुछ प्रमुख नदियों को छोड़कर अधिकांश नदियाँ सदानीरा नहीं थीं। वर्षा का जल पूरे वर्ष उपलब्ध नहीं हो सकता था। अतः कृषि के लिये जल- संचयन प्रमुख समस्या थी। यही कारण है कि दक्षिण भारत में वर्षा और नदियों से भी अधिक महत्त्व तालाबों को दिया गया। वर्षा और नदियों के जल से अन्नोत्पादन की पुरानी व्यवस्था का स्थान जब गहरे कुओं एवं तालाबों ने ले लिया। नदियों से नहरें निकाल कर तथा वर्षा के जल से भरे तालाबों के चारों तरफ ऊँचे बन्धे बनाकर, तालाब के जल को संचित कर लिया जाता था और उससे खेतों को पानी पहुँचाया जाता था।

तालाबों का निर्माण शासन की तरफ से और बड़े-बड़े भू-स्वामी, सेठ तथा आग्रहारिक ब्राह्मणों द्वारा कराये जाते थे। आरम्भ में इस प्रकार के निर्माण कार्य पर विशेष ध्यान नहीं दिया गया, किन्तु नवीं सदी के अन्त तथा दसवीं सदी से ये तालाब कृषि के लिये सर्वाधिक महत्त्वपूर्ण बन गये। कृष्णा, गोदावरी, तुंगभद्रा और पेन्नार नदियों की घाटी और कछारी भाग को छोड़कर जहाँ इन नदियों पर बनी नहरों से सिंचाई की सुविधा प्राप्त हो जाती थी, अन्यत्र सभी क्षेत्रों में खोदे गये गहरे कुओं तथा तालाबों में संचित जल से ही खेतों की सिंचाई होती थी। अधिकांश गाँवों में छोटे या बड़े तालाबों की व्यवस्था थी। यद्यपि दक्षिण भारत के आर्थिक जीवन में तथा कृषि में विशेष रूप से इन सरोवरों के महत्त्व पर अलग से किंचित विस्तार से विचार किया गया है किन्तु यहाँ यह उल्लेखनीय है कि दक्षिण

भारत की कृषि का मूल आधार यहाँ के छोटे या बड़े सरोवर ही थे। इनके रख-रखाव के लिये राजस्व का एक भाग निर्धारित कर दिया जाता था।[69] भग्न तटबन्धों की मरम्मत, तालाबों का विस्तारीकरण, उनकी तलहटी से मट्टी आदि को निकालने का काम, नदियों से नहरें निकाल कर सरोवरों को जल से भरना तथा अनेक सम्बन्धित कार्य राजकीय एवं व्यक्तिगत स्तर पर किये जाते थे।

निकट की नदियों से नहरें निकाल कर इन तालाबों को उसके जल से भर दिया जाता था। आर0एन0 नन्दी ने सातवीं सदी के एक पल्लव अभिलेख का उल्लेख किया है जिसमें सर्वप्रथम नदी के जल से तालाब को भरने का विवरण मिलता है।

इसी प्रकार का उदाहरण उन्होंने कर्नाटक क्षेत्र से भी प्रस्तुत किया है। 904 ई0 के नन जनगुड अभिलेख से ज्ञात होता है कि एक आग्रहारिक ब्राह्मण ने विशाल तड़ाग का निर्माण करवाया जो तीन नदियों के जल से भरा जाता था।[70] तालाबों को नदियों के जल से भरने की विधा से दो लाभ हुये। प्रथम, वर्षा के जल से इन तालाबों को भरने की अनिश्चितता समाप्त हो गई और द्वितीय, कृषकों को अपनी फसल के लिये आवश्यकतानुसार पूरे वर्ष जल सुलभ हो गया।

नहरों और तालाबों से आवश्यकतानुसार जल के सुलभ होने से कृषि में अभूतपूर्व विस्तार हुआ। वनोन्मूलन से भी भूमि प्राप्त होती थी या ग्रामों के समीप दीर्घकाल से जलाभाव के कारण ऊसर एवं बंजर क्षेत्र फैला था वहाँ भी प्रचुर मात्रा में जल पहुँचने लगा और ऐसे क्षेत्र कृष्य क्षेत्र में तेजी से परिवर्तित होने लगे। ये तड़ाग इतने विशाल होते थे कि इनमें से किसी किसी में चार या चार से भी अधिक जलद्वार लगे होते थे। ऐसे ही एक तड़ाग का उल्लेख 890 ई0 के हिरियुर अभिलेख में हुआ है जिसका निर्माण एक ग्राम के कृषकों ने संयुक्त रूप से किया था और जिसमें चार जलस्रोत (sluices) बनाये गये थे।[71]

तत्कालीन आर्थिक जीवन में इन सरोवरों के महत्त्व को काकतीय शासकों ने भली प्रकार से पहचाना था। यद्यपि उनके शासन के पहले से ही सरोवरों का अस्तित्व गाँवों में विद्यमान था किन्तु पहले से विद्यमान ये सरोवर आकार में छोटे होते थे और इनके जल का स्रोत मात्र वर्षा थी। यही कारण था कि इन सरोवरों से प्राप्त जल कृषि के लिये अपर्याप्त था। ''काकतीयों ने ही सबसे पहले यह जाना था कि तेलिंगाना की स्फटिक प्रस्तर एवं कणयुक्त चट्टानों पर विछी लाल बलुई मिट्टी गीली खेती के लिए अत्यन्त उपजाऊ है, हालांकि उसके छिद्रक स्वरूप को पर्याप्त मात्रा में जल की आवश्यकता थी, अन्यथा यह जनता के लिये पर्याप्त

फसल उत्पन्न नहीं कर सकती थी। उन्होंने यह भी अनुभव किया कि यदि राज्य की अनेक नदियों एवं जलधाराओं के जल को संचित कर, कृषि के लिए प्रयोग किया जा सके तो आर्द्र फसलों को बड़ी मात्रा में उगाया जा सकता था और राज्य की आर्थिक समृद्धि की भी पर्याप्त वृद्धि हो सकती थी। इसी के लिए उन्होंने बड़े सरोवरों अथवा बाँधों के निर्माण का विचार किया।''[72]

कृषि के लिये ये सरोवर बहुत लोकप्रिय हुये। काकतीयों के पश्चात् अन्य शासकों ने भी सरोवर निर्माण की योजना का अनुसरण किया और ऐसे क्षेत्रों में भी सरोवर निर्मित कराये गये जहाँ पहले नहीं थे और इसी के साथ पुराने सरोवरों की मरम्मत भी करायी गयी। ''सरोवरों में जलद्वार होते थे तथा क्षेत्रों तक पानी ले जाने के लिए उनमें से नहरे निकाली जाती थी। इस सन्दर्भ में अभिलेखों में उल्लिखित कचिनेनि काल्व, लोतलिकाल्व, रविकाल्व, प्रोल्लेड्डि काल्व, रेड्डि काल्वप, दाडल काल्व, मेडविरूप काल्व, मद्दिमड्डि कालव, रायसहस्र मल्ल काल्व एवं गडपेंडार काल्व, जैसी नहरें उल्लेख्य हैं क्योंकि ये उस काल के लोगों द्वारा कृषि के विकास एवं भूमि की उपज बढ़ाने के लिए किए गए प्रयासों के विशिष्ट प्रमाण प्रस्तुत करती है।''[73]

किन्तु जल संसाधन की उपलब्धता मात्र से ही कृषि उत्पाद में यथेष्ट वृद्धि सम्भव नहीं हो सकती थी। इसके लिए भूमि की उर्बरा शक्ति की भी महत्त्वपूर्ण भूमिका होती है। पट्टुपट्टु (Pattupattu) एवं एथुथोकल (Ethuthokal) काव्यों में भूमि की उर्बरता की प्रशंसा की गयी है। इनमें कहा गया है कि एक वेलि (एक एकड़) भूमि में एक हजार कलम (लगभग एक हजार मन) धान पैदा होता था तथा एक हाथी के बैठने भर जमीन में जितनी पैदावार होती थी उतने से सात व्यक्तियों का पूरे वर्ष भरण पोषण हो सकता था।[74] इस प्रकार के विवरण अत्युक्तिपूर्ण हो सकते हैं किन्तु इनसे भूमि की उपजाऊ शक्ति की कल्पना करना निराधार नहीं कहा जा सकता। गुणवत्ता एवं उपयोगिता के आधार पर भूमि कई कोटियों में विभक्त थी। कल्याणी के चालुक्य शासकों के अभिलेख काली भूमि, लाल भूमि, सिंचित भूमि, उपवन भूमि, ऊसर भूमि का उल्लेख प्रायः करते हैं।

कृषि उत्पाद

उपर्युक्त कारकों का अनुकूल परिणाम कृषि में स्पष्ट दिखाई देता है। वन्य भूमि, ऊसर, बंजर भूमि को कृष्य क्षेत्र में परिवर्तित करने से जहाँ कृषि के क्षेत्र का विस्तार हुआ वहीं सरोवर, नहरों, आदि की व्यवास्था ने प्रचुर मात्रा में जल को

सुलभ कर दिया। इन सबका परिणाम यह हुआ कि दक्षिण भारत की ऊर्बर भूमि में विभिन्न प्रकार की फसलों का उत्पादन होने लगा। पुरैतिहासिक काल से ही दक्षिण भारत के निवासी जिस प्रकार के खाद्यान्न से परिचित थे, उनका उल्लेख ऊपर किया जा चुका है। किन्तु सिंचाई की सुविधा उपलब्ध होने के कारण इस काल में नवीन फसलों का उत्पादन प्रचुर मात्रा में होने लगा और इसी के साथ अनेक वन्य उत्पादों की भी खेती होने लगी।[75]

जल की उपलब्धता ने धान की खेती को सम्भव और व्यापक बना दिया। अनुदानों में ऐसी भूमि ली जाने लगी, जहाँ धान की खेती हो सके। इब्नखुर्दवेह के विवरण से ज्ञात होता है कि नवीं सदी के चावल का निर्यात आन्ध्र प्रदेश से श्रीलंका को होने लगा।[76] श्यामक, नीवार, कंगु, कोद्रव तथा करद्रुस निम्न कोटि की चावल की किस्में थीं। अन्य दो फसलें जिनका उल्लेख इस काल के अभिलेखों में हुआ है प्रियंगु (Panicum Italiam) तथा कंग (a kind of Panic Seed) थीं।

विभिन्न प्रकार की फसलों को ध्यान में रख कर आल्चिन ने भारत को पाँच वर्गों गें विभक्त किया और प्रथम विभाजित भाग में पाकिस्तान के बलूचिस्तान से सैन्धव क्षेत्र को सम्मिलित किया।[77] दूसरे वर्ग के अन्तर्गत उन्होंने दक्षिण भारत को रखा है।[78] यहाँ से दूसरी सहस्राब्दी के प्रथमार्द्ध (2000 ई0पू0 से 1500 ई0पू0) से ही कृषि-जनित खाद्यान्नों के साक्ष्य मिलने लगते हैं। जिन खाद्यान्नों के साक्ष्य प्राप्त हुये हैं, उनमें रागी (finger millet अथवा Eleusine Coracana), बाजरा (Bulrush millet) और दलहन फसलों में चना (horse gram) और मूँग सम्मिलित हैं।[79] आल्चिन का कथन है कि दलहन फसलों के साक्ष्य का दक्षिण भारत से प्राप्त होना विशेष रूप से उल्लेखनीय है। इन दलहन फसलों के वन्य प्रकार के साक्ष्य यहाँ से नहीं प्राप्त होते अतः यह नहीं कहा जा सकता कि वन्य प्रकार की फसलों से इनकी खेती आरम्भ हुयी होगी। उनके अनुसार इनकी खेती सर्वप्रथम अफ्रीका में आरम्भ हुयी और सम्भवतः इनका इस क्षेत्र में वहाँ से आयात किया गया होगा। तत्पश्चात् इनका उत्पादन यहाँ होने लगा। किन्तु आल्चिन के मत को अस्वीकार करते हुए आर0एन0 नन्दी रागी की उत्पत्ति कर्नाटक से मानते हैं। उनका कथन है कि 'रागी' शब्द कन्नड़ भाषा का है और बाद में तमिल भाषा में रागी तेलगु में रागुलू तथा मराठी-गुजराती में नग्ली रूप में भी मिलता है। और इसके अतिरिक्त यह भी ध्यातव्य है कि रागी की खेती कर्नाटक में व्यापक क्षेत्र में होती है। आल्चिन के इस कथन को भी वह निराधार बताते हैं कि रागी का कोई

वन्य प्रकार उपलब्ध नहीं होता है। नन्दी का कथन है कि हल्लूर से 1800 ई0पू0 का रागी का वन्य प्रकार उपलब्ध हुआ है जहाँ से इसकी पैदावार का विस्तार आन्ध्र प्रदेश, महाराष्ट्र और तमिलनाडु में हुआ।[80] निःसन्देह रागी दक्षिण भारत की सर्वाधिक व्यापक फसल है और निम्न वर्ग के लोगों में अत्यधिक लोकप्रिय है।

गन्ना, नारियल सुपारी तथा विभिन्न प्रकार के मसालों का भी उल्लेख यहाँ के साहित्य एवं अभिलेखों में मिलते हैं। उत्तरोत्तर खाद्यान्नों के अतिरिक्त व्यापारिक फसलों पर विशेष अभिलेखों में मिलता है। ये उत्पाद अब मात्र कृषकों के उपभोग तक ही सीमित नहीं रहे। इनमें से अनेक ने पण्य का रूप ग्रहण कर लिया और इनके बाजार लगने लगे तथा शासन इन पर कराधान करने लगा। कलचुरी शासक युवराजदेव द्वितीय के विल्हारी पाषाण अभिलेख से ज्ञात होता है कि क्रय के लिये बाजार (मण्डपिका) में लाये गये नमक (लवण) तेल, सुपारी (पुराफल), मरिच, अदरख (शुण्ठी), शाक-सब्जी आदि राजस्व के स्रोत के अन्तर्गत आ चुके थे।[81]

संदर्भ

1. मनुस्मृति, X.84
2. द्रष्टव्य ऊपर पृ0 165
3. अ0शा0, 5.2.4; 2.1.13
4. वही, 5.3.32
5. एम0बी0ई0 जिल्द XXXIII, भाग 1, नारद, XI.23-25
6. याज्ञवल्क्य, 2.159; नारद, वही, XI.17-22
7. वृहस्पति, वही, XXII.25
8. नारद, XI.26
9. डी0सी0 सरकार, सेलेक्ट इन्सक्रिप्शन्स, पृ0 355 संख्या 41, वैग्राम, वांगलादेश के बोगरा जनपद में स्थित है।
10. वही, पंक्ति 4-5, समुदयवाह्य उस भूमि को कहा गया है जिसमें अन्नोत्पादन नहीं होता और जिससे राज्य को कोई आय प्राप्त नहीं होती। आद्यस्तम्ब उस भूमि को कहा गया है जो जंगल और झाड़ियों से भरी हो; अकिंचितत्प्रतिकर से अभिप्राय ऐसे क्षेत्र से है जिससे राज्य को किसी प्रकार का राजस्व प्राप्त नहीं होता था।
11. दीनार सोने के सिक्के को और रूपक चाँदी के सिक्के को गुप्तकाल में कहते थे। डॉ0 डी0सी0 सरकार के अनुसार 1 दीनार = 16 चाँदी कें सिक्के होता था। कुल

खरीदी गयी भूमि 3 कुल्यवाप और दो द्रोणवाप थी जिसकी कीमत 6 दीनार और 8 रूपक थी। यदि दो दीनार में एक कुल्यवाप भूमि खरीदी गई तो एक दीनार = 16 रूपक की दर से 1/2 कुल्यवाप भूमि की कीमत थी। इस आधार पर 8 रूपक में 1/4 कुल्यवाप = दो द्रोणवाप भूमि की कीमत थी। कुल्य एवं द्रोण वजन (Weight) को कहते थे। एक कुल्प या एक द्रोण वजन के बीज से जितने खेत में खेती होती थी उतने खेत को एक कुल्यवाप या एक द्रोणवाप भूमि कहते थे। डी0सी0 सरकार के अनुसार 4 आढ़क = 1 द्रोण और 8 द्रोण = 1 कुल्प। अतः 4 आढवाप = 1 द्रोणवाप और 8 द्रोणवाप = 1 कुल्यवाप। यह अभिलेख बंगाल से प्राप्त हुआ है अतः यह वजन धान के बीज अथवा धान के बेहन (seedlings) का रहा होगा। बंगाल के स्मृतिकारों के आधार पर सरकार ने 1 द्रोण धान के बीज को 1 मन 24 सेर से 2 मन के बीच माना है और आधुनिक बंगाल में 1 मन धान के बीज का बेहन 10 बीघा खेत में डाला जाता है। इस आधार पर 1 कुल्य धान के बीच के लिये 125 से 160 वीघा की जरूरत होगी। द्रष्टव्य वही, पृ0 357, पाद टिप्पणी 1; पृ0 288, पाद टिप्पणी 9, एस0के0 मैती, इकानामिक लाइफ इन नार्दर्न इण्डिया इन द गुप्त पीरियड, पृ0 56-57

12. वैग्राम, पहाड़पुर, कुलाई कुरै, दामोदरपुर बंगलादेश में है। द्रष्टव्य डी0सी0 सरकार, वही, संख्या 41, 42, 40 A, 39
13. डी0सी0 सरकार, वही, संख्या 43, 44, 45
14. आर0एस0 शर्मा, इण्डियन फ्यूडलिज्म, पृ0 33
15. अमर कोष, 9.13 लांगल हलम्
16. वही, X.28
17. अमर0, 9.14
18. वही, 9.9 द्विगुणाकृते तु सर्वं शम्बाकृतमपीह
19. वही, 9.8, त्रिगुणाकृतं तृतीयाकृतं त्रिहल्यं त्रिसीत्यमपि तस्किमन्।
20. वही, 9.12-13
21. वही, 9.24, 25, 26
22. वही, 9.18
23. वही, 9.17
24. वही, 9.23
25. वही, 9.16
26. वही, 9.16
27. वही, 9.17, 19

28. वही, 9.23
29. वही, 9.20
30. वही, 9.19
31. वही, 9.17
32. वही, 9.20, व्रीहिभेदस्त्वणुः पुमान्, 9.6, क्षेत्रं, ब्रैहेयशालेयं व्रीहि-शाल्योद्भवोचिम्।
33. वही, 4.147
34. वही, 4.148
35. वही, 4.
36. वही, 4.164
37. वही, 4.116 'वनकर्पास्याः' 'नर्मा' इति ख्याताया:।
38. द्रष्टव्य, एस0के0 मैती, वही, पृ0 109-112
39. द्रष्टव्य, एस0के0 मैती, वही, परिशिष्ट 1, पृ0 245-46
40. 2.5, द्वे खिलाप्रहते समे (इलाद्यक्रष्टस्य)
41. 2.10 (अश्मप्राया मृत)
42. 2.9 (नवतृणप्रचुरस्य)
43. 2.10 जलप्रायमनूपं
44. 2.10
45. 2.5
46. 2.4
47. 2.4
48. 2.12
49. 9.6-8
50. एस0के0 मैती, वही, पृ0 108
51. वही, पृ0 109
52. अमर, 2.4.35 गभारी सर्वतोभद्रा काश्मरी मधुपर्णिका। श्रीपर्णी भद्रपर्णी च काश्मर्यचापि 2.4.36, सौवीरं वदरं घोण्टापि
53. श्रीकण्ठ सहारनपुर से 35 मील उत्तर पश्चिम में स्थित था। इसे कुरुजोगल के नाम से भी जाना जाता था। इसकी राजधानी स्थाण्वीश्वर थी। द्रष्टव्य न0 लाल डे, द ज्योग्राफिकल डिक्शनरी ऑफ एन्श्यण्ट ऐण्ड मेडिवल इण्डिया।
54. हर्षचरितम्, तृतीय उच्छ्वास, पृ0 159-160 पोत्रोन्मूल्यमानमृणालै-रुद्गीतमेदिनीसारगुणैरिव कृतमधुकरकाला हलैर्हरुल्लिख्यमानक्षेत्रः

55. वही, पृ0 0160, खलधानधामभिर्विभज्यमानैः सस्यकूटैः .....
समन्तादुद्धातघटीसि - च्यमानैर्जीरकजूटैर्जटिलितभूमिः उर्वरावरीयोभिः शलेयैरलंकृतः पाकविशरारुराजमाशनिकरकिर्मीरितैश्च स्फुटितमुद्‌गफल-कोशीकपिशितैर्गोधूमधामभिः
56. वही, सप्तम उच्छ्वास, पृ0 406, कुटुम्बभरणाकुलैः कुद्दालप्रायकृषिभिः
57. अभयकान्त चौधुरी, अर्ली मेडिवल विलेज इन नार्थ इस्टर्न इण्डिया, (600 ई0-1200 ई0), पृ0 150
58. हर्षचरित्, द्वितीय उच्छ्वास, पृ0 83, दावदग्धस्थलीपमषीमिलनमलिनाः पृ0 86, दावदहनपच्यमान ......
59. वासुदेवशरण अग्रवाल, हर्षचरित : एक सांस्कृतिक अध्ययन
* यह विवरण वासुदेव शरण अग्रवाल की पुस्तक - हर्षचरित् : एक सांस्कृतिक अध्ययन, पृ0 182-188 से उद्धृत है। इस विवरण से सातवीं सदी के उत्तर भारत एवं विन्ध्याटवी क्षेत्र के ग्रामीण जनों का सजीव चित्रण प्राप्त हो जाता है। इसके अतिरिक्त इससे यह समझने में भी सहायता मिलती है कि तत्कालीन आर्थिक जीवन में वनों की कितनी महत्त्वपूर्ण भूमिका थी।
60. अ0का0 चौधुरी, वही, पृ0 158-162
61. वाट्र्स, II पृ0 86
62. अ0का0 चौधुरी, वही, पृ0 160
63. अमरकोष, 2.9.15; 24
64. जी0 याजदानी, दकन का प्राचीन इतिहास, पृ0 402
65. प्राचीन भारतीय जलप्रबन्धन एवं सिंचाई व्यवस्था पर अन्यत्र विवरण प्रस्तुत किया गया है।
66. जी0 याजदानी, वही, में एन0 वेंकटरमनैया तथा एम0 सोमेश्वर शर्मा का, वारंगल का काकलीय वंश, पृ0 652-53
67. आर0एन0 नन्दी, 'ग्रोथ ऑफ रूरल इकानमी इन अर्ली फ्यूडल इण्डिया', अध्यक्षीय भाषण, इण्डियन हिस्ट्री कांग्रेस, 45वाँ सेसन, अन्नामलाई, 1984, पृ0 47-48
68. वही, पृ0 48
69. जी0 याजदानी, वही, पृ0 402, 649-652
70. आर0एन0 नन्दी, वही, पृ0 50
71. वही, पृ0 50
72. एन0 वेंकटरमनैया तथा एम0 सोमेश्वर शर्मा का वारंगल का काकतीय वंश, पृ0 650

73. वही, पृ0 652
74. आर0एन0 नन्दी, वही, पृ0 46
75. पूर्वमध्यकालीन दक्षिण भारतीय फसलों पर आर0एन0 नन्दी ने किंचित विस्तार से विचार किया है। द्रष्टव्य उनका अध्यक्षीय भाषण, पृ0 52-59
76. आर0एन0 नन्दी के उपर्युक्त लेख से प्राप्त सूचना, द्रष्टव्य, पृ0 52
77. द्रष्टव्य ऊपर पृ0 62
78. आल्विन, वही, पृ0 266
79. द्रष्टव्य, ऊपर, पृ0 89
80. आर0एन0 नन्दी, वही, पृ0 54
81. सी0आई0आई0, जिल्द IV भाग 1, संख्या 45, श्लोक संख्या 78-80

अध्याय - 15

प्राचीन भारत के प्रमुख खाद्यान्न

चावल

प्रमुख खाद्यान्नों में गेहूँ एवं यव के साथ चावल की भी गणना की जाती है। अन्य खाद्यान्नों की तरह चावल अथवा धान की उत्पत्ति भी स्वतः उत्पादित वन्य घासों से हुई है। इन जंगली घासों में ही आदिम मानव ऐसी घासों का चयन करने लगा होगा जिनका उपयोग वह खाद्य के रूप में कर सके। सम्भवतः इस प्रकार की उपयोगिता वाली घासों के बीज का कालान्तर में वह वपन करने लगा हो। ऐसी दो प्रकार की घासों की पहचान की गई है जिनसे चावल का उद्भव हुआ। इन दो घासों के नाम निवारा (nivara) और ब्रेविलिगुलाटा breviligulata) है।[1] एशिया में जिस सताइवा (Sativa) प्रजाति का विकास हुआ। उनका स्रोत यही जंगली घास है।

ध्यातव्य है कि धान की खेती अन्य खाद्यान्नों से भिन्न जलवायु और मट्टी में ही सम्भव है। इसकी खेती उसी क्षेत्र में सम्भव है, जहाँ प्रचुर मात्र में जल की उपलब्धि हो। जिस ओरिजा (Oryza) प्रजाति से कालान्तर में धान का विकसित रूप आज दिखाई देता है, वह आदिम काल में ऐसे जंगलों में उत्पन्न होती थी जहाँ प्रचुर मात्र में वर्षा होती थी। यही कारण है कि पंजाब, पश्चिमी उत्तर प्रदेश, हरियाणा, राजस्थान तथा मध्यप्रदेश के कुछ भाग में जहाँ वर्षा 760 मी0मी0 से 200 मी0मी0 तक ही होती है, पुरैतिहासिक काल में धान की उपज के प्रमाण नहीं मिलते हैं।

अभी तक निश्चित रूप से यह ज्ञात नहीं हो सका है कि धान की खेती सर्वप्रथम कहाँ और कब आरम्भ हुई। धान की उत्पत्ति के मूल स्थान के विषय में पुरातत्त्वविदों ने विभिन्न प्रकार की सम्भावनायें व्यक्त की है। जहाँ तक भारत का सम्बन्ध है पूर्वी उत्तर प्रदेश, बिहार का उत्तरी भाग, बंगाल, आसाम, उड़ीसा के

अतिरिक्त विन्ध्य का क्षेत्र धान के लिए सर्वाधिक उपयुक्त क्षेत्र माने गये हैं और इन्हीं क्षेत्रों से चावल के नवपाषाण कालीन या इससे भी पहले के प्रमाण प्राप्त हुये हैं जिनका उल्लेख नीचे किया गया है। दूसरा मत उन पुरातत्त्वविदों का है जो यह सम्भावना व्यक्त करते हैं कि खाद्यान्न के रूप में धान का प्रथम उपयोग दक्षिणी चीन में आरम्भ हुआ और कालान्तर में यहाँ के निवासियों ने इसका विस्तार फिलिपीन्स में किया और उत्तरोत्तर पूरे दक्षिण-पूर्व एशिया में फैल गया। यहाँ यह कहा जा सकता है कि इसकी उत्पत्ति के मूल स्थान से सम्बन्धित विवाद पर अभी तक विराम नहीं लगा है। इस सम्भावना को पूरी तरह अस्वीकार नहीं किया जा सकता कि उपयुक्त क्षेत्रों में अलग-अलग स्वतन्त्र रूप से धान की विभिन्न प्रजातियों का ज्ञान हुआ हो। यह उल्लेखनीय है कि धान की प्रजाति के प्रमाण पश्चिम अफ्रीका, क्यूबा तथा दक्षिणी अमेरिका से भी प्राप्त हो चुके हैं।[2] अतः भविष्य में जब तक निर्णायक और सर्वथा असन्दिग प्रमाण नहीं प्राप्त हो जाता चावल या धान की उत्पत्ति के मूल स्थान पर किसी भी मत को अन्तिम नहीं कहा जा सकता।

इस सम्बन्ध में के0एस0 सारस्वत ने रीड (Reed) एवं चाग (Chang) के मत का उल्लेख किया है।[3] रीड का कथन है कि पूर्वी एशिया के किस विशेष क्षेत्र में 'सर्वप्रथम' कृषि का आरम्भ हुआ इसको लेकर जो भी मतभेद आज दिखाई देते हैं वह वास्तव में क्षेत्रीयता की भावना से प्रेरित प्रतीत होते हैं और पुरातत्त्व जैसे-जैसे नवीन तथ्य का उद्घाटन करता जाता है हमारे मत भी उसी के अनुसार परिवर्तित होते जाते हैं। दूसरा मत चांग का है जो अपेक्षाकृत अधिक तर्कसंगत प्रतीत होता है। चांग के अनुसार भारत और चीन के विस्तृत परिक्षेत्र के अन्तर्गत दक्षिण-पूर्वी एशिया में कृषि का विकास स्वतन्त्र रूप से और साथ-साथ हुआ होगा।

वास्तव में पुरैतिहासिक काल की कृषि पर विचार करते समय जिन दो तथ्यों का ध्यान रखना चाहिये उनमें प्रथम पुरैतिहासिक मानव की जीवन शैली और द्वितीय जलवायु की अनुकूलता। पुरैतिहासिक काल में आदिम जन एक ही स्थान पर दीर्घ काल तक निवास नहीं करता था। संचरणशीलता उसके जीवन पद्धति का एक अपरिहार्य पक्ष थी। जंगली वनस्पतियों एवं पशुओं पर उसका जीवन प्रमुख रूप से आश्रित था। खाद्य के रूप में प्रयुक्त होने वाली वनस्पतियों की कमी के कारण उसे दूसरे स्थान पर प्रव्रजन करना पड़ता था। इस प्रवतन की प्रक्रिया में अन्यत्र भी ऐसी वनस्पतियों का खाद्य के रूप में उपयोग करता था जिसका ज्ञान

और जिसकी पहचान उसे पहले से ही थी। अनुकूल जलवायु में वह वनस्पतियाँ अन्यत्र भी सुलभ हो जाती थीं। यही कारण है कि पूर्वी भारत, दक्षिणी चीन, दक्षिण-पूर्वी एशिया के अतिरिक्त दक्षिणी अमेरिका एवं पश्चिमी अफ्रीका आदि में चावल के साक्ष्य मिले हैं क्योंकि यहाँ भी वह घास उपलब्ध थी। यह भी ध्यातव्य है कि भौगोलिक भिन्नता के कारण चावल के आकार और प्रकार में भिन्नता आना अपरिहार्य था। आज मुख्य रूप से चावल की दो प्रजातियाँ उपलब्ध होती हैं, प्रथम प्रजाति एशिया में पाई जाती है जिसे ओरिजा सताइवा (Oriza Sativa) कहा जाता है और द्वितीय प्रजाति का सम्बन्ध पश्चिम अफ्रीका से है जहाँ इसे ओरिजा ग्लैवेरिमा (Oriza glaberrema) कहा गया है।[4] एशिया से प्राप्त प्रजाति के भी दो प्रकार हैं - इण्डिका (Indica) जो कि भारत में प्रचलित है और दूसरी जापानिका (Japanica) जो जापान एवं उत्तरी चीन में पाई जाती है। अन्त में यह कहना अप्रासंगिक नहीं होगा कि पुरातत्त्वविदों ने चावल की उत्पत्ति और विकास पर विचार करते समय प्रायः अपना ध्यान कृषि जनित ओरिजा सताइवा तक केन्द्रित किया है और प्रायः इस पर विचार नहीं किया जाता है कि चावल की इस कृषिजनित प्रकार के पीछे चावल का वह लम्बा इतिहास छिपा है जो कि कृषि के ज्ञान से बहुत पहले का है। सारस्वत ने इस महत्त्वपूर्ण दिशा में पुरातत्त्वविदों का ध्यान आकृष्ट किया है। निश्चय ही इस दिशा में प्रयास करने में चावल की प्राचीनता बहुत पीछे जा सकती है।[5] चावल की इस प्राचीनता का एक परोक्ष प्रमाण यह भी है कि धार्मिक अनुष्ठानों में अन्य किसी खाद्यान्न की अपेक्षा चावल तथा यव को ही प्रमुख स्थान दिया गया है।

इस खाद्यान्न के विषय में पुरातात्त्विक स्रोत के अतिरिक्त प्राचीन भारतीय साहित्य से भी महत्त्वपूर्ण सूचना प्राप्त होती है जिसे संक्षेप में नीचे प्रस्तुत किया गया है।

साहित्यिक स्रोत

उत्तर प्रदेश, बिहार, बंगाल, मध्यप्रदेश आदि अनेक क्षेत्रों में धान की खेती व्यापक रूप में होती है और इस क्षेत्र के निवासियों का प्रमुख खाद्यान्न चावल ही है। धान की खेती के विषय में यह विशेष रूप से उल्लेखनीय है कि इसका उत्पादन आरम्भ से ही; इस क्षेत्र में होता रहा है। जहाँ अनेक खाद्यान्नों का उत्पादन पश्चिम एशिया में आरम्भ हुआ था धान या चावल के अवशेष भारत के इस क्षेत्र से ही प्राप्त हुए हैं। इसकी पुष्टि पुरातत्त्व के अतिरिक्त भाषाशास्त्र से भी होती है। भारोपीय

भाषाओं में अनेक खाद्यान्नों के सगोत्री शब्द मिल जाते हैं किन्तु ब्रीहि (चावल) का सगोत्री शब्द किसी अन्य भाषा में नहीं मिलता। इसको आधार मान कर डार्लिंग बक ने चावल की उत्पत्ति का स्रोत पूरक को ही माना (Rice is of oriental oragin)।[6]

चावल या धान का प्रमाण न तो हड़प्पा से प्राप्त होता है और न ही ऋग्वेद में ब्रीहि या इसके पर्यायवाची शब्द मिलते हैं। यह एक महत्त्वपूर्ण तथ्य है कि चावल का प्रथम साहित्यिक साक्ष्य उत्तर वैदिक काल से ही उपलब्ध होता है। यह उल्लेखनीय है कि चावल का पुरातात्त्विक साक्ष्य अतरंजीखेड़ा से प्राप्त हुआ है जहाँ चित्रित धूसर मृदभाण्ड के साथ चावल के अतिरिक्त यव एवं गेहूँ के अवशेष भी प्राप्त हुए हैं और जिसकी तिथि प्रथम सहस्त्राब्दी ई0पू0 (940 ई0पू0) है। उत्तर वैदिक काल की भी तिथि 1000 ई0पू0 से 600 ई0पू0 मानी जाती है। इस काल के साहित्य में ब्रीहि का उल्लेख होना और पुरातात्त्विक स्रोत से इसकी पुष्टि से यह ज्ञात होता है कि मध्य गांगेय क्षेत्र में चावल की खेती इस काल में होने लगी थी। वास्तव में धान की खेती मुख्य रूप से मध्य गांगेय क्षेत्र में ही सम्भव थी क्योंकि इस क्षेत्र में जिसमें पूर्वी उत्तर प्रदेश, पूर्वी मध्य प्रदेश, बिहार पश्चिमी बंगाल, उरीसा एवं आसाम का भाग सम्मिलित था। प्रतिवर्ष 1500 मि0मी0 वर्षा होती है और गंगा, यमुना, तथा अन्य सहायक नदियों में प्रतिवर्ष आने वाली बाढ़ के कारण जलोढ़ मट्टी जो उपज के लिये बहुत उपयोगी होती है मैदानी भाग में फैल जाती थी। यही कारण है कि उत्तर वैदिक साहित्य में जिसकी रचना इस क्षेत्र में हुई थी चावल या ब्रीहि का उल्लेख मिलता है। पंजाब जो कि पूर्व वैदिक काल में आर्यों का निवास क्षेत्र था और जहाँ वर्षा की मात्रा अत्यल्प थी, धान की खेती के लिये अनुपयुक्त था। ऋग्वेद में, जिसकी रचना पूर्व वैदिक काल में हुई थी, ब्रीहि के उल्लेख न होने का कारण यही था। कीथ एवं मैकडोनेल ने भी इसी आधार पर यह सम्भावना व्यक्त की थी कि चावल दक्षिण-पूर्वी भारत की उपज था और इसलिए ऋग्वेद में इसका उल्लेख नहीं मिलता।[7]

उत्तर वैदिक काल में आर्य संस्कृति का विस्तार पूरब में बिहार तक हो चुका था। अथर्ववेद न केवल अंग, मगध आदि प्रदेशों से परिचित है[8] अपितु ब्रीहि तथा यव, उरद, तिल आदि खाद्यान्नों का भी उल्लेख करता है।[9] ब्रीहि तथा यव का प्रयोग पौष्टिक खाद्यान्न के रूप में इस काल में होने लगा था।[10] ब्रीहि एवं यव का उल्लेख उत्तर वैदिक साहित्य में प्रायः एक साथ ही हुआ है। इस काल के साहित्य में चावल से सम्बन्धित तीन और उल्लेखनीय सूचना प्राप्त होती है। प्रथम, चावल

के प्रकार एवं प्रजाति जैसे कृष्ण वर्ण,, यामक, जल्दी तैयार होने वाले (आशु), बड़ी आकार वाले (महाब्रीहि) आदि। इस काल के साहित्य में दूसरी महत्त्वपूर्ण सूचना यह भी प्राप्त होती है कि अब धान की खेती से सम्बन्धित ज्ञान में वृद्धि हो चुकी थी। इस क्षेत्र के निवासियों को यह ज्ञात हो चुका था किस ऋतु में किस प्रकार के धान को या अन्य खाद्यान्नों को बोया जाता है और किसकी फसल कब तैयार होती थी। तीसरी सूचना चावल के विषय में यह भी प्राप्त होती है कि चावल तथा यव एवं तिल का महत्त्व धार्मिक अनुष्ठानों में स्वीकार कर लिया गया।[11]

उपर्युक्त विवण से यह तो ज्ञात हो जाता है कि गंगाघाटी के क्षेत्र में खाद्यान्न के रूप में चावल को प्रमुख स्थान छठीं सदी ई0पू0 से पहले ही प्राप्त हो चुका था। किन्तु पुरातात्त्विक श्रोत जिसका उल्लेख नीचे किया गया है विन्ध्य एवं गंगा घाटी में चावल के अवशेष सातवीं-आठवीं सहस्त्राब्दी ई0पू0 के प्रमाणित करते हैं।

चावल के जो साहित्यिक साक्ष्य उत्तर वैदिक काल से प्राप्त हुए हैं वह वर्षा ऋतु में बोया जाता था। वर्षा के जल से जब भूमि जलाप्लावित हो जाती थी तब धान के बीज उसमें छीट दिये जाते थे जो शरद ऋतु आने तक तैयार हो जाते थे। स्वाभाविक था कि इस से धान की पैदावार कम होती थी। अभी तक धान की रोपनी (transplantation) का ज्ञान नहीं हुआ था। रोपनी का प्रथम साहित्यिक उल्लेख छठीं-पाँचवीं सदी ईसापूर्व के बौद्ध एवं जैन साहित्य में ही मिलता है। आर0एस0.ार्मा ने एक जैन ग्रन्थ का उल्लेख किया है जिसकी रचना सम्भवतः तीसरी सदी ईसा पूर्व में हुई थी। यह ग्रन्थ नायाधम्मकहाओ (ज्ञाताधर्मकथा) 'उखय निहइ' शब्द का उल्लेख करता है जो आज के शब्दों में 'उखाड़ना और गाड़ना' कहा जाता है। पाली साहित्य 'रोपन' अथवा रोपनी का भी उल्लेख करता है।[12] यह शब्द निश्चय ही प्रमाणित कर देता है कि प्रथम सहस्त्राब्दि ई0पू0 के मध्य में, जबकि बौद्ध एवं जैन धर्मों का अभ्युदय हुआ, धान की रोपनी (transplantation) का ज्ञान हो चुका था। रोपनी के माध्यम से धान के अंकुरित पौधों को घने स्थान से उखाड़ कर उस खेत में किंचित दूरी पर गाड़ दिया जाता था। इस से धान की पैदावार प्रचुर मात्रा में होने लगी। यह वास्तव में एक क्रान्तिकारी प्रयोग था। इस रोपनी विधि से मानव जीवन में जो अभूतपूर्व परिवर्तन आया उसे रेखांकित करते हुए रनधावा ने तो यहाँ तक कहा कि विश्व के सभी शासकों ने मिलकर मानवता का उतना भला नहीं किया जितना, उस एक व्यक्ति ने किया जिसने धान की रोपनी की तकनीक का उद्घाटन किया।[13]

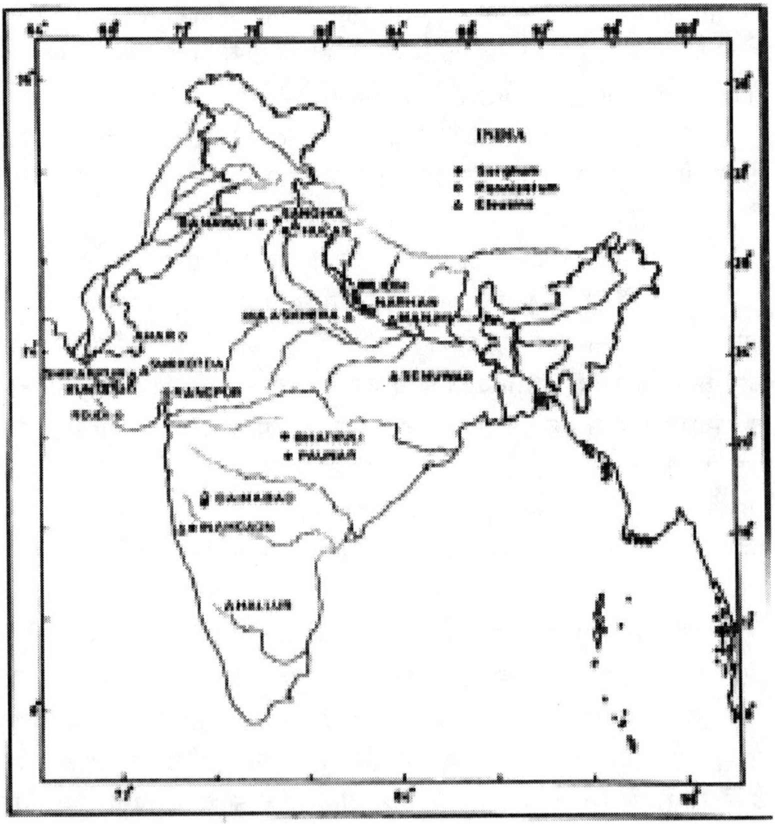

Figure : Geographical distribution of records of *Sorghum*, *Pennisetum* and *Eleusine*

धान की रोपनी तभी सम्भव थी जब कि जल की उपलब्धता हो। इस काल के साहित्य से ज्ञात होता है कि नालियों के माध्यम से और नदियों से बन्धे बनाकर खेतों में पानी पहुँचाने की प्रक्रिया से लोग अवगत थे। खेतों में पानी को रोकने के लिये उन्हें चारों तरफ से बाँध दिया जाता था।[14] कुणाल जातक[15] से ज्ञात होता है कि रोहिणी नदी पर बाँद बना कर शाक्य और कोलिय अपने खेतों की सिंचाई करते थे। नालियों के माध्यम से सिंचाई का उल्लेख कल्पसूत्रों में भी हुआ है।[16]

सिंचाई से खेती तथा रोपनी के कारण वर्षा ऋतु में धान की फसल के अतिरिक्त अब शरद ऋतु में भी इसकी उपज होने लगी। उत्तर वैदिक साहित्य में जिस ब्रीहि का उल्लेख मिलता है वह वर्षा ऋतु में बिना रोपनी के हो जाता था, जबकि बौद्ध साहित्य में जिसकी रचना छठीं सदी ई0पू0 के बाद में हुई और जब कि रोपन विधि का ज्ञान हो चुका था धान की फसल को सालि कहते थे जो कि शरद ऋतु में पैदा होता था। रोपन विधि के ज्ञान तथा सिंचाई का लाभ यह हुआ कि अब वर्षा ऋतु के अतिरिक्त शरद ऋतु में भी धान की खेती होने लगी। सिंचाई का एक अतिरिक्त लाभ यह हुआ कि जो भूमि वर्षा की समाप्ति के बाद शनैः शनैः कठोर हो जाती थी उसे भी नालियों और बन्धों के माध्यम से जल पहुँचा कर मुलायम कर लिया जाता था जिसमें रोपनी सम्भव हो गई। इसका परिणाम यह हुआ कि जो भूमि जब तक खेती के लिए अनुपयुक्त होती थी वहाँ भी अब धान की फसल सम्भव हो गई। नवीन भूमि पर धान की खेती और उत्तरोत्तर कृषि सम्बन्धी ज्ञान में विशेषज्ञता के परिणामस्वरूप धान की पैदावार में भी विविधता सम्भव हो गई। इस काल के साहित्य में ब्रीहि और सालि के अतिरिक्त साठी (साठ दिन में तैयार होने वाला), श्यामाक[17] (साँवाँ), चीनक[18], तण्डुल[19], गन्धसालि[20] (सुगन्धियुक्त चावल) आदि का उल्लेख मिलता है।

यदि प्राचीन साहित्य में चावल से सम्बन्धित उल्लेखों को ध्यान से देखा जाये तो यह ज्ञात होता है कि प्रारम्भिक काल से ही चावल के महत्त्व को समाज ने स्वीकार कर लिया था और पूर्वी भारत में तो सभी खाद्यान्नों की अपेक्षा चावल को सर्वाधिक महत्त्वपूर्ण खाद्यान्न के रूप में स्वीकृति मिल चुकी थी। इसका उपयोग खाद्यान्न के रूप में तो सर्वाधिक होता ही रहा है इसके अतिरिक्त धार्मिक अनुष्ठानों में भी इसे अपरिहार्य मान लिया गया था। छठीं सदी ई0पू0 या इसके पश्चात के साहित्य से ज्ञात होता है कि इसकी खेती न केवल विस्तृत क्षेत्र में कृषक करने लगे थे अपितु धान (paddy) के विविध प्रकार और उनकी गुणवत्ता का भी ध्यान दिया जाने लगा।

बौद्ध ग्रन्थ महावस्तु[21] सूचित करता है कि वैशाली में तथागत के आने पर उनके तथा उनके शिष्यों को पच्चीस या इससे भी अधिक प्रकार के चावल से बने भोजन से उनका स्वागत किया गया। पतंजलि[22] ने मगध के सालि चावल की प्रशंसा की है और इसी ग्रन्थ में अन्यत्र सष्टिका नाम के चावल का उल्लेख करते हुए यह भी कहा कि यह साठ दिन में एक कर तैयार हो जाता है।[23] बौद्ध ग्रन्थ मिलिन्द पन्हों[24] तो न केवल विभिन्न प्रकार के चावल का उल्लेख करता है अपितु सूचित करता है कि कौन सा चावल समाज के उच्च वर्ग में या निम्न वर्ग में खाया जाता है। उदाहरण के लिए अभिजात वर्ग के लिए कुरुम्भक नाम का चावल यदि उपयुक्त माना जाता था तो कंगु नाम का चावल साधारण किस्म का था जो दासों, श्रमिकों आदि निम्न वर्ग में प्रचलित था। अपरान्त के क्षेत्र में कुमुद भण्डिका नाम के धान की खेती होती थी। इस काल के गन्थों में चावल से सम्बन्धित जो सूचना प्राप्त होती है, उससे तो यही ज्ञात होता है कि धान की खेती और उसमें भी सालि प्रकार के चावल की, खेती मगध के क्षेत्र में अत्यधिक व्यापक रूप से की जाती थी। इसका एक उदाहरण तो सालिकेदार[25] जातक से प्राप्त होता है जिसमें यह कहा गया है कि मगध के एक सम्पन्न ब्राह्मण कृषक अपने स्वामित्व की भूमि के 1000 करीष में मात्र शालि चावल की ही खेती करता था। शालि प्रकार के चावल की मगध क्षेत्र में लोकप्रियता और व्यापकता का ध्यान रखते हुए कौटिल्य[26] ने सस्योत्पादन में शालि की खेती को सर्वोत्तम माना। मगध क्षेत्र का चावल अपने आकार और स्वाद के लिए इतना अधिक लोकप्रिय था कि समाज के प्रत्येक वर्ग के लोग इसका सेवन करते थे। किन्तु सर्वोत्तम प्रकार के चावल की खेती में बहुत समय लगता था इसलिए सर्वसाधारण वर्ग के लोग इसकी खेती शायद नहीं कर पाते हों इसीलिए ऐसे लोग आशुधान्य की ही खेती करते थे जो मात्र दो मास में पक कर तैयार हो जाता था जबकि हायन नाम के चावल के प्रकार की भूसी लाल रंग की होती थी। इस हायन चावल की फसल के तैयार होने में एक वर्ष लग जाता था। सम्भवतः पाणिनि[27] ने इस चावल को ही संवत्सरपक्वव्रीहि की संज्ञा दी है। इसके अतिरिक्त निवारा नाम का चावल वन्य प्रकार का था जो कम पानी वाले जलाशयों में स्वतः उत्पन्न होता था। स्वतः उत्पादित होने के कारण ही शायद निवारा को पवित्र चावल माना जाता था और राजसूय यज्ञ में वृहस्पति को इसका भोग लगाया जाता था।[28] छठवीं सदी ई0पू0 और इसके बाद के काल में होने वाले आर्थिक विकास ने सामाजिक विषमता को जन्म दिया था और अब आर्थिक रूप से समाज में स्पष्टतः सम्पन्न एवं विपन्न वर्ग का अस्तित्व दिखाई देने लगा था। यह

सम्पन्नता एवं विपन्नता दोनों वर्गों के खान-पान में भी परिलक्षित होती थी। महाव्रीहि जिसका उल्लेख ऊपर किया जा चुका है[29] समाज के सर्वाधिक सम्पन्न वर्ग का प्रिय चावल था। अपने आकार एवं स्वाद के कारण यह अन्य प्रकार के चावल से सर्वथा भिन्न एवं उत्कृष्ट माना जाता था। इसे महाशालि भी कहा जाता था। अन्य चावल की तुलना में यह इतना महत्त्वपूर्ण बन चुका था कि यहाँ तक कह दिया गया कि व्रीहि क्षेत्र का प्रतीक है किन्तु महाव्रीहि सार्वभौम क्षेत्र का प्रतीक होता है। पतंजलि सूचित करते हैं कि महाव्रीहि का उत्पादन मगध क्षेत्र में होता था। वी0पी0 राय[30] ने इस चावल की उत्कृष्टता के आधार पर इसकी समता आधुनिक वासमती से स्थापित की है।

इसकी लोकप्रियता और व्यापक स्तर पर की जाने वाली खेती ने भारत में आने वाले विदेशी यात्रियों का भी ध्यान आकृष्ट किया। स्ट्रैबो में चावल की खेती के सम्बन्ध में दो यूनानी यात्रियों के विवरण को प्रस्तुत किया है। इनमें प्रथम है एरिस्टोब्युलस जो सूचित करता है कि चावल की खेती ऐसे खेतों में होती थी जिनमें क्यारियाँ बनी होती थी और जिनमें जल हमेशा भरा रहता था। धान के पौधे चार हाथ तक ऊँचे होते थे, इनमें बहुत सी बालियाँ लगी होती थी, प्रभूत मात्रा में इसकी पैदावार होती थी और फसल तैयार हो जाने पर यव के समान इसका भी हवा में ओसावन (winnowing) करके चावल को धान की भूसी से अलग कर दिया जाता था।[31] दूसरा यूनानी लेखक मैजिलस है[32] है जो सूचित करता है कि वर्षा ऋतु के आरम्भ होने के पहले ही धान की बोआई कर दी जाती थी किन्तु इसके पश्चात् तालाब के पानी से इसकी सिंचाई और फिर रोपनी (transplanting) करनी पड़ती थी। यूनानी लेखकों के विवरण के पश्चात् चीनी यात्रियों ने भी चावल के विषय में सूचना प्रदान की है। सातवीं सदी के पूर्वार्द्ध में चीनी यात्री ह्वेन सांग ने भारत की यात्रा की थी। इसने अपने यात्रा विवरण के प्रसंग में मगध के एक विशेष प्रकार के चावल का उल्लेख किया है जो आकार में बड़ा और अत्यधिक स्वादपूर्ण होता था। ह्वेनसांग के पश्चात् ह्वीली (Hwi Li) ने महाब्रीहि का उल्लेख करते हुए कहा है कि मगध में उत्पादित इस चावल को चीनी भाषा में 'कुंग ताजिन मइ'' कहा जाता था जिसका अर्थ होता है ''ऐसा चावल जो सम्पन्न घरों में खाया जाता था।[33]

यद्यपि चावल के इतने प्राचीन आभिलेखिक साक्ष्य नहीं मिलते हैं किन्तु इस प्रसंग में बंगाल के बोगरा जनपद से प्राप्त महास्थान अभिलेख का उल्लेख किया जा सकता है। यह अभिलेख मौर्य कालीन ब्राह्मी लिपि में और बहुत अधिक

खण्डित है। इसमें पुण्ड्रवर्धन नगर के अतिरिक्त आपात काल के लिये सुरक्षित अन्न एवं कोष्ठागार का उल्लेख मिलता है। इसका पाठ करना अत्यधिक कठिन है किन्तु कुछ लोगों ने इस अभिलेख में धान[34] paddy शब्द का पाठ किया है। यदि यह पाठ सही है तो ऊपर के उस विवरण की ही पुष्टि होती है जहाँ यह कहा गया है कि भारत में चावल की खेती के लिए बिहार एवं बंगाल का क्षेत्र सर्वाधिक उपयुक्त था।

चावल का धार्मिक महत्व

अन्य खाद्यान्नों की अपेक्षा चावल को धार्मिक दृष्टि से सर्वाधिक पवित्र एवं अपरिहार्य माना गया है। दूसरा स्थान यव को दिया गया है। चावल की पवित्रता एवं धार्मिक अनुष्ठानों में इसकी अपरिहार्यता का कारण आदिम मानव की जीवन शैली और उसके विश्वास से जुड़ा हैं आज जो भी सामग्री धार्मिक अनुष्ठानों में प्रयुक्त होती है, उसका सम्बन्ध आदिम जनों की संस्कृति से है। वास्तव में तत्कालीन मानव के समक्ष केवल दो ही प्रश्न थे, प्रथम, जीवन यापन के लिए पशुओं का शिकार करना या प्रकृति प्रदत्त वन्य वनस्पतियों से पेट भरना और दूसरा प्रश्न था अपनी सुरक्षा के लिए अलौकिक शक्तियों का आवाहन करना और उन्हें प्रसन्न करना। इन दोनों ही समस्याओं के निराकरण के लिए वह जो कुछ भी उस समय करता था आज भी वह परम्परा अनवरत रूप से चलती आ रही है। वह जो कुछ भी खाता था वही अलौकिक शक्तियों को भी समर्पित करता था। उसके खाने के लिए पशुओं के माँस के अतिरिक्त विशेष प्रकार की ऐसी जंगली घास या वनस्पतियाँ थीं जिनका प्रयोग वह खाद्य के रूप में स्वयं भी करता था। ऐसी जंगली घासों में ओरिजा निवारा एवं रुफिपोगोन थीं जिनसे कालान्तर में ओरिजा सताइवा का विकास हुआ।

उत्तर वैदिक काल में जब यज्ञादि धार्मिक अनुष्ठान विधिवत प्रतिष्ठित हो गये उस समय भी देवताओं को प्रसन्न करने के लिए पशुओं की बलि दी जाती थी जैसे आदिम जन देते थे और ओरिजा निवारा एवं रुफियोगोन से विकसित ओरिजा सताइवा का समर्पण देवताओं को उसी तरह किया जाता रहा जैसे आदिम जन करते थे। संक्षेप में यह कहा जा सकता है कि आधुनिक युग में भी हमारे धार्मिक अनुष्ठानों और हमारी धार्मिक अवधारणाओं की जड़ें आदिम युग से जुड़ी हुई हैं। इसका उदाहरण व्रत आदि में प्रयुक्त होने वाला तिन्नी का चावल है जो खेतों में स्वतः उत्पन्न होता है और जिसके उत्पादन के लिए हल आदि का प्रयोग नहीं किया

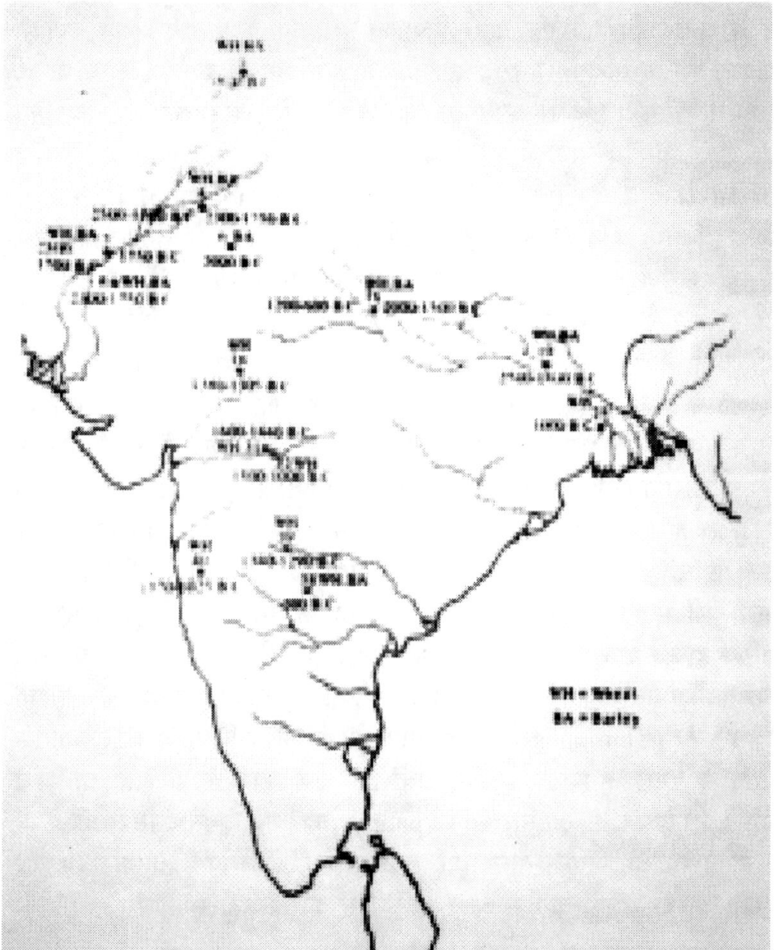

Figure : Geographical distribution of records together with dates of wheat and barley in the Indian subcontinent

गया हो। तिन्नी का यह चावल उस आदिम परम्परा से जुड़ा हुआ है जब कि जंगलों में निवारा आदि जो आज के कृषि जनित चावल के पूर्वज हैं, स्वतः उत्पन्न होते थे और उस समय हल का ज्ञान नहीं था। तिन्नी का चावल व्रत आदि में इसीलिए पवित्र माना जाता है क्योंकि यह हलोत्पादित नहीं होता है। ऐतरेय ब्राह्मण, शतपथ ब्राह्मण, काठक संहिता, तैत्तिरीय संहिता तथा उत्तर वैदिक काल के अन्य अनेक ग्रन्थों में जिनमें यज्ञादि अनुष्ठानों का विवरण प्राप्त होता है चावल और तत्पश्चात् यव को अपरिहार्य माना गया है। यज्ञों में जिस चुरु (oblation) का उल्लेख बार-बार आता है, वह चावल एवं दूध से तैयार किया जाता था। चावल के साथ यव को मिश्रित करके देवताओं की हविषा तैयार की जाती थी। निवारा, जिसका उल्लेख ऊपर किया गया है और जो चावल का ही वन्य प्रकार है, इतना पवित्र प्रकार का चावल माना जाता था कि राजसूय यज्ञ में वृहस्पति को अर्पित किया जाने वाला नैवेद्य, इसी से तैयार किया जाता था। कालान्तर में जबकि उपनिषदों में यज्ञों में दी जाने वाली पशुबलि की निन्दा होने लगी उस समय यह कहा गया कि यजमान द्वारा चावल एवं यव के माध्यम से किए गए देवताओं के आवाहन से वही पुण्य प्राप्त होता है जो यज्ञों में पशुबलि से प्राप्त होता है। इस काल के ग्रन्थों में चावल द्वारा किये गये यज्ञ को सर्वोत्तम माना गया है।[35] यहाँ यह उल्लेख कर देना अप्रासंगिक नहीं होगा कि भारत ही नहीं चीन आदि दक्षिण पूर्वी एशिया के अन्य देशों में भी जहाँ प्राचीन काल से चावल के प्रमाण मिलते हैं; चावल को धार्मिक महत्त्व प्राप्त रहा है। उदाहरण के लिए चीन में प्राचीन काल में प्रचलित एक धार्मिक उत्सव का उल्लेख किया जा सकता है जिसका आरम्भ 2800 ई0पू0 से चिन-नुंग (Chin-nung) नाम के चीन के शासक ने किया था। इस धार्मिक उत्सव में प्रमुख अनुष्ठान पाँच खाद्यान्नों का बीज वपन करना होता था। इस धार्मिक अनुष्ठान के अनुसार धान (paddy) का बीज वपन शासक को स्वयं करना पड़ता था, जबकि अन्य चार खाद्यान्नों का बीज वपन शासक स्वयं कर सकता था या राजपरिवार के अन्य सदस्यों से करा सकता था।[36]

पुरातात्त्विक साक्ष्य

यद्यपि चावल के साहित्यिक साक्ष्य छठी सदी ई0पू0 या इससे कुल पहले उत्तर वैदिक साहित्य से मिलने लगते हैं किन्तु पुरातात्त्विक साक्ष्य से चावल की प्राचीनता पाँचवीं-छठी सहस्त्राब्दी ई0पू0 तक जाती है। चावल या चावल की भूसी के अवशेष पश्चिमी उत्तर प्रदेश से पूरब में पश्चिमी बंगाल तक गंगा घाटी के विभिन्न

स्थानों से प्राप्त हो चुके हैं। गंगा के इस क्षेत्र के अतिरिक्त विन्ध्य क्षेत्र में इसके महत्त्वपूर्ण साक्ष्य प्राप्त हुए हैं। किन्तु यह भी ध्यातव्य है कि जहाँ अन्य खाद्यान्ना भारत के प्रायः सभी क्षेत्रों में पैदा होते हैं धान की खेती सभी क्षेत्रों में सम्भव नहीं है। इसके लिए प्रचुर मात्रा में जल तथा विशेष प्रकार की मट्टी जिसमें सर्वदा आर्द्रता (humidity) बनी रहे आवश्यक है। यही कारण है कि पंजाब से चावल के न तो पुरातात्त्विक और न ही साहित्यिक प्रमाण प्राप्त हुए हैं। उत्तर वैदिक साहित्य भी जिस ब्रीहि का उल्लेख करता है वह वर्षा ॠतु की उपज है और सालि की खेती जो चावल की ही प्रजाति है और जिसका बीज वपन शरद ॠतु में होता है तभी सम्भव हुई जब छठीं सदी ई0पू0 में सिंचाई और रोपनी का ज्ञान हो चुका था।

चावल या धान के उद्भव एवं विकास पर पुरातत्त्वविदों के अतिरिक्त वनस्पतिशास्त्र के विद्वानों ने भी अति सूक्ष्मता एवं विस्तार[37] के साथ अपने विचार प्रस्तुत किये हैं जिनसे यह ज्ञात होता है कि अन्य खाद्यान्नों के समान धान का उद्भव एवं विकास भी अनुकूल जलवायु में स्वतः उद्भूत होने वाली घासों से ही सम्भव हुआ है। आज से लगभग दस-पन्द्रह हजार वर्ष पूर्व जलवायु में परिवर्तन के ऐसे संकेत मिलते हैं जो विभिन्न प्रकार की वनस्पतियों के उद्भव और विकास के लिए अनुकूल था। इस युगान्तकारी काल खण्ड को नवीन उष्मीय युग (Neothermal Age) की संज्ञा दी जाती है।[38] इस परिवर्तन के परिणामस्वरूप हिमालय के दक्षिणी भाग, दक्षिणी चीन, सम्पूर्ण दक्षिण-पूर्व एशिया में अनेक प्रकार के उद्भिज उत्पन्न होने लगे। इन उद्भिजों का सूक्ष्म अध्ययन वनस्पतिशास्त्र के विशेषज्ञों ने किया। उनके इस अध्ययन के आधार पर यह कहा जा सकता है कि आज चावल के जिस विकसित प्रजाति को ओरिजा सताइवा (oryza sativa) कहा गया है उसका विकास कम से कम दो वन्य प्रजाति की घासों से हुआ जिन्हें ओरिजा रुफिपोगोन (oryza rufipogon) एवं ओरिजा निवारा (oryza nivara) कहा गया है।[39] विकास की यह प्रक्रिया होलोसीन काल के आरम्भ से ही दिखाई देती है। यद्यपि जलवायु में होने वाले परिवर्तन एवं कृषि के क्षेत्र एवं तकनीक में निरन्तर होने वाले विस्तार के कारण आज पुरैतिहासिक काल के बहुत से उद्भिज विलुप्त हो चुके हैं और उन्हीं के साथ ओरिजा रुफिपोगोन एवं ओरिजा निवारा का भी अस्तित्व समाप्तप्राय हो चुका है, किन्तु इनके साक्ष्य तत्कालीन चावल के प्राप्त अवशेषों में दिखाई देते हैं। उदाहरण के लिये विन्ध्य क्षेत्र में बेलन नदी की घाटी में कोल्डिहवा एवं महगर से जो पुरातात्त्विक अवशेष प्राप्त हुये हैं उनका काल

छठीं-सातवीं सहस्त्राब्दि ई0पू0 निर्धारित किया गया है। इन अवशेषों में जो मृद्भाण्ड प्राप्त हुये हैं उन पर ओरिजा सताइवा के अतिरिक्त ओरिजा निवारा एवं ओरिजा रुफिपोगोन जैसी घासों के भी साक्ष्य मिल जाते हैं।[40] ओरिजा सताइवा के विकास से पहले आदिम मानव ओरिजा निवारा एवं ओरिजा रुफिपोगोन जैसी घास के दानों को ही खाता था और कालान्तर में ओरिजा सताइवा का उपयोग खाद्यान्न के रूप में किया गया।

चावल की प्राचीनता पर विचार करते समय दो तथ्यों का ध्यान रखना होगा। प्रथम, चावल के विकास क्रम में हजारों वर्ष का इतिहास छिपा है और जिस चावल के अवशेष को प्राप्त कर हम उसकी प्राचीनता का निर्धारण करते हैं वह विकास क्रम के किस कालखण्ड से सम्बन्धित है इसका ध्यान रखना आवश्यक होगा। द्वितीय, चावल के प्रकार और प्रजातियाँ अनेक हैं। रनधावा के कथनानुसार भारत में चार हजार (4000) प्रकार के चावल मिलते हैं।[41] जिस ओरिजा नाम के वन्य उद्भिज से ओरिजा सताइवा का विकास हुआ उस उद्भिज की ही अठाइस (28) प्रजातियाँ ज्ञात हो चुकी हैं उनमें से केवल दो प्रजातियों से ही कालान्तर में चावल का विकास हुआ। ओरिजा की इन दो प्रजातियों के नाम ओरिजा सताइवा और ओरिजा ग्लैबेरिमा (glaberrima) हैं। ओरिजा नाम का यह उद्भिज ऐसे जंगलों में प्रस्फुटित होता था जहाँ की भूमि में सर्वदा आर्द्रता (humidity) बनी रहती थी और पर्याप्त जल सुलभ रहता था। इसी को ध्यान में रख कर अधिकांश विद्वानों ने ओरिजा सताइवा के उद्गम स्थान और भौगोलिक क्षेत्र के अन्तर्गत भारत के पूर्वी भाग, दक्षिण चीन तथा सम्पूर्ण दक्षिण पूर्वी एशिया को प्रमुखता प्रदान की है।

उपर्युक्त विवरण के आधार पर यह कहा जा सकता है कि चावल का कोई एक उद्गम-स्थान या केन्द्र नहीं था। इसका उद्भव उत्तरी भारत, चीन एवं दक्षिण-पूर्वी एशिया में अलग-अलग स्वतंत्र रूप से हुआ था। अनुकूल जलवायु, आर्द्रता एवं उपर्युक्त भूमि जहाँ भी सम्भव थी वहाँ आरिजा निवारा एवं रुफिपोगोन आदि वन्य प्रजाति की घास स्वतः उद्भव हो जाती थी। आज के युग में तीव्र गति से बढ़ती हुई आबादी जिनके कारण वन्य भूमि का उत्तरोत्तर संकुचित होना और दूसरी तरफ औद्योगीकरण और प्रदूषण आदि के कारण अनेक वनस्पतियाँ जिनमें निवारा एवं रुफिपोगोन भी है लगभग समाप्तप्राय हो रही है। किन्तु प्रागैतिहासिक काल में इसके पुरातात्त्विक साक्ष्य उपर्युक्त स्थानों से व्यापक रूप से पाये गये हैं।

एशिया, यूरोप, अमेरिका एवं पश्चिम अफ्रिका में, कम या अधिक चावल का उपयोग खद्यान्न के रूप में होता रहा है। अन्तर मात्र यह है कि जहाँ एशिया, युरोप

२

(glaberrima)

दक्षिण पूर्वी एरि

ष्कर्ष

निकाला जा सकता है कि इस देश के अन्तर्गत ऐसे विशेष क्षेत्र थे जहाँ खाद्यान्न के रूप में चावल का उपयोग व्यापक रूप से होता रहा है। पुरातात्त्विक साक्ष्य से यह ज्ञात होता है कि गंगा का विस्तृत मैदान चावल के लिये सर्वाधिक अनुकूल रहा है। हिमालय के दक्षिणी भाग की जलवायु एवं मिट्टी चावल की उपज के लिये अत्यधिक उपयुक्त थी। यहीं से चावल के साक्ष्य मध्यपाषाण काल से लौह युग तक अनवरत प्राप्त हुए हैं। ऐसा प्रतीत होता है कि जिन वन्य घासों से चावल का विकास हुआ और जिनका उल्लेख ऊपर किया जा चुका है वह इस जलवायु में प्रचुर मात्रा में पैदा होती रही और इन क्षेत्रों के रहने वाले पाषाणकालीन मानव सर्वप्रथम इनका उपयोग खाद्य के रूप में करते रहे। यही कारण है कि विन्ध्य क्षेत्र में चावल के साक्ष्य मध्य पाषाण से ही मिलने लगे हैं। यद्यपि वाद में इन क्षेत्रों के निवासी गेहूँ, यव, ज्वार आदि की भी खेती करने लगे। मध्यपाषाण काल से चावल के जो साक्ष्य प्राप्त हुये हैं वह स्वतः उत्पन्न वन्य प्रकार के हैं। उपलब्ध साक्ष्यों से यह ज्ञात होता है कि पूर्व पाषाण एवं मध्यपाषाण में आदिम जन एक ही स्थान पर बहुत काल तक नहीं रहते थे। पशुओं के आखेट और वनस्पतियों पर उसका जीवन आधारित था और इनका अभाव होने पर उसे अन्यत्र संचरण करना पड़ता था। इस अवस्था में उसे अनेक सहस्त्राब्दियाँ व्यतीत करनी पड़ी। किन्तु इस

ीलता की स्थिति में ही वह कुछ विश ष प्रकार के प ८

ाण के खाद्य संग्रहण (food gathering) की

स्थिति से उत्तरोत्तर विकास करता हुआ नवीन पाष

(food producing)

साक्ष्य प्राप्त हुये हैं उनमें स्वतः उत्पादित वन्य चावल के अतिरिक्त कृषि जनित चावल भी हैं। ये साक्ष्य दोनों ही प्रकार के हैं, जले हुये (charred) एवं मृद्भाण्डों पर उनकी भूसी प्राप्त हुयी है। इन साक्ष्यों के अतिरिक्त जाँत, सिल लोढ़े, कुल्हाड़ी, छेनी, हथौडा आदि की भी प्राप्ति हुई है। इससे स्वाभाविक निष्कर्ष यही निकलता है कि आदिम मानव के जीवन में नवपाषाण काल में स्थायित्व आने लगा था। इसकी पुष्टि का अन्य आधार यह भी है कि उनके आवास के समीप गाय-बैल, भेड़, बकरी आदि की हड्डियाँ भी प्राप्त हुई हैं जो इंगित करती हैं कि कुछ ऐसे पशुओं को वह पालतू बनाने लगा था, जिनकी उसके जीवन में उपयोगिता थी और जिनका उल्लेख ऊपर किया जा चुका है।

चावल तथा अन्य खाद्यान्नों के विवरण के प्रसंग में कतिपय उन प्रमुख नवपाषाणिक स्थलों का उल्लेख किया जा सकता है जो उत्तर भारत में उद्घाटित हो चुके हैं। इन पुरास्थलों के प्रकाश में आने से यह स्पष्ट हो जाता है कि ये सभी स्थान नदियों या वृहत् जलाशयों के निकट स्थित थे। यद्यपि चावल का प्रमुख उद्भव एवं विकास केन्द्र पूर्वी उत्तर प्रदेश, बिहार एवं बंगाल ही रहा है तथापि इसके पुरातात्त्विक साक्ष्य अन्य प्रदेश या पुरास्थलों से भी प्राप्त हो जाते हैं। उदाहरण के लिए गुजरात में लोथल (2300 ई0पू0) एवं रंगपुर (200-1800 ई0पू0) से मृद्भाण्डों पर धान की भूसी के साक्ष्य मिले हैं। इस प्रकार के प्रमाण को रनधावा[43] ने पुरातात्त्विक संयोग (accident of anchaeology) कहा है।

चावल से सम्बन्धित प्रमुख पुरास्थलों का उल्लेख यदि दक्षिण से उत्तर के क्रम में किया जाये तो प्रथम नाम मध्य प्रदेश के सीधी जनपद में स्थित कुन्झुन का आता है जो सोन नदी के दाहिने तट पर है। यह एक नवपाषाणिक पुरास्थल है जहाँ से मृद्भाण्डों में चावल तथा चावल की भूसी मिली है। यहाँ से जिन पशुओं की हड्डियाँ मिली हैं उनसे यह ज्ञात होता है कि गाय, बैल, भेड़, बकरी आदि को पालतू बनाया जाने लगा था।

दूसरा महत्त्वपूर्ण पुरास्थल इलाहाबाद से लगभग 85 किलोमीटर दक्षिण पूर्व में बेलन नदी के बायें तट पर स्थित कोल्डिहवा है। इस पुरास्थल के उत्खनन से प्राप्त अवशेषों से तीन सांस्कृतिक स्तर प्रकाश में आये हैं जो क्रमशः नवीन पाषाण काल, ताम्राश्म काल तथा लौह युग हैं। कोल्डिहवा के निकट ही बेलन नदी के दाहिने किनारे पर महगर नाम का पुरास्थल है। यद्यपि कोल्डिहवा के समान महगर भी नवपाषाण कालीन है किन्तु दोनों में अन्तर यह है कि जहाँ कोल्डिहवा विकास के तीन कालों का उद्घाटन करता है महगर मात्र नवपाषाण कालीन एकाकी

संस्कृति का पुरास्थल है। इन स्थानों से प्राप्त पुरावशेषों के आधार पर यह कहा जा सकता है कि नवपाषाण काल में ही स्थायी निवास बना कर आदिम जन रहने लगे थे। महगर से एक पशु-बाड़े (cow-pen) का उद्‌घाटन हुआ है जिससे यह ज्ञात होता है कि कुछ विशेष प्रकार के पशुओं को पालतू भी बनाया जाता था जिनमें भेड़, बकरी, गाय, बैल रहे होंगे। किन्तु हरिण, सूअर आदि जंगली जानवरों का शिकार भी किया जाता था जिनकी हड्डियाँ उनके निवास स्थान से प्राप्त हुयी है। नदी के निकट रहने के कारण यहाँ निवास करने वाले मछली एवं कछुए आदि का भी खाद्य के रूप में प्रयोग करते थे।

किन्तु सर्वाधिक महत्त्वपूर्ण यह है कि इनके आवास से हस्तनिर्मित मृद्‌भाण्डों पर धान या धान की भूसी तथा पुआल के अधजले अवशेष सालन (degraissant) के रूप में प्रयुक्त मिलते हैं। इस धान की पहचान ओरिजा सताइवा (Oryza Sativa) किस्म से की गई है। ऐसे मृद्‌भाण्ड भी मिले हैं जिनमें इस धान को सुरक्षित रखा जाता था। इस खाद्यान्न की प्राप्ति से यह ज्ञात हो जाता है कि नवपाषाण काल में ही यहाँ धान की खेती होने लगी थी। धान के अतिरिक्त किसी अन्य खाद्यान्न के अवशेष का प्राप्त नहीं होना यह भी प्रमाणित करता है कि मानव जीवन में सर्वप्रथम धान अथवा ओरिजा सताइवा ही खाद्यान्न के रूप में प्रयोग में लाया गया। इस ओरिजा सताइवा से आदिम मानव मध्यपाषाण में ही परिचित हो गया था जिसका उद्‌भव होलोसीन काल की अनुकूल जलवायु एवं मिट्टी में प्रचुर मात्रा में होता रहा और जिसका उल्लेख ऊपर किया जा चुका है। सर्वप्रथम ओरिजा सताइवा से परिचित आदिम जन कालान्तर में गेहूँ, यव आदि की भी खेती करने लगे जिसका उल्लेख आगे के पृष्ठों में किया जायेगा।

उपर्युक्त पुरास्थलों का काल निर्धारण अभी तक सुनिश्चित नहीं हो सका है। विभिन्न स्थलों से प्राप्त कार्बन 14 तिथियाँ एक समान नहीं हैं।[44] एक ही पुरास्थल से दो या दो से अधिक तिथियाँ प्राप्त होती हैं। अब तक यह स्पष्ट नहीं कि तिथियों की इस विषमता का क्या कारण है। सम्भव है चावल के नमूनों (samples) में ही हेरफेर हो गया हो। दूसरी सम्भावना यह हो सकती है कि नवीन पाषाण काल की लम्बी अवधि के आरम्भ के नमूने और उसी काल के बाद के नमूनों का सम्मिश्रण हो गया हो। यद्यपि इन तिथियों को पूरी तरह असन्दिग्ध नहीं कहा जा सकता।

इलाहाबाद से 77 कि0मी0 दक्षिण-पूर्व दिशा में चोपनी भाण्डों नाम का पुरास्थल है जहाँ से मध्य पाषाण कालीन संस्कृति का उद्‌घाटन हुआ। इस

Figure : Rice husk (Uncultivated) in pot sherd-Chopanimando

पुरास्थल का उत्खनन 1978-1982 के बीच हुआ। मध्य पाषाण काल की अन्तिम अवस्था में हस्तनिर्मित मृद्भाण्डों पर धान की भूसी या पुआल मिले हैं। इससे यह ज्ञात होता है कि विन्ध्य क्षेत्र के लोग मध्यपाषाण काल से ही चावल से परिचित हो चुके थे जिसका प्रचलन नवपाषाण काल में व्यापक रूप से होने लगा था। अतः यह कहा जा सकता है कि चावल की विकास यात्रा में चोपनी माण्डों का महत्त्वपूर्ण स्थान है। ध्यातव्य है कि मध्यपाषाण कालीन अवशेषों से अधजली मिट्टी में वन्य चावल की प्राप्ति तथा चावल की भूसी तथा पुआल का मिट्टी में सालन (degraissent) के रूप में प्रयोग तथा इस काल में चकरी तथा मूसल का मिलना यह इंगित करता है कि चोपनीमाण्डों एवं इसके निकट रहने वाले आदिम जनों की जीवन शैली में शनैः शनैः बदलाव आ रहा था। वन्य पशुओं के शिकार और माँस पर निर्भर पूर्व पाषाण कालीन जन मध्यपाषाण काल की समाप्ति से पहले ही नाना प्रकार की वनस्पतियों में उपयोगी वनस्पतियों को पहचानने और अपने जीवन यापन में उनके महत्त्व को समझने लगा था। इस काल में ही ओरिजा सताइवा का उपयोग खाद्यान्न के रूप में करने लगा और नवपाषाण काल में चावल के जो साक्ष्य प्राप्त होते हैं उसमें वन्य तथा कृषि जनित दोनों ही प्रकार के, व्यापक रूप से मिलने लगते हैं। उपर्युक्त साक्ष्यों को आधार मानकर यह कहा गया कि चावल के इतिहास में चोपनीमाण्डो का महत्त्वपूर्ण स्थान है।

विन्ध्यक्षेत्र के समीप झूसी से भी चावल के साक्ष्य प्राप्त हुए हैं। यह स्थान इलाहाबाद नगर के अतिनिकट है। झूसी के पुरास्थल से विकास के 6 सांस्कृतिक स्तरों का उद्घाटन हुआ है जिसमें प्रथम नवपाषाण कालीन है और अन्तिम मध्यकालीन है। उत्खनन से मध्यपाषाण काल के भी अवशेष प्राप्त हुए हैं। नवपाषाण काल से डोरी छाप (Cord- impressed) मृद्भाण्ड भी प्राप्त हुए हैं। यहाँ से प्राप्त मृद्भाण्डों पर चावल की भूसी या पुआल मिले हैं जिनसे यह प्रमाणित होता है कि नवपाषाण काल में यहाँ के लोगों का प्रमुख खाद्यान्न चावल ही रहा होगा। नवपाषाण काल में यहाँ के लोग घास और मट्टी से निर्मित आवास बना कर रहने लगे थे और कुछ विशेष प्रकार के पशुओं को पालतू बनाने लगे थे। उनके आवासों के निकट से खाद्यान्न को उपयोग में लाने के लिए चक्की, मूसल आदि का भी प्रयोग करते थे। इससे यह स्पष्ट हो जाता है कि इस काल में कृषि का प्रारम्भिक ज्ञान और पशुपालन उनके जीवन का आधार बन चुका था। झूसी के पुरास्थल का काल निर्धारण नहीं हुआ है। इस पुरास्थल को उद्घाटित करने वाले पुरातत्त्वविदों ने झूसी की नवपाषाण कालीन संस्कृति का समय पाँचवीं सहस्त्राब्दी

से पहले निर्धारित किया है।[45] मिर्जापुर जनपद में नगर से लगभग 68 कि0मी0 दक्षिण-पूर्व में टोकवा नाम के एक पुरास्थल का उद्घाटन हुआ है। यह स्थान बेलन एवं अदवा नदियों के संगम पर स्थित है। यहाँ से सांस्कृतिक विकास के तीन स्तर ज्ञात हुए हैं जो नवपाषाण काल, ताम्राश्म काल और लौह युग है। टोकवा के पुरास्थल से प्राप्त अवशेषों से यह ज्ञात होता है कि यह स्थान भी सांस्कृतिक दृष्टि से विन्ध्य संस्कृति से जुड़ा रहा। नवपाषाण काल के जो अवशेष प्राप्त हुये हैं उनसे ज्ञात होता है कि इस काल के लोग चावल के अतिरिक्त अन्य खाद्यान्नों से भी परिचित हो चुके थे। इन अवशेषों में भग्न जाँत, मूसल आदि भी प्राप्त हुये हैं। प्राप्त अवशेषों से ज्ञात होता है कि लोग बाँस वल्ली एवं मट्टी के झोपड़े (wattle and daub) बना कर रहने लगे थे। चावल की भूसी अलग से भी मिलती है और हस्तनिर्मित मृद्भाण्डों पर सालन के रूप में भी मिलती है। खाद्यान्नों के प्राप्त अवशेषों से यह भी ज्ञात होता है कि यद्यपि यहाँ रहने वाले पहले चावल से ही परिचित हुये थे किन्तु बाद में गेहूँ, यव, तिल, मूँग, सरसों आदि से भी उनका परिचय हो गया। यहाँ यह भी ध्यातव्य है कि इन के निवास के समीप पशुओं की हड्डियाँ मिली हैं जो प्रचुर मात्रा में है। इन पशुओं में पालतू और वन्य दोनों ही प्रकार के हैं जिससे ज्ञात होता है कि यद्यपि नवपाषाण काल में ही टेकवा में रहने वाले लोग कृषि कार्य से परिचित हो चुके थे फिर भी वन्य पशुओं का शिकार कर जीवन यापन करना पूर्ववत चल रहा था।

चावल की प्राचीनता से सम्बन्धित महत्त्वपूर्ण साक्ष्य लहुरादेवा से प्राप्त हुए हैं। यह पुरास्थल उत्तर प्रदेश के सन्तकबीर नगर जनपद में स्थित है। यहाँ से प्राप्त अवशेषों पर और विशेषकर चावल पर विस्तार के साथ पुरातत्त्वविदों ने विचार किया।[46] इस पुरास्थल के उत्खनन में प्राप्त साक्ष्यों से यह ज्ञात होता है कि यहाँ रहने वाले सांस्कृतिक विकास के आरम्भिक काल में ही (I.A.) स्वतः उत्पादित वन्य चावल के साथ-साथ स्वयं भी चावल का उत्पादन करने लगे थे। के0एस0 सारस्वत लहुरादेवा से प्राप्त इन साक्ष्यों के आधार पर नवपाषाण काल के आरम्भ से ही चावल के दोनों प्रकार - वन्य (wild) एवं कृषि जनित का अस्तित्व स्वीकार करते हैं।[47] इनका काल वह छठीं-पाँचवीं सहस्त्राब्दी मानते हैं। लहुरादेवा से प्राप्त चावल का सूक्ष्म परीक्षण करने के बाद यह निष्कर्ष निकला कि इन चावल के अवशेषों में दो आकार के (Morphology) चावल हैं जिनसे यह ज्ञात होता है कि दोनों ही प्रकार के - स्वतः उत्पादित वन्य प्रकार के तथा तत्कालीन आदिम जनों द्वारा उत्पादित चावल हैं क्योंकि इनके आकार में विभिन्नता पाई गई और इस

आधार पर सारस्वत का कहना है कि गंगा के विस्तृत मैदान में अन्नोत्पादन की प्रक्रिया बहुत पहले, सम्भवतः शीत काल की समाप्ति के बाद ही, आरम्भ हो चुकी थी।[48] इस प्रक्रिया के आरम्भ का काल निर्धारण करना सम्भव नहीं है किन्तु सम्भावना यही है कि भविष्य में किये जाने वाले शोध से गंगाघाटी में अन्नोत्पादन का काल और पहले निर्धारित हो सकता है।

सांस्कृतिक विकास के आरम्भ में यहाँ के मूल निवासी वन्य उत्पादित अन्य वनस्पतियों के अतिरिक्त ओरिजा निवारा (oyza nivara) एवं रुफियोगोन (oryza rufipogon) को भी खाद्य के रूप में उपयोग में लाते होंगे किन्तु कालान्तर में चावल का उत्पादन करने लगे होंगे। पुरातत्त्वविदों का मत है कि कम से कम सातवीं सहस्राब्दी ई0पू0 से लहुरादेवा के आदिम जन चावल का उत्पादन करने लगे थे।[49] प्राप्त चावल का परीक्षण अहमदाबाद के फिजिकल रिसर्च लेवोरेटरी से करने के पश्चात् इन पुरातत्त्वविदों ने कहा कि लहुरा देवा के लोग अपने ग्राम में सातवीं सहस्राब्दी ई0पू0 से चावल का उत्पादन करने लगे थे और इस प्रकार मध्य गांगेय क्षेत्र में कृषि के आरम्भ का सूत्रपात हुआ।[50] ध्यातव्य है चावल के प्राप्त अवशेषों से यह भी स्पष्ट हो जाता है कि इसका विकास ओरिजा निवारा एवं ओरिजा रुफिपोगोन नामक वन्य उदिभूज से ही हुआ था। संक्षेप में यह कहा जा सकता है कि मात्र चावल ही नहीं कृषि के विकास एवं विस्तार के इतिहास में लहुरादेवा के पुरास्थल का महत्त्वपूर्ण स्थान है।

सोहगौरा नाम का एक अन्य पुरास्थल गोरखपुर में स्थित है जो सरयूपार के महत्त्वपूर्ण पुरास्थलों में से है और भौगोलिक एवं सांस्कृतिक दृष्टि से लहुरादेवा से मिलता जुलता है। यह स्थान राप्ती एवं आमी नदियों के संगम पर स्थित है। उत्खनन में यहाँ से नवपाषाण काल से मध्यकाल तक के सांस्कृतिक स्तर प्रकाश में आए हैं जिन्हें छः उपभागों में बाँटा गया है। इस पुरास्थल के उद्‌घाटन का श्रेय शैलनाथ चतुर्वेदी को जाता है। प्रथम और प्राचीनतम सांस्कृतिक स्तर का सम्बन्ध नव-पाषाण काल से है। इस काल से डोरी छाप मृद्‌भाण्डों पर चावल की भूसी एवं पुआल मिलता है। इसकी प्राप्ति से यह ज्ञात हो जाता है कि सोहगौरा में इस काल के लोग चावल से परिचित हो चुके थे। यद्यपि सोहगौरा से प्राप्त इन अवशेषों की कार्वन 14 तिथियाँ ज्ञान नहीं हो सकी हैं किन्तु इतना स्पष्ट है कि सोहगौरा, लहुरा देवा, सूसीपार, रामनगर घाट तथा सरयूपार के अन्य अनेक पुरास्थलों से प्राप्त डोरी छाप मृद्‌भाण्डों की प्राप्ति जो कि सर्वदा चावल या चावल की भूसी के साथ मिलता है इसे आधार मान कर यह कहा गया कि इस क्षेत्र में निवासी छठीं-सातवीं

सहस्त्राब्दी ई0पू0 में वन्य चावल के अतिरिक्त इसका उत्पादन भी करने लगे थे। आर0के0 वर्मा ने इसी आधार पर यह कहा है कि नवपाषाण काल में ही गंगा-घाघरा क्षेत्र के जनों का प्रमुख खाद्यान्न चावल ही रहा।[51]

सोहगौरा गोरखपुर का अकेला स्थान नहीं जहाँ से चावल के नवपाषाण कालीन साक्ष्य प्राप्त हुए। पुरुषोत्तम सिंह ने गोरखपुर तथा गंगा घाटी के ऐसे अनेक पुरास्थलों का उद्‌घाटन किया है जिनसे न केवल चावल की प्राचीनता के साक्ष्य प्राप्त होते हैं अपितु कृषि कार्य तथा इससे सम्बन्धित तकनीक का भी ज्ञान प्राप्त होता है। यह सभी पुरास्थल गोरखपुर, सन्तकबीर नगर, वस्ती आदि उत्तर प्रदेश के अन्य जनपदों में विद्यमान हैं। इसके अतिरिक्त बिहार एवं पश्चिमी बंगाल तक के पुरास्थलों से चावल के प्राचीनतम साक्ष्य प्राप्त हो चुके हैं। इनके नामोल्लेख एवं संक्षिप्त विवरण से यह स्पष्ट हो जाता है कि इन क्षेत्रों में निवास करने वालों का खाद्यान्न के रूप में प्रथम परिचय चावल से ही हुआ था। इस प्रसंग में प्रथम उल्लेख नरहन का किया जा सकता है जो गोरखपुर जनपद में ही स्थित है। इस पुरास्थल से जो अवशेष प्रकाश में आये हैं उनके आधार पर पुरुषोत्तम सिंह ने कहा है कि सांस्कृतिक दृष्टि से यह क्षेत्र बस्ती, सिद्धार्थनगर, गोरखपुर, महराजगंज, देवरिया, बलिया तथा आजमगढ़ का उत्तरी-पश्चिमी भाग और फैजाबाद का कुछ भाग तक जुड़ा रहा। प्राप्त अवशेषों से ज्ञात होता है कि नरहन के लोग मट्टी, घास, बाँस आदि (Wattle and daub) से अपना आवास बना कर रहने लगे थे। चूल्हे यहाँ पर उसी रूप में मिले हैं जैसे कि नवपाषाण कालीन चिराँड में मिलते हैं। अनेक स्थानों पर जमीन में खोद कर गर्त (pit) भी बने हुए प्रकाश में आये हैं। प्रभूत मात्रा में यहाँ से खाद्यान्नों के जो अवशेष प्राप्त हुए हैं उनमें तत्कालीन जनों द्वारा उत्पादित चावल (Cultivated rice) भी है। पुरुषोत्तम सिंह का मत है कि यद्यपि यहाँ से कोई पाषाण से निर्मित अवशेष नहीं मिले हैं फिर भी इसे ताम्राश्मकालीन नहीं कहा जा सकता है।[52] नरहन से जो सांस्कृतिक स्तर प्राप्त हुए उनमें प्रथम 1300-800 ई0पू0 और दूसरे का 800-600 ई0पू0 निर्धारित किया गया है।[53]

चावल की प्राचीनता का साक्ष्य इसी क्षेत्र के इमलीडीह खुर्द से प्राप्त हुआ। यह स्थान कुआना नदी के बाँये किनारे पर गोरखपुर जनपद में स्थित है। यहाँ से विकास के तीन सांस्कृतिक स्तर प्राप्त हुये जिनका काल क्रमशः 2000 ई0पू0 से 1400 ई0पू0; 1400 ई0पू0 से 1300 ई0पू0; 1300 ई0पू0 से 800 ई0पू0 निर्धारित किया जाता है।[54] आरम्भिक काल के अवशेषों से ज्ञात होता है कि यहाँ के आदिम

Figure : Harappa: Granary

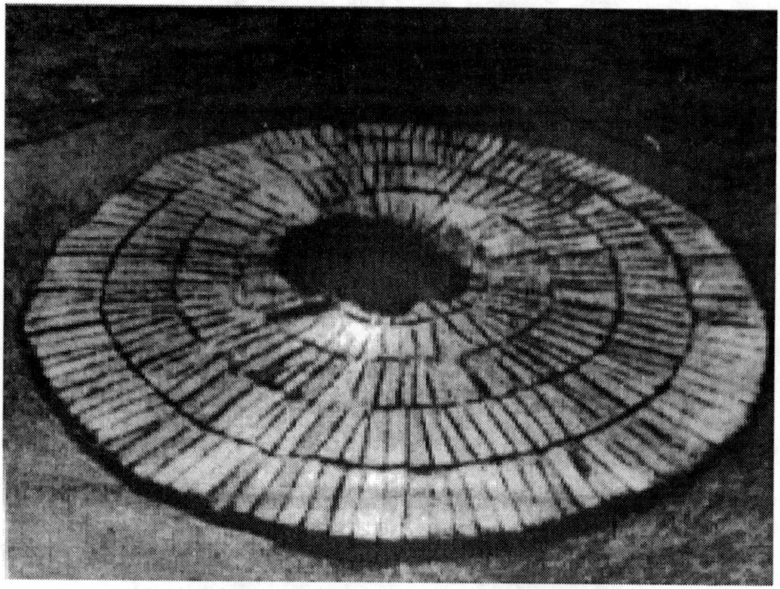

Figure : Harappa: Dehusking platform

जन बाँस, मिट्टी आदि से अपना आवास बना कर रहने लगे थे। प्राप्त खाद्यान्नों के अवशेष में चावल के अतिरिक्त अन्य अनेक खाद्यान्न भी प्राप्त हुए हैं। इन खाद्यान्नों से यह ज्ञात होता है कि यहाँ के निवासी एक वर्ष में दो फसल, रबी एवं खरीफ की खेती करने लगे थे। मट्टी का गोलाकार एक ऐसा अवशेष प्राप्त हुआ है, जो अनाज रखने वाले बखार (Silo) के समान है। यद्यपि इमलीडीह के पुरास्थल से यह ज्ञात हो जाता है कि यहाँ पर दूसरी सहस्राब्दी ई0पू0 में ही लोग गाँवों में बसने लगे थे और खेती करने तथा पशु पालन भी करने लगे थे। पालतू पशुओं में गाय, बैल, भेड़, बकरी और सम्भवतः सूअर सम्मिलित थे। इसके अतिरिक्त यह भी ध्यातव्य है कि प्रभूत मात्र में ऐसे पशुओं की हड्डियाँ मिलती हैं जिन पर उनके काटे जाने के निशान (butchery) दिखाई देते हैं। पशुओं की हड्डी के साथ-साथ कछुआ एवं मछली के आदि जल जन्तुओं की भी हड्डियाँ प्राप्त होती हैं, जिनसे यह अनुमान लगाया जा सकता है कि खाद्यान्न का उत्पादन पर्याप्त मात्रा में यहाँ के लोग अभी तक नहीं कर पाते हों जिससे उन्हें शिकार करना पड़ता हो। किन्तु इमलीडीह के पुरास्थल से यह स्पष्ट हो जाता है कि दूसरी सहस्राब्दी ई0पू0 के आरम्भ में ही सरयू पार के इस क्षेत्र में खेती का प्रचलन एवं गावों में निवास करने की प्रक्रिया पूरी तरह प्रतिष्ठित हो चुकी थी।[55]

गोरखपुर जनपद में ही धुरियापार के पुरास्थल का उद्‌घाटन हुआ है। यहाँ से प्राप्त प्राचीनतम मृद्‌भाण्ड काले-लाल रंग (B.R.W.) के हैं। उद्‌घाटित अवशेषों के आधार पर धुरियापार के सांस्कृतिक स्तरों को पाँच वर्गों में बाँटा गया है जिसमें प्रथम और प्राचीनतम स्तर का काल 1300 ई0पू0 से 600 ई0पू0 निर्धारित किया गया है। इसके दूसरे सांस्कृतिक स्तर से उत्तरी काली चमकीले मृद्‌भाण्डों का है जिसका काल 600 ई0पू0 से 300 ई0पू0 निर्धारित किया गया।

गोरखपुर जनपद के अतिरिक्त सरयूपार क्षेत्र से पूरब तरफ उत्तर प्रदेश के जिन अन्य जनपदों से चावल की प्राप्ति हुई है उनमें बलिया में वैना से दो सांस्कृतिक स्तर प्रकाश में आये हैं, जिनका काल क्रमशः 1600 ई0पू0 से 800 ई0पू0 तथा 800 ई0पू0 से 600 ई0पू0 है। इसी जनपद में दूसरा पुरास्थल खैराडीह है। यहाँ से भी विकास के दो सांस्कृतिक स्तर प्राप्त हुए जिनका काल 2000 ई0पू0 से 800-700 ई0पू0 तथा 700/600 ई0पू0 से 200 ई0पू0 है। एक अन्य पुरास्थल जहाँ से चावल की प्राप्ति हुई चन्दौली के निकट मल्हार है। यहाँ से भी विकास के दो सांस्कृतिक स्तर प्राप्त हुए जिनका काल 1900-1700 ई0पू0 से 1600 ई0पू0 है। उत्तर प्रदेश में सोनभद्र जनपद के राजानल का टीला से प्राप्त

जिन दो स्तरों से चावल की प्राप्ति हुई है उनका काल क्रमशः 1600-1300 ई0पू0 तथा 1300-700 ई0पू0 है।[56]

उत्तर प्रदेश के पश्चात् बिहार में चिराँड एक महत्त्वपूर्ण पुरास्थल है जो उत्तरी बिहार के सारन जनपद में स्थित है। यहाँ से सांस्कृतिक विकास के पाँच स्तर प्राप्त हुए हैं जिनमें प्रथम नवपाषाण कालीन है और जिसका काल 1800-1400 ई0पू0 रेडियो कार्बन गणना के आधार पर निर्धारित है। दूसरा स्तर ताम्राश्म कालीन और तीसरा उत्तरी कालीन चमकीली (N.B.P.) मृद्भाण्ड का है। प्राप्त अवशेषों से ज्ञात होता है कि नवपाषाण काल में ही चिराड के लोग बाँस-वल्ली के आवास बना कर रहने लगे थे। एक ही स्थान पर चूल्हों के अवशेष वृत्ताकार क्षेत्र में पाये गये हैं जिनसे प्रतीत होता है कि ये लोग सामूहिक रूप में भोजन करते थे (Communal Cooking)। नवपाषाण काल में ही यहाँ के लोग अनेक प्रकार के खाद्यान्न की खेती करने लगे थे। जली हुई मट्टी पर धान की भूसी और चावल के अधजले अवशेष प्राप्त हुए हैं जो प्रमाणित करते हैं कि नवपाषाण काल में यहाँ के निवासी चावल से न केवल परिचित हो चुके थे अपितु इसका उत्पादन भी करने लगे थे।

बिहार का दूसरा महत्त्वपूर्ण पुरास्थल सेनुवार है जो रोहतास जनपद में स्थित है। यहाँ से चार सांस्कृतिक स्तर प्राप्त हुए हैं जिनमें प्रथम एवं द्वितीय नवपाषाण कालीन एवं ताम्राश्मकालीन हैं। यहाँ के प्राप्त खाद्यान्नों के अवशेष का परीक्षण करने के पश्चात् के0एस0 सारस्वत ने कहा कि सेनुवार के लोग आरम्भिक काल से ही व्यापक स्तर पर खेती करने लगे थे। इसका काल 2000 ई0पू0 से 1400 ई0पू0 उन्होंने निर्धारित किया है और कहा है कि नवपाषाण काल के आरम्भ से ही (I.A.) चावल (Oryza Sativa) तथा अन्य अनेक खाद्यान्न प्राप्त होते हैं। जबकि इसी काल के (I.B.) दूसरे उप विभाग से चावल एवं अन्य खाद्यान्नों के कार्बन युक्त अवशेष प्रचुर मात्र में मिलने लगते हैं। बिहार के अतिरिक्त कुछ अन्य पुरास्थलों से भी इस काल के चावल के अवशेष प्राप्त होते हैं। पश्चिम बंगाल के पाण्डुराजार ढिबि से चावल के जो अवशेष प्राप्त हुए है उनका काल 2000 ई0पू0 है।

अधिक भूमि पर खेती, सिंचाई की सुविधा, रोपन विधि का ज्ञान आदि का परिणाम यह हुआ कि मध्यगंगा घाटी में आबादी में अभूतपूर्व वृद्धि हुयी।

उपर्युक्त विवरण से यद्यपि यह निष्कर्ष निकलता है कि चावल का भौगोलिक क्षेत्र मुख्यतः पूर्वी उत्तर प्रदेश, विन्ध्य का क्षेत्र एवं बिहार रहा और इसका उद्भव एवं विस्तार नवपाषाण काल से आरम्भ हुआ, किन्तु यह कदापि नहीं स्वीकार

किया जा सकता कि यह इस भौगोलिक क्षेत्र या काल तक ही सीमित रह गया। कालान्तर में इसके क्षेत्र और काल में भी विस्तार हुआ। पुरातत्त्व से यह ज्ञात होता है कि ऊपरी गंगा के क्षेत्र में हस्तिनापुर से चिन्हित धूसर पात्र परम्परा (P.G.W.) के साथ मात्र चावल का ही अवशेष मिला। इसी काल का चावल का अवशेष नोह (राजस्थान) से भी प्राप्त हो चुका है। सोनपुर में I.B. स्तर से तथा 700 ई0पू0 के लगभग महिशदल से चावल के अवशेष प्राप्त हो चुके हैं। दक्षिण में हल्लूर से (धारवाड़, कर्नाटक) चावल की प्राप्ति हुई है। अतः चावल को एक सीमित क्षेत्र और काल में नहीं रखा जा सकता है। यद्यपि यह सही है कि नवपाषाण काल से आज तक पूर्वी उत्तर प्रदेश, बिहार, बंगाल का प्रमुख खाद्यान्न चावल ही रहा है।

यव (Barley)

प्राचीन भारतीय साहित्य तथा प्राप्त पुरातात्त्विक अवशेषों से यह ज्ञात होता है कि चावल के साथ-साथ अन्य अनेक खाद्यान्न थे जो भारत के अनेक क्षेत्रों में अति प्राचीन काल से ही व्यापक रूप से प्रचलित थे। चावल तथा अन्य खाद्यान्नों में एक अन्तर यह था कि चावल जहाँ मुख्य रूप से मध्यगांगेय क्षेत्र से लेकर चीन तथा दक्षिण पूर्वी एशिया में लोकप्रिय था वहीं अन्य खाद्यान्न भारत तथा पश्चिमी एशिया और युरोप तक सर्वत्र व्यापक थे। चावल के समान ही अन्य अनेक खाद्यान्नों का उद्भव और विकास वन्य घासों से ही हुआ। जल की विभिन्नता एवं विषमता के कारण कुछ विशेष प्रकार के खाद्यान्नों की उत्पत्ति तथा विकास विशेष क्षेत्र में ही सम्भव हुआ और कालान्तर में उनका आयात दूसरे क्षेत्रों में भी हुआ। पिछले पृष्टों में ऐसे अनेक खाद्यान्नों का उल्लेख किया गया है, जिनका उद्गम स्थान पश्चिमी एशिया या कोई और क्षेत्र था और बाद में उनका प्रचलन भारत में भी हो गया। इन खाद्यान्नों में यव एवं गेहूँ प्रमुख हैं, जिनका उल्लेख भारोपीय भाषाओं में प्रायः मिल जाता है। इनके पुरातात्त्विक साक्ष्य भी नवपाषाण काल या इससे भी पहले के प्राप्त हुए हैं।

यव (Barley) (Hordeum Vulgare)

भाषाशास्त्र से यह ज्ञात होता है कि आर्यजन यव से उस काल में ही परिचित हो चुके थे जबकि वह अभी मूल स्थान से अलग नहीं हुए थे। भारोपीय भाषाओं में यव के सगोत्री शब्द मिल-जाते हैं। उदाहरण के लिए लिथुवानियन जवई (jawai), अवेस्ता का 'यव' (yava), ओसेटिक यू (yew), यवु (yau), यूनानी जी (jea),

संस्कृत 'यव' आदि शब्द सगोत्री हैं। भाषाशास्त्र के इन विद्वानों[57] का कहना है कि आरम्भ में इन शब्दों का प्रयोग सामान्य रूप से ऐसी घास के दानों (grains) के लिए किया जाता था, जिसे आर्यजन भी खाते थे और जिसे घोड़ों को भी खिलाया जाता था। बाद में इसे सामान्य (generic) रूप से प्रयुक्त होने वाले शब्द ने विशिष्ट अर्थ ग्रहण कर लिया और यह सामान्य शब्द अब विशेष बन गया और मात्र एक खाद्यान्न के लिए जिसे यव (barley) कहते हैं, प्रयुक्त होने लगा।

यव शब्द ऋग्वेद में अनेक बार प्रयुक्त हुआ है। इन प्रयुक्त स्थलों से यह ज्ञात होता है कि पूर्व वैदिक काल में ही जब कि ऋग्वेद की रचना हो रही थी, आर्यों ने यव को खाद्यान्न के रूप में अति महत्त्वपूर्ण मान लिया था। अग्निदेव के समान यव भी जनों का पोषण करता है।[58] इसीलिए यव की प्राप्ति के लिए हल (वृक) से कृषक खेत को जाता था।[59] यव के लिए इन्द्र की प्रार्थना की जाती थी।[60] देवताओं से अश्व, पशु आदि के अतिरिक्त यव की याचना की जाती थी।[61] यव की प्राप्ति सौभाग्य की प्रतीक थी। ऐसे लोगों को यवमन्त कहा जाता था (10.131.2)। यव खाने वाले को ऋग्वेद में यवसाद कहा गया है। अग्नि को यवसाद इसलिए कहा गया क्योंकि यज्ञ में यव से ही आहूति दी जाती थी।[62] यव को पीस कर उसे सोम में मिलाकर और कभी-कभी दूध में मिलाकर पेय बनाया जाता था। ऋग्वेद में इन्द्र या सोम के प्रसंग में यवशिर तथा गवाशिर का उल्लेख प्रायः मिलता है।[63] सोम के साथ पिसे हुए यव को मिलाकर सुरा तैयार की जाती थी जो बहुत ही लोकप्रिय थी।[64] यव मात्र एक खाद्यान्न था जो कि इस काल में आर्यजनों के जीवन का आधार था। इन्द्र से याचना की जाती थी कि वह इतना अधिक यव दे जिससे उनकी (आर्यजनों की) भूख (क्षुधा) मिट सके।[65] यव के महत्त्व का अनुमान मात्र इससे लगाया जा सकता है कि एक नदी का नाम ही यव्यावती रख दिया गया था क्योंकि उसके तटवर्ती क्षेत्र में प्रभूत मात्रा में यव की पैदावार होती थी।[66] वर्षा होने पर यव की पैदावार और अधिक होती थी।[67]

उत्तर वैदिक काल के साहित्य में यव का उल्लेख प्रायः ब्रीहि के साथ हुआ है किन्तु पूर्ववैदिक काल की आपेक्षा अब कृषि के ज्ञान में पर्याप्त वृद्धि हो चुकी थी। यव का उल्लेख अब अन्य अनेक प्रकार के खाद्यान्नों के साथ अथर्ववेद एवं संहिताओं में मिलता है। अथर्ववेद यव की पोषण शक्ति की प्रशंसा करता है।[68] धार्मिक अनुष्ठान के अवसर पर यव से तैयार किए गए सत्तू (gruel) को जिसे यवागू कहते थे, उल्लेख संहिताओं में मिलता है।[69] यव से ही उपवाक नाम का

एक विशेष प्रकार का सत्तू (gruel) बनाया जाता था जिसका उल्लेख इस काल के साहित्य में हुआ है।[70]

जिस प्रकार चावल की उत्पत्ति वन्य घासों से हुई उसी तरह यव की भी। यव (Hordeum Vulgare) के दो प्रकार हैं, छः पंक्तियों वाला या चार पंक्तियों वाला। इसके अतिरिक्त भी इनके आकार और प्रकार में विविधता पाई जाती है जैसे होर्डियम डिस्टिचोन (H. Distichon), होर्डियम इण्टरमीडियम (H. Intermedium)।

चावल की उत्पत्ति यदि निवारा एवं रुफिपोगोन से हुयी उसी प्रकार यव की उत्पत्ति होर्डियकम स्पाण्टेनियम (H. Spontaneum) नाम की वन्य धास से हुई। पूर्वी भारत, चीन, दक्षिणपूर्वी एशिया में जो महत्त्व चावल को प्राप्त था वही महत्त्व पश्चिमी एशिया, मिस्र आदि में यव को प्राप्ता था। धार्गिक अनुष्ठानों में जिस प्रकार चावल को पूर्वी देशों में पवित्र माना गया उसी प्रकार मिस्र में यव को पवित्र स्थान प्राप्त था। प्राचीन काल में मिस्र के लोगों का यह विश्वास था कि इस पृथ्वी का प्रथम खाद्यान्न यव है।

पुरातत्त्व से जो साक्ष्य प्राप्त हुए हैं उनसे यही ज्ञात होता है कि यव (Hordeum Vulgare) के सभी प्रकारों - स्वतः उत्पादित (Domesticated) कृषि जनित (Cultivated) की उत्पत्ति एवं विकास एक ही वन्य घास से (H. spontaneum) हुई है। इसके प्रथम पुरातात्त्विक साक्ष्य पश्चिमी एशिया से प्राप्त हुए हैं। पिछले पृष्टों में यह कहा गया है कि अन्नोत्पादन के क्षेत्र में प्रथम क्रान्ति नवपाषाण काल में ही हुई जिसका प्रमुख केन्द्र पश्चिम एशिया था। इसी क्षेत्र से जिसमें इरान, इराक, जार्डन, इजराइल, तथा अफ्रिका सम्मिलित थे यव के प्रथम पुरातात्त्विक साक्ष्य भी प्राप्त हुए हैं। इराक में जर्मो से यव के जो साक्ष्य प्राप्त हुए हैं उनमें स्वतः उत्पादित (domesticated) यव का काल 3000 ई0पू0 है। इसी प्रकार के साक्ष्य इरान, जार्डन आदि से भी प्राप्त होते हैं। जिस वन्य (wild) घास (spontuneum) से यव का विकास कालान्तर में हुआ वह पश्चिमी एशिया के वनों में व्यापक रूप से उत्पन्न होती थी और यहीं से यव का प्रसार अन्य देशों में होता गया। मेसोपोटामिया से प्राप्त 5000 ई0पू0 के अवशेषों से ज्ञात होता है कि यहाँ के लोग उस समय छः पंक्तियों वाले (Six-rouned) यव की खेती करने लगे थे। यहाँ के लोगों के जीवन में यव का कितना अधिक महत्त्व था इसका अनुमान मात्र इससे लगाया जा सकता है कि 2000 ई0पू0 के अन्न के जो अवशेष यहाँ से प्राप्त हुए हैं उनमें 90 प्रतिशत यव के ही अवशेष हैं।[71] निःसन्देह इराक तथा

जार्डन, इरान आदि देशों में यव उसी प्रकार लोकप्रिय था जिस प्रकार पूर्वी देशों में चावल।

कृषिजनित यव के दो प्रमुख प्रकार हैं, प्रथम दो-पंक्तियों वाला (Hordeum distihum) और द्वितीय छः पंक्तियों वाला (H. Hexastichum) हरप्पा से यव के जो साक्ष्य प्राप्त हुए हैं वह छः पंक्तियों (Vulgare Hexastichum) वाला है। इसका काल 1750 ई0पू0 निर्धारित किया जाता है। मोहनजोदड़ो से प्राप्त यव गेहूँ के साथ मिश्रित रूप में मिला है। इसी प्रकार गेहूँ के साथ मिश्रित रूप में यव चन्हूदारो से भी प्राप्त हुआ है। इस सम्बन्ध में यह भी उल्लेखनीय है कि हरप्पा क्षेत्र के निकट ही कालीवंगा से भी यव की प्राप्ति हुई है जो कि हरप्पा से प्राप्त यव की मात्रा की अपेक्षा अधिक है। यहाँ से प्राप्त यव के साक्ष्य छः पंक्तियों वाले ही हैं और इनका काल 2090 से 2075 ई0पू0 निर्धारित किया जाता है। प्रायः सभी पुरातत्त्वविदों का यह मत है कि हड़प्पा संस्कृति में आरम्भ से ही (2300 से 1750 ई0पू0 तक) यव यहाँ के लोगों का सर्वाधिक महत्त्वपूर्ण खाद्यान्न था।

अधिकांश पुरातत्त्वविद् यह मानते हैं कि सैन्धव निवासियों के सम्बन्ध मेसोपोटामियाँ के लोगों के साथ तीसरी सहस्त्राब्दी ई0पू0 से ही स्थापित हो चुके थे। इराक के नगरवासी यव से बहुत पहले से ही सुपरिचित थे। लगभग 5000 ई0पू0 में ही मेसोपोटामिया में छः पंक्तियों वाले यव के उत्पादन के प्रमाण प्राप्त होते हैं। मेसोपोटामियाँ से सैन्धव घाटी में यव का प्रथम प्रवेश हुआ। यहाँ यह भी उल्लेखनीय है कि मेहरगढ़ में जिसकी चर्चा ऊपर की जा चुकी है। यव के जो साक्ष्य प्राप्त हुए हैं वह कृषि जनित (Culturated) हैं और उनका काल 5000 से 4000 ई0पू0 निर्धारित किया गया है। यव के यह अवशेष दोनों ही प्रकार के हैं - दो पंक्तियों वाला एवं छः पंक्तियों वाला। प्राप्त साक्ष्यों से ज्ञात होता है कि मोहनजोदड़ो तथा हड़प्पा में ईसा पूर्व 2500 वर्ष पहले से यव का उत्पादन होने लगा था। चीन में यव का प्रवेश 2000 से 1300 ई0पू0 के मध्य हुआ और यहाँ से जापान में इसका प्रसार हुआ।

वास्तव में यव एवं गेहूँ ऐसे खाद्यान्न हैं जिनसे आदिम जनों का सर्वप्रथम परिचय हुआ। ऊपर की पंक्तियों में आर्यों के प्रसंग में यह कहा गया है कि आर्यजनों का परिचय यव से उस काल में ही हो चुका था जबकि वह अपने मूल निवास स्थान से अलग नहीं हुए थे। यव से सुपरिचित आर्यों ने जिस समय पंजाब में प्रवेश किया उस समय निश्चय ही उन्होंने यह देखा होगा कि यहाँ के निवासी यव से पहले से ही परिचित थे।

भारत में हरप्पा और कालीवंगा से उत्तरोत्तर सम्पूर्ण उत्तर भारत और तत्पश्चात् दक्षिण भारत तक खाद्यान्न के रूप में यव का प्रचलन हो गया। गंगा के विस्तृत मैदानी भाग से यव के जो पुरातात्त्विक अवशेष प्राप्त होते हैं उनसे यह प्रतीत होता है कि जिन क्षेत्रों में खाद्यान्न के रूप में एक मात्र चावल को ही मान्यता प्राप्त थी वहाँ के निवासी भी अब यव से न केवल परिचित हो गये अपितु उन्होंने अपने भोजन में इसे महत्त्वपूर्ण स्थान भी दे दिया। पुरातत्त्वविद् यह मानते हैं कि मध्यगांगेय क्षेत्र में जो कि चावल का प्रमुख केन्द्र रहा हरप्पा के यव तथा अन्य खाद्यान्नों का प्रवेश उस समय से ही आरम्भ होने लगा था जब कि हरप्पा संस्कृति पूर्णरूप से विकसित थी (2000-2500 ई0पू0)। कतिपय उदाहरण से इस कथन की पुष्टि होती है।

रारयूपार क्षेत्र में लहुरादेवा से IB स्तर से यव तथा गेहूँ, मसूर, कोदो आदि के अवशेष प्राप्त हुये हैं जो तीसरी-दूसरी सहस्राब्दी ई0पू0 के है। जबकि इन अवशेषों के साथ चावल के भी अवशेष मिले हैं। इससे तो यही निष्कर्ष निकलता है कि इस काल में पश्चिमी-उत्तरी हरप्पा क्षेत्र से यव का प्रवेश सरयूपार के इस क्षेत्र में हो चुका था जहाँ अब तक चावल ही एक मात्र खाद्यान्न के रूप में प्रचलित था। अब यहाँ के लोग चावल के साथ यव, गेहूँ आदि खाद्यान्नों का भी उपयोग करने लगे।

इसी प्रकार के साक्ष्य विन्ध्य क्षेत्र से भी प्राप्त हुए हैं, जिसका उल्लेख ऊपर हो चुका है। कोल्डिहवा एवं महगर से अन्न के जो अवशेष प्राप्त हुए हैं उनसे यह ज्ञात होता है कि इस क्षेत्र के लोग आरम्भ में केवल चावल का ही उपयोग करते रहे किन्तु कालान्तर में चावल के अतिरिक्त यव, गेहूँ, दलहन, तिल आदि की भी खेती करने लगे। हरप्पा क्षेत्र के इन खाद्यान्नों का प्रवेश इस क्षेत्र में हो चुका था।

विन्ध्य क्षेत्र के अतिरिक्त गंगा के विस्तृत मैदानी भाग से खाद्यान्नों के जो पुरातात्त्विक साक्ष्य प्राप्त हुए हैं उनसे भी यही ज्ञात होता है कि पश्चिमी उत्तरी हरप्पा क्षेत्र के खाद्यान्न गंगा के इस विशाल क्षेत्र में प्रवेश कर चुके थे। इनमें कतिपय पुरातात्त्विक स्थानों से प्राप्त यव तथा अन्य खाद्यान्नों का उल्लेख किया जा सकता है जो कि नवपाषाण काल से ही इस क्षेत्र में प्रवेश करने लगे थे।

गंगा-यमुना के संगम के अतिनिकट स्थित झूसी का उल्लेख किया जा सकता है जो कि नवपाषाणिक पुरास्थल है। यहाँ प्रारम्भिक स्तर से ही चावल का उल्लेख पिछले पृष्टों में किया गया है। चावल के अतिरिक्त यहाँ से प्रारम्भिक स्तर से ही यव तथा गेहूँ के दोनों प्रकार bread wheat (triticum aestivum, dwarf wheat (Triticum sphaerococeum), मसूर (lentils lens culinaris) तथा अन्य अनेक खाद्यान्नों की प्राप्ति हुई है। इन खाद्यान्नों के साक्ष्य हरप्पा में बहुत पहले से ही प्राप्त हो चुके हैं। गंगा की घाटी में यव तथा अन्य अनेक खाद्यान्नों की प्राप्ति से यह स्पष्ट हो जाता है कि इस क्षेत्र में भी यव, गेहूँ के अतिरिक्त हरप्पा के अन्य खाद्यान्नों से यहाँ के निवासी अवगत हो चुके थे।

इसी प्रकार के पुरातात्त्विक साक्ष्य उत्तर प्रदेश एवं विहार से अनेक नवपाषाणिक स्थलों से प्राप्त हो चुके हैं जिनमें उदाहरण स्वरूप कुछ का नामोल्लेख किया जा सकता है। सर्वप्रथम गोरखपुर जनपद के गोला तहसील में या घाघरा नदी के वायें तट पर स्थित नरहन का उल्लेख किया जा सकता है। इसका उल्लेख करने का मात्र यह उद्देश्य है कि यह पुरास्थल भी उसी क्षेत्र में स्थित है जिसमें लहुरादेवा स्थित है। लहुरादेवा के प्रसंग में यह कहा जा चुका है कि यहाँ पर हरप्पा के खाद्यान्नों के प्रमाण प्राप्त हो चुके हैं। यद्यपि नरहन से कोई पाषाणिक अवशेष नहीं मिले हैं तथापि इसके प्राप्त अवशेष नवपाषाणिक चिराँड आदि के अवशेषों के समकक्ष हैं। इससे यही प्रतीत होता है कि यह भी एक नवपाषाणिक पुरास्थल रहा होगा। अन्य खाद्यान्नों के अतिरिक्त यहाँ से भी छः पंक्तियों वाले यव (H. Vulgare) की प्राप्ति हुई है जो हरप्पा, लहुरादेवा आदि से प्राप्त छः पंक्तियों वाले यव (H. Vulgare) के ही समान हैं। इस क्षेत्र में ही दूसरा पुरास्थल जहाँ से यव एवं अन्य अनेक खाद्यान्नों के अवशेष प्राप्त हुए हैं इमलीडीह खुर्द है। यह पुरास्थल घाघरा की सहायक कुआनों नदी के बायें तट पर स्थित है। यव तथा अन्य खाद्यान्नों के परीक्षण से यह ज्ञात हो चुका है कि दूसरी सहस्राब्दी ई0पू0 के आरम्भ से ही इमलीडीह खुर्द में निवास करने वाले जन खेती करने लगे थे। यहाँ के प्राप्त अवशेषों में एक बखार (Silo) का भी अवशेष प्राप्त हुआ है। इन अवशेषों से यही ज्ञात होता है कि चावल के साथ-साथ अब यहाँ के निवासी यव आदि की भी खेती करने लगे थे और यह यव छः पंक्तियों वाला था।

मिर्जापुर जनपद में बेलन और अदवा नदी के संगम पर स्थित टोकवा नाम के पुरास्थल से जिस संस्कृति का उद्घाटन हुआ है वह विन्ध्य संस्कृति से जुड़ी है। टोकवा से नव पाषाण ताम्राम एवं लौह युग के अवशेष प्राप्त हुए हैं। खाद्यान्न के जो अवशेष प्राप्त हुए उनसे यह ज्ञात होता है कि यहाँ के जन नवपाषाण काल में चावल से परिचित हो चुके थे। किन्तु लहुरादेवा के निवासियों के तरह टोकवा के निवासी भी कुछ काल बाद चावल के साथ-साथ यव तथा गेहूँ, तिल, मूँग आदि की खेती करने लगे।

यव के अवशेष उत्तर प्रदेश के अन्य अनेक पुरास्थलों से प्राप्त होते हैं। इन पुरास्थलों में बलिया जनपद के वैना तथा खैराडीह, चन्दौली में मल्हार तथा सोनभद्र में राजा नल का टीला प्रमुख हैं। विशेष रूप से ध्यातव्य यह है कि यहाँ के निवासी जो आरम्भ से चावल का ही उपयोग करते आ रहे थे अब जबकि यव का प्रवेश इस क्षेत्र में हो गया तो उसे भी यहाँ वही स्वीकृति मिल गई। वैना के दोनों सांस्कृतिक स्तर (I) 1600-800 ई0पू0 तथा (II) 800-600 ई0पू0 में चावल के साथ यव की प्राप्ति यव की लोकप्रियता को ही प्रमाणित करता है। चावल के समान यव की यही लोकप्रियता खैराडीह (2000-200 ई0पू0), मल्हार (1900-800 ई0पू0) तथा राजा बलि का टीला (1600-700 ई0पू0) में भी दिखाई देती है।

उत्तर प्रदेश के समान विहार से भी यव के अवशेष नवपाषाण काल से प्राप्त होते हैं। छपरा से 11 किलोमीटर पूरब में घाघरा के तट पर स्थित चिराँड (चिरारण्य) नाम के नवपाषाणिक पुरास्थल का उद्‍घाटन हो चुका है (1800-1400 ई0पू0) यहाँ से प्राप्त खाद्यान्न में, छः पंक्तियों वाला यव अन्य खाद्यान्नों के साथ प्राप्त हो चुका है। विहार में ही रोहतास जनपद में स्थित एक नवपाषाणिक पुरास्थल सेनुवार है जिसके प्रथम दो सांस्कृतिक स्तर I.A. तथा I.B. के उत्खनन से ही खाद्यान्न के अवशेष मिल जाते हैं। इस सम्बन्ध में ध्यातव्य यह है कि प्रथम स्तर से मात्र चावल के ही अवशेष प्राप्त हुए हैं, किन्तु I.A. के स्तर से ही बाद में यव तथा गेहूँ आदि के अवशेष मिले हैं जिनसे यही ज्ञात होता है कि जिस प्रकार उत्तर प्रदेश में गांगेय तथा सरयूपार क्षेत्र में निवास करने वाले नवपाषाणिक जन आरम्भ में चावल और बाद में यव आदि को अपना लिये उसी प्रकार विहार में सेनुवार चिराड के नवपाषाणिक जनों ने भी यव आदि को अपने भोजन में सम्मिलित कर लिया।

यव के पुरातात्त्विक अवशेष दक्षिण भारत से भी प्राप्त होते हैं। प्राप्त अवशेषों से यह प्रतीत होता है कि हरप्पा की परिवर्ती संस्कृति (Late Harappan culture) का महाराष्ट्र या दकन के दक्षिणी भाग में प्रवेश ताम्राश्मकाल (Chalcotithic period) में हुआ। महाराष्ट्र में अहमदनगर जनपद में एक पुरास्थल से ऐसे मृद्‍भाण्ड (potteries) प्राप्त हुए हैं जिन पर परवर्ती हड़प्पा संस्कृति का प्रभाव दिखाई देता है और इसी आधार पर यह कहा गया कि हड़प्पा संस्कृति के दक्षिणी भारत में गोदावरी तक प्रसार का यह प्रथम साक्ष्य है।[72] अहमदनगर जनपद में ही प्रवर नदी के तट पर स्थित दायमाबाद (Daimabad) नाम का पुरास्थल है जो ताम्राश्म कालीन है। यहाँ से मृद्‍भाण्डों के अतिरिक्त यव

के अधजले दाने (Charred grains of barley) प्राप्त हुए हैं। महाराष्ट्र में ही घोड़ नदी के तट पर स्थित इनामगाँव से भी यव तथा अन्य खाद्यान्न प्राप्त हुए हैं।

उपर्युक्त विवरण से यव से सम्बन्धित जो साहित्यिक एवं पुरातात्त्विक सूचना प्राप्त होती है उससे यव तथा अन्य अनेक खाद्यान्नों के क्रमिक प्रसार की प्रक्रिया को समझने में सहायता मिलती है। प्रायः सभी पुरातत्त्वविद् यह मानते हैं कि यव की उत्पत्ति भी अन्य खाद्यान्नों के समान वन्य घासों से ही हुई है। गार्डन चाइल्ड[73] इन घासों को ही आज के यव का पूर्वज मानते हैं जिसके साक्ष्य उत्तर अफ्रीका में अमेरिका, पैलस्टीन, एशिया माइनर, ट्रान्सकौकेशिया, पर्सिया, अफगानिस्तान एवं तुर्किस्तान से प्राप्त होते हैं। जब कि वाबिलोवने अवोसीनियाँ एवं दक्षिण-पूर्व एशिया को यव का प्रमुख उद्‌गम केन्द्र माना है। वास्तव में यव का कोई एक उद्‌गम केन्द्र न होकर अनेक थे जो पश्चिमी एशिया से पूर्वी एशिया तक फैले थे। यव के प्राचीनतम साक्ष्य लगभग 8000 ई0पू0 के माने जाते हैं जो पश्चिमी एशिया से प्राप्त हुए हैं जहाँ से कालान्तर में इस खाद्यान्न का प्रवेश उत्तर-पश्चिम भारत में हुआ। पश्चिमी उत्तरी भारत एवं सुमेरिया के व्यापारिक सम्बन्ध, तीसरी सहस्राब्दी ई0पू0 या इससे भी कुछ पहले से स्थापित हो चुके थे और इस सम्पर्क के परिणामस्वरूप ही दूसरी सहस्राब्दी ई0पू0 में यव का प्रवेश मेसोपोटामियाँ से हुआ। पश्चिमी-उत्तर भारत में प्रवेश के पश्चात् इसका प्रसार क्रमशः पूरब और तत्पश्चात् दक्षिण भारत के हो गया जिसके साक्ष्य अंतरज्जीखेरा (2000-1500 ई0पू0) से पूरब में सेनुवार तक तथा दक्षिण में दायमाबाद, इनामगाँव आदि से प्राप्त हो चुके हैं।

गेहूँ (Wheat)

यव के समान गेहूँ की उत्पत्ति और विकास भी वनों एवं पर्वतीय क्षेत्रों में उत्पन्न होने वाली घासों से हुई थी। ऐसी घासें, जिन्हें गेहूँ का पूर्वज कहा जाता है, मुख्य रूप से दो प्रकार की थी प्रथम एक बाली वाली (one corn) और द्वितीय एभर (Emmer)। दोनों ही प्रकार की घासें, उन्हीं क्षेत्रों में प्रचुर मात्रा में उत्पन्न होती थी जहाँ वनों या पर्वतीय मैदानों की बहुलता थी। इनमें प्रथम अर्थात् एक बाली वाली घास वाल्कन, क्रीमियाँ, एशिया माइनर तथा काकेसर में प्रभूत मात्रा में उत्पन्न होती थी जबकि दूसरी, एमर का क्षेत्र पैलेस्टीन तथा पर्सिया था।[74]

भारोपीय भाषाओं में जिन शब्दों का प्रयोग आरम्भ में गेहूँ के लिए किया गया है उनसे भी इसकी उत्पत्ति तथा खाद्यान्न के रूप में इसके उपयोग की प्रक्रिया

पर प्रकाश पड़ता है। अनेक भारोपीय भाषाओं में जिस शब्द का प्रयोग गेहूँ के लिए किया जाता था वह आरम्भ में कुछ ऐसी विशेष प्रकार की घास के दानों (grains) के लिए किया जाता था जो खाद्य के रूप में उपयोग किए जाते थे। उदाहरण के लिए युनानी भाषा में पुरोस (IIupos) और लिथुआनियन में पुरइ (purai), रसियन में पाइरेज (pyrej) अर्थात् (spear-grass) कहते थे क्योंकि जिस घास से ये दानें निकलते थे वह भाले (spear) की तरह नुकीली होती थी। जबकि लैटिन भाषा में इन दानों को, जो गेहूँ के पूर्वज थे, ट्रिटिकल (Triticum) कहा जाता था जिसका अर्थ कूटना (torub) या मसलना कहा जाता था जिसका अर्थ कूटना (torub) या मसलना (tothresh) होता है। इस शब्द से यह स्पष्ट हो जाता है कि घास को वनों या पर्वतीय क्षेत्रों से काटने के बाद आदिम मानव उनको कूटकर और मसल कर उसके दानों की अलग कर लेते थे और तब इनका उपयोग खाने के रूप में करते थे। एक अन्य भारोपीय भाषा से गेहूँ के विषय में उसके उपयोग पर प्रकाश पड़ता है। गाथिक (Gothic) में गेहूँ के लिए आरम्भ में ह्वैतिस (Hwaiteis) या ह्वेत (Hwate) शब्द का प्रयोग मिलता है क्योंकि घास के इन दोनों को पीसने पर इसका आटा (flour) सफेद (white) दिखाई देता था। यही ह्वैटिस आज ह्वीट (wheat) अथवा गेहूँ के लिए सामान्य रूप से प्रचलित है।[75]

उपर्युक्त भारोपीय शब्दों से यह निष्कर्ष निकलता है कि अपने मूल निवास स्थान पर आर्य जन गेहूँ से परिचित नहीं थे। कालान्तर में जब वह अपने मूल निवास स्थान से प्रव्रजन (migration) करने लगे और छोटे-छोटे समूहों में बँट कर विभिन्न क्षेत्रों में जाकर बस गये तो वहाँ उन्होंने घास के उन दानों को जो गेहूँ के पूर्वज थे अलग-अलग नाम दिया। किसी क्षेत्र में घास के नुकीले आकार को देखकर उसे पाइरेज अर्थात् भाले के समान नुकीला (spear-grass) नाम दिया तो कहीं घास को कूटकर (to rub) या मसलकर (threshing) उससे दानों को अलग करने की प्रक्रिया के आधार पर उसे ट्रिटिकम (triticum) तो कहीं पीसने पर इन दानों से सफेद रंग का आटा (flour) देखकर ह्वैटिस (hwaiteis) अथवा ह्वाइट (white) कहा गया जो बाद में गेहूँ (wheat) कहलाया। यही कारण है कि गेहूँ के लिए भारोपीय भाषाओं में सगोत्री शब्द नहीं मिलता है, जबकि यव के लिए मिल जाता है। सारांशतः यह कहा जा सकता है कि अपने मूल स्थान में आर्य यव से तो परिचित थे, किन्तु गेहूँ से नहीं।

भारतीय पृष्ठभूमि गेहूँ की प्राचीनता एवं प्रसार

ऋग्वेद में गेहूँ का उल्लेख नहीं मिलता है। पूर्व वैदिक काल तक आर्यजन गेहूँ तथा व्रीहि से अपरिचित थे। इस काल तक खाद्यान्न के रूप में मात्र यव (Hordeum vulgare) ही उनके जीवन का आधार था। यहाँ यह आश्चर्य अवश्य होता है कि पूर्व वैदिक काल में आर्यजन पंजाब में ही आकर अपना निवास बनाये जो गेहूँ के उत्पादन का एक प्रमुख क्षेत्र सर्वदा से रहा और इसके अतिरिक्त सैन्धव घाटी तथा कालीवंगा में खाद्यान्न के रूप में गेहूँ का उपयोग बहुत पहले से ही हो रहा था फिर भी पूर्व वैदिक काल में आर्य जनों ने गेहूँ को क्यों नहीं अपनाया? इसका कारण सम्भवतः यह रहा होगा कि यव के साथ आर्यों की आरम्भ से ही दृढ़ धार्मिक आस्था या विश्वास जुड़ा हुआ था। आरम्भ से ही यव को देव-प्रदत्त (divine gift) माना जाता था। अनेक धर्मों में यव से सम्बन्धित किंवदन्तियाँ प्रचलित थीं जिनमें यह कहा गया है कि इस पृथ्वी का प्रथम अन्न यव है जिसे ईश्वर ने दिया है।[76] प्लिनी (Pliny) के कथन को उद्धृत करते हुए श्रादर ने कहा है कि यव यज्ञ आदि पवित्र धार्मिक अनुष्ठान से सम्बन्धित अन्न था। सेरीज (ceres) नाम की देवी ने इस सीरियल (Cereal) या खाद्यान्न को दिया है। मिश्र वासी इसे आइसिस (Isis) की देन (gift) मानते थे और यह विश्वास करते थे कि यव का अंकुरित होना ओसिरिस (osiris) के पुनर्जीवन (resurrection) का प्रतीक है।[77] कुछ इसी प्रकार का विश्वास भारत में प्रवेश करने वाली आर्यों की शाखा का भी रहा होगा। इन्द्रदेव अश्व एवं पशु के अतिरिक्त यव के भी दाता थे। अग्निदेव को यवसाद कहा गया क्योंकि उन्हें यव ही समर्पित किया जाता था। अश्विनी देव की कृपा से ही यव की खेती होती थी। पूर्व वैदिक काल में यव को देवों का वरदान माना गया।

यव के साथ जुड़ी इस प्रकार की आस्था के कारण ही आर्यों में यव के अतिरिक्त किसी अन्य खाद्यान्न को पूर्व वैदिक काल में स्वीकार नहीं किया। पूर्व वैदिक काल में गेहूँ को नहीं स्वीकार करने का एक अन्य कारण भी रहा होगा। सैन्धव क्षेत्र में रहने वाले नगरवासियों का, जिन्हें आर्यों ने ऋग्वेद में बार-बार असुर कहा है, गेहूँ एक प्रमुख खाद्यान्न था। सम्भव है असुरों के इस अन्न को इस कारण से भी अस्वीकार कर दिया हो। यहाँ यह उल्लेखनीय है कि इरान में रहने वाले आर्यजन गेहूँ से परिचित थे। अवेस्ता में गेहूँ के लिए मन्दुम (ganduma) शब्द का प्रयोग हुआ है। अवेस्ता में गेहूँ का उल्लेख होना और ऋग्वेद में इसके उल्लेख

के न होने का कारण यह रहा होगा कि आर्यों की जो शाखा पश्चिमी-उत्तरी भारत में आई उसे यहाँ के असुरों से सतत संघर्ष करना पड़ा जबकि इरान में निवास करने वाले आर्यों के समक्ष इस प्रकार की स्थिति नहीं थी।

निःसन्देह गेहूँ एवं यव अतिप्राचीन काल से भारत के प्रमुख खाद्यान्न रहे हैं। इनके अवशेष भी मोहनजोदड़ो एवं हड़प्पा से प्राप्त हो चुके हैं। गेहूँ की प्राचीनता एवं इसकी उपज तथा इसके उद्गम स्थान आदि पर विचार करते समय यह ध्यान रखना आवश्यक है कि पुरावानस्पतिक शास्त्र के विद्वानों ने (palaeobotanists) सतत शोध के पश्चात् गेहूँ की अनेक प्रजातियों का निर्धारण किया है। हड़प्पा से प्राप्त अवशेषों से यह ज्ञात हुआ है कि जो अवशेष यहाँ से प्राप्त हुए हैं वह गेहूँ की दो प्रजातियों के हैं प्रथम (bread-wheat, Triticum gestivum) और द्वितीय (dwurf-wheat, Triticum sphaerococcum) मोहनजोदड़ो से प्राप्त (T. sphaerococcum) गेहूँ की प्रजाति अति प्राचीन है और इसका उत्पादन पश्चिमी एशिया से लेकर उत्तरी पश्चिमी भारत में सर्वत्र होता था। मोहनजोदड़ो से प्राप्त इस प्रजाति के गेहूँ का काल निर्धारण 2300 ई0पू0 किया गया है। इस प्रजाति के गेहूँ के जो अवशेष मेसोपोटामियाँ से प्राप्त हुये हैं वे उस काल के हैं जब आदिम जनों को अन्नोत्पादन का ज्ञान सर्वप्रथम हुआ था। इस प्रजाति के अवशेष सर्वप्रथम जर्मो (इराक) तथा इरान से प्राप्त हुए थे। ध्यातव्य है कि नवपाषाणिक कृषि क्रान्ति (Neolithic agricultural revolution) इसी क्षेत्र में हुई थी जिसमें इराक, इरान, इजराइल, जार्डन अनातोलिया आदि सम्मिलित थे। इसी को आधार मान कर आरम्भ से यह सम्भावना व्यक्त की गई थी कि (T. sphaerococcum) प्रजाति के गेहूँ का उद्गम पश्चिम एशिया है और वहाँ से इसका प्रवेश पश्चिमी-उत्तरी भारत में मोहनजोदड़ो में हुआ। किन्तु अब जबकि बलूचिस्तान में मेहरागढ़ से इस प्रजाति के गेहूँ के अवशेष प्राप्त हो चुके हैं जो नवपाषाणिक क्रान्ति के आरम्भिक काल (7000 ई0पू0) के हैं तो पुरातत्त्वविदों ने यह स्वीकार कर लिया है कि गेहूँ के जो अवशेष इराक, इरान आदि से प्राप्त हुए हैं उनका उद्गम स्थान भारत का यह पश्चिमी-उत्तरी क्षेत्र ही रहा।[78]

प्राप्ति स्थलों और प्रदेशों की व्यापकता को देखने से ऐसा प्रतीत होता है कि टी0 स्फेरोकोकम (T. sphaerococcum) प्रजाति के गेहूँ का उत्पादन नवपाषाणिक काल में बहुत अधिक लोकप्रिय था। पश्चिमी एशिया से भारत में पश्चिम, पूरब तथा दक्षिण तक इसके अवशेष प्राप्त हो चुके हैं। इसकी लोकप्रियता का कारण सम्भवतः यह था कि इसकी पैदावार उस क्षेत्र में भी हो जाती थी जहाँ वर्षा कम

होती थी या जहाँ सूखे (drought) की स्थिति, प्रायः बनी रहती थी। यही कारण है कि इसकी खेती पंजाब, उत्तर-प्रदेश का पश्चिमी भाग तथा मध्य प्रदेश के उन क्षेत्रों में भी हो जाती थी जहाँ वर्षा की मात्रा 760 मि0मी0 या इससे भी कम होती थी।

किन्तु कालान्तर में इस प्रजाति (T. sphaerococcum) के गेहूँ की खेती का प्रचलन धीरे-धीरे समाप्त हो गया। इसके दाने (grain) गोल और आकार में यह छोटे होते थे और इसकी पैदावार भी अपेक्षाकृत कम होती थी। इसीलिए इसका स्थान बाद में गेहूँ की दूसरी प्रजाति ने जिसे ट्रिटिकम कम्पैक्टम (T. Compactum club wheat) कहा गया है, ले लिया। इस प्रजाति के गेहूँ की पैदावार अधिक होती थी। उत्तरोत्तर भारत में सर्वत्र इसकी खेती होने लगी।

नवीन पाषाण काल तथा ताम्राम काल तक गेहूँ के विषय में जो भी सूचना प्राप्त होती है उसका स्रोत मात्र पुरातात्त्विक रहा है। ऊपर कहा गया है कि पूर्व वैदिक साहित्य से गेहूँ के विषय में कोई सूचना प्राप्त नहीं होती है। किन्तु उत्तर वैदिक काल में गेहूँ से सम्बन्धित सूचना साहित्य तथा पुरातत्त्व दोनों से ही प्राप्त होती है। उत्तर वैदिक साहित्य में गेहूँ का उल्लेख प्रायः मिल जाता है। इस काल के साहित्य में गोधूम शब्द का प्रयोग मिलता है जिसका अभिप्राय गेहूँ हो सकता है। संहिताओं एवं ब्राह्मण ग्रन्थों में अन्य खाद्यान्नों के साथ गेहूँ का उल्लेख मिलता है।[79] वृहदारण्यक उपनिषद्[80] में ऐसे दस खाद्यान्नों का उल्लेख मिलता है जिनका इस काल में उत्पादन होता था इनमें गोधूम भी एक था अन्य खाद्यान्न ब्रीहि, यव, तिल, माष, अणु, प्रियंगु, मसूर, खल, कुल थे। साहित्य से प्राप्त इस सूचना की पुष्टि पुरातत्त्व से भी होती है।

वास्तव में भारत के सांस्कृतिक इतिहास में उत्तर वैदिक काल का स्थान अद्वितीय है। निरन्तर पूर्वाभिमुखी आर्य संस्कृति इस काल में उस क्षेत्र में पहुँच गई जिसे इस काल के साहित्य में व्रात्य क्षेत्र कहा गया है।[81] सर्वप्रथम इस काल में ही आर्यों ने कृषि के महत्त्व को स्वीकार किया। शतपथ ब्राह्मण[82] में एक स्थान पर यह कहा गया है कि देवों (आर्यों) पर असुरों की विजय का कारण यह था कि असुर कृषि करते थे और कृषि के कारण ही वह आर्यों पर सर्वदा विजय प्राप्त करते थे। अतः असुरों को पराजित तभी किया जा सकता था जब उनकी कृषि को विनष्ट किया जाये। यहाँ असुरों से अभिप्राय निश्चय ही हरप्पा के नगरवासियों से है, जैसा कि ऊपर की पंक्तियों में कहा गया है, बहुत पहले से ही यव-गेहूँ आदि का उत्पादन कर रहे थे। इस काल में कृषि एवं अन्नोत्पादन का महत्त्व आर्यों ने

इस सीमा तक स्वीकार कर लिया कि अन्न का तादात्म्य ब्रह्म से स्थापित कर दिया[83] (अन्न ब्रह्मेति व्यजानात्)। इस काल में कृषि के महत्त्व को जो स्वीकृति मिली उसी का यह परिणाम था कि पशुधन का भी महत्त्व स्वीकार कर लिया गया और उपनिषदों में ही पशुबलि के विरोध में स्वर उठने लगे।

उत्तर वैदिक काल में ही एक नई मृद्भाण्ड परम्परा दिखाई देती है जिसे चित्रित मृद्भाण्ड परम्परा (Painted Grey Wase; P.G.W.) कहा गया है। इस काल में ही लोहे के आरम्भिक ज्ञान और उसके प्रयोग के साक्ष्य भी मिलने लगते हैं।

इस मृद्भाण्ड के साथ प्रायः लोहे के भी कुछ उपकरण प्राप्त हो जाते हैं जिससे इस मृद्भाण्ड परम्परा को लोहे के साथ जोड़कर ही देखा जाता है। किन्तु ऐसा नहीं कि गेहूँ के अवशेष मात्र उन्हीं स्थानों से प्राप्त हुए जहाँ से चित्रित धूसर मृद्भाण्ड प्राप्त हुए। गेहूँ के अवशेष पूर्वी भारत एवं दक्षिण में उन पुरास्थलों से भी प्राप्त हो चुके हैं जहाँ से चित्रित धूसर मृद्भाण्ड नहीं प्राप्त हुए। वास्तव में चित्रित धूसर मृद्भाण्ड परम्परा जिसका काल लगभग 1000 ई0पू0 से 500 ई0पू0 तक निर्धारित किया जाता है, उत्तर वैदिक काल की समकालीन है। इसलिए प्रायः इन दोनों को एक साथ जोड़कर इस काल में गेहूँ आदि खाद्यान्नों के पूर्वी और दक्षिणी भारत में प्रसार को देखा गया।

पुरातात्त्विक दृष्टि से गेहूँ का प्रथम महत्त्वपूर्ण साक्ष्य अतरंजीखेड़ा (जनपद एटा) से प्राप्त हुआ है। यहाँ से चित्रित धूसर पात्र (P.G.W.) परम्परा के साथ गेहूँ की प्राप्ति हुई है जिसका काल 940 ई0पू0 है जो उत्तर वैदिक काल से मिलता जुलता है। यहाँ से प्राप्त अवशेषों से ज्ञात होता है कि यह परवर्ती हड़प्पा संस्कृति (Post Harappa) का पुरास्थल है। हड़प्पा क्षेत्र में गेहूँ और यव का उत्पादन पहले से ही हो रहा था। किन्तु परवर्ती काल में जिस प्रकार हड़प्पा से यव का प्रसार भारत के अन्य क्षेत्रों में हुआ उसी प्रकार गेहूँ भी भारत के पूर्वी, पश्चिमी एवं दक्षिण भाग में प्रचलित हो गया।

पुरातात्त्विक स्रोत से ही यह भी ज्ञात होता है कि इसी काल में गेहूँ की खेती गंगा की घाटी में भी आरम्भ हो गई। इस क्षेत्र के पुरास्थलों से प्राप्त अवशेषों से यह भी ज्ञात होता है कि जहाँ पहले चावल को ही खाद्यान्न के रूप में स्वीकार किया गया था वहाँ भी कुछ काल बाद गेहूँ तथा अन्य खाद्यान्नों का उत्पादन होने लगा। लहुरादेवा में जहाँ निवास करने वाले आरम्भ में (I.A.) खाद्यान्न के रूप में केवल चावल का ही उपयोग करते थे बाद में (I.B.) गेहूँ तथा अन्य खाद्यान्नों का

भी प्रयोग करने लगे। सरयूपार क्षेत्र से ही जनपद गोरखपुर में नरहन में आरम्भिक काल (1300-800 ई0पू0) से ही गेहूँ की तीन प्रजातियों के अवशेष प्राप्त हुए हैं। ये गेहूँ की तीनों प्रजातियाँ हैं क्लब ह्वीट (Club wheat, T. Comkpactum), ब्रेड ह्वीट (bread wheat, T. aestivum) एवं डवार्फ ह्वीट (dwarf-wheat, T. sphaerococcum)। गोरखपुर में पुरास्थल इमलीडीह खुर्द है। घाघरा की सहायक कुआना नदी के बायें तट पर स्थित इमलीडीह खुर्द से दो सांस्कृतिक स्तर जिनका काल क्रमशः 2000-1400 ई0पू0; 1400-800 ई0पू0, गेहूँ की दो प्रजातियों के अवशेष प्राप्त हुए हैं जो डवार्फ ह् वीट तथा ब्रेड ह्वीट हैं। इन दोनों ही प्रकार के गेहूँ के अवशेष बलिया जनपद में वैना नामक पुरास्थल के दोनों सांस्कृतिक स्तर से प्राप्त हुए हैं जिनका काल 1600-800 ई0पू0; 800-600 ई0पू0 है। उत्तर प्रदेश में जिन अन्य पुरास्थलों से गेहूँ के साक्ष्य प्राप्त हुए हैं उनमें कतिपय अन्य का नामोल्लेख किया जा सकता है, खैराडीह (बलिया) 2000 से 200 ई0पू0 मल्हार (चन्दौली) 1900-800 ई0पू0; राजा नल का टीला (सोनभद्र) 1600 से 700 ई0पू0।

गेहूँ के प्रसार पर विचार करते समय यह ध्यातव्य है कि जिस क्षेत्र के लोग अब तक मात्र चावल से ही परिचित थे और इसका उत्पादन करते आ रहे थे वहाँ के निवासियों का भी अब गेहूँ, यव आदि से परिचय हो गया। मिर्जापुर में बेलन एवं अदवा नदी के संगम पर स्थित टोकवा से जिस संस्कृति का उद्‌घाटन हुआ है वह नवपाषाण, ताम्राश्म एवं लौह युगीन संस्कृतियों से जुड़ी हुई है। यहाँ पर प्रारम्भिक स्तर से मात्र चावल के ही अवशेष प्राप्त हुए थे किन्तु बाद के स्तर से यहाँ गेहूँ, यव, दलहन के अवशेष भी मिले। इससे स्वाभाविक निष्कर्ष यही निकलता है कि गेहूँ, यव आदि खाद्यान्नों का यहाँ पर अन्यत्र से प्रवेश हुआ होगा जिसे यहाँ के आदिम जनों ने अपना लिया। इस काल के साहित्य से यह ज्ञात होता है कि उत्तर वैदिक काल में आर्य संस्कृति पंजाब से पूरब में सदानीरा (गण्डक) तक पहुँच चुकी थी। पंजाब से गंगा घाटी में प्रवेश करने वाले जन समूह के साथ गेहूँ का भी प्रवेश इस क्षेत्र में हुआ होगा। इस सम्भावना की पुष्टि अतरंजीखेड़ा से, जो परवर्ती हड़प्पा संस्कृति (Post-Harappan) से जुड़ा है, हो जाती है। जहाँ से हरप्पा संस्कृति से जुड़े अवशेषों के साथ गेहूँ की भी प्राप्ति हुई है। गंगा-यमुना के संगम के निकट झूसी से 6 सांस्कृतिक स्तर उद्‌घाटित हुए हैं जिनमें प्रथम नवपाषाण कालीन है। आरम्भिक स्तर से अन्न के जो साक्ष्य प्राप्त हुए हैं उनमें गेहूँ की दो प्रजातियों के अवशेष प्राप्त हुए हैं जो ब्रेडह्वीट (bread wheat, T. aestivum) और ड्वार्थ ह्वीट (Dwarf-wheat, T. sphaerococcum) है। यद्यपि झूसी से प्राप्त अवशे

श यहाँ हुआ।

नवपाषाण कालीन कोल्डिहवा एवं महगर से प्राप्त पुराव

जो साक्ष्य विहार से प्राप्त हुए हैं उनसे भी यही ज्ञात होता है कि आरम्भ में चावल का उपयोग करने वाले आदिम जन गेहूँ, यव तथा अन्य अनेक खाद्यान्नों का उपयोग करने लगे। सारन जनपद में स्थित चिराँड से जिस नवपाष

ाकार से करते थे किन्तु बाद में उन्होंने कृषि को अपना प्रमुख आधार बना लिया जैसा कि यहाँ से प्राप्त खाद्यान्नों

ोष

षाणिक स्थल सेनुआर है जो बिहार के रोहतास जनपद में स्थित है। यहाँ से आरम्भ के दो सांस्कृतिक स्तर I.A.; I.B.

ाः

2200 से 1950 ई0पू0 और 1950 से 1300 ई0पू0 निर्धारित किया है। यहाँ भी आरम्भिक स्तर से मात्र चावल के अवशेष प्राप्त हुए किन्तु बाद के स्तर से गेहूँ, यव आदि अनेक खाद्यान्नों के अवशेष प्राप्त हुए हैं। गेहूँ के जो अवशेष मिले हैं उसमें सर्वप्रथम ड्वार्फ ह्वीट (Dwarf-wheat, T. sphaerococcum) के साक्ष्य मिले किन्तु बाद में ब्रेड ह्वीट (bread-wheat, T. aestivum) के अवशेष प्राप्त हुए हैं।

उपर्युक्त विवरण से यह स्पष्ट हो जाता है कि गंगा के इस विस्तृत मैदान में जो कि उत्तर प्रदेश से बिहार तक फैला है और जहाँ का प्रमुख खाद्यान्न एक मात्र चावल ही रहा अब गेहूँ, यव आदि का प्रवेश हो चुका था। इससे तो यही प्रतीत होता है कि यद्यपि पूर्व वैदिक काल में आर्यों ने गेहूँ को, जो हड़प्पा वासियों का

(diet)

ट पुरातत्त्व से तो होती ही है, इस काल के साहित्य से भी हो

जाती है। निरन्तर पूर्व की तरफ अग्रसर आर्य संस्कृति के साथ गेहूँ का भी प्रवेश गंगा के मैदानी भाग में होने लगा। इस प्रसंग में यह अवश्य ध्यातव्य है कि गंगा का वह मैदानी भाग जो बिहार तक फैला है जलवायु की दृष्टि से जितना चावल के लिए उपयुक्त रहा है, गेहूँ के लिए नहीं। यही कारण है कि इस काल के साहित्य में जिसकी रचना इस क्षेत्र में हुई गेहूँ का वैसा विवरण नहीं मिलता जैसा चावल का। चावल के प्रसंग में वौद्ध साहित्य से जो विवरण प्राप्त होता है उसमें न केवल चावल के उत्पादन से सम्बन्धित विविध प्रक्रियाओं का वल्कि चावल के विभिन्न प्रकार और आकार आदि का भी वर्णन मिल जाता है। वैदिक संस्कृति में और धार्मिक अनुष्ठानों में जिन दो खाद्यान्नों को पवित्र माना गया उसमें गेहूँ सम्मिलित नहीं था। मात्र यव एवं चावल को ही अनुष्ठानों में सम्मिलित किया गया। इसका कारण यह था कि यव से आर्यों का सम्बन्ध उस काल से चला आ रहा था जब वह अपने मूल निवास स्थान में रह रहे थे और चावल को यह प्रतिष्ठा इसलिए प्राप्त हुई क्योंकि पूर्वी उत्तर प्रदेश एवं बिहार में निवास करने वाले मूल आदिम जनों के धार्मिक विश्वास और भोजन से चावल का सम्बन्ध उस काल से ही चला आ रहा था जबकि अभी आर्यों का प्रवेश इस क्षेत्र में नहीं हुआ था। बिहार के इस मैदानी भाग में सर्वप्रथम वैदिक एवं अवैदिक संस्कृतियों का परस्पर सम्पर्क हुआ। इस सांस्कृतिक सम्पर्क में शनैः शनैः एक ने दूसरे से बहुत कुछ लिया और उसे आत्मसात कर लिया।

गेहूँ का प्रसार मात्र पूरब में विहार तक ही नहीं हुआ। पुरातात्त्विक स्रोत सूचित करते हैं कि मध्य प्रदेश एवं महाराष्ट्र में भी गेहूँ का प्रवेश हुआ किन्तु अपेक्षाकृत बाद में। मध्य प्रदेश के निमाड़ जनपद में नवदाटोली से (1657-1445 ई0पू0) जो कि एक ताम्राश्मकालीन पुरास्थल है जिसका उत्खनन सांकलिया के निर्देशन में हुआ था, गेहूँ कि दो प्रजातियों के साक्ष्य प्राप्त हुए हैं। इसके अतिरिक्त महाराष्ट्र में घोड़ नदी के तट पर स्थित इनामगाँव से गेहूँ के अवशेष मिले। इनामगाँव के उत्खनन से गेहूँ के साक्ष्य के अतिरिक्त एक ऐसे बन्धे का भी अवशेष मिला है जिसे घोड़ नदी के बाढ़ के पानी को रोकने के लिए बनाया गया था और इस पानी को एक नाले (Channel) के माध्यम से सिंचाई के लिए प्रयोग में लाया जाता था।

गेहूँ के विषय में जो भी साहित्यिक एवं पुरातात्त्विक साक्ष्य प्राप्त हुए हैं उनसे यह ज्ञात होता है कि सर्वप्रथम भारत के पश्चिमी उत्तरी सीमा से प्रवेश करने वाला यह खाद्यान्न कालान्तर में पूरब और दक्षिण में पहुँच गया और ऐसे क्षेत्रों में भी

खाद्यान्न के रूप में इसे प्रमुखता मिल गई जो अब तक चावल के प्रमुख उत्पादन केन्द्र थे।

खल्व (चना), चणक, (Chick-pea, cicer arictinum

चना जिसे वैदिक साहित्य में खल्व कहा गया है ऐसा खाद्यान्न है जो अल्पवृष्टिक क्षेत्र (arid) में पैदा होता है। प्राप्त पुरातात्त्विक साक्ष्यों से यह ज्ञात होता है कि इसकी खेती पश्चिमी एशिया में व्यापक स्तर पर होती थी जिसके प्रमाण भूमध्यसागरीय क्षेत्र से लेकर इरान, इराक, जार्डन, अफगानिस्तान तथा सुदूर पूर्व (Far East) आदि देशों से प्राप्त होते हैं। इसका प्रथम पुरातात्त्विक साक्ष्य टर्की में हसिलार (Hacilan) नामक पुरास्थल से प्राप्त हुआ है जिसकी कार्बन 14 तिथि 5450 ई0पू0 है।[85] इसके बाद के साक्ष्य इराक, जार्डन (जेरिको) से भी प्राप्त हुए हैं। भारत में चना (खल्व) का प्रथम पुरातात्त्विक साक्ष्य हरप्पा से प्राप्त हुआ है। यहाँ से प्राप्त चना के अवशेष से ज्ञात होता है कि हड़प्पावासी आरम्भ से (Mature phase) ही चना की खेती कर रहे थे। इससे यह प्रमाणित हो जाता है कि हड़प्पावासी लगभग 2500 ई0पू0 में चना से सुपरिचित हो चुके थे। हरप्पा गें इसका प्रवेश मेसोपोटामियाँ से ही हुआ होगा जहाँ इसकी खेती बहुत पहले से ही हो रही थी और जहाँ से हड़प्पा वासियों के व्यापारिक सम्पर्क बहुत पहले से स्थापित हो चुके थे। हड़प्पा से इसका प्रसार भारत के अन्य क्षेत्रों में हुआ। इसके पुरातात्त्विक साक्ष्य भारत के जिन प्रमुख पुरास्थलों और प्रदेशों से प्राप्त हुए हैं इनमें कालीबंगा (3000-200 ई0पू0), अतरंजीखेड़ा (2000 ई0पू0), विहार (2000-1200 ई0पू0), गंगा का मैदान (2200-800 ई0पू0), राजस्थान (2200-800 ई0पू0), महाराष्ट्र (2000-800 ई0पू0), पंजाब (2300-1400 ई0पू0) का नामोल्लेख किया जा सकता है।[86]

पुरातात्त्विक साक्ष्यों के आधार पर तो यह अनुमान लगाया जा सकता है कि लगभग दूसरी सहस्राब्दी ई0पू0 में या इससे पहले ही पश्चिमी उत्तरी भारत में चना की खेती होने लगी थी किन्तु साहित्य में इसका उल्लेख बहुत बाद में मिलता है। ऋग्वेद में चना का उल्लेख नहीं है। चना का साहित्य में प्रथम उल्लेख उत्तर वैदिक काल के साहित्य में ही मिलता है।[87] अथर्ववेद से यह ज्ञात होता है कि चना को छेमी (legume) से अलग करने के लिए इसे पत्थर से कूटा जाता था।[88]

बाजरा (Pearl Millet (Pennisetum Typhoides) bulrush spiked millet)

भारत में जितने भी मोटे खाद्यान्नों (Course grain) की खेती की जाती है उसमें सर्वाधिक व्यापकस्तर पर बाजरा की ही खेती होती है। इसकी पैदावार उस क्षेत्र में ही सम्भव है जहाँ वर्षा की मात्रा कम होती है और जो अपेक्षाकृत शुष्क (arid) रहते हैं। इसीलिए इसकी खेती के प्रमुख क्षेत्र पश्चिमी और दक्षिणी भारत के कुछ भाग तक ही सीमित रह गये हैं। यद्यपि उत्तर प्रदेश तथा कुछ अन्य प्रदेश में भी न्यूनाधिक मात्रा में इसका उत्पादन होता है। के0एस0 सारस्वत का मानना है कि बाजरा (Pennisetum typhoides) का उत्पत्ति स्थान अफ्रीका था और वहाँ से इसका प्रवेश भारत में गंगा के मैदान तक बाद में हुआ।[89] आज इसके उत्पादन के प्रमुख क्षेत्र राजपूताना, हरियाणा, गुजरात, महाराष्ट्र एवं आन्ध्र प्रदेश हैं। जिन पुरास्थलों से बाजरा के साक्ष्य प्राप्त हुए हैं उनमें प्रमुख हैं - कर्नाटक में हल्लूर जहाँ से प्राप्त अवशेष नवपाषाण कालीन हैं, गुजरात में रंगपुर (1100-800 ई0पू0), राजस्थान से आहार, उत्तर प्रदेश में इमलीडीह खुर्द (1400-1300 ई0पू0) और नरहन (1300-800 ई0पू0)।

उत्तर प्रदेश या दक्षिणी भारत में बाजरा का प्रवेश कब हुआ इस विषय में निश्चित रूप से कुछ भी नहीं कहा जा सकता। एक सम्भावना यह व्यक्त की जाती है कि इस खाद्यान्न का प्रवेश पश्चिम एशिया से भारत में आने वाले आर्यों के साथ हुआ होगा किन्तु यदि आर्यों से इसका परिचय उस काल में हुआ होता तो बाजरा का उल्लेख वैदिक साहित्य में मिलता। किन्तु इसका उल्लेख कहीं नहीं मिलता। इसके प्रवेश और भारत के अन्य क्षेत्रों में प्रसार को चित्रित धूसर मृद्भाण्ड परम्परा (P.G.W.) के काल से जोड़ना भी सही नहीं होगा क्योंकि इसकी उपस्थिति इससे बहुत पहले से पंजाब से पाई जाती है।

ज्वार (Jowar Millet Sorghum Sorghum bicolor)

अन्य खाद्यान्नों की तरह ज्वार भी विदेशी मूल का है। के0एस0 सारस्वत ज्वार की उत्पत्ति स्थान अफ्रीका मानते हैं।[90] इसके साक्ष्य प्राक् हड़प्पा (2750-2500 ई0पू0) काल से और बाद के हरप्पा कालीन संस्कृति (mature Harappan phes)(2500-2000 ई0पू0) से भी इसके साक्ष्य प्राप्त हुए हैं। भारत के पश्चिमी उत्तरी सीमा से उत्तरोत्तर इसका प्रसार गंगा की घाटी और कालान्तर में दकन के

क्षेत्र में भी हो गया। भारत में जिन पुरास्थलों में ज्वार के साक्ष्य प्राप्त हो चुके हैं उनमें से प्रमुख हैं बनावली (हिसार) संघोल (लुधियाना), बरन (1900-1400 ई0पू0), रोहिर (2300-2000 ई0पू0), आहार (1725 ई0पू0)। दकन प्रदेश में ज्वार का प्रवेश सम्भवतः ताम्राश्म काल से पहले नहीं हो पाया था। इस काल के प्रमुख पुरास्थलन, जहाँ से ज्वार के साक्ष्य प्रांप्त हुए हैं, उनका नामोल्लेख किया जा सकता है। महाराष्ट्र में इनामगाँव (1370 ई0पू0), दायमाबाद (2200-2000 ई0पू0), भटकुली (फिफ्थ सें0 ई0पू0), पौनार तीसरी सदी ई0पू0।

रागी (finger millet) (Eleucine Coracana)

रागी मुख्य रूप से दक्षिण भारत का ही खाद्यान्न कहा जा सकता है। इसके उत्पादन का प्रमुख केन्द्र कर्नाटक है जहाँ से आन्ध्र, तामिलनाडु, महाराष्ट्र में इसका प्रसार हुआ। रागी की विशेषता यह है कि इसे संचित करके अनेक वर्षों तक रखा जा सकता है फिर भी इसमें किसी प्रकार का विकार नहीं आता। इसके प्राचीनतम साक्ष्य कर्नाटक में हल्लूर (2300 ई0पू0) से प्राप्त हुए हैं। जिन अन्य पुरास्थलों से रागी के साक्ष्य मिले हैं उनमें प्रमुख हैं शिकारपुर (कच्छ जनपद) (2500-2200 ई0पू0); हुलास (जनपद सहारनपुर); रोजदी एवं कुन्तसी (सुराष्ट्र), क्षुरकोटदा (कच्छ), महाराष्ट्र में इनामगाँव, दायमाबाद, विहार में सेनुवार (2200-1950 ई0पू0), उत्तर प्रदेश में इमलीडीह खुर्द (1300-800 ई0पू0), वैना (800-600 ई0पू0), मल्हार (1700-800 ई0पू0), राजानल का टीला (1600-700 ई0पू0)। रागी के उद्गम स्थान के विषय में निश्चित रूप से कुछ भी नहीं कहा जा सकता है। यह सम्भावना व्यक्त की जाती है कि इसका उद्गम-स्थान अफ्रीका है।[91]

माष अथवा उड़द (Block gram, Phaseolus mungo)

माष जिसे उत्तर भारत में उड़द भी कहते हैं वैदिक काल से ही एक सुपरिचित खाद्यान्न रहा है। यह खाद्यान्न दलहन (Pulse) के अन्तर्गत आता है। उत्तर वैदिक साहित्य[92] से यह ज्ञातहोता है कि इसे एक पवित्र खाद्यान्न माना जाता था और इसका प्रयोग धार्मिक अनुष्ठानों के अवसर पर किया जाता था। तैत्तिरीय संहिता[93] में एक अन्य स्थान पर माष का उल्लेख अन्य अनेक खाद्यान्नों के साथ हुआ है और यहाँ यह भी कहा गया है कि माष तथा अन्य खाद्यान्नों का बीज किस ऋतु में डाला जाता है। अथर्ववेद[94] व्रीहि (चावल), यव, तिल के साथ माष का उल्लेख करता है। एक अन्य स्थान पर यह भी कहा गया है कि माष को किस

प्रकार पीसा जाता था।[95] इससे यह ज्ञात होता है कि माष का प्रयोग दाल के अतिरिक्त सत्तू (gruel) के रूप में भी इसको लोग खाते होंगे।

माष के साक्ष्य अतरंजीखेड़ा से उत्तरी काले चमकीले मृद्‌भाण्ड (N.B.P.) के स्तर से प्राप्त हुए हैं। इसके अवशेष नवदाटोली से ताम्राश्मकाल (1500 ई0पू0) के स्तर से मिले हैं। उत्तर प्रदेश में नरहन (गोरखपुर) से भी इसके साक्ष्य प्राप्त हुए हैं जिनका काल (600-200 ई0पू0) है। माष का उद्‌गम स्थान (origin) भारत ही माना जाता है। ऐसा प्रतीत होता है कि प्राचीन काल में माष का प्रयोग व्यापक स्तर पर किया जाता था और जिस प्रकार चना के लिए प्रयुक्त शब्द ग्राम (gram) एक वजन या भार (weight) का सूचक बन गया उसी प्रकार माष या माषा का प्रयोग भी एक भार का द्योतक बन गया।

मूंग (green gram) (Vigna radiala)

मूंग भी दलहन के अन्तर्गत सम्मिलित एक खाद्यान्न है। इसके पुरातात्त्विक अवशेष नवदाटोली से प्राप्त हुए। अभी तक के प्राप्त साक्ष्यों से यही ज्ञात होता है कि मूंग का उत्पत्ति स्थान भारत ही रहा है और यहाँ से अन्यत्र इसका प्रसार हुआ था। भारत में जिन अन्य पुरास्थलों से इसकी प्राप्ति हुई है उससे यह स्पष्ट हो जाता है कि नवीन पाषाण काल की समाप्ति से पहले से ही मूंग से आदिम जन परिचित हो चुके थे। जिन पुरास्थलों से मूंग के साक्ष्य प्राप्त हुए हैं उनमें प्रमुख हैं - टोकवा (मिर्जापुर), सेनुआर (रोहतास, बिहार) (I.B. 1950-600 ई0पू0), इमलीडीह खुर्द (गोरखपुर, 2000-800 ई0पू0), नरहन (गोरखपुर, 1300-200 ई0पू0), वैना (बलिया, 1600-600 ई0पू0), झूसी, टोकवा, खैराडीह (बलिया, 700-200 ई0पू0), मल्हार (चन्दौली, 1900-800 ई0पू0), राजानल का टीला (सोनभद्र, 1600-700 ई0पू0)।

मसूर (Lentil Lens Culinaris)

मसूर की गणना विश्व के प्राचीनतम खाद्यान्नों में की जा सकती है। बाजसनेयी संहिता (XVII12) में मसूर का उल्लेख अन्य अनेक खाद्यान्नों के साथ हुआ है जैसे पियंगु, माष, तिल, मुद्‌ग, निवार, श्यामोंक। मसूर के उद्‌गम स्थान के विषय में निश्चित रूप से कुछ भी नहीं कहा जा सकता है। रनधावा का कथन है कि श्राद्ध के अनुष्ठान में मसूर का प्रयोग निषिद्ध (interdicted) था इससे यह निष्कर्ष निकलता है कि मसूर का उद्‌गम (Origial source) भारत के बाहर कहीं

रहा होगा।[96] के0एस0 सारस्वत इसकी उत्पत्ति भूमध्य सागरी क्षेत्र से जोड़ते हैं।[97] मसूर का प्राचीनतम साक्ष्य जर्मो (इराक) से प्राप्त हुआ है जिसका काल 7000 वर्ष ई0पू0 निर्धारित किया गया है (रनधावा, वही)। इसके साक्ष्य उत्तरी यूनान में नीनिकोमेडिया (Nea Nikomedia) से भी प्राप्त हुए हैं जो कि नवपाषाण कालीन अन्य उद्भिजों के साथ मिले हैं और जिनका काल (6220-150 ई0पू0) है।[98] सम्भव है यहाँ से इसका प्रसार यूरोप के अन्य देशों में तथा भारत में हुआ हो। भारत में जिन पुरास्थलों से मसूर की प्राप्ति हुई है उनमें प्रमुख हैं नवदाटोली (1500 ई0पू0); सेनुआर (रोहितास, 2200-600 ई0पू0), इमलीडीह (गोरखपुर, 1400-800 ई0पू0), नरहन (गोरखपुर, 1300-800 ई0पू0), वैना (बलिया, 1600-600 ई0पू0), खैराडीह (बलिया, 2000-200 ई0पू0), मल्हार (चन्दौली, 1900-800 ई0पू0), राजानल का टीला, (सोनभद्र, 1600-700 ई0पू0) झूसी।

तिल (Sesamum indicum)

तिल का उल्लेख उत्तर वैदिक काल या उसके बाद के साहित्य में प्रायः मिलता है। वास्तव में तिलहन के अन्तर्गत परिगणित होने वाले उद्भिजों में तिल का सर्वाधिक महत्त्व रहा है। तिल की लोकप्रियता और व्यापकता का अनुमान मात्र इस तथ्य से लगाया जा सकता है तिल शब्द से निर्मित तेल शब्द आज सामान्य रूप से सभी प्रकार के उद्भिजों से निकाले जाने वाले पदार्थ को तेल नाम दे दिया जाता है। अथर्ववेद[99] में तिल का उल्लेख यव के साथ या चावल (ब्रीहि) माष (उरद) आदि के साथ हुआ है। तैत्तिरीय संहिता[100] में माष और तिल को हेमन्त (winter) और शिशिर (शरद ऋतु) की फसल कहा गया है।

तिल की उत्पत्ति भारत में ही हुई थी या इसका प्रवेश किसी अन्य देश से भारत में हुआ था, इस विषय में निश्चित रूप से कुछ भी नहीं कहा जा सकता है। इस सम्बन्ध में दो भिन्न मत हैं। प्रथम मत के अनुसार यह मूलतः अफ्रीका की उपज है और वहाँ से इसका प्रवेश मेसोपोटामियाँ में हुआ और पुनः मेसोपोटामियाँ से इसका प्रवेश हड़प्पा में हुआ। भारत के पश्चिमोत्तर सीमान्त क्षेत्र का व्यापारिक सम्बन्ध पश्चिम एशिया से बहुत पहले से चला आ रहा था और व्यापारियों ने ही तिल को सर्वप्रथम हरप्पा में लाये होंगे। दूसरी सम्भावना यह भी व्यक्त की जाती है कि अफ्रीका से सीधे इसका प्रवेश समुद्री मार्ग से भारत में हुआ हो। तीसरा मत वाविलोव का है जो तिल को बहुमूलोद्भव (polyphyletic) उद्भिज मानते हैं। अर्थात् तिल की उत्पत्ति किसी एक स्थान पर नहीं होकर एक से अधिक स्थानों

पर हुई होगी। उनके अनुसार इसकी उत्पत्ति एथियोपिया और मध्य एशिया में हुई होगी। यह सम्भावना भी व्यक्त की गई है कि एथियोपिया एवं दक्षिण भारत में अलग-अलग स्वतंत्र रूप से तिल की उत्पत्ति हुई होगी।[101] हरप्पा से तिल के जो अवशेष प्राप्त हुए उसके आधार पर यह कहा जा सकता है कि हरप्पावासी तिल पैदा करने लगे होंगे। और हरप्पा से ही तिल का प्रसार गंगा की घाटी तक हुआ होगा। तिल के अवशेष सेनुवार (रोहतार जनपद, 1300-600 ई0पू0), इमलीडीह खुर्द (गोरखपुर, 2000-1400 ई0पू0), नरहन (गोरखपुर 1300-800 ई0पू0), खैराडीह (बलिया, 700-200 ई0पू0), राजानल का टीला, झूसी, टोकवा, (सोनभद्र, 1300-700 ई0पू0) से प्राप्त हुए हैं।[102]

पिछले पृष्टों में जिन प्रमुख खाद्यान्नों का उल्लेख किया गया है उनके अतिरिक्त ऐसे अनेक खाद्यान्न हैं जिनके नाम या साक्ष्य प्राचीन भारतीय साहित्य तथा पुरास्थलों के उत्खनन से ज्ञात होते हैं। इनके अवलोकन मात्र से यह स्पष्ट हो जाता है कि ऐतिहासिक काल (Historical period) के आरम्भ से बहुत पहले ही आदिम जनों का परिचय विविध प्रकार के अन्न, दलहन, तेलहन, सब्जियों तथा फलों आदि से हो चुका था। निश्चय ही इनमें दोनों ही प्रकार के खाद्यान्न थे, कुछ का उद्भव भारत में ही हुआ जबकि अनेक का प्रवेश पश्चिमी एशिया या सुदूर पूर्व, चीन आदि से हुआ था। इनके पुरावशेष जिन पुरास्थलों से प्राप्त हुए हैं वह पश्चिम उत्तर में हड़प्पा से पूरब में पश्चिम बंगाल में पाण्डुराजारडिवी तक और उत्तर में जम्मू-कश्मीर क्षेत्र के वुर्जहोना, गुफकराल से दक्षिण में तमिलनाडु के पैय्यमपल्ली तक फैले हुए हैं। इन खाद्यान्नों का नामोल्लेख जो इन पुरास्थलों से प्राप्त हुए हैं और जिनका उल्लेख ऊपर के पृष्टों में नहीं हुआ है नीचे की पंक्तियों में किया गया है।

कोदो (Paspalum scrobiculatum) सेनुवार, इमलीडीह, नरहन, वैना, मल्हार।

प्रियंशु या कंगनी (Setaria italica) (foxtail millet) वैना, मल्हार।

चिन, मोरा, अनु (Panicum miliaceum) (Panic millet) राजानल का टीला।

लोबिया (Cow-pea) (Vigna sinensis) खैराडीह, राजानल का टीला।

सर्सप (Brassica juncea) सेनुवार, इमलीडीह, टोकवा।

भद्रमुस्ता, मोठ (Moth bean) (BVigna aconitifoflia) - सेनुवार, इमलीडीह, नरहन, खैराडीह, राजानल का टीला।

खेसारी (grtass pea) (Lathyrus Sativus) - सेनुवार, इमलीडीह, नरहन, खैराडीह, मल्हार, राजानल का टीला, झूसी।

कुल्थी (Horse grain) (Dolichos biflorus) - सेनुवार, इमलीडीह, नरहन, वैना, खैराडीह, मल्हार, राजानल का टीला, झूसी।

मटर (Field Pea) (Pisum arvense) - सेनुवार, इमलीडीह, नरहन, वैना, खैराडीह, मल्हार, राजानल का टीला, झूसी।

दक्षिण भारत से भी खाद्यान्न एवं दलहन आदि के प्रमाण नवपाषाण काल तथा बाद के काल के प्राप्त हो चुके हैं। पैय्यमपल्ली (तमिलनाडु) से कुल्थी (Dolichos biflorus) एवं मूंग (Vigna radiata) के जो साक्ष्य प्राप्त हुए हैं उनसे यह ज्ञात होता है कि नवपाषाण काल से ही इन दोनों खाद्यान्नों से यहाँ के आदिम जन परिचित हो चुके थे। पुनः ताम्राश्म कालीन नवदाटोली से (म0प्र0) अलसी (Linseed, linum usitatissimum) के अतिरिक्त मसूर (lentil, lens culinaris) उड़द या माष (black gram) (Vigna mungo), मूंग (green gram, vigna radiata), खेसारी (lathyrus salivus) के साक्ष्य प्राप्त हुये हैं जो इस क्षेत्र में दलहन (pulse) के उपयोग का प्रमाण प्रस्तुत करते हैं। महाराष्ट्र में इनामगाँव से कुल्थी एवं मूंग के अवशेष मिले हें। इसी प्रदेश में टेर नामक पुरास्थल से रेंड़ी (Castor, Ricinus Communis) की प्राप्ति हुई है।[103]

कर्नाटक में नवपाषाण कालीन टेवकलकोटा (1780-1500 ई0पू0) से भी कुल्थी के प्रमाण प्राप्त हुए हैं। इसके अतिरिक्त अन्य अनेक मोटे खाद्यान्नों (Courser grains) की भी प्राप्ति दक्षिण भारत के अनेक पुरास्थलों से हो चुकी है। ऐसे खाद्यान्नों में कंगिनी (Setaria italica), कोदो (paspalum scrobiculatum), कुटकी (panicum muliare), चीना (panicum miliacum) एवं सनवक (Echinochloa) विशेष रूप से उल्लेखनीय हैं।[104]

इसके अतिरिक्त ऐसे अनेक उद्भिजों के साक्ष्य इन पुरास्थलों से प्राप्त होते हैं जिनसे यह ज्ञात होता है कि आदिम जनपाषाण काल में ही विभिन्न प्रकार के खाद्यान्न, दलहन, तेलहन, सब्जी, फल आदि से सुपरिचित हो गया था। विशेष रूप से उल्लेखनीय नरहन से प्राप्त कटहल (jack-fruit) (artocorpos integrifolious) है जिसके बीज यहाँ से प्राप्त हुए हैं और जो जंगलों में अन्य वनस्पतियों या वृक्षों के समान बड़ी मात्रा में स्वतः उत्पन्न होता है। इमलीडीह से

(Lablab purp-ureus)

(700-200 ई0पू0) और राजबल का टीला (1300-700 ई0पू0) से तीसी अथवा अलसी (Linseed, Linum usitatissimum) दूसरा तेलहन एरण्ड अथवा रेंड़ी है (Castor, Ricinus Communis) के साक्ष्य मिले हैं।

में इसके तैलीय गुण के कारण अन्य क्षेत्रों में इसका प्रसार हुआ होगा। वास्तव में यह एक ऐसा उद्‌भिज है जिसका कोई एक क्षेत्र विशेष से ही सम्बन्ध नहीं रहा। यह पूर्वी उत्तरी अफ्रीका, टोमेन, मध्य एशि

के0एसव0 सारस्वत ने इस सम्बन्ध में एक महत्त्वपूर्ण पुरातात्त्विक साक्ष्य उल्लेख

ष प्राप्त हुए हैं वह

ईसापूर्व चौथी सहस्राब्दी के पूर्वार्द्ध के हैं जो कि भारत से प्राप्त साक्ष्य से, जो दूसरी-पहली सहस्राब्दी ई0पू0 के हैं, बहुत पहले के हैं। इससे तो यह सम्भावना

ाया के

माध्यम से हुआ हो।[105] महाराष्ट्र में टेर (Ter) से भी इसके प्रमाण प्राप्त हुए हैं।

संदर्भ

1. एम0एस0 रनधावा, ए हिस्ट्री ऑफ एग्रिकल्चर इन इण्डिया, जिल्द 1 (विगनिंग टु 12th सेन्चुरी), पृष्ठ 269
2. रनधावा, वही, पृष्ठ 271
3. के0एस0 सारस्वत, "एग्रिकल्चरल बैकग्राउण्ड ऑफ द अर्ली फार्मिंग कम्यूनिटीज़ इन द मिडिल गंगा प्लेन", प्राग्धारा, अंक 15, 2004-2005, पृष्ठ 163-164
4. रनधावा, वही, पृष्ठ 271
5. के0एस0 सारस्वत, वही, पृष्ठ 164, "It will not be out of place here to realize that the "agriculture". Itself is often reserved for highly intensive form of environmental management. The theoretical model

of the "Beginning of Agriculture" need not occupy much of our thought one is required to consider a very long sequence of stages in parallel evolution with the environment and changing conditions of desiccation making avaiaable grains which the early gatherers liked and started to cultivate. Initial domestication of wild forms up to the stage of distinctly identifiable domesticated rice (oryza sativa) obscures gradation in the archaeological remains.

"Rice seems to be indigenous in the south-east of India, this fact accounts well for the absence of (Any mention of it in the Rigveda).

यामाकं चरुं सवित्रे

शूनां ब्रीहीणां रुद्रायं पशुपतये गावीधुकं चरुं वृहस्पतये वाचस्पतयेनैवारं चरुमिन्द्राय ज्येष्ठायं पुरोडाश-मेकादश कपालं महाब्रीहीणां मित्रायं सत्यायाआम्बानां चरुं वरुणाय धर्मपतये यवमयं चरुं; 7.2.10.3 - यवं ग्रीष्मायौषधीर्वर्षाभ्यो ब्रीहीच्छरदे माषतिलौ हेमन्तशिशिराभ्यां

यण्ट इण्डिया,

IX "The man who discovered the technique of transplanting rice has done more good to humanity that all the kings put together."

15.

वही

24.

IV, p. 276

ाल्यादि ज्ये

28. बी0पी0 राय, द लेटर वैदिक इकानमी, पृ0 139
29. द्रष्टव्य तै0सं0 का 1.8.10.1
30. उपरोक्त
31. ज्योग्रफी ऑफ स्ट्रैबो, XV.1.18 -"The rice, according to Aristobulus, stands in water enclosures and is sown in beds, and the plant is four cubits in height, not only having many years but also yielding much grain and the harvest is about the time of the setting of the pleiades and the grain is winnoiwed like barley"
32. वही, "Magillus says that rice is sown before the rains, but requires irrigatin and transplanting, being watered from tanks"
33. वी0पी0 राय, वही, पृष्ठ 140
34. एन0एन0 खेर, अग्रेरियन एण्ड फिस्कल इकानमी, इन द मौर्यन एण्ड पोस्टमौर्यन एज़, पृष्ठ 109
35. उत्तर वैदिक साहित्य में चावल से सम्बन्धित सन्दर्भों के लिए द्रष्टव्य वी0पी0 राय की उपरोक्त पुस्तक, पृष्ठ 138-140
36. द्रष्टव्य बी0पी0 पाण्डेय, इकानमिक बाटनी, पृष्ठ 8; लेखक के अनुसार इस धार्मिक उत्सव का उल्लेख स्टैनिस लास जूलियन (Stanislas Julien)

प्लेन"

वही, पृ

42. रनधावा, वही, पृष्ठ 269
43. एम0एस0 रनधावा, वही, पृष्ठ 271
44. द्रष्टव्य, वी0डी0 मिश्र, हिस्ट्री ऑफ एग्रिकल्चर इन इण्डिया (अप टु 1200 ए0डी0), पृष्ठ 27; कोल्डिहवा से प्राप्त तीन तिथियाँ - 4530 ± 185 ई0पू0, 5440 ± 40 ई0पू0, 6570 ± 210 ई0पू0, महगर से प्राप्त चार कार्बन तिथियाँ - 1400 ± 150 ई0पू0; 1330 ± 120 ई0पू0; 1440 ± 100 ई0पू0; 1480 ± 150 ई0पू0; यहीं से दो उष्मादिप्त तिथियाँ 2265, 1616 है।
45. एम0सी0 गुप्त, जे0एन0 पाल, वी0डी0 मिश्र, विगनिंग्स ऑफ एग्रिकल्चर इन द मिडिल गंगा प्लेन विथ स्पेशल रिफरेन्स टु रिसेण्ट एक्सकेवेशन्स ऐट झूसी, पृष्ठ 95-96, हिस्ट्री ऑफ एग्रिकल्चर इन इण्डिया (अप टु 1200 ए0डी0)
46. द्रष्टव्य, प्राग्धारा, 2007-2008, में प्रकाशित, राकेश तिवारी, आर0के0 श्रीवास्तव, के0एस0 सारस्वत, आई0बी0 सिंह एवं के0के0 सिंह द्वारा प्रस्तुत लहरादेवा से प्राप्त पुरातात्त्विक अवशेषों पर विस्तृत लेख - अर्ली फार्मिंग ऐट लहुरादेवा।
47. के0एस0 सारस्वत प्राग्धारा, नम्बर 15, 2004-2005, पृष्ठ 162 "In the very opening of Neolithic phase at Lahuradeva the presence of domesticated rice (oryza Sativa) has been recorded in the two deepest layers of two different trenches in the assortment of the remains of wild or weedy form of rice (oryza of rufipogon)."
48. वही, पृ0 163, "This would prima facie constitute the reasonable background to surmise that the domestication and cultivation in the Ganga Plains was already in practice during still earlier Post-Glacial times.
49. प्राग्धारा, नवम्बर 18, 2007-2008, पृष्ठ 357, "At least by the mid seventh millennium B.C. the presence of the fully domesticated rice became established. Hower, gathering of wild plants, fishing and hunting also continued for food resources."
50. उपरोक्त, पृष्ठ 364 - "It seems reasonable to assume that about the 7" millennium B.C. the village farming has become established and agriculture started to spread in the Middle Ganga Plain.
51 रा0का0 वर्मा, विगनिंग्स ऑफ एग्रिकल्चर इन द विन्ध्य-गंगा रीजन, पृ0 45, "A large number of rice samples have been collected from the Neolithic level along with Corded ware and associated pottery. It indicates that rice was a staple food during the Neolithic period throughout the Ganga - Ghagara region.

52. पुरुषोत्तम सिंह, प्रिल्यूड टु अर्वनाइजेशन इन द सरयू पार प्लेन, पृष्ठ 6, In the absence of any lithic component it is nolonger appropriate to name this culture as Chalcolithic." Presidential Address, (Section V), The Indian History congress, fifty-seventh Session, Chennai, 1996
53. के0एस0 सारस्वत, प्रागारा, 2004-2005, पृष्ठ 149, Crop-remains
54. के0एस0 सारस्वत, वही
55. पुरुषोत्तम सिंह, वही, पृष्ठ 8-9, These investingations have now established that permanent villages with agriculture as the mainstay of their economy had already come into existence in the beginning of 2nd millennium B.C. in the Sarayupar plain. The discovery of micro beads of steatite indicates that these people were interacting with contemporary cultures in other parts of the subcontinent. the probable source of supply of microbeads remanis to be worked out."
56. के0एस0 सारस्वत, वही
57. ओ0 श्रादर, प्रीहिस्टोरिक एण्टिक्विटीज, पृ0 282, कार्ल डार्लिंग बक, ए डिक्शनरी ऑफ सेलेक्टेड सिनानिम्स इन द प्रिन्सिपल इण्डोयुरोपियन लैंग्वेजेज, 8.42
58. ऋ0 1.66.2 यवं न पको जेता जनानाम्।
59. वही, 1.17.2.21 यवं वृकेणाश्विना वपन्ते।
    वही, 1.5.6.15 गोभिर्यवं न चक्रषत्।
    वही, 1.23.15
60. वही, 10.42.7 अस्मै धेहि यवं
61. वही, 9.69.8; 8.93.3
62. वही, 10.27.9 सं यद्वयं यवसादो जनानामहं
63. वही, 1.187.9; 2.22.1; 3.42.7
64. वही, 9.68.4
65. वही, 10.42.10 यवेन क्षुधं पुरुहूत विश्वाम्।
    वही, 10.43.10; 10.44.10
66. वही, 6.27.6 यव्यावत्यां पुरुहूत श्रवस्या।
67. वही, 2.5.6 यवो वृष्टीव मोदते
68. अथ0वे0, 2.8.3 बभ्रोर्जुनकाण्डस्य यवस्य ते
69. तैत्ति0संहिता, 6.2.5.2 यवागू राजन्य्यस्य व्रत क्रूरेव वै यवागूः क्रमूर इवै।
70. शत, ब्राह्मण, 12.9.1.5

ड़

"This is the first evidence indicating the southward extension of the Harappans into the Godavari Valley."

75.

ष्ठ 292

77. वी0डी0 शर्मा, वही, पृष्ठ 120
78. रनधावा, वही, पृष्ठ 162; के0एस0 सारस्वत, प्राग्धारा, 2004-2005, पृष्ठ 146
79. वाजसनेयी सं0, 18.12, 19.22; शतपथ ब्रा0, 12.7.1.2
80. वृहदारण्यक उप0, 6.3.22
81. अथ0वे0 काण्ड 15
82. शत0ब्रा0, 1.6.1.4
83. तैत्तिरीयोपनिषद्, 3.2

ठ

87. वाजसरनेयी संहिता, 18.12; वृहदारण्यक उप0, 6.3.22
88. अथ0वे0, 2.31.1, दृ

ठ 146

90. प्राग्घारा, वही
91. षोत्तमसिंह, हिस्ट्री ऑफ एग्रिकल्चर,

पृ0

अथ0वे0, 6.140.2
95. वही, 12.2.53, मा0

96. रनधावा, वही, पृष्ठ 243
97. के0एस0 सारस्वत, वही
98. रनधावा, वही
99. अथ0वे, 2.8.3, यवस्य ते पलाल्या तिलस्य तिलपिज्या वही, 6.140.2, ब्रीहिमत्तं यवमत्तमयो माषमयो तिलम्।
100. तैत्ति0सं0, 7.2.10.2, माषतिलौ हेमन्तशिशिराभ्यां
101. के0एस0 सारस्वत, वही, पृष्ठ 147
102. वही, पृष्ठ 150
103. रणधावा, वही
104. रणधावा, वही, पृष्ठ 237, 241-245, 259, 236
105. विभिन्न प्रकार के उत्पादों के लिये द्रष्टव्य के0एस0 सारस्वत द्वारा प्रस्तुत सूची - "crop remams from some archaeological settlements in the Middle Ganga Plain"

    प्राग्धारा, वही, पृष्ठ 149-151; पुरुषोत्तम सिंह - ''हिस्ट्री ऑफ मिलेट कल्टिवेसन इन इण्डिया'' हिस्ट्री ऑफ एग्रिकल्चर, पृष्ठ 107-119; रणधावा, वही, पृष्ठ 245

●

खण्ड द्वितीय

अध्याय - 16

जल संसाधन एवं सिंचाई उत्तर भारतीय जल प्रबन्धन एवं सिंचाई

वर्षा, नदी एवं मनुष्यकृत प्रयास - ये तीनों ही जल के स्रोत रहे हैं। विकास के क्रम में प्रथम दो - वर्षा एवं नदी - आदि काल से ही मानव, पशु एवं वनस्पतियों के जीवन के आधार बनते रहे हैं। मनुष्य कृत जल- संसाधन का विकास अपेक्षाकृत बाद में हुआ। अमरकोष भूमि वर्ग में अन्नोत्पादन के प्रथम दो स्रोतों का उल्लेख नदी मातृत एवं देवमातृक शब्दबन्ध के नाम से करता है।[1] देवमातृक से अभिप्राय बादलों से होने वाली वर्षा (देवो मेघे) से है। प्राचीन भारतीय साहित्य एवं अभिलेख अन्नोत्पादन के प्रसंग में इन तीनों प्रकार के स्रोतों का उल्लेख करते हैं।

ऋग्वेद में जल को जीवन का रक्षक कहा गया है और इसके स्रोतों का उल्लेख भी है। यहाँ यह कहा गया है कि जल की प्राप्ति आकाश से बादलों द्वारा होती है अथवा खनन यन्त्र से जमीन को खोद कर (खनित्रिमा) या स्वतः उत्पन्न जल स्रोतों से (स्वयंजा)[2]।

मैकडानेल, कीथ, विल्सन आदि ने यहाँ प्रयुक्त खनित्रिमा शब्द की व्याख्या मनुष्य कृत नालियाँ (artificaial water channels) करते हैं और इसे सिंचाई का प्रमाण मानते हैं।[3] वैदिक इण्डेक्स के लेखकों ने ऋग्वेद की एक अन्य ऋचा में प्रयुक्त सूर्मी सुषिरा[4] शब्द-बन्ध को भी सिंचाई का साक्ष्य माना है। उनके अनुसार इस काल में कुओं से पानी निकाल कर सिंचाई के लिये चौड़ी (सूर्मी) नालियों (सुषिरा) के माध्यम से ले जाया जाता था।[5] इसी प्रकार का मत म्योर ने ऋग्वेद में प्रयुक्त 'कुल्या' शब्द के आधार पर व्यक्त किया है।[6]

लल्लन गजी गोपाल[7] ने ऋग्वेद की कुछ ऋचाओं में कुएँ से चक्र या पहिये (Water wheel) के माध्यम से पानी निकालने और पौधों की सिंचाई करने का

साक्ष्य प्रस्तुत किया है। उन्होंने अपने मत के समर्थन में जी0एस0 घुरिये द्वारा प्रस्तुत ऋग्वेद की ऋचा (X.101.6-7 का उल्लेख किया है।[8] घुरिये ने ऋग्वेद की एक अन्य ऋचा के आधार पर इस ग्रन्थ के रचना काल में रहट के अस्तित्व की कल्पना की है। लल्लन जी गोपाल घुरिये के मत को स्वीकार करते हैं और कुयें से पानी निकालने की इस विधा की समता पर्सियन ह्वील के नोरिया से स्थापित करते हैं। गोपाल स्वयं ऋग्वेद की एक अन्य ऋचा[9] को उद्धृत करते हैं और इसके आधार पर इस काल में पौधों की सिंचाई का मत व्यक्त करते हैं।[10]

किन्तु उपर्युक्त ऋचाओं में या अन्यत्र कहीं भी खेतों की सिंचाई के स्पष्ट साक्ष्य उपलब्ध नहीं होते हैं। यह उल्लेखनीय है कि कुआँ के लिये ऋग्वेद में दो शब्द मिलते हैं - कूप[11] एवं अवत[12]। सम्भवतः कूप गहरे होते होंगे, क्योंकि त्रित जब उसमें गिर गये तो देवताओं का आह्वान करने पर ही उसमें से सुरक्षित निकल सके (1.105.17; 4.50.3)। अवत शब्द का उल्लेख ऋग्वेद में अनेकशः हुआ है। अवत अथवा कुयें से जल निकलने के लिये पत्थर के पहिया (अश्म चक्र) का प्रयोग किया जाता था, जिसमें डोर या रस्सी (वरत्रा) बँधी होती थी। कुयें से जल निकालने के लिये जिस पात्र का उपयोग किया जाता था उसे कोश कहते थे।[13] निकाले गये पानी को लकड़ी के पात्र (द्रोणाहाव) में डाल दिया जाता था। वह जल पीने के उपयोग में आता था। प्यासे मनुष्य[14] एवं पशु[15] इसीलिए सर्वदा इन कूओं के पास आते रहते थे। प्यारे गौतम[16] ऋषि या शर[17] को अवत का जल उपलब्ध कराया गया था। अवत से सम्बन्धित जो भी ऋचायें मिलती हैं उनसे यही प्रतीत होता है कि इस काल तक कुओं की उपयोगिता मनुष्य या पशु के पीने के लिये पानी तक सीमित थी। किसी भी ऋचा से खेतों की सिंचाई का साक्ष्य उपलब्ध नहीं होता। ऋग्वेद की एक ऋचा (8.69.12) में 'सूर्म्यै सुषिरामिव' शब्द का उल्लेख हुआ है जिससे यह ज्ञात होता है कि कुये से जल निकाल कर चौड़ी नाली (सूर्मी) के माध्यम से गड्ढे (सुषि) में डाला जाता था।[18] ये शब्द-बन्ध सिंचाई का साक्ष्य प्रस्तुत नहीं करते।[19] कुल्या शब्द जिसका ऊपर उल्लेख किया गया है ऋग्वेद की दो ऋचाओं में मिलता है।[20] यह शब्द छोटी नदी या नाला के अर्थ में प्रयुक्त होता रहा है।[21] म्योर का यह कथन सही प्रतीत होता है कि कुल्या मनुष्य-कृत जल-प्रणालिका (artificial water-courses) को कहते थे। किन्तु यह शब्द खेतों की सिंचाई का साक्ष्य प्रस्तुत नहीं करता है। उपर्युक्त दोनों ऋचाओं में यह कहा गया है कि जिस प्रकार जल समुद्र में जाता है उसी प्रकार जल प्रणालिका (कुलया) जलाशय (ह्रद) में जाती है - कुल्या इव ह्रदम्। यदि कुल्या के माध्यम से

फसल की सिंचाई होती तो इसका उल्लेख ऋग्वेद की 10.43.7 ऋचा में अवश्य हुआ होता, जिसमें कहा गया है कि कुलया ह्रद में जाती है, किन्तु यव (Barley) की (बृद्धि) आकाश से होने वाली वर्षा से होती है - यवं न वृष्टिद्रिव्येन दानुना।

उपर्युक्त विवरण से यह प्रतीत होता है कि खनन यन्त्र से जमीन खोद कर निकाले गये पानी से कुल्या या नाली के माध्यम से जलाशय को भरा जाता था। ये जलाशय या सुषिरा जो कुयें से बहुत दूर नहीं होते थे कुल्या द्वारा कुओं से जुड़े होते थे। इसीलिए सर्वदा पशु यहाँ पानी पीने के लिये आया करते थे। सम्भवतः मनुष्यों के लिये भी कुयें के निकट ही इसी प्रकार का जलाशय रहा हो जो पानी पीने के उपयोग में आता था। कुओं से निकाले गये इस जल को पवित्र (शुचयः आपो) कहा गया है।

वास्तव में कुयें के पानी से खेतों की सिंचाई का ज्ञान आर्य जनों को पूर्व वैदिक काल तक नहीं हुआ था। यह ध्यातव्य है कि ऋग्वेद में खाद्यान्न के नाम पर मात्र यव का ही उल्लेख मिलता है। यदि नहरों के माध्यम से खेतों की सिंचाई करने की प्रक्रिया से आर्यजन इस काल में अवगत रहे होते तो यव के अतिरिक्त अन्य खाद्यान्नों से भी उनका परिचय हुआ होता।

देवमातृक अथवा वर्षाधीन कृषि

पूर्व वैदिक काल में कृषि पूर्णतया देव मातृक थी। ऋग्वेद में वर्षा को अन्न का स्रोत कहा गया है। जब वर्षा होती थी तो पर्याप्त मात्रा में अन्न सुलभ हो जाता था। इसीलिए मरुत, मित्र, वरुण, पर्जन्य, इन्द्र आदि देवताओं का आह्वान किया जाता था।[22] इन देवताओं की कृपा से आकाश से बादल पानी देते हैं। वास्तव में ये बादल पिता के समान (पिता नः 5.83.6) जीवन की रक्षा करते है। इनकी कृपा से ही वनस्पतियों का उद्भव होता है, नदियों में जल भर जाता है और पशुओं को प्रभूत मात्रा में तृण सुलभ होता है। वर्षा के लिये बार-बार देवताओं के आह्वान से यही प्रतीत होता है कि पूर्व वैदिक काल में मनुष्य, पशु एवं वनस्पतियों का जीवन देवमातृक अर्थात्! वर्षा पर ही आधारित था। ऋग्वेद में देवापि तथा शान्तनु की कथा (X.98) से ज्ञात होता है कि वर्षा के लिये विधिवत् अनुष्ठान किये जाते थे। पुनः यह भी ध्यातव्य है कि पंजाब में जहाँ ऋग्वेद की रचना हुई वर्षा की मात्रा सर्वदा ही सीमित रही।[23] जब वर्षा के स्वामी अश्विन की कृपा से वर्षा हो जाती थी और भूमि आर्द्र हो जाती थी तो आर्यजन वृक (हल) से यव की खेती कर पाते थे (यवं वृकेण कर्षथः)।[24]

उत्तरोत्तर जल संसाधनों में उल्लेखनीय विकास हुआ। प्राकृतिक आपदाओं पर विजय पाने के लिये मनुष्य सर्वदा नूतन प्रयोग करता रहा। जलवायु सम्बन्धी विषमता, मानसून की अनिश्चितता, उत्तरोत्तर बढ़ती हुयी आबादी का दबाव, अकाल या दुर्भिक्ष की सर्वदा बनी रहने वाली आशंका एवं अन्य अनेक ऐसे कारण थे, जिन्होंने मनुष्य को प्राकृतिक प्रकोप से बचने के लिये अपेक्षाकृत अधिक सुरक्षित संसाधन खोजने के लिये प्रेरित किया। वह इस तथ्य से अवगत हो चुका था कि मात्र मेघ या नदियों के सहारे उसका जीवन सुरक्षित नहीं रह सकता था। मौर्य कालीन साहित्य से ज्ञात होता है कि इस काल में शसन तथा व्यक्ति, दोनों ने ही प्राकृतिक आपदाओं पर विजय पाने के लिये संयुक्त प्रयास किये और जल के नियन्त्रण तथा उपयोग के लिये विकसित संसाधन खोज निकाले।

पूर्व वैदिक काल से मौर्य काल तक की यात्रा ने इतिहास ही नहीं भूगोल को भी बदल दिया। अब सूर्मी, सुषिरा, सुषरा के साथ सप्तसिन्धु[25] के स्थान पर यमुना, गंगा, महानदी आदि महत्त्वपूर्ण बन गयी।

भारत ऐसे विशाल देश में जलवायु सम्बन्धी विषमता अथवा विभिन्नता का होना असामान्य नहीं कहा जा सकता। इसके पूर्वी भाग में असम तथा बंगाल के अतिवृष्टि वाले क्षेत्र रहे हैं, तो पश्चिमी राजस्थान, पंजाब सिन्ध आदि में वर्षा का सर्वथा अभाव रहा है। अरिस्टाब्यूलस, नियर्कस[26] आदि सभी यूनानी इतिहासकारों का कहना है कि पंजाब में हाइडेस्पीज (झेलम) से दक्षिण में पटलेन (पटल) तक उस समय भी वर्षा का सर्वथा अभाव था जब मानसूनी हवायें पूरे वेग से चल रही थीं। दूसरी तरफ अपने विवरण में इन यूनानी इतिहासकारों ने भारत की नदियों का विस्तृत उल्लेख किया है। स्ट्रैबो का कथन है कि पूरे भारत में नदियों का जाल बिछा हुआ है। इन नदियों में इण्डूस (सिन्धु) और गंगा सबसे बड़ी है। इनमें गंगा पर्वतीय भागों से निकाल कर दक्षिण से होती हुयी पूरब में पालिबोथ्रा (पटना) और अन्त में समुद्र तक जाती है। गर्मी के मौसम में इस विस्तृत मैदानी भाग में इतनी अधिक वर्षा होती है कि पूरा क्षेत्र दलदली हो जाता है। बाढ़ के समय नदियाँ प्रभूत मात्रा में उपजाऊ मिट्टी लाती है जिसके कारण इसकी उर्बर भूमि में कृषक दो बार फसल प्राप्त कर लेते हैं।[27] एरियन तो यहाँ तक कहता है कि बाढ़ में लाई गयी उपजाऊ मिट्टी से ही भारत के पूरे मैदानी भाग का निर्माण हुआ है।[28] अपोल्लोनियस सूचित करता है कि गंगा नदी का मैदानी भाग सबसे अधिक विस्तृत है। उसके

Figure : Panel depicting *arahatta* from *Mandar* (Rajasthan)

Figure : Panel depicting *Arahatta* in Jogesvara temple (Sādari, District Pali, Rajasthan)

अनुसार गंगा नदी पर अनेक बन्धे (dykes) और नहरें (canals) निर्मित की गई थीं। इन बन्धों और नहरों से विभिन्न भागों में पानी पहुँचाया जाता था। आगे वह यह भी कहता है कि इन बन्धों और नहरों से जहाँ सीमा-निर्धारण हो जाता था वहीं इनसे सिंचाई का भी कार्य होता था। इस मैदानी भाग में काली मिट्टी बहुत ही उपजाऊ थी। इस मिट्टी में पैदा होने वाले गेहूँ के डण्ठल नरकुल के समान मोटे होते थे और इसके पौधे की छीमी (Bean) बहुत बड़ी होती थी।[29] नहरों के माध्यम से सिंचाई करने का उल्लेख स्ट्रैबो भी करता है। शासन ग्रामीण-अर्थ अवस्था (agronomy) के महत्त्व को स्वीकार कर चुका था। नदियों के जल के उचित प्रबन्धन के लिये अलग से अधिकारी नियुक्त किये जाते थे। नदियों से जो नहरें निकाली जाती थीं, उनके दोनों किनारों को मिट्टी आदि से ऊँचा कर दिया जाता था जिससे नहर का पानी इधर-उधर न जा सके। इन नहरों से कुलावा (कुल्या) या नालियों (Conduit) के माध्यम से सभी कृषकों के खेतों तक पानी का समान रूप से वितरण करने का उत्तरदायित्व सरकारी निरीक्षकों को होता था। इसका ध्यान रखा जाता था कि जल के वितरण में असमानता न हो।[30] बौद्ध एवं जैन साहित्य में भी इस क्षेत्र में कृषकों द्वारा की जाने वाली सिंचाई का उल्लेख हुआ है। चुल्लूवग्ग में 'उदकं अभिनेतब्बम' शब्द का प्रयोग खेतों की सिंचाई के लिये हुआ है जबकि जैन आगमों में सिंचाई के प्रकार के आधार पर खेतों को दो वर्गों में विभाजित किया गया है - केतु एव सेतु। कृषि के उस क्षेत्र को जो खेती के लिये मात्र वर्षा पर आधारित रहते थे अर्थात् देवमातृक होते थे 'केतु' कहा जाता था जबकि 'सेतु' उस क्षेत्र को कहते थे जहाँ सिंचाई के लिये बन्धे (dam) या नहरों की सुविधा होती थी।

अर्थशास्त्र एवं मौर्यकालीन जल-प्रबन्धन महत्त्व

सिंचाई के सम्बन्ध में जो सूचना यूनानी लेखकों से प्राप्त होती है उसकी पुष्टि कौटिलीय अर्थशास्त्र से होती है। इस ग्रन्थ से यह स्पष्ट रूप से ज्ञात हो जाता है कि ग्रामीण अर्थ व्यवस्था जहाँ राजकीय आय का प्रमुख स्रोत थी वहीं जल का समुचित प्रबन्धन इस व्यवस्था का रीढ़ था। जनपद वही उत्तम होता है जो अन्नोत्पादन के लिये वर्षा पर निर्भर न रहे (अदेवमातृक)।[31] अन्यत्र कौटिल्य ने कहा है कि वास्तव में खाद्यान्न के उत्पादन का स्रोत सिंचाई के लिये निर्मित बाँध (सेतु) होते हैं क्योंकि जो अन्नोत्पादन उत्तम वर्षा होने से सम्भव होता है वह सिंचाई के माध्यम से सर्वदा उपलब्ध होता रहता है।[32]

जल-प्रबन्धन में राज्य एवं व्यक्ति की भूमिका

शासन इस तथ्य से अवगत था कि राजस्व की वृद्धि तभी सम्भव थी जब सिंचाई की व्यवस्था उत्तम होगी। इस उद्देश्य से शासन ने एक सुनियोजित अर्थ नीति का अनुसरण किया। विशाल मौर्य साम्राज्य में ऐसे विस्तृत जनशून्य प्रदेश थे जिन्हें आबाद कर राजस्व की वृद्धि की जा सकती थी। इसके लिये शासन ने जिस प्रकार के कार्य किये उनका उल्लेख अर्थशास्त्र के "जनपद निवेश" नामक अध्याय में हुआ है।[33] इस प्रसंग में कौटिल्य सेतु बन्ध[34] का उल्लेख करता है। सेतु से अभिप्राय बन्धे (embankment) एवं बाँधों (dam) से है जिसके माध्यम से सिंचाई की जाती थी। जन-शून्य क्षेत्रों में कुँआ, तालाब, नहरों आदि का सर्वथा अभाव रहा होगा। अतः शासन का एक महत्त्वपूर्ण कार्य ऐसे जनशून्य क्षेत्र में सिंचाई की समुचित व्यवस्था करना था। अन्यत्र विवीताध्यक्ष (Superintendent of Pasture Lands) द्वारा किये गये कार्यों के प्रसंग में कौटिल्य ने कहा है कि इस कर्मचारी को चाहिये कि जलरहित (अनुदके) क्षेत्रों में कुँआ, सेतु एवं बन्धों आदि की स्थापना करे।[35] किन्तु सिंचाई के लिये शासन के स्तर से किये गये प्रयास पर्याप्त नहीं हो सकते थे। अतः अर्थशास्त्र यह व्यवस्था भी देता है कि यदि कोई व्यक्ति अपने स्तर से कुँआ, तड़ाग, बन्ध आदि का निर्माण करा रहा हो तो शासन द्वारा ऐसे व्यक्ति को जमीन, रास्ता, उपकरण आदि दे कर सहायता करनी चाहिए।[36] निश्चय ही इस प्रकार के जल-प्रबन्धन के कार्य श्रम साध्य एवं व्यय साध्य रहे होंगे। इसलिए ऐसे कार्यों को सम्पादित करने के लिये सम्मिलित प्रयास की आवश्यकता पड़ती होगी। इसलिए यदि कोई व्यक्ति किसी कारण से सिंचाई सम्बन्धी किये जाने वाले सम्मिलित प्रयास में (सम्भूयसेतुबन्ध) सहयोग न दे रहा हो, तो उसके एवज में उसके श्रमिक (कर्मकर) और बैल से उसके हिस्से के काम को सम्पन्न करना चाहिये और ऐसे असहयोग करने वाले व्यक्ति की सिंचाई सम्बन्धी होने वाली व्यय में तो हिस्सेदारी होनी चाहिये किन्तु उसके लाभ में नहीं।[37] सिंचाई से सम्बन्धित कार्यो को प्रोत्साहन देने के लिये शासन ने कर में छूट देने की भी व्यवस्था की थी। यदि कोई व्यक्ति नवीन तालाब या बन्धा निर्मित कराता था तो उसे पाँच वर्षा के लिये राजस्व से पूरी तरह छूट दी जाती थी, यदि टूटे या उपेक्षित तालब की मरम्मत कराता है तो वह छूट चार वर्ष के लिये और यदि किसी ऐसे तटाक को साफ कराता है जिसमें घास पात भर गया हो तो उस व्यक्ति को तीन वर्ष की राजस्व में छूट दी जाती थी।[38] यद्यपि अर्थशास्त्र के छूट

से सम्बन्धित इस प्राविधान से यह स्पष्ट नहीं होता है कि राजस्व में यह छूट षड्भाग की थी या उस उदक भाग से जिसका उल्लेख अर्थशास्त्र के 2.24.18 से हुआ है, जिसके अनुसार विभिन्न प्रकार के सिंचाई के साधनों का प्रयोग करने पर कृषक को 1/5, 1/4 अथवा 1/3 उदक भाग (water-rate) देना पड़ता था। किन्तु छूट सम्बन्धी इस प्राविधान से यह ज्ञात होता है कि शासन ने जल-संसाधन को विकसित करने और सिंचाई के माध्यम से कृषि को समृद्ध करने के उद्देश्य से अनेक प्रकार के प्रयास किये। ये प्रयास दोनों ही प्रकार के थे। प्रथम, राज्य ने स्वयं सेतु, बन्धों, तड़ागों आदि का निर्माण कराया या इसी प्रकार के निर्माण के लिये जो व्यक्ति प्रयास करते थे, उन्हें भूमि, उपकरण आदि से सहायता प्रदान किया। द्वितीय, राज्य में उन वैधिक प्राविधानों को भी शिथिल कर दिया जिनसे इस प्रकार के निर्माण में अवरोध उपस्थित हो सकता था।[39]

सिंचाई के विविध प्रकार एवं संसाधन

सिंचाई के लिये विभिन्न प्रकार के साधनों का उल्लेख अर्थशास्त्र करता है। इन संसाधनों में प्राकृतिक एवं मनुष्यकृत दोनों ही सम्मिलित थे। शासन को चाहिये कि सिंचाई के उद्देश्य से ऐसे कुआँ और तालाब आदि का निर्माण कराये, जिसमें सर्वदा जल भरा रहता हो। ऐसे जल संसाधन को **सहोदक-सेतु** कहा गया है। जहाँ यह व्यवस्था सुलभ न हो वहाँ वृहत् आकार का जलाशय निर्मित कराना चाहिये, जिसे नहरों द्वारा पानी लाकर भर देना चाहिये। इस प्रकार की व्यवस्था को **आहार्योदक सेतु** कहा गया है।[40] अन्यत्र यह भी कहा गया है कि इन दो प्रकार के सेतु में भी आहार्योदक की अपेक्षा सहोदक श्रेयस्कर होता है, तथापि सहोदक सेतु में भी यह अपेक्षाकृत अधिक श्रेष्ठ होता है, जिससे अधिक से अधिक विस्तृत क्षेत्र में कृषि की जा सके।[41]

सिंचाई के चार प्रकार

जल की उपलब्धता एवं साधन के अनुसार सिंचाई करने की विधियाँ अलग-अलग हो सकती थीं। सीमाध्यक्ष[42] के कार्यों के प्रसंग में अर्थशास्त्र सिंचाई के चार विधियों का उल्लेख करता है[43] -

1. हस्तप्रावर्तिमम् उस व्यवस्था को कहते थे जिसमें कृषक अपने जल संसाधन से हाथों द्वारा खेतों की सिंचाई करता था।

2. स्कन्धप्रावर्तिमम् कन्धे पर पानी ले जाकर सिंचाई करने की विधि को कहा जाता था।

3.

ताल, तालाब या कुआँ से जल को उठाकर खेतों की सिंचाई की जाती थी।

सिंचाई कार्य में व्यवधान दण्डनीय अपराध

व्यक्तिगत स्तर पर विकसित विभिन्न प्रकार के जल-संसाधनों को राज्य द्वारा सुरक्षा प्रदान की जाती थी। इस उद्देश्य से शासन ने अनेक कठोर नियमों की व्यवस्था

[45] इसी प्रकार के दण्ड का प्राविधान उस व्यक्ति के लिये भी था जो दूसरे की जमीन में (परभूमि) बन्धा, कुआँ आदि का निर्माण करा रहा हो। यदि कोई व्यक्ति पानी से भरे हुये बन्धे (उदकधारण सेतु) को तोड़ता है तो उसे वहीं जल में डुबो कर मार देना चाहिये। यदि ऐसे बन्धे को तोड़ता है जिसमें पानी नहीं है (अनुदकम्) तो उत्तम साहस दण्ड और यदि बन्धा पहले से ही टूटा-फूटा तथा उपेक्षित हो और उसे कोई तोड़ता है तो ऐसे व्यक्ति को मध्यम साहस दण्ड देना चाहिये।[46] यदि कोई व्यक्ति स्वयं या दूसरे के माध्यम से किसी ऐसे धर्मसेतु (पुण्य प्राप्ति के उद्देश्य से निर्मित) को जो पहले से ही बना हो

इस प्राविधान के साथ यह व्यवस्था भी थी कि यदि कोई धर्मसेतु भग्न हो गया हो और उसका कोई स्वामी न हो तो गाँव के लोग अथवा कोई भी पुण्यात्मा उसकी मरम्मत करा सकता है।[48]

व्यापक स्तर पर होने लगा था। इसलिये इनसे सम्बन्धित नियमों की व्यवस्था करना आवश्यक हो गया। अर्थशास्त्र में वास्तुक अथवा वासस्थान, सीमाविवाद, स्थावर सम्पत्ति, आदि पर विस्तार से व्यवस्था दी गयी है। इस ग्रन्थ में गृह, खेत, बाग-बगीचा, बन्धा, तड़ाग एवं जलाशय को स्थावर (वास्तु) सम्पत्ति के रूप में परिगणित किया गया है[49] और जल-संसाधन विषयक नियमों की भी व्यवस्था की गई है। यदि कोई व्यक्ति ऐसे जल संसाधन का विक्रय करना चाहता था जिस पर उसका स्वामित्व था तो उसे विक्रय सम्बन्धी नियम का पालन करना पड़ता था। उसे ग्राम के वृद्ध पुरुषों के समक्ष यह सूचित करना पड़ता था कि वह अपना खेत, बाग, बाँध (सेतुबन्ध), तड़ाग, या जलाशय बेचना चाहता है और उसकी यह कीमत है। इसकी तीन बार घोषणा करनी होती थी। यदि कोई खरीदने वाला प्रस्तुत हो और यदि उसके विरोध में कोई प्रस्तुति नहीं होता था तो उसे यह सम्पत्ति बेच दी जाती थी।[50]

यदि कोई व्यक्ति जलाशय (reservoir) से नहर या नाली बना कर अपने खेत की सिंचाई कर रहा हो और उसके द्वारा बनाई गई नहर या नाली से दूसरे व्यक्ति के खेत या बीज का नुकसान हो गया हो तो ऐसा निर्माण करने वाले से नुकसान के अनुसार मुआवजा लेना चाहिए।[51]

तालाब से की जाने वाली सिंचाई के विषय में भी निश्चित और स्पष्ट नियम निर्मित थे। ध्याताव्य है कि जमीन का स्तर सर्वत्र समान नहीं होता है। यदि ऊपरी स्तर पर बने हुये तालाब से खेतों की सिंचाई होती रही हो तो बाद में बने हुये नीचे के स्तर के तालाब से सिंचाई करना वर्जित था और इसी प्रकार नीचे के स्तर पर बने हुये तालाब से की जाने वाली सिंचाई को ऊपरी स्तर के तालाब से पानी में अवरूद्ध करना भी नियम विरुद्ध था।[52]

सिंचाई से होने वाले लाभ का ध्यान रख कर ऐसे नियम निर्मित किये गये जिनके अनुसार खेतों को जलापूर्ति में किसी प्रकार की वाधा न हो। यदि किसी व्यक्ति के तालाब के जल का उपयोग सिंचाई के लिये पाँच वर्षों तक नहीं हो सका हो तो ऐसे व्यक्ति का स्वामित्व उस तालाब पर से समाप्त हो जाता था।[53]

जिन कृषकों के पास अपने खेतों की सिंचाई के लिये निजी जल संसाधन नहीं रहता था वह दूसरों की नहर कुआँ, तड़ाग अथवा नदी पर बनाये बाँध से पानी लेकर अपने खेत, बाग या बगीचे की सिंचाई कर सकते थे, किन्तु इसके बदले में उन्हें अपनी उपज का निर्धारित हिस्सा देना होता था।[54]

यदि कोई कृषक निर्धारित राशि, किराया देकर दूसरे के जल संसाधन का उपयोग कर रहा हो या बन्धक पर रखे गये दूसरे के कुओं, तालाब आदि से अपने खेतों की सिंचाई कर रहा हो तो इनकी मरम्मत की जिम्मेदारी भी ऐसे कृषक की ही होती थी। यदि वह मरम्मत नहीं कराता था तो उसे इनकी क्षति का दोगुना आर्थिक दण्ड देना पड़ता था।[55]

यदि कोई व्यक्ति अपनी बारी (turn) न होते हुये भी किसी बन्धे से पानी लेता हो तो ऐसे व्यक्ति पर छः पण का आर्थिक दण्ड लगाया जाता था। इसी प्रकार का दण्ड उस व्यक्ति पर भी लगाया जाता था जो दूसरे की बारी होने पर भी पानी लेने में अवरोध पैदा करता था।[56]

जल संसाधनों से होने वाला लाभ

विभिन्न प्रकार के जल संसाधनों से अन्नोत्पादन का बढ़ना निश्चित था। इनसे कृषक के अतिरिक्त राज्य को भी लाभ हुआ। कोशाभिसहरणम्[57] नामक अध्याय में उन अनेक प्रकार के उपायों का उल्लेख हुआ है जिनसे राजा रिक्तकोश की पूर्ति कर सकता था। राज्य के अन्तर्गत बड़े या छोटे ऐसे जनपद भी रहे होंगे जो अदेव मातृक थे और जहाँ के कृषक अन्नोत्पादन के लिये वर्षा पर निर्भर नहीं रहते होंगे। ऐसे क्षेत्र के कृषक अपने प्रयास और पूँजी से कुआँ, तड़ाग, बन्धा आदि बना कर खेती करते रहे होंगे। अर्थशास्त्र के अनुसार ये अदेवमातृक जनपद प्रभूत अन्नोत्पादन करते रहे होंगे। अल्पकोष होने पर शासक इन अन्न सम्पन्न जनपदों से (षड्भाग के अतिरिक्त) 1/3 अथवा 1/4 धान्य की याचना कर सकता था।[58] तड़ाक, नहर, बच्चे आदि जल संसाधनों से राज्य को अन्य प्रकार के लाभ भी प्रान्त होते थे। इन जलाशयों से जो मछली, प्लव नाम का पक्षी एवं कमलदण्ड आदि व्यापार योग्य वस्तुयें प्राप्त होती थीं। उन पर राज्य का स्वामित्व होता था क्योंकि वे जलसंसाधन राज्य की भूमि पर ही निर्मित होते थे।[59]

नावध्यक्ष[60] के कार्य क्षेत्र का उल्लेख करते हुये कौटिल्य ने यह भी कहा है कि इस अधिकारी को समुद्र तट, नदी मार्ग, देवसर एवं विसर[61] आदि के चुँगी (तर) सम्बन्धी कार्यों का निरीक्षण करते रहना चाहिये।

विभिन्न प्रकार से की जाने वाली सिंचाई[62] के प्रसंग में कौटिल्य ने राज्य को होने वाले लाभ का भी उल्लेख किया है। यहाँ (2.24.18) अर्थशास्त्र में 'उदकभाग' शब्दवन्ध का प्रयोग मिलता है। यदि कोई व्यक्ति अपने ही संसाधन से निर्मित कुएँ, तड़ाग आदि से (स्वसेतुभ्यो) हाथों द्वारा पानी ले जाकर सिंचाई करता है तो उसे

1/5 उदक भाग (water rate) देना चाहिये, यदि कन्धे से (बैल आदि के कन्धे से) पानी ले जाकर सिंचाई करता है तो 1/4, नहर, नाली आदि से सिंचाई करने पर 1/3 और नदी, जलाशय, तालाब या कुयें से पानी उठाकर ले जाने पर 1/4 देना पड़ता था। यहाँ यह ध्यातव्य है कि इस नियम का उल्लेख सीताध्यक्ष के कार्य क्षेत्र के प्रसंग में हुआ है जो राजकीय भूमि पर की जाने वाली खेती का सर्वोच्च अधिकारी था। जहाँ कुछ विद्वानों ने 'स्वसेतुभ्यो' शब्द बन्ध की व्याख्या 'राजकीय जल-संसाधन' किया है वहीं अन्य अनेक व्याख्याकार इसका अर्थ 'कृषकों द्वारा निर्मित जल-संसाधन' करते हैं। अर्थशास्त्र के टीकाकारों ने इस दूसरे अर्थ को ही स्वीकार किया है। उनके अनुसार व्यक्तिगत सम्पत्ति लगा कर निर्मित किये गये कुआँ, तड़ाग, बन्धा से सिंचाई करने वाले कृषकों को भी 1/5, 1/4 या 1/3 उदक भाग देना पड़ता था क्योंकि राज्य के अन्तर्गत विद्यमान सम्पूर्ण भूमि एवं जल का स्वामी राजा होता है।[63] इस व्याख्या से यह ज्ञात होता है कि राज्य को व्यक्तिगत जल संसाधनों से की जाने वाली सिंचाई से भी अतिरिक्त राजस्व की प्राप्ति होती थी।[64] इस नियम से जहाँ यह ज्ञात होता है कि व्यक्तिगत जल-संसाधन से भी सिंचाई करके लाभ प्राप्त करने वाले कृषकों को अतिरिक्त राजस्व देना पड़ता था वहीं इससे यह भी इंगित होता है कि जो कृषक बिना किसी प्रकार के जल-संसाधन के प्रयोग के ही खेती करते थे, उनसे यह उदक भाग नहीं लिया जाता था और ऐसे कृषक मात्र 1/6 षड्भाग ही देते रहे होंगे।

अर्थशास्त्र में प्रयुक्त 'उदक भाग' को लल्लन जी गोपाल राज्य द्वारा कृषकों से लिया जाने वाला अतिरिक्त राजस्व नहीं मानते हैं। उनका कथन है कि यदि कृषकों द्वारा सिंचाई करने पर उनसे अतिरिक्त राजस्व राज्य लेता तो इसका कृषि में उत्पादन पर प्रतिकूल प्रभाव पड़ता। इसलिये उन्होंने उदक भाग का अर्थ 'सिंचाई के लिये लिया गया पानी का हिस्सा या 'भाग' किया है। किन्तु लल्लन जी गोपाल के इस मत का समर्थन अर्थशास्त्र से नहीं होता है। कौटिलय इस तथ्य से भली भाँति अवगत था कि कृषकों को किस अवसर पर और किस सीमा तक छूट देने से उत्पादन बढ़ेगा। ऊपर इसका उल्लेख किया गया है कि सिंचाई को प्रोत्साहन देने के लिये शासन ने कर में छूट दी थी। यदि कोई कृषक नवीन तालाब या बन्धा निर्मित कराता था तो उसे पाँच वर्ष तक, भग्न तालाब की मरम्मत कराने पर चार वर्ष और घास-पात से भी तालाब की मरम्मत कराने पर तीन वर्ष तक कर में छूट दी जाती थी। कौटिल्य कृषकों को अन्न, मुद्रा आदि से राज्य द्वारा दी जाने वाली सहायता का उल्लेख अवश्य करता है, किन्तु यह सहायता भी तकाबी के

रूप में ही थी और अपनी सुविधानुसार कृषकों को इसे लौटाना पड़ता था। अर्थशास्त्र के लेखक ने अगले ही वाक्य में स्पष्ट कर दिया है कि अनुग्रह और परिहार ऐसा होना चाहिये जिससे राजकीय कोश की वृद्धि हो, क्षति नहीं (2.1. 13-15)।

इन जल-संसाधनों में भी कुआँ, तड़ाग आदि छोटे-छोटे तथा नदियों पर बनाये गये बड़े बाँध दोनों ही प्रकार के रहे होंगे। छोटे जल-संसाधन जहाँ कृषकों द्वारा निर्मित किये जाते थे, वहीं बड़ी परियोजनाओं का निर्माण शासन द्वारा किया जाता था। अर्थशास्त्र से ज्ञात होता है कि इन बड़े-बड़े बांधों का उद्देश्य सिंचाई के अतिरिक्त बाह्य शत्रु से सुरक्षा प्रदान करना भी था।[65] आय का लेखा-जोखा रखने वाले कार्यालय (समुदयस्थान) की स्थापना नदियों के संगम पर या ऐसे जलाशय (ह्रद) के किनारे जिसका जल कभी सूखता नहीं अथवा प्राकृतिक या मनुष्यकृत तड़ागों के तट पर करना चाहिये।[66] सम्भवतः इस प्रकार की व्यवस्था का कारण इन जल मार्गों या संसाधनों का आयप्रद होना था, क्योंकि अन्यत्र समाहर्ता के कार्य क्षेत्र का उल्लेख करते हुये यह कहा गया है कि व्यापारी के देश में गुप्तचरों को नियुक्त कर इस अधिकारी को सेतु (जल प्रबन्धन) से प्राप्त सामग्री की मात्रा तथा मूल्य आदि का पता लगाते रहना चाहिये।[67]

यहाँ यह उल्लेखनीय है कि इस काल की दो बड़ी जल परियोजनाओं के विषय में दो अभिलेखों से सूचना मिलती है। मौर्य शासक चन्द्रगुप्त के काल में उसके राष्ट्रीय वैश्य पुष्यगुप्त ने गिरि नगर (जूनागढ़) में सुदर्शन झील का निर्माण कराया था और बाद में मौर्य शासक अशोक के काल में यवनराज तुषास्फ ने इस झील से प्रणालिका अथवा नहरें निकलवाई थीं। इसकी सूचना शकमहाक्षत्रप रूद्रदामन के जूनागढ़ अभिलेख (150 ई0) से मिलती है। दूसरी बड़ी नहर नन्दवंशीय किसी शासक ने कलिंग में बनवाई थी जिसके विषय में कलिंगराज खारवेल का हाथीगुफा अभिलेख सूचित करता है। किन्तु इन दोनों ही परियोजनाओं के विषय में यूनानी श्रोत अथवा अर्थशास्त्र या अशोक के अभिलेख किसी भी प्रकार का उल्लेख नहीं करते। ध्यातव्य है कि ये दोनों ही परियोजनायें राज्य द्वारा निर्मित और संचालित थीं। इनमें सुदर्शन झील की विशालता का अनुमान इससे लगाया जा सकता है कि यह चार सौ बीस हाथ लम्बी और इतनी ही चौड़ी थी इसकी गहराई पचहत्तर हाथ थी। दूसरी सूचना हाथीगुफा अभिलेख से प्राप्त होती है जिसके अनुसार किसी नन्दवंशीय शासक ने कलिंग में एक नहर बनवायी थी, जिसे तनसुलिय वाटा प्रणाल कहा गया है और जिसे खारवेल ने अपने शासन काल

के पाँचवें वर्ष में नगर तक संवर्धित या प्रवेश कराया। इन दोनों ही अभिलेखों से अर्थशास्त्र से प्राप्त इस सूचना की पुष्टि हो जाती है कि शासन द्वारा जल-संसाधन की बड़ी बड़ी परियोजनाओं को संचालित किया जाता था।

यद्यपि जल प्रबन्धन से अभिप्राय मनुष्य कृत उन कुएँ, तालाब जलाशय या बन्धों से ही है, जिसके माध्यम से सिंचाई होती थी किन्तु कृषि के प्रसंग में अर्थशास्त्र में विभिन्न क्षेत्रों में होने वाली वर्षा और उसके अनुसार ही बीज वपन करने का उल्लेख मिलता है। वर्षा का कृषि के लिये कितना महत्त्व था, इस विषय में अन्यत्र विवरण प्रस्तुत किया गया है अतः उसकी पुनरावृत्ति यहाँ आवश्यक नहीं।[68]

संदर्भ

1. भूमि वर्ग, 2.12, देशो नद्यम्बु वृष्ट्यम्बु सम्पन्न व्रीहिपालितः।
   स्यात्रदीमातृको देवमातृकश्च यथाक्रमम्।
2. ऋ0 7.49.2, या आपोदिव्या उत्त वा स्रवन्ति खनित्रिमा उत वा याः स्वयंजाः।
3. वैदिक इण्डेक्स, जिल्द 1, पृ0 214, विल्सन के मत के लिये द्रष्टव्य उनके द्वारा प्रस्तुत उपर्युक्त ऋचा का अनुवाद एवं उसकी व्याख्या, ऋग्वेद संहिता, जिल्द 4, पृ0 333
4. 8.69.12
5. वैदिक इण्डेक्स, जिल्द 1, पृ0 40
6. वही, जिल्द 1, पृ0 173
7. लल्लन जी गोपाल, आस्पेक्ट्स ऑफ हिस्ट्री ऑफ एग्रिकल्चर इन एन्श्येण्ट इण्डिया, पृ0 152-153
8. जी0एस0 घुरिये के मत के लिये द्रष्टव्य लल्लन जी गोपाल की उपर्युक्त पुस्तक।
9. ऋ0वे0, 102.11 परिवृक्तेवं पतिविद्यमानट् पीप्यमाना कूचक्रेणेव सिंचन।
10. वही, पृ0 155. It is however, clear that the simile refers to some device in which a wheel was used for drawing water and which had very healthy results for the plants."
11. 1.105.17
12. 1.55.8; 85.10-11; 116.9, 22; 130.2; 4.17.16; 50.3; 8.49.6; 62.6; 72. 12; 10.25.14; 101.5, 7
13. 10.101.6-7; 4.17.16
14. 8.62.6, आवतां इव मानुषः
15. 10.25.4, स गासो अवतां इव; 1.55.8, आवृतासोऽवतासो; 1.130.2, 8.72.12 इत्यादि

16. 1.85.10, 11; 1.116.9
17. 1.116.22
18. सूर्मी एव सुषिरा के लिये द्रष्टव्य मानियर विलियम्स, संस्कृत-इंगलिश डिक्शनी; पृ0 1238, 1244
19. इस शब्द बन्ध के आधार पर मैकडानेल एवं कीथ का कथन है कि इससे यह प्रतीत होता है कि सिंचाई के उद्देश्य से कूओं से जल निकाल कर चौड़ी नालियों के माध्यम से ले जाया जाता था, वैदिक इण्डेक्स, जिल्द 1, पृ0 40
20. 3.45.3; 10.43.7
21. मानियर विलियम्स, वही, पृ0 296
22. ऋ0, 7.102.1; 9.39.2; 9.49.1; 6.70.5; 7.64.2; 7.65.4; 8.7.16; 8.25.6; 9. 8.8; 5.63.2; 6, 7 इत्यादि
23. द्रष्टव्य कृषि के प्रसंग में, पृ0 107, एवं पाद टिप्पणी 284
24. 8.22.6
25. ऋ0, 8.69.12
26. ज्याग्राफी ऑफ स्ट्रैबो, 15.1.17-18
27. वही, 15.1.13; 15.1.20; एरियन के अनुसार भारतीय नदियों की संख्या 58 थी (इण्डिका, (V)
28. अनवेसिस ऑफ इलेक्जेण्डर, बुक 5, अध्याय 6
29. इयिण्डयन ट्रेवेल्स ऑफ अपोल्लोरिनयस ऑफ तियना, II, क्लैसिकल एकाउण्ट्स ऑफ इण्डिया, पृ0 395
30. स्ट्रैवो, 15.21.50
31. अर्थ0, 6.1.8; 5.2.2
32. वही, 7.14.21-22
33. वही, 2.1
34. वही, 2.1.20
35. वही, 2.34.8
36. वही, 2.1.21
37. वही, 2.1.23
38. वही, 3.9.33
39. द्रष्टव्य, नीचे
40. वही, 2.1.20 सहोदकमाहार्योदकं या सेतुं बन्धयेत्। टीकाकारों के अनुसार सहोदक सेतु उसे कहते थे जो प्राकृतिक जल से सर्वदा भरा रहता था - सहोदकं

नित्यप्रवृत्तोदकं नद्यादौ (श्रीमूला) सहादकं तत्रैवोत्पत्रोदकम् (चारणक्य टीका) सहोदकं सहजोदकं (नीति निर्णीति टीका)। आहार्योदकं नद्यादितो वर्षासु तुंगस्थलेभ्यश्च समानेय जलीं (श्रीमूला), अन्यमादा- नीतोदकम् आहार्योदकम् (चाणक्य टीका);

43. वही, 2.24.18
44. प्रतिपदपंचिका के अनुसार अरघट्ट या इसी प्रकार के किसी यन्त्र से नदी आदि के

वही, 3.10.2

48. वही, 3.10.3
49. वही, 3.8.2, गृहं क्षेत्रमारामः सेतुबन्धस्तटाकमाथारो वा वास्तुः।
50. वही, 3.9.3-4
51.

54. वही, 3.9.35
55. वही, 3.9.36-37

59. वही, 2.1.24
60. वही, 2.28
61. वही, 2.28.1 टीकाकारों के अनुसार जिस झील या ताल में सर्वदा जल भरा रहता है उसे देवसर कहते थे और जो ग्रीष्म ऋतु में सूख जाता था उसे विसरस कहा जाता था - देवसर सदाजलसमृद्धं महासरः, विसरः शोष्यसरः (श्रीमूला); देवसररसदाविशोष्यं महासरो विसरस्तद्विपरीतं (प्रतिपदपंचिका)।

62. द्रष्टव्य ऊपर
63. श्रीमूला में 'स्वसेतुभ्य' शब्द बन्ध की व्याख्या - स्वदेहावासस्व-द्रव्यव्यनिष्पादितेभ्यस्तटाकादिभ्यः। उदक भाग की व्याख्या - उदककरश्चायं भूमिकरवद् द्रष्टव्यः, यतो राजा भृग्युदकयोरविशेषात् स्वामी। तदुक्तम् - "राजा भूमेः पतिर्दृष्टःशास्त्रौरुवकस्य च। ताभ्यामन्यत्तु यद् द्रव्यं तत्र स्वाभ्यं कुटुम्बिनाम्। प्रतिपदपंचिका में भी इसी प्रकार की व्याख्या मिलती है - स्वसेतुभ्य-जानपदाः स्वयंकृत तटाकादिभ्यो,। उदक भाग के विषय में इस टीका में भी वही श्लोक मिलता है जो श्री मुला में दिया गया है।
64. लल्लन जी गोपाल ने अपनी पुस्तक 'आस्पेक्ट्स ऑफ हिस्ट्री ऑफ एग्रिकल्चर इन एन्श्येण्ट इण्डिया' में 'इरिगेशन टैक्स' पर किंचित विस्तार से विचार किया है। उनके द्वारा प्रस्तुत 'उदकभाग' की व्याख्या ग्राह्य नहीं हो सकती। उनके अनुसार 'उदकभाग' का अर्थ "खेतों की सिंचाई हेतु लिये गये पानी का हिसा" "I propose to interporet udakabhaga as a share of water aplied for irrigating the field (p. 174." उन्होंने आर0पी0 कांग्ले द्वारा प्रस्तुत इसके अर्थ को अस्वीकार किया है। कांग्ले इसका अर्थ a share of the produce over and above the regular land-revenue (The Kautiliya Artha Sastra, pt II, p. 151, fn. 18)" करते हैं। गोपाल का यह भी कथन है कि यदि इस उदकभाग को कृषकों की उपज 34में अतिरिक्त राजस्व मान लिया जाय तो इसका उत्पादन पर नकारात्मक प्रभाव पड़ता "This, in practice, would be a deterrant to the introduction of better and improved methods of drawing water (p. 173)" उनका यह भी कथन है कि इस प्रकार के राजस्व का उल्लेख सूत्र एवं स्मृति ग्रन्थों में कहीं भी नहीं मिलता non-mention of an irrfigation-tax in the Sutra and Smriti literature most cogently proves that Indian thinkers never thought in terms of the State deriving any profit from immgational projects (p. 181)." अन्त में वह कहते हैं कि सर्वप्रथम गहड़वाल शासकों के काल में जल का उल्लेख मिलता है "The first mention of Jalakara is found in the inscriptions of the Gahadavala kings of Kenauj (p. 184)"
65. वही, 2.3
66. वही, 2.3.3
67. वही, 2.35.11
68. द्रष्टव्य, प्राचीन भारतीय कृषि, पृ0 148-149

अध्याय - 17

मौर्योत्तर काल एवं जल-संसाधन

मौर्योत्तर काल और विशेष रूप में गुप्त काल के बाद की बदली हुई राजनीतिक, धार्मिक एवं आर्थिक परिस्थितियों ने जल-संसाधन एवं इसके प्रति इस युग की दृष्टि को भी प्रभावित किया। विशाल मौर्य साम्राज्य का स्थान अब अपेक्षाकृत छोटे-छोटे राज्यों ने ले लिया। जल-परियोजनाओं के प्रति उत्तर भारतीय शासकों की भूमिका अब नगण्य हो गयी। शक महाक्षत्रप रूद्रदामन या गुप्त शासक स्कन्दगुप्तग के जूनागढ़ अभिलेखों में जिस सुदर्शन झील का उल्लेख मिलता है उसका निर्माण प्रथम मौर्य शासक चन्द्रगुप्तम के काल में हुआ था। रूद्रदामन या स्कन्दगुप्त ने इस झील का मात्र मरम्मत कराया था। सुदर्शन झील के स्तर की किसी परियोजना का निर्माण इन शासकों ने या किसी अन्य ने नहीं कराया।[1] अब जल प्रबन्धन एवं सिंचाई की व्यवस्था में व्यक्ति की भूमिका महत्त्वपूर्ण हो गयी और वह अपने सामर्थ्य एवं साधन के अनुसार इस प्रकार की व्यवस्था स्वयं करने लगा। यही कारण था कि इस काल के साहित्यिक एवं अभिलेखिक स्रोत, जिनका उल्लेख नीचे किया जायेगा, कुआँ, तड़ाग आदि के विषय में सूचना देते हैं। विशाल बन्धों के विषय में नहीं।

उत्तर एवं दक्षिण भारत की कुछ बड़ी नदियों को छोड़कर अधिकांश नदियाँ सदानीरा नहीं थीं ओर ग्रीष्म ऋतु में सूख जाती थीं। इसलिये लोगों को सिंचाई की वैकल्पिक व्यवस्था करनी पड़ी।

यह भी उल्लेखनीय है कि गुप्तोत्तर काल से सामन्ती व्यवस्था उत्तरोत्तर सुदृढ़ होने लगी और पूर्व मध्यकाल तक पराकाष्ठा पर पहुँच गयी। इस काल के अभिलेखों में भूमि दान या ग्राम दान के उल्लेख अनेकशः हुये हैं। इस प्रकार के दान प्रायः उन आदिवासी या वन्य क्षेत्रों में दिये गये जहाँ आबादी विरल थी और जल-संसाधन लगभग शून्य था।[2] विपुला दुबे ने इस तथ्य को रेखांकित करते हुये

कहा है "इस काल के दान पत्रों से ज्ञात होता है कि तत्कालीन राजाओं ने एक नीति के तहत (भूमि सुधार) जंगली क्षेत्रों में परती पड़ी भूमि को जोत में लाने एवं उन्हें कृषि योग्य बनाने के उद्देश्य से भी ब्राह्मणों को भूमि दान दिया। दानग्राही ब्राह्मणों ने (बंगाल, उड़ीसा, मध्यभारत, दक्षिण भारत) जनजातीय क्षेत्रों में परती एवं जंगली भूमि को कृषि योग्य बनाने में महती भूमिका भी निभाई। इस प्रकार के अनुदान की पृष्ठभूमि में अद्यावधि पड़ी वन्य भूमि को उपजाऊ, कृषि योग्य बनाने में भूमि अनुदानों की महत्त्वपूर्ण भूमिका को अधिकांश विद्वानों ने स्वीकारा है। वन्य क्षेत्र के भूमिदान के कारण आर्थिक परिदृश्य में एक महत्त्वपूर्ण मोड़ आया, कृष्यभूमि का क्षेत्र पहले की अपेक्षा विस्तृत हुआ। सुदूर वन्य क्षेत्रों में कृषि करना तब तक सम्भव न था जब तक कृषकों को वे साधन सुलभ न हो जाते जो कृषि के लिए आवश्यक होते हैं। कृषि के लिए पहली मूलभूत आवश्यकता जलापूर्ति की होती है।"[3]

उत्कृष्ट एवं वन्य क्षेत्र को कृषि योग्य एवं उपजाऊ बनाने के अतिरिक्त विरल एवं जन-शून्य क्षेत्र को आबाद करने में भी इन जल संसाधनों की महती भूमिका थी। एक तरफ मध्य-देश में आबादी का उत्तरोत्तर दबाव बढ़ रहा था तो दूसरी तरफ मध्य भारत, उड़ीसा आदि के विरल आबादी वाले क्षेत्र थे। कुआँ, तड़ाग आदि के निर्माण का प्रमुख उद्देश्य सिंचाई भले ही रहा हो किन्तु इन संसाधनों की व्यवस्था का एक परिणाम यह भी हुआ कि इन क्षेत्रों की तरफ प्रव्रजन की प्रक्रिया बढ़ने लगी।[4]

यह भी उल्लेखनीय है कि मुद्रा के प्रचलन ने भी कृषकों की नगदी फसलोत्पादन के माध्यम से अधिक से अधिक धन कम से कम समय में अर्जित करने के लिये प्रेरित किया। इन उद्देश्य की पूर्ति के लिये कृषक व्यक्तिगत स्तर पर कुआँ, तड़ाग आदि निर्मित कराने लगे।

उपर्युक्त कारणों के अतिरिक्त महत्त्वपूर्ण कारण इस काल में पूर्त धर्म की प्रतिष्ठा था। गुप्त एवं गुप्तोत्तर काल में जल संसाधनों के विकास और विस्तार में पूर्त धर्म का विशेष योगदान रहा है। पूर्त धर्म जैसा कि विपुला दुबे ने कहा है वास्तव में लोक-धर्म था।[5] अमरकोश जो इस काल की रचना है पुष्करिणी, कूप, देवालय, आराम आदि के निर्माण को पूर्त कहता है (पूर्त खातादिकर्मणि)।[6]

यहाँ यह उल्लेखनीय है कि कुआँ, तड़ाग, पुष्करिणी वापी, आराम आदि का निर्माण गुप्त काल से पहले भी अनेक शासकों ने कराया। इस प्रकार के निर्माण कराने वाले शक, कुषाण आदि ऐसे विदेशी शासक भी थे जिन्होंने भारतीय धर्म

को स्वीकार कर लिया था। अर्थशास्त्र में मात्र एक स्थान पर धर्मसेतु (Charitable Watert-work) का उल्लेख मिलता है।[7] सेतु के साथ धर्म शब्द के प्रयोग से यही प्रतीत होता है कि पुण्य प्राप्ति के उद्देश्य से किसी व्यक्ति द्वारा निर्मित सेतु को यहाँ धर्म सेतु की संज्ञा दी गई है।

अर्थशास्त्र के पश्चात् कालक्रम की दृष्टि से अशोक के दो अभिलेखों का उल्लेख किया जा सकता है जिनमें शासक द्वारा प्रति अर्ध कोश पर कुआँ (उदपानानि) निर्मित कराने की सूचना मिलती है।[8] अभिलेख के अनुसार अशोक ने इन कुओं का निर्माण मनुष्य और पशुओं के कल्याण के उद्देश्य से कराया था (पटीभोगाये पसुमुनिसान)। शक कुषाण शासकों के अभिलेखों से भी यही ज्ञात होता है कि कुआँ आदि का निर्माण कराना पुण्य कार्य माना जाता था। इन अभिलेखों से कुआँ[9], पुष्करिणी[10] (tank) आराम[11] (grove) के निर्माण की सूचना प्राप्त होती है। इस प्रकार के निर्माण संघमित्र, थ्योडोर, वासुदेव, वायुल, कृष्णयज्ञ आदि व्यक्तियों द्वारा अथवा वशिसुग, द्रोणीपद्र आदि के जनों के सहयोग (सहयरण) से कराया गया था। ध्यातव्य है कि इस प्रकार के निर्माण का उद्देश्य निर्माता तथा उसके माता, पिता, भार्या, पुत्र आदि की पुण्य प्राप्ति (पुये) तथा जन कल्याण (सर्व सत्वण हिदसुहे) दोनों ही होता था। द्वितीय कनिष्क के आरा अभिलेख[12] (वर्ष 41) में जिस कुएँ के निर्माण का उल्लेख हुआ है उसमें निर्माता दशह्वर द्वारा जन्म जन्मान्तर तक सभी के कल्याण की कामना की गयी है (सर्वं सपण जातिसु हिते)।

ऐसा प्रतीत होता है कि आरम्भ में इस प्रकार के निर्माण का प्रमुख उद्देश्य मात्र जन-कल्याण ही था। लोकोत्तर पुण्य प्राप्ति की अवधारणा या विश्वास शनैः शनैः ही इस प्रकार के निर्माण से जुड़ा। अर्थशाास्त्र में जहाँ जल-प्रबन्धन एवं संसाधन से सम्बन्धित प्रचुर सूचना प्राप्त होती है मात्र एक बार धर्मसेतु का उल्लेख हुआ है।

यद्यपि आरम्भिक शक-कुषाण शासन में जन-कल्याण के अतिरिक्त पुण्यार्थ इस प्रकार के निर्माण होने लगे, किन्तु ऐसे निर्माण कार्य अभी तक कुछ व्यक्तियों तक ही सीमित रहे होंगे। उत्तरोत्तर जैसे जैसे जल संसाधनों का महत्त्व बताया गया इनके साथ धार्मिक अवधारणा बलवती होती गयी। मथुरा से प्राप्त शोडास (10-25 ई0) के काल के एक अभिलेख से ज्ञात होता है कि उसके गंजवर (कोषाध्यक्ष) ने पुष्कदिरणी, उद्पान (कुआँ) तथा आराम का निर्माण कराया था।[13] नहपान (119-124 ई0) के काल का नासिक गुहा अभिलेख सूचित करता है कि उसके जामाता उषवदात ने दशपुर, भृगुकच्छ, गोबर्द्धन एवं सूरपारक में आराम,

तड़ाग तथा उदपान का निर्माण कराया था। इस प्रसंग में अभिलेख प्रभास नामक पुण्यतीर्थ तथा देवताओं एवं ब्राह्मणों को उसके द्वारा दिये गये दान का भी उल्लेख करता है।[14] सातवाहन शासक पुलुमावी (217-25 ई0) के शासन काल के स्यकमूदोनी शिलालेख से ज्ञात होता है कि गृहपति शाम्ब ने एक तड़ाग खुदवाया था।[15]

कुआँ, तालाब, पुष्करिणी आदि के निर्माण में निरन्तर वृद्धि होती गई। इस वृद्धि का प्रमुख कारण पूर्त धर्म की लोकप्रियता थी। विष्णु धर्म संहिता में कहा गया है कि कुआँ का निर्माण कराने से पाप का विनाश हो जाता है, तड़ाग निर्मित कराने वाला वरुण लोक में निवास करता है वृक्ष के संरोपण से सन्तति वृद्धि होती है तथा सेतु या वन्धा बनवाने वाले को स्वर्ग की प्राप्ति होती है।[16] पौराणिक साहित्य जिसकी रचना इस काल में या इसके बाद में की गयी पूर्त धर्म की प्रशंसा करता है और उससे प्राप्त होने वाले फल का उल्लेख करता है। मारकण्डेय पुराण पूर्त धर्म के अन्तर्गत वापी, कूप तड़ाग, मन्दिर आदि के निर्माण को परिगणित करता है। स्कन्द पुराण, अग्निपुराण, पद्मपुराण इत्यादि में भी इस प्रकार के निर्माण को सम्मिलित किया गया है।[17] अग्निपुराण (209.3) पूर्त धर्म को मुक्ति-प्रद (पूर्त धर्म च मुक्तिदम) कहता है। इस सम्बन्ध में यह ध्यातव्य है कि पूर्त धर्म समाज के उच्च वर्ण तक ही सीमित नहीं था, इसका अनुपालन शूद्र भी कर सकता था।[18] विपुला दुबे ने इस सम्बन्ध में देवपाल द्वारा नारायण के एक मन्दिर के निर्माण का उल्लेख किया है यह देवपाल, जैसा कि. खिलारी पाषाण स्तम्भ लेख से ज्ञात होता है मोची था।[19]

उपर्युक्त साहित्यिक सन्दर्भों से यह स्पष्ट हो जाता है कि पूर्त धर्म जल-संसाधनों के विस्तार में अत्यधिक सहायक हुआ। इसकी उपयोगिता उन क्षेत्रों से अपेक्षाकृत अधिक रही जहाँ की कृषि देवमातृक् अथवा वर्षाधीन थी। अनुकूल वर्षा न होने पर इन क्षेत्रों में, कृषि के विनष्ट होने की आशंका सर्वदा बनी रहती थी। इसीलिये नारद ने युधिष्ठिर से प्रश्न किया था कि क्या तुम्हारे राज्य में सर्वत्र जल से भरे हुए बड़े-बड़े तालाब बनवाये गये हैं? कहीं ऐसा तो नहीं कि केवल वर्षा के भरोसे खेती होती है।[20] कृषि दैवाधीन न रहे इसके लिये पर्याप्त जल संसाधन की व्यवस्था करना शासक का कर्त्तव्य था। शासक इस उद्देश्य की पूर्ति तभी कर सकता था जबकि वह कुआँ, तालाब और प्रचुर जल से भरे हुए जलाशय की रक्षा और व्यवस्था करे।[21]

निःसन्देह जल-संसाधनों के विस्तार में पूर्त धर्म की लोकप्रियता की महती भूमिका थी। गुप्त एवं गुप्तोत्तर काल में यह धर्म वास्तव में लोक धर्म बन गया

था, जैसा कि पौराणिक साहित्य एवं धर्म संहिताओं से ज्ञात होता है। इस काल के अभिलेखों में कूप, पुष्करिणी, तड़ाग, बन्धे आदि के उल्लेख अनेकशः मिलते हैं। भारतीय संस्कृति की यह विशेषता रही है कि वह भौतिक प्रश्नों के समाधान के लिये धर्म का आश्रय लेती रही है। शासक, मन्त्री, सामन्त अथवा साधारण व्यक्ति जब भी पुण्य की कामना से मन्दिर, मठ अथवा धर्मशाला का निर्माण कराते थे तो उसके साथ कूप पुष्करिणी, तड़ाग, या वन्धा आदि का निर्माण भी कराते रहे।

आदित्यसेन के अफसद पाषाण अभिलेख[22] से ज्ञात होता है कि शासक द्वारा विष्णु मन्दिर के निर्माण के साथ कोण देवी ने यहाँ एक तालाब (सर) का निर्माण कराया। मन्दार शिलालेख[23] सूचित करता है कि इन रानी ने अन्यत्र एक पुष्करिणी का भी निर्माण कराया था। विश्ववर्मन के मन्त्री द्वारा विष्णु मन्दिर के अतिरिक्त नदी के तट पर वापी, तड़ाग, मन्दिर एवं कूप का निर्माण कराया गया (वापी-तड़ाग-सुरसद्मसभोदुपान)। यहाँ यह ध्यातव्य है कि वापी शब्द जो अभिलेखों में बहुधा मिलता है, वप धातु से निर्मित है, जिसका सम्बन्ध कृषि से है। इस धातु का अर्थ बोवाई करना अथवा बीज वपन करना होता है। वापी शब्द से आशय ऐसे जल संसाधन से है जिसका उपयोग सिंचाई के लिये होता है। इसका निर्माण मयूराक्षक ने पुण्य प्राप्ति (पुण्य हेतु) के उद्देश्य से किया था। यही कारण है कि भूमिदान के साथ दाता वापी का भी दान करता था। धरसेन द्वितीय के मलिय ताम्रपत्र[25] में शासक द्वारा भूमिदान के साथ वापी का दान इस उद्देश्य को ही इंगित करता है (बोटक प्रत्याय पादावर्त्तशत वापी च)। भूमिदान के साथ वापी के दान का उद्देश्य दान ग्रहीता को कृषि कर्म में सिंचाई की सुविधा उपलब्ध कराना था। सुदेवराज के रायपुर ताम्रपत्र से ज्ञात होता है कि ग्राम दान के साथ उसने एक वापी (श्रीवापिका) का भी दान किया जबकि उसके समीप में पहले से ही एक तटाक था (अस्मिन्नेव ग्रामे पूर्व्यतटाकस्य गर्यान्तभूमि वप्र वद्धा श्रीवापिका)[26] ऐसा उसे सम्भवतः इसलिये करना पड़ा क्योंकि पहले से विद्यमान तटाक से अनुदानित क्षेत्र की सिंचाई में कठिनाई होती। इस कारण से वापी की अतिरिक्त व्यवस्था करनी पड़ी।

कूप, तटाक आदि का निर्माण राजा या राजपरिवार तक ही सीमित नहीं था। जल संसाधन को पुण्य-कृत्य मान लेने का परिणाम यह हुआ कि धर्माचार्य एवं साधारण व्यक्ति तथा सामन्त भी इस प्रकार के निर्माण कार्य में प्रवृत्त हुये। चौथी-पाँचवीं सदी के तुसमशिलालेख[27] से ज्ञात होता है कि आचार्य सोमत्रात ने भगवान विष्णु के नाम पर दो कुण्ड बनवाये। आचार्यों द्वारा तड़ागादि के निर्माण

की यह परम्परा बहुत बाद तक चलती रही। इस कार्य में वैष्णव आचार्यों के समान शैवाचार्यों ने भी महत्त्वपूर्ण योगदान किया। कलचुरी शासन काल में शैवाचार्य व्योमशिव ने मठ, मन्दिर आदि के अतिरिक्त तड़ाग निर्माण भी कराये।[28] त्रिपुरी के कलचुरी शासक विजय सिंह के सामन्त मलयसिंह द्वारा निर्मित सरोवर की प्रशंसा 8 श्लोकों में की गयी है। इस सरोवर के निर्माण पर 1500 टंकक व्यय हुआ था (एतदभोनि- धानाय शतानि पंच दशपंच च। भगन्मुद्रया योपि टंककानां व्ययेकरोत)[29] वल्लभराज ने जो कलचुरी शासक रत्नदेव द्वितीय एवं पृथ्वीदेव द्वितीय दोनों का ही सामन्त था अनेक तड़ाग, तड़ाणिका (छोटा तालाब) सरोवर एवं गहरी वापिका (सुगम्भीरा वापिका) का निर्माण कराया और इसके अतिरिक्त रत्नपुर के पूर्व में खाड़ा ग्राम के समीप एक बाँध भी बनवाया (रत्नपुरात्पूर्व्व खाड़ाग्रामसमीपपर्व्वतं वंधयित्वा सरोवर निर्म्मित)।[30] जाजल्लदेव द्वितीय के काल के शेवरीनारायण पाषाण अभिलेख[31] (चेदि सं0 919) से ज्ञात होता है कि सर्वदेव, आमणदेव प्रथम, राजदेव आदि ने भी तालाबों के निर्माण कराये। वास्तव में इस काल तक यह धारणा बलवती हो चुकी थी कि मुक्ति के दो ही मार्ग हैं, प्रथम पूर्त धर्म और द्वितीय ज्ञान।[32]

कुआँ, तालाब या जलाशय पहले भी निर्मित कराये जाते थे जिसके साक्ष्य पूर्व वैदिक काल से मौर्य काल तक के साहित्य प्रस्तुत करते हैं और जिनका उल्लेख ऊपर किया गया है किन्तु इस प्रकार के प्रयास सीमित और विरल ही रहे। ऋग्वेद से ज्ञात होता है कि मनुष्यों या पशुओं के पीने के लिये पानी के उद्देश्य से कुयें निर्मित किये जाते थे तो मौर्य काल में शासन द्वारा या साधन सम्पन्न व्यक्तियों द्वारा इस प्रकार के प्रयास किये जाते थे। मौर्योत्तर काल में इनका निर्माण व्यापक स्तर पर किया जाने लगा।[33] इन जल संसाधनों की व्यापकता का अनुमान आभीर शासन माठरी-पुत्र ईश्वरसेन के नासिक गुहालेख से लगाया जा सकता है जिससे ज्ञात होता है कि जल-संसाधनों के निर्माण कार्य में विशेषज्ञता प्राप्त करने वालों की अलग से श्रेणी बन चुकी थी जिसे ओदूयंत्रिक कहा जाता था।[34]

जल की उपलब्धता का ध्यान रखकर ही जल-संसाधनों का निर्माण किया जाता होगा। जिस क्षेत्र में जल का स्तर जमीन से बहुत नीचे रहा होगा वहाँ सिंचाई के लिये कुअें की अपेक्षा तड़ाग का निर्माण श्रेयस्कर माना जाता था। किन्तु जहाँ जलस्तर ऊपर रहता होगा वहाँ कुअें खोदने का कार्य सुगम रहा होगा। इन दोनों से भिन्न नदियों से नहर निकाल कर या जल को यंत्र विशेष के माध्यम से उठा कर प्रणालियों द्वारा खेतों में पहुँचाने की विधि का भी उपयोग किया जाता था।

कौटिल्य ने सिंचाई के जिन चार प्रकारों का उल्लेख किया इनमें जल की प्राप्ति के विभिन्न स्रोतों का ही ध्यान रखा गया है। सम्भव है ओद्‌यत्रिकों की श्रेणी में ऐसे विशेषज्ञ भी होते हों जो कुआँ आदि खोदने से पहले विशेष यन्त्रों के माध्यम से जमीन के भीतर जल की सम्भावना का पता लगाते हों।[35]

विभिन्न प्रकार के जल संसाधनों की उपयोगिता भी अलग-अलग प्रकार की रही होगी। तड़ाग अथवा बन्धे के निर्माण की अपेक्षा कुएँ के निर्माण में व्यय और परिश्रम कम होता होगा। इसके अतिरिक्त ग्रीष्म ऋतु में तड़ाग या छोटी नदियों के सूख जाने की आशंका भी बनी रहती थी। इन दो कारणों से कृषक अपनी भूमि की सिंचाई के लिये कुएँ के निर्माण पर अधिक ध्यान देते रहे होंगे। किन्तु ऐसे क्षेत्र में जहाँ वर्षा जल से भरे रहते होंगे और उनसे सिंचाई की जाती होगी, कुएँ की अपेक्षा इन जल संसाधनों का महत्त्व अधिक रहा क्योंकि कुओं की अपेक्षा इनसे अधिक विस्तृत क्षेत्र में जल सुलभ होता था। नारद[36] के अनुसार एक तड़ाग एक सौ कुओं की अपेक्षा अधिक श्रेयस्कर होता है। आदिपर्व में भी एक सौ कुओं से एक वापी को श्रेयस्कर कहा गया है (वरं कूप शताब्दापी)।[37] किन्तु इस काल के अभिलेखों में वापी, तड़ाग आदि की अपेक्षा कुओं का उल्लेख ही अधिकतर मिलता है। इसका कारण यह था कि कुएँ व्यक्तिगत स्तर पर निर्मित कराये जाते थे जबकि वापी, तड़ाग आदि के निर्माण में जन-सहयोग की आवश्यकता पड़ती थी। साधारण कृषक भी अपने खेतों की सिंचाई के लिये अपने सीमित साधनों से कुआँ निर्मित करा सकता था।

यहाँ यह भी उल्लेखनीय है कि मौर्योत्तर काल में अनेक वाह्य जातियों के प्रवेश की प्रक्रिया आरम्भ हो चुकी थी। इसके अतिरिक्त देश के ऐसे अनेक क्षेत्र थे, जहाँ आदिवासियों की वस्तियाँ थीं। ये सभी अपने जीविकोपार्जन के लिये विभिन्न प्रकार के श्रम करते थे। महाभारत के एक आख्यान में मान्धाता द्वारा यह पूछने पर कि मेरे राज्य में यवन, किरात, शबर, वर्वर आदि अनेक जातियाँ निवास करती हैं, इन्हें किस प्रकार का कार्य करना चाहिये? इन्द्र ने यह कहा कि इनको कुआँ खोदने, या अन्य प्रकार के जल-संसाधन (प्रपा) निर्मित करने, धर्मशाला आदि के निर्माण के कर्म करने चाहिये।[38] इससे यही ज्ञात होता है कि इस काल के साहित्य एवं अभिलेखों में कुआँ, तड़ाग, वन्धे, पुष्करिणी आदि के जो अनेक उल्लेख मिलते हैं, उनके निर्माण के लिये श्रम का अभाव नहीं था। यदि भू-सम्पदा से सम्पन्न वर्ग अपने खेतों की सिंचाई के लिये जल-संसाधनों को निर्मित करने में प्रवृत्त था, तो दूसरी तरफ एक बहुत बड़ा वर्ग विपन्न एवं साधन विहीन था जो अपना श्रम मात्र जीविकोपार्जन के लिये देने को प्रस्तुत रहता था।

कृषि अब देवमातृक नहीं रही। अधिकांश कृषक अपने साधन और जल की उपलब्धता के अनुसार किसी न किसी प्रकार के सिंचाई के साधन का प्रयोगे करने लगे। व्यापक स्तर पर इन साधनों के प्रयोग ने इस काल के विचारकों के चिन्तन को भी प्रभावित किया। नारद के अनुसार बिना जल के अन्नोत्पादन सम्भव नहीं होता, किन्तु अत्यधिक जल खेती के लिये उतना ही हानिकारक होता है जितना जल का अभाव।[39] वृहस्पति ने कहा है कि केवल ऐसे कृषक को ही अच्छी उपज मिल सकती है, जिसके खेत की उर्वरा शक्ति उत्तम कोटि की हो और जहाँ सिंचाई सम्भव हो।[40] वास्तव में खेती के लिये सिंचाई को अपरिहार्य मान लिया गया। याज्ञवल्क्य एवं नारद[41] ने यह व्यवस्था दी है कि यदि सिंचाई के लिये कोई कृषक दूसरे की भूमि में कुआँ, सेतु आदि बनवा रहा हो तो भूमि के स्वामी को मना नहीं करना चाहिये क्योंकि इससे नुकसान कम होता है और लाभ या अन्नोत्पादन अधिक होता है। सिंचाई के लिये निर्मित सेतु दो प्रकार के होते हैं, प्रथम खेय जो जमीन खोद कर (कुआँ, तालाब आदि) बनाया जाता है और द्वितीय बन्ध्य जो अनाश्यक जल को खेत में आने से रोकता है।[42]

कृषकों द्वारा विविध प्रकार के सिंचाई के संसाधनों के प्रयोग का एक परिणाम यह हुआ कि प्रायः इन संसाधनों से सम्बन्धित विवाद उत्पन्न होने लगे। इसका ध्यान रखते हुये स्मृतिकारों ने नियमों की व्यवस्था दी है। मनु, याज्ञवल्क्य, नारद आदि ने कुऐं, तड़ाग, या अन्य प्रकार के जलाशय से सम्बन्धित सीमा विवाद के विषय में निर्णय की प्रक्रिया पर एक ही प्रकार के नियम दिये हैं। इनके अनुसार यदि इन जल-संसाधनों की सीमा पर किसी प्रकार का विवाद उत्पन्न हो तो इसमें पड़ोसी (सामन्त) की गवाही लेनी चाहिये। सीमा विवाद के अतिरिक्त भी इन संसाधनों से सम्बन्धित विवाद प्रायः उत्पन्न होते रहे होंगे। उदाहरण के लिये यदि कोई सेतु बहुत पहले का बना हो और उपेक्षित रहने के कारण भग्न हो गया हो और यदि कोई अन्य व्यक्ति, ऐसे सेतु के स्वामी की आज्ञा के बिना उसकी मरम्मत करा दे तो भी मरम्मत कराने वाला इस सेतु के उपयोग या उससे होने वाले लाभ का अधिकारी नहीं हो सकता।[44] किन्तु यदि सेतु के स्वामी की तथा उसके उत्तराधिकारी की भी मृत्यु हो चुकी हो तो ऐसी स्थिति में शासन से स्वीकृति मिलने के बाद मरम्मत कराने वाला सेतु का उपयोग कर सकता था।[45] वृहस्पति[46] के अनुसार यदि सेतु के निर्माण के समय से ही कोई व्यक्ति उसका उपयोग करता चला जा रहा हो तो ऐसे व्यक्ति को उसके उपयोग से वंचित नहीं किया जा सकता।

इन नियमों से जहाँ यह ज्ञात होता है कि सिंचाई के साधनों से सम्बन्धित विवाद प्रायः उत्पन्न होने लगे थे, वहीं इनसे यह भी स्पष्ट हो जाता है कि इन संसाधनों का महत्त्व बहुत बढ़ गया था। सेतु, बाँध आदि को सुरक्षित रखने के लिये बड़े कठोर नियम बनाये गये थे। मनु तथा याज्ञवल्क्य के अनुसार जो व्यक्ति बाँध या तड़ाग को तोड़ता हो, तो उसे मृत्यु दण्ड देना चाहिये।[47] कौटिल्य ने बहुत पहले ही बन्धे या तड़ाग तोड़ने वाले के लिये मृत्यु दण्ड की व्यवस्था दी थी जिसका उल्लेख ऊपर किया गया है।[48] तड़ाग का विक्रय करना भी दण्डनीय अपराध था।[49] प्रायः लोग अपने खेत की सिंचाई के लिये चोरी छिपे दूसरे के कुओं या वापी से पानी ले लिया करते थे। इस प्रकार के कृत्य करने वाले के लिये प्रायश्चित की व्यवस्था स्मृतिकारों ने दी है।[50] यदि कोई व्यक्ति अपने खेत की सिंचाई कर रहा हो तो सिंचाई में अवरोध उपस्थित करना या पानी की नाली को दूसरी तरफ मोड़ देना भी दण्डनीय अपराध था।[51] नदी पर निर्मित बन्धे को कोई तोड़ रहा हो और उसका विरोध करने वालों का साथ न देने वाले को देश से निकाल देना चाहिये।[52]

वास्तव में सिंचाई के लिये जल-संसाधनों के व्यापक प्रयोग के कारण प्रायः विवाद या संघर्ष की स्थिति उत्पन्न होती रही होगी। इसलिये प्रत्येक परिस्थिति के लिये नियम निर्मित करना आवश्यक हो गया होगा। सिंचाई के ये संसाधन एक ही प्रकार के न होकर विविध प्रकार के होते थे।

यहाँ यह उल्लेखनीय है कि जल संसाधनों से सम्बन्धित यथासम्भव हर प्रकार के नियम निर्मित किये गये, किन्तु इन विभिन्न प्रकार के संसाधनों के प्रयोग की प्रक्रिया के विषय में प्राचीन ग्रन्थों से किसी प्रकार की सूचना नहीं मिलती है। अर्थशास्त्र में सिंचाई की जिन चार विधियों का उल्लेख हुआ उनसे यह ज्ञात नहीं होता कि इनकी प्रयोग विधि क्या थी। किन्तु इनके नामकरण तथा आधुनिक युग में कृषकों द्वारा सिंचाई के लिये अपनाये गये विभिन्न प्रकार के तरीकों के आधार पर इनके प्रयोग के विषय में अनुमान लगाया जा सकता है। कौटिल्य ने सिंचाई की प्रथम विधि को **हस्तप्रावर्तिम** कहा है। अर्थात् अपने हाथ से पानी निकाल कर खेतों की सिंचाई करना। अर्थशास्त्र के टीकाकारों के अनुसार घड़े आदि में जल लेकर अपने हाथों द्वारा की जाने वाली सिंचाई की विधि को हस्तप्रावर्तिम कहा गया है।[53] कांग्ले ने इसी आधार पर इसका अर्थ 'हाथ से पानी निकाल कर घड़े में खेतों तक ले जाना किया है।[54] किन्तु यह सम्भव प्रतीत नहीं होता कि किसी खेत की सिंचाई हाथ से घड़े में पानी ले जाकर की जा सके। घड़े में पानी ले जाकर किसी बाग-बगीचे में लगाये गये छोटे और नव संरोपित पौधों की तो सिंचाई की

जा सकती हे, खेतों की नहीं। वास्तव में इस शब्द-बन्ध से अभिप्राय उस विधा से है जिसे आज की भाषा में बोखला[55] या किसी अन्य क्षेत्रीय नाम (दौस) से जाना जाता है। इसमें, बाँस के बनाये गये एक बड़े टोकरे में जिसे पनिहा (पानी निकालने का पात्र) कहा जाता है, दो तरफ रस्सी बाँध देते हैं और जलाशय के दोनों तरफ खड़े एक एक व्यक्ति रस्सी से बँधे टोकरे के माध्यम से पानी निकाल कर ऊपर बनी हुयी नाली में फेंकते हैं और यह पानी नाली के माध्यम से खेतों तक पहुँचाया जाता है। इस विधा में हाथों के माध्यम से ही पानी निकालने का काम होता है इसलिये इसे हस्तप्रावर्तिम कहा गया है।

सिंचाई की दूसरी विधा को कोटिल्य ने **स्कन्धप्रावर्तितम** कहा है जिसमें स्कन्ध या कन्धे से पानी ले जाकर खेतों की सिंचाई की जाती है। कन्धे से अभिप्रायः बैल के कन्धे से है।[56] सम्भवतः इसका आशय सिंचाई की उस विधा से है जिसे आज पुरहट या मोट कहते हैं। कुअें से पानी निकालने के लिये चमड़े के बहुत बड़े पात्र या थैला जिसे मोट भी कहा जाता है, प्रयोग किया जाता है। चमड़े का यह थैला एक मोटी रस्सी या डोर से बँधा रहता है। कुअें पर लकड़ी के खम्भे पर बनी हुयी पहिया या गड़ारी के माध्यम से इस डोर का दूसरा सिरा दो बैलों के कन्धों पर लगे हुये जुवे से बंधा रहता है। कुअें के जल से भरे हुये चमड़े के थैला को बैल बार-बार खींचते है।। इस प्रक्रिया में बैलों को ढाल जमीन (Slopy ground) पर उतरना और चढ़ना पड़ता है जिससे भरा हुआ पानी का थैला ऊपर आ जाता है। कुअें से लगी हुयी नाली के माध्यम से यह पानी खेतों तक जाता है। इस विधा में मुख्यः भूमिका बैलों की ही होती है। इसलिये इसे स्कन्ध-प्रावर्तिम कहा गया है।

पुरहट सिंचाई की सर्वाधिक प्रचलित विधा है। आधुनिक युग में भी जहाँ बिजली उपलब्ध नहीं है और ट्यूबवेल से सिंचाई सम्भव नहीं हो पाती है पुरहट से ही खेतों में जल पहुँचाया जाता है। मध्यकालीन भारत में भी पुरहट के माध्यम से कृषि की जाती थी। लल्लन जी गोपाल ने बाबरनामा के आधार पर यह कहा है कि बाबर सिंचाई की इस व्यवस्था से अवगत था।[57] अर्थशास्त्र की इस दूसरी विधा का जिसे स्कन्ध प्रावर्तिम कहा गया है लल्लन जी गोपाल[58] ने भी आधुनिक युग के पुरहट से तादात्म्य स्थापित किया है।

अर्थशास्त्र में सिंचाई की तीसरी विधा को **स्रोतोयन्त्रप्रावर्तिम** कहा गया है। अर्थशास्त्र के टीकाकारों के अनुसार प्रणालिका अथवा कुल्या के पानी को किसी यन्त्र के माध्यम से उठाकर खेतों की सिंचाई करने की विधा को स्रोतो-यन्त्र प्रावर्तिम कहा जाता था।[59] इस विधा के नामकरण से यह प्रतीत होता है कि जो

स्रोत प्राकृतिक रूप से नदियों से निकल जाते हैं और आज की भाषा में जिसे सोता कहा जाता है उनसे सिंचाई की जाती थी। नदी के निकले हुये ऐसे सोतों के दोनों किनारों पर स्थित खेतों की सिंचाई इनके माध्यम से की जाती रही होगी। किन्तु इन स्रोतों में पानी का स्तर नीचे रहता होगा जिसे ऊपर उठाने के लिये किसी प्रकार के यन्त्र का प्रयोग किया जाता था।

चौथी और अन्तिम विधा **नदीसरस्तटाककूपोद्घाटम्** कही गयी है। जैसा कि नाम से स्पष्ट है इस विधा के अन्तर्गत नदी, जलाशय (ताल इत्यादि), तालाब या कुअें के पानी को ऊपर उठाकर खेतों तक ले जाया जाता था। 'उद्घाटम्' शब्द से आशय उस यन्त्र से है जिसके माध्यम से नदी, तड़ाग, कुआँ आदि का पानी ऊपर निकाल कर नाली के जरिये खेतों में पहुँचाया जाता था। अर्थशास्त्र के टीकाकारों ने इस यन्त्र को अरघट्ट कहा है।[60]

अरघट्ट सिंचाइ की एक व्यापक विधि रही है। इसे आधुनिक युग में रहट के नाम से जाना जाता है। कुआँ या गहरे जलाशय से 'अर' (Spokes) के माध्यम से पानी को ऊपर उठाया जाता था। एक पहिया के ऊपरी सतह पर मिट्टी या लोहे के घड़ों की पंक्तियाँ इस प्रकार एक दूसरे से सम्बद्ध होती हैं कि पहिया के घूमने पर ये घड़े कुओं के पानी में जाते रहते हैं और घूमती हुयी पहिये पर ऊपर आते रहते हैं। ऊपर आने के साथ ही इनका पानी नाली में स्वतः गिरता रहता है और नाली के माध्यम से खेतों तक जाता है। सिंचाई की इस विधा में अर (spokes) तथा घड़े (pitchers) की भूमिका प्रमुख होती है, इसलिये इसे अरघट्ट कहा गया है।[61] सिंचाई के लिये अरघट्ट का प्रयोग भारत में कब प्रारम्भ हुआ यह निश्चित रूप से ज्ञात नहीं हो पाता। लल्लन जी गोपाल ने अपने लेख में इस प्रश्न पर विस्तार से विचार किया है।[62] विभिन्न विद्वानों के मतों की समीक्षा एवं प्राचीन भारतीय ग्रन्थों में अरघट्ट से सम्बन्धित सन्दर्भों पर विचार करने के पश्चात् गोपाल अरघट्ट के माध्यम से सिंचाई का काल चौथी सदी या इससे कुछ पहले मानते हैं।[63] इरफान हबीब इसका काल छठी-सातवीं सदी ई0 स्वीकार करते हैं।

सिंचाई के लिये दाँतदार पहिये (geared wheel) के प्रयोग का काल विवादास्पद हो सकता है किन्तु इतना निश्चित है कि तीसरी चौथी सदी ई0पू0 से ही, जबकि मौर्यवंशीय शासन का आरम्भ हुआ किसी न किसी प्रकार के यन्त्र के माध्यम से खेतों की सिंचाई करने की प्रक्रिया से भारतीय कृषक अवगत हो चुका था। अरघट का सफल संचालन पक्के कुएं में ही सम्भव था। एतदर्थ, पके ईंटों का संदर्भ विचारणीय है।

इन सिंचाई के साधनों से कृषि के क्षेत्र में तीन प्रकार के परिणाम स्पष्ट दिखाई देने लगे। प्रथम, इन संसाधनों के प्रयोग से अन्नोत्पादन में प्रभूत वृद्धि हुयी एवं द्वितीय, इन संसाधनों के कारण उन क्षेत्रों में कृषि कार्य आरम्भ हुआ जो अब तक अनुत्पादक या उपेक्षित थे। तृतीय, अन्नोत्पादन अब मात्र उपयोग के लिये ही नहीं किया जाता था, अपितु अनेक उत्पाद, जैसे चावल, कपास आदि ने पण्य का रूप ग्रहण कर लिया।

सिंचाई से होने वाले लाभ ने शासक, सामन्त एवं साधारण कृषकों को भी जल-संसाधनों के निर्माण के लिये प्रेरित किया। साहित्यिक एवं अभिलेखिक स्रोतों से ज्ञात होता है कि उत्तर एवं दक्षिण भारत में तड़ाग, जलाशय, कुआँ आदि के निर्माण पर शासन ने आय का बड़ा भाग व्यय किया।

गुजरात में चालुक्य शासकों ने विशाल जलाशय एवं बन्धों के निर्माण पर विशेष ध्यान दिया। यहाँ सिंचाई के लिये एक विभाग स्थापित किया गया था जिसे 'वारिगृह-करण' कहा गया है।[65] महिषी उदयमती ने एक विशाल जलाशय का निर्माण कराया और उसके पुत्र कर्ण ने जिस वृहत तड़ाग का निर्माण कराया वह 'कर्णसागर' के नाम से प्रसिद्ध था। इस सागर का निर्माण चालुक्य शासन में नियुक्त इन्जीनियरों ने रूपेन नदी पर बाँध बना कर किया था। इसका अस्तित्व दीर्घ काल तक विद्यमान रहा जो 1814 ई0 में इस नदी के बाढ़ से विनष्ट हो गया।[66] ए0के0 मजूमदार का कथन है कि चालूक्य शासकों द्वारा निर्मित तटाकों में सर्वाधिक प्रसिद्ध सहस्र लिंग तटाक था, जिसका निर्माण सिद्धराज ने कराया था। पुरातात्विक उत्खनन से यह तथ्य उद्घाटित होता है कि 300 फीट लम्बी प्रणाली से यह तटाक सरस्वती नदी से सम्बद्ध था। इस तटाक को जलापूर्ति इस नदी से ही होती थी।[67] केवल विशाल तटाक ही नहीं बल्कि कुअें तथा अरघट्ट आदि भी चालुक्य शासकों ने निर्मित कराये थे। इसके अतिरिक्त प्रशासन की तरफ से ऐसे कर्मचारियों को नियुक्त किया गया जिनका कार्य राज्य की सिंचाई व्यवस्था की देखभाल करना था।[68]

इन जल-संसाधनों से अन्नोत्पादन में कितना लाभ हुआ इसका अनुमान राजस्थान से प्राप्त आभिलेखिक साक्ष्य से लगाया जा सकता है। अश्वराज के शासन काल का सेवाड़ी पाषाण अभिलेख[69] (वि0सं0 1167) सूचित करता है कि सेमिपाटी के मन्दिर के लिये एक हारक यव ऐसे चार ग्रामों में से प्रत्येक से लिया जाता था, जहाँ अरहट से सिंचाई होती थी। इसी प्रकार की सूचना लालराय पाषाण अभिलेख[70] (वि0सं0 1233) भी देता है, जिससे ज्ञात होता है कि अरहट

से सिंचाई करने वाले कृषकों को एक हारक यव मन्दिर को देना पड़ता था। यदि राजस्थान ऐसे शुष्क प्रदेश में अरहट (रहट) से सिंचाई करने पर अधिक अन्नोत्पादन होने लगा और राज्य कृषकों पर अधिभार लगाने लगा तो इसमें सन्देह नहीं कि जहाँ वर्षा का बहुत अभाव नहीं रहता होगा वहाँ इन जल-संसाधनों से प्रभूत अन्नोत्पादन होने लगा था।

यह भी उल्लेखनीय है कि सिंचाई में प्रयुक्त होने वाले ये जल संसाधन सर्वदा और सर्वत्र एक ही प्रकार के नहीं होते रहे होंगे। विभिन्न क्षेत्रों के कृषक अपनी सुविधानुसार इन संसाधनों में आवश्यकता के अनुसार न्यूनाधिक परिवर्तन कर लेते होंगे। वी0एन0एस0 यादव ने अपराजित पृच्छा के आधार पर दस प्रकार के कुएँ, दो प्रकार की कूपिका (छोटा कुआँ), चार प्रकार की वापी एवं कुण्ड तथा छः प्रकार के तटाक का उल्लेख किया है।[71]

गुजरात एवं राजस्थान के समान काश्मीर में भी जल संसाधनों पर शासन ने विशेष ध्यान दिया। ललितादित्य (740-776 ई0) ने सर्वप्रथम नदियों के पानी को सिंचाई के लिये उपयोग में लाने का कार्य आरम्भ किया। अवन्तिवर्मन (855-883 ई0) के काल में सूय्य नामक कुशल अभियन्ता (इंजीनियर) ने वितस्ता नदी पर बाँध निर्मित कराया और अनेक नहरें निकलवायीं जिसके परिणामस्वरूप काश्मीर में बाढ़ की विभीषिका नगण्य हो गई। इन जल संसाधनों से अन्नोत्पादन में इतनी अधिक वृद्धि हुयी कि राजतरंगिणी (पृ0 84-117) के अनुसार पहले एक खारी चावल की कीमत 200 दीनार हुआ करती थी। इन सिंचाई के साधनों के कारण उतना चावल अब मात्र 36 दीनार में मिलने लगा।[72]

संदर्भ

1. भोज परमार द्वारा निर्मित भोजपुर की विशाल जल परियोजना सम्भवतः इस प्रकार की अन्तिम परियोजना थी, द्रष्टव्य डी0डी0 कोसम्बी, ऐन इण्ट्रोडक्शन टु द स्टडी ऑफ इण्डियन हिस्ट्री, पृ0 302
2. इस विषय पर द्रष्टव्य, डी0डी0 कोसम्बी, वही, अध्याय IX आर0एस0 शर्मा, इण्डियन फ्युडलिज्म, पृ0 32-33
3. विपुला दुबे, पूर्व मध्ययुगीन पूर्त्तधर्म (लोक-धर्म) : एक अनुशीलन, फैसेट्स ऑफ इण्डियन हिस्ट्री, ए0के0 सिन्हा (सं0) में प्रकाशित, पृ0 409-410
4. प्राचीन भारत में ही नहीं आधुनिक युग में भी अनेक देशों ने जल-संसाधन एवं प्रबन्धन के माध्यम से जन-शून्य क्षेत्र में कृषकों की वस्तियाँ बसायीं और बाद में

यहाँ कपास आदि नगदी फसलों का उत्पादन करने लगे। व्यावसायिक फसलों के प्रचुर उत्पादन से निर्यात बढ़ा और इन स्थानों पर यातायात के साधन, बैंक की सुविधा भी उपलब्ध होने लगी। ये जन शून्य क्षेत्र कस्वे और बाद में औद्योगिक नगरों के रूप में प्रतिष्ठित हो गये। किन्तु इस आर्थिक विकास के मूल में उन्नत जल-प्रबन्धन ही था - In the modern world irrigation has often been motivated by purposes other than the conservation of the food supply or the cultivation of industrial plants for local needs. In the United States and throughout large areas of the British dominions irrfigation projects have been inagurated up-yon territory of small or no population with the aim of establishing in these regions communities of agricultural farmers. A nucleus of such farming families eventually becomes a fownshipother industries are attracted and the result is a commercial agricultural economy in which crops are grown for export and transport and banking facilities soon appear. Irrigation thus aids in the settlement of a formerly barren region, frequently by emigrants from congested areas" इ0एच0 कैरियर, एनसाइक्लोपीडिया आूफ सोशल साइन्सेज, जिल्द VIII, p. 328

5. वही, पृ0 406
6. ब्रह्मवर्ग, 28
7. अर्थशास्त्र, 3.10.2
8. शिला लेख 2, स्तम्भ लेख 7
9. स्टेन कोनो, कार्पस, जिल्द 2, भाग I संख्या XIV; XXIII; LXXXI; LXXXV
10. XXIV; XCIV; XCVI
11. XCV
12. वही, LXXXV
13. डी0सी0 सरकार, सेलेक्ट इन्स्क्रिप्शन्स, जिल्द 1, संख्या 26, पृ0 121
14. वही, संख्या 59, पृ0 167-169
15. वही, सं0 90, पृ0 212
16. विष्णु धर्म संहिता, अध्याय 91 - अथ कूपकर्त्तुस्तत्प्रवृत्ते पानीये दुश्कृतस्यार्द्धं विनश्यति। तड़ागकृत्रित्यतृप्तो वारुणं लोकमश्नुते। जलप्रदः सदा तृप्तो भवति। वृक्षारोपयितुर्वुक्षर परलोके पुत्रा भवन्ति। वृक्षप्रदो वृक्षप्रसूनैर्देवान् प्रीणयन्ति। फलैश्चातिधीन्। छायया चाम्यागतान् देवे वर्षयत्पुदकेन पितृरन्। सेतुकृत् स्वर्गमाप्नोति। देवायतन कारुरस्य देवायतनं करोति तस्यैव लोकमाप्नोति सुधासिक्तं कृत्वा यशसा विराजते।

17. मारकण्डेय पुराण 16.124, वापीकूपतड़ागानि देवतायतनानि च। अन्नप्रदानमर्थिभ्यः पूर्तमित्यभिधीयते।।, स्कन्द पु0 X.2.10; सुरालयसरोवापीकूपारामादिकल्पना। एतदर्थहि पूर्ताख्या धमशास्त्रेषु निश्चिता।।
18. अत्रिसंहिता 45-46, इष्टं पूर्त्त प्रकर्त्तव्यं ब्राह्मणेन प्रयत्नतः इष्टं न लभते स्वर्गं पूतेन मोक्षमवाप्नुयात्। इष्टपूर्तौ द्विजातीनां सामान्यौ धर्म्मसाहधनौ अधिकारी भवेच्छूद्रः पूर्त्ते धर्मे न वैदिके।।
19. विपुला दुबे, वही, पृ0 409
20. सभा पर्व 5.78, कच्चिद् राष्ट्रे तडागानि पूर्णानि च वृहन्ति च। भागशो विनिविष्टानि न कृषिर्देवमातृका।।
21. शान्तिपर्व 86.15, आशयाश्चोदपानाश्च प्रभूतसलिलाकराः। निरोद्धव्याः सदा राज्ञा क्षीरिणश्च महीरुहा।।
22. फ्लीट, काप्रस, III, संख्या 42
23. वही, संख्या 44-45
24. वही, संख्या 17, पंक्ति 22
25. वही, संख्या 38, पंक्ति 25-26
26. वही, संख्या 41, पंक्ति 25
27. वही, संख्या 67
28. वी0वी0 मिराशरी, कार्पस, जिल्द IV, भाग I पृ0 CLI
29. वही, संख्या 67, पंक्ति 20-21
30. मिराशी, वही, संख्या 95, पंक्ति 24-25
31. वही, संख्या 98
32. वही, संख्या 58, गयाकर्ण का तेवर पाषाण अभिलेख (चेदि सं0 902) पंक्ति 16 पूर्त्तेन धर्म्मेण निवर्त्तकेन मुनिर्भवेत्संयमिनश्च बोधात्। एतद्द्वयं प्राप्तुमयं मुमुक्षुर्व्यधापयद्देवमिमं शिवस्य।।
33. जलसंसाधनों के निर्माण से सम्बन्धित आभिलेखिक साक्ष्यों के लिये, द्रष्टव्य, एन0एन0 खेर, अग्रेरियन एण्ड फिरकल इकानमी इन द मौर्यन एण्ड पोस्ट मौर्यन एज, पृ0 00170-174; विपुला दुबे, वही, पृ0 407-409; डॉ0 वासुदेव शरण अग्रवाल स्मृति, अंक संग्रहालय पुरातत्त्व पत्रिका, जून-दिसम्बर, 1994, अंक 53-54
34. एपि0इण्डिका, जिल्द VIII पृ0 89, सेनार्ट (सं0) नासिक गुहालेख संख्या 15, पंक्ति 10 में "-ओदयन्त्रिक श्रेण्या सहस्राणि द्वे" शब्द बन्धा प्रयुक्त हुआ है। सेनार्ट के अनुसार 'ओदयन्त्रिक' शब्द से ही औदयन्त्रिक शब्द व्युत्पन्न है। उनके अनुसार

इसका समानार्थक जलयन्त्र, वारियन्त्र, तोययन्त्र आदि शब्द हैं जिसका अर्थ "workers fabricating haudraulika engines, water-clocks or others", है, पृ0 89

35 एन0एन0 खेर, वही, पृ0 177; अर्थशास्त्र 2.24 में शूल्व का उल्लेख हुआ है जिसका ज्ञान कृषि के सर्वोच्च अधिकारी सीताध्यक्ष के लिये आवश्यक था। चाणक्य टीका में शुल्वशास्त्र से अभिप्राय भूमि के भीतर जल का पता लगाना था - भूम्युदकस्वरूपपरिज्ञानार्थम्। इसी प्रकार की व्याख्या श्रीमल की भी है जिसके अनुसार शुल्वशास्त्रं भूमिसिराज्ञानशास्त्र। यही प्रतिपदपंजिका की भी व्याख्या है।

36. नारद, 1.2.12
37. आदि पर्व, 69.21, एन0एन0 खेर, वही, से उद्धृत, पृ0 175
38. शान्ति पर्व, 65.13-19
39. नारद, XI.19
40. वृहस्पति, XIV.22
41. याज0, 2.159; नारद, XI.17
42. नारद, XI.18
43. मनु0 8.262; याज0, 2.157; नारद XI.1, 12
44. नारद, XI.20, याज0, 2.160
45. नारद, XI.21
46. वृहस्पति, XIX.24
47. मनु0, 9.279; याज0, 2.281
48. द्रष्टव्य ऊपर, पृ0 40
49. मनु, XI.62; याज0, 3.237
50. मनु0, XI.164; विष्णु, 52.6
51. मनु0, 3.163; 9.281
52. मनु0, 9.274; विष्णु0, 5.74
53. श्रीमूला - कुम्भादिजलपायनरूपहस्तप्रवृत्तिसाधितम्। प्रतिपदपंचिका - कुम्भादिसेकनिष्पादितम्
54. 2.24.18; पाद टिप्पणी - "drawing water with the hands and carrying it to the fields in pitchers etc."
55. एन0एन0 खेर, वही, पृ0 176
56. श्रीमूला - स्कन्धवहप्रवर्तितयन्त्रपायितजलनिष्पन्नम्।
57. लल्लन जी गोपाल, वही, पृ0 136

58. वही, पृ0 155
59. श्रीमूला - स्रोतोयन्त्र प्रावर्तिमं सारणीपायितजलनिष्पन्नं।
प्रतिपदपंचिका - स्रोतोयन्त्रप्रावर्तिमं कुल्यासेक निष्पन्नं।
60. श्रीमूला - उद्घाट्यते निस्सार्यते जलमनेनेत्युद्धाटौअरघट्टकादियन्त्रं .... यन्त्रविशेषपायित जलनिष्पन्नं। प्रतिपदपंचिका - नद्यादिभ्य उद्घाटमरघट्टादियन्त्रं।
61. अरघट्ट पर द्रष्टव्य लल्लनजी गोपाल की उपर्युक्त पुस्तक तथा इरफान हबीब के दो लेख (1) प्रोसिडिंग्स ऑफ द इण्डियन हिस्ट्री कांग्रेस (वाराणसी, 1969) में प्रकाशित "टेक्नोलॉजी एण्ड सोसायटी इन द थर्टीन्थ एण्ड फोर्टिन्थ सेन्चुरीज", (2) स्टडीज इन हिस्ट्री (ii)(i) 1989 में प्रकाशित 'चेन्जेज इन टेक्नालॉजी'
62. लल्लन जी गोपाल, वही, अरघट्ट - द पार्सियन ह्वील, पृ0 114-166
63. लल्लन जी गोपाल, वही, पृ0 165

    "Considering all this we can say that for the introduction of the araghatta device a date in the fourth century or a little carlier may not be far from the truth."
64. अरफान हबीब, अध्यक्षीय भाषण, इण्डियन हिस्ट्रीकांग्रेस, तैंतालीसवाँ सेशन, कुरुक्षेत्र, 1982, पृ0 45, पादटिप्पणी 157 "In the latter paper (p. 19), I noted evidence for the potgarland in India from the 6th and 6th centuries."
65. ए0के0 मजूमदार, चालुक्याज ऑफ गुजरात, पृ0 215
66. वही
67. वही
68. वही, पृ0 216, "Evidently it was this kind of work- construction and maintenance of water reservoirs - which were under the charge of the Varigrihakarana."
69. एपि0 इण्डिया, जिल्द XI सं0 4, पृ0 28
70. वही, पृ0 50; राजस्थान में अरघट्ट के माध्यम से सिंचाई पर द्रष्टव्य वी0डी0 चट्टोपाध्याय, "इरिगेशन इन अर्ली मेडिवल राजस्थान", जर्नल ऑफ द इकानमिक एण्ड सोशल हिस्ट्री ऑफ द ओरियण्ट, जिल्द XVI, पार्ट 2-3
71. वी0एन0एस0 यादव, सोसायटी एण्ड कल्चर इन नार्दर्न इण्डिया इन द ट्वेल्थ सेन्चुरी, पृ0 258
72. पी0बी0 काणे, हिस्ट्री ऑफ धर्मशास्त्र, जिल्द III पृ0 162-163

●

अध्याय - 18

दक्षिण भारतीय जल-प्रबन्धन एवं सिंचाई

दक्षिण भारत से अभिप्राय उन चार राज्यों से है जो विन्ध्य के दक्षिण में स्थित है। इनके अन्तर्गत आन्ध्र प्रदेश, कर्नाटक, तमिलनाडु एवं केरल के राज्य परिगणित होते हैं। जल प्रबन्धन पर विचार करते समय भारत के इस भाग की भौगोलिक स्थिति का ध्यान रखना आवश्यक है। यह ध्यातव्य है कि इस क्षेत्र की भौगोलिक स्थिति इस प्रकार की है कि इसे दक्षिण-पश्चिमी तथा उत्तरी-पूर्वी इन दोनों ही मानसून से वर्षा के जल की प्राप्ति हो जाती है। दक्षिणी-पश्चिमी मानसून से जून से अगस्त तक इस भूखण्ड को पर्याप्त वर्षा के जल की प्राप्ति हो जाती है जबकि उत्तरी-पूर्वी मानसून से अक्टूबर-नवम्बर में इस क्षेत्र को वर्षा का जल सुलभ हो जाता है। उत्तर भारत के समान दक्षिण भारत में भी नदियों का जाल बिछा हुआ है। इन नदियों में कुछ तो बड़ी हैं जिनमें गोदावरी, कृष्णा, काबेरी एवं तुंगभद्रा प्रमुख हैं। इनके अतिरिक्त भी इस भूखण्ड में अनेक नदियाँ हैं जो इस क्षेत्र में फैली हुई है और कृषक इनके जल का उपयोग करते रहे हैं। इन नदियों में ताम्रपर्णी, पेन्नार, वैगई, कम्बनी, एमवती, कोलीदम आदि है। यद्यपि दक्षिण भारत में नदियों की संख्या अधिक थी और दक्षिणी-पश्चिमी मानसून तथा पूर्वी-उत्तरी मानसून से भी जल की उपलब्धता सम्भव थी, किन्तु कुछ बड़ी नदियों को छोड़कर अधिकांश नदियाँ सदानीरा नहीं थी और गृष्म ऋतु में सूख जाती थीं इसके अतिरिक्त मानसून भी सर्वदा अनुकूल नहीं रहा। मानसून के विलम्ब से आने या अल्प समय में ही लौट जाने की आशंका प्रायः बनी रहती थी जिससे कृषि कर्म में अवरोध उत्पन्न हो जाता था। कृषि के लिए एक अन्य विभीषिका बाढ़ की आशंका थी। अनावृष्टि या अतिवृष्टि, अल्पजल या बाढ़ आदि ऐसी प्राकृतिक, आपदायें थीं जिनसे कृषक को सर्वदा संघर्ष करना पड़ता था। यद्यपि इस प्रकार की कठिनाइयाँ मात्र दक्षिण भारत में ही नहीं थीं, उत्तर भारत में भी कृषि में इस प्रकार की प्राकृतिक बाधायें

आती थीं, किन्तु इन बाधाओं के निराकरण के लिये जिस प्रकार के सुनियोजित प्रयास दक्षिण भारत में शासन एवं जनसामान्य के स्तर पर किए गए उसका उदाहरण न तो उत्तर भारत में मिलता है और न ही शायद उस काल के विश्व के किसी अन्य देश में। जलप्रबन्धन एवं जल संसाधनों के विस्तार के लिए जो प्रयास दक्षिण भारतीय राजवंशों ने किए वह निश्चय ही अन्यत्र दिखाई नहीं देता। चोल, पाण्ड्य, पल्लव, काकतीय आदि शासकों के इस प्रयास के साक्ष्य तत्कालीन साहित्य के अतिरिक्त अभिलेखों तथा पुरातत्व से भी प्राप्त होते हैं।

यह उल्लेखनीय है कि इस प्रकार का प्रयास केवल शासकों तक सीमित नहीं था। जल प्रबन्धन, इसके विस्तार, रख-रखाव आदि से सम्बन्धित कार्य में जितनी रुचि और तत्परता सर्वोच्च सत्ता ने दिखाई उतनी रुचि और उतना ही उत्साह समाज के सम्पन्न वर्ग, व्यापारी, व्यापारिक संगठन या श्रेणियाँ, बड़े या लघु स्तर के सामन्त, ग्रामीणजन एवं ग्राम सभायें, मन्दिरों और इस प्रकार के प्रबन्धन के निमित्त बनाई गई समितियों में भी दिखाई देता है जिसके साक्ष्य तत्कालीन साहित्य, अभिलेख एवं पुरातत्त्व से प्रभूत मात्रा में प्राप्त होते हैं। इसका परिणाम यह था कि बहुत बड़ी संख्या में तटाक (tank, ponds) नहरें (Canals) जलाशय (Reservoir) बन्धे (embank ments, weir), जलद्वार (sluice), जल नियंत्रक (regulators), जल अवरोधक (shutters) पूरे दक्षिण भारत में इतने सुनियोजित तकनीक से, बनाये गये कि आज जो भी अवशेष उस काल के निर्मित इन संसाधनों से प्राप्त होते हैं उनकी प्रशंसा अंग्रेजों के शासन काल के अथवा आज के अभियन्ता (engineer) भी करते हैं और उन्हें देख कर आश्चर्यचकित हो जाते हैं। तत्कालीन साहित्य एवं अभिलेखों में इन जलसंसाधनों का इतना अधिक उल्लेख देखकर नीलकण्ठशास्त्री ने ठीक ही कहा है कि "दक्षिण भारत के प्रसंग में अभिलेखों से मन्दिरों के बाद इसी (तालाबों) विषय का सबसे अधिक महत्व मालूम पड़ता है।"[1]

पूर्त्त धर्म

यहाँ एक स्वाभाविक जिज्ञासा यह उत्पन्न होती है कि इतने व्यापक स्तर पर किए गये निर्माण के लिए प्रेरणा का श्रोत क्या था? इसका उत्तर है - पूर्त्त धर्म, और दूसरा ब्राह्मणों को दिया जाने वाला भूमिदान। यद्यपि पूर्त्त धर्म के प्राचीनता एवं महत्ता पर विस्तार से विचार करने का प्रसंग यहाँ नहीं है[2] किन्तु यहाँ यह उल्लेख करना समीचीन होगा कि इष्ट और पूर्त्त का विवरण वैदिक साहित्य, धर्मशास्त्र,

महाभारत आदि में मिलता है। इन सभी ग्रन्थों में जहाँ दान या वैदिक अनुष्ठानों के विवरण प्राप्त होते हैं यह कहा गया है कि 'इष्ट' के सम्पादन का अधिकार मात्र द्विजातियों को है किन्तु पूर्त्त इस प्रकार का दान होता है जिसे समाज का कोई भी व्यक्ति, यहाँ तक कि शूद्र और स्त्री भी, कर सकते हैं। अपरार्क, अत्रि आदि ने स्पष्ट यह व्यवस्था दी है कि यद्यपि द्विजाति इष्ट और पूर्त्त दोनों ही प्रकार के धर्म का अनुपालन करने का अधिकारी होता है किन्तु शूद्र केवल पूर्त्त धर्म का पालन करने का ही अधिकारी होता है।[3] पूर्त्त धर्म दान का वह प्रकार होता है जिसके अन्तर्गत कोई भी व्यक्ति लोक कल्याण के निमित्त जलाशय (reservoir) का निर्माण, कुँआ, वापी, पुष्करिणी, तटाक, प्रपा (यात्रियों को पीने के लिए जल की जहाँ व्यवस्था हो), मन्दिर (देवतायतन), बाग, बगीचा (आराम) तथा अन्न का दान करता है।[4] शूद्र के अतिरिक्त स्त्री भी पूर्त्त धर्म के सम्पादन की अधिकारिणी होती है। याज्ञवल्क्य स्मृति की टीका मिताक्षरा में स्त्री विधवा होती थी, पूर्त्त धर्म का अनुपालन कर सकती है।[5]

पूर्त्त धर्म के अन्तर्गत किये जाने वाले दान से होने वाली पुण्य-फल प्राप्ति का उल्लेख महाभारत एवं धर्मशास्त्रों में विस्तार से किया गया है। महाभारत के अनुशासन पर्व में जलाशय बनाने तथा बगीचे लगाने से प्राप्त होने वाले पुण्य की प्रशंसा की गई है।[6] यहाँ कहा गया है कि तालाब के निर्माण से धर्म, अर्थ एवं काम, तीनों की प्राप्ति होती है। देवता, मनुष्य, गन्धर्व, पितर, नाग, राक्षस तथा समस्त स्थावर प्राणी जलाशय का आश्रय लेते हैं। जिस व्यक्ति के बनवाये गये तालाब में बरसात भर पानी रहता है वह अग्निहोत्र के फल को प्राप्त करता है। जिसके तालाब में शरत्काल तक पानी रहता है वह मृत्यु के पश्चात् एक हजार गोदान का फल प्राप्त करता है। जिसके तालाब में हेमन्त (अगहन-पौष) तक पानी रहता है वह बहुत से सुवर्ण की दक्षिणा से युक्त महान यज्ञ का फल भागी होता है। जिसके तालाब में शिशिर काल (माघ-फाल्गुन) तक पानी रहता है उसे अग्निस्तोम यज्ञ के फल की प्राप्ति होती है। जिसके द्वारा निर्मित सरोवर में वसन्त ऋतु तक पानी रहता है उसे अतिरात्र यज्ञ का फल प्राप्त होता है। और जिसके निर्मित तालाब में ग्रीष्म ऋतु तक पानी रहता है उसे अश्वमेध यज्ञ का फल प्राप्त होता है। जिसके तालाब में लोग स्नान करते हैं पानी पीते हैं और विश्राम करते हैं इन सबका पुण्य उस व्यक्ति को मरणोपरान्त अक्षय सुख देता है। जलदान सब दानों में महान माना गया है। (सर्वदानैर्गुरुतरं सर्वदानैविशिष्यते)।[7] ''वास्तव में ऐसे सरोवरों के निर्माण को 'सप्त सन्तानों' में सम्मिलित किया गया है अर्थात् उदारता

के कार्य जिससे दाता का नाम चलता था और जग में उसकी प्रसिद्धि स्थाई रूप से स्थापित होती थी"[8] पूर्त धर्म की इसी प्रकार की प्रशंसा धर्मशास्त्रों में भी मिलती है। विष्णु संहिता में जल से सम्बन्धित किसी भी प्रकार के लोक कल्याणकारी कार्य से महती पुण्य-प्राप्ति की प्रशंसा की गई है। इस संहिता में सम्पूर्ण एक अध्याय में विभिन्न प्रकार के जल संसाधनों के निर्माण से प्राप्त होने वाले पुण्य और यश का उल्लेख मिलता है।[9] यहाँ यह कहा गया है कि कुआँ का निर्माण कराने पर जैसे ही उसमें से जल निकलना आरम्भ होता है उसके निर्माणकर्त्ता के आधे पाप विनष्ट हो जाते हैं। तड़ाग के निर्माता को वरुण के लोक में जो जल के देवता हैं, स्थान मिलता है। सेतु के निर्माता को स्वर्ग में स्थान प्राप्त होता है। पूर्त्त धर्म के अन्तर्गत जल संसाधनों को और उसके निर्माण को सर्वाधिक महत्व दिया गया है (जलप्रदः सदा तृप्तो भवति)। इस धर्म के अन्तर्गत ही देवायतन (मन्दिर) के निर्माण से होने वाली फलप्राप्ति के विषय में कहा गया है कि जिस देवता के मन्दिर का निर्माण किया गया हो उस देवता के लोक में ही निर्माता को स्थान प्राप्त होता है (यस्य देवायतनं करोति तस्यैव लोकमाप्नोति)।

प्रथम सहस्राब्दि के आरम्भ से ही पूर्त्त धर्म लोकधर्म के रूप में सम्पूर्ण भारत में प्रतिष्ठित हो चुका था। यद्यपि उत्तर भारत में भी इस धर्म का प्रभाव दिखाई देता है किन्तु दक्षिण भारत में पूर्त्त धर्म का जो व्यापक प्रभाव दिखाई देता है वह अन्यत्र परिलक्षित नहीं होता है। इस धर्म का ही प्रभाव था कि बड़ी संख्या में तालाब, बाग, बगीचा, मन्दिर, सेतु, नहरों आदि का निर्माण होने लगा और प्रथम सहस्राब्दी से इसके साक्ष्य मिलने लगते हैं। बहुत बड़ी संख्या में जल संसाधनों के निर्माण का प्रमुख कारण यह था कि पूर्त्त धर्म ने समाज के सभी वर्गों के लिए इसका द्वार खोल दिया था। शूद्र हो या नारी जिन्हें वैदिक अनुष्ठानों के सम्पादन से वहिष्कृत कर दिया गया था इस पूर्त्त धर्म के अधिकारी बन गये। यही कारण है कि एक मोची (shoemaker) ने जिसका नाम देवपाल था, मध्य प्रदेश के रायपुर जनपद में नारायण का एक मन्दिर निर्मित कराया था जिसका उल्लेख खलारी के पाषाण अभिलेख (1415 ए0डी0) में हुआ है।[10]

धार्मिक ग्रन्थों के अतिरिक्त दक्षिण भारतीय साहित्य में भी जल संसाधनों के महत्त्व का अनेकशः उल्लेख मिलता है। इस काल के साहित्यकारों का कथन था कि किसी भी राज्य की समृद्धि का मुख्य आधार वहाँ के जल संसाधन ही होते हैं। तमिल, ग्रन्थ तिरुक्कुरल में कहा गया है कि किसी भी उत्तम राज्य की समृद्धि के दो कारण होते हैं। प्रथम वह जल जो वर्षा से प्राप्त होता है और दूसरा मनुष्य कृत

जल जो कुआँ, तालाब, नहरों आदि से प्राप्त होता है। कृष्णदेव राय, रचित अमुक्तमाल्यद के अनुसार तड़ाग एवं अन्य जल संसाधनों के निर्माण से धर्म और अर्थ की वृद्धि होती है। संगम साहित्य में ऐसे अनेक उल्लेख मिलते हैं जिनमें यह कहा गया है कि तड़ाग, सेतु, नहर आदि के निर्माण से समृद्धि प्राप्त होती है और इनके निर्माता को पुण्य और यश दोनों ही मिलते हैं। एक अन्य ग्रन्थ मानसोल्लास में जिसकी रचना चालुक्य शासक सोमेश्वर ने की थी, कहा गया है कि तड़ाग, कुआँ, जलाशय आदि का निर्माण कराना प्रत्येक शासक का कर्त्तव्य होता है।

पुण्य-प्राप्ति की लालसा, यश की कामना और राज्य की समृद्धि इन तीन कारकों का परिणाम यह हुआ कि समाज के निम्नतम वर्ग से उच्चतम और धनाढ्य व्यक्तियों तथा शासकों ने जल संसाधनों के निर्माण में अभूतपूर्व योगदान किया। जहाँ वृहत संसाधनों की आवश्यकता थी वहाँ शासन ने उसे निर्मित कराया उदाहरण के लिए बड़ी बड़ी नहरें, विशाल तालाब, जलाशय, सेतु आदि, जब कि स्थानीय स्तर पर समाज के अन्य वर्गों ने इस प्रकार के कार्य किए।

नहर (Canals)

कृषि के विस्तार के उद्देश्य से जंगलों को साफ कर कृषकों की छोटी छोटी वस्तियाँ बसा दी गई और उन्हें नहरों के माध्यम से जल की सुविधा प्रदान की गई। बड़ी और छोटी या सहायक नदियों से नहरें निकालने के साक्ष्य तत्कालीन अभिलेखों से प्राप्त होते हैं। 1088 ई0 के एक अभिलेख से ज्ञात होता है कि तुंगभद्रा नदी से एक नहर निकाली गई थी जो 16 कि0मी0 लम्बी थी[11] और जिससे निकटवर्ती क्षेत्रों में पानी पहुँचाया जाता था। नहरों से सिंचाई वहीं हो पाती थी जहाँ नदियों की सुविधा होती थी और जो क्षेत्र नदियों के निकट होते थे। कावेरी, तुंगभद्रा आदि बड़ी नदियों के अतिरिक्त छोटी नदियों से भी ऐसी नहरों की व्यवस्था की गई। नहरों की उपयोगिता दो अन्य दृष्टियों से भी अधिक थी। प्रथम, जब नदियों में बाढ़ आती थी तो उसके जल प्रवाह को नहरों के माध्यम से नियन्त्रित कर दूसरी तरफ मोड़ दिया जाता था। नहरों की दूसरी उपयोगिता यह थी कि इनके माध्यम से तालाबों या तटाकों में जल भर दिया जाता था जिसका उपयोग वर्षा ऋतु की समाप्ति के बाद कृषक करते थे। तालाबों को नहरों के माध्यम से नदियों के जल से भरने का साक्ष्य जो सर्वप्रथम सातवीं सदी के एक पल्लव अभिलेख से मिलता है, कालान्तर में व्यापक रूप से मिलने लगता है। इस व्यवस्था का सबसे महत्त्वपूर्ण परिणाम यह हुआ कि सरोवरों में जल सर्वदा भरा रहता था और सिंचाई

की सुविधा पूरे वर्ष प्राप्त होती थी जिसके कारण जहाँ एक तरफ कृषि के लिए नवीन क्षेत्र में विस्तार सम्भव हो सका, वहीं प्रभूत मात्रा में विविध प्रकार के अन्नोत्पादन का अवसर भी सुलभ हुआ। नहरों के माध्यम से सरोवरों को नदियों से जोड़ने की विधा उत्तरोत्तर लोकप्रिय होती गई। अभिलेखों से ज्ञात होता है कि काकतीय शासन में इस विधा को व्यापक रूप से अपनाया गया। सरोवरों के निकट जो भी नदी होती थी उससे नहर निकाल कर सरोवरों को जोड़ दिया जाता था। एन0 वैंकट रमनैया तथा एस0 सोमेश्वर शर्मा ने काकतीय अभिलेखों के आधार पर नदियों से सरोवरों को जल पहुँचाने के साक्ष्य प्रस्तुत किए हैं जो सिंचाई के लिए इस वंश के शासकों द्वारा किये गये प्रयासों को स्पष्ट करते हैं।

ककातीय नहर

इनके अनुसार इस काल के अभिलेखों में वर्णित पेरकमा से निकाली गई मूसेटि काल्व एवं इम्मगडि काल्व, लेबोक के स्थान पर घोड़ेराय गंगयदेव द्वारा चेय्येरु नदी से निकाली गई अन्तगंगा काल्व आदि नहरें इन्हीं नदियों के जल को पड़ोस के गाँवों के सरोवरों तक पहुँचाती थीं। आन काल्व एवं कट्टुगोम्मू काल्व का भी उल्लेख मिलता है। 'आन' एवं 'कडुगोम्मु' नामक बाँध क्रमशः मिट्टी एवं पत्थर के स्थाई बाँध होते थे। इससे प्रकट होता है कि नदियों एवं जलाशयों पर बाँध बनाये जाते थे और उनमें से नहरें काट ली जाती थीं जो सरोवरों की ओर अथवा सीधे सिंचाई के क्षेत्रों को जाती थी।[12] इनके अतिरिक्त अन्य अनेक काल्वों का उल्लेख अभिलेखों में मिलता है जैसे कूचिनेनि काल्व, लोंतलि काल्व, रवि काल्व, उत्तमगंड काल्व, बोम्मकटि काल्व, प्रोल्रेड्डिकाल्व, रेड्डि काल्व, दाडूल काल्व, मेडविरुप काल्व, मद्दिमड्डि काल्व, रायसहस्रमल्ल काल्व, गंडपेंडार काल्व आदि। इस प्रकार की नहरें इसलिये महत्त्वपूर्ण हो जाती हैं "क्योंकि ये उस काल के लोगों द्वारा कृषि के विकास एवं भूमि की उपज बढ़ाने के लिए किए गए प्रयासों के विशिष्ट प्रमाण प्रस्तुत करती हैं।"[13] कृषि के लिए इन नहरों का कितना महत्त्व था इसका अनुमान मात्र इससे लगाया जा सकता है कि काबेरी का जो क्षेत्र 'बाढ़ का क्षेत्र' (land of floods) कहलाता था[14] (पुनल नाडू) वही चोल शासकों द्वारा नहर बना देने के बाद बाढ़ के जल को नियन्त्रित कर दिया गया और उसके बाद यह क्षेत्र धान की खेती के लिए सर्वाधिक महत्त्वपूर्ण माना जाने लगा। कावेरी के अतिरिक्त पलार, सेय्यार, बेगवती एवं पेन्नार आदि अपेक्षाकृत छोटी नदियों से भी नहर निकालने के साक्ष्य प्राप्त होते हैं।

चोल शासकों के अभिलेखों से यह ज्ञात होता है कि जल प्रबन्धन और उसका विस्तार इनके शासन की नीति का विशेष अंग था। इस वंश के शासकों ने सिंचाई की व्यवस्था और विस्तार में व्यक्तिगत रुचि दिखाई जिसका परिणाम यह हुआ कि इनके राज्य में कृषि की अभूतपूर्व उन्नति हुई। इन शासकों के व्यक्तिगत रुचि का ही यह परिणाम था कि चोल शासन काल में निर्मित अनेक नहरों के नाम इस वंश के शासकों के नाम से जुड़े हुए हैं जैसे उय्यकोण्डन नहर, राजेन्द्र वयक्कल, सेम्बियन महदेग्वि वयक्कल आदि।

दक्षिण भारत में निर्मित इन नहरों से तीन प्रमुख लाभ हुए। प्रथम, नदियों के बाढ़ के जल को रोकने में नहरों की महत्त्वपूर्ण भूमिका थी। बाढ़ के पानी को इन नहरों के माध्यम से दूसरी तरफ मोड़ दिया जाता था। दूसरा लाभ यह हुआ कि ऐसे क्षेत्रों में जहाँ जलाभाव के कारण कृषि कर्म सम्भव नहीं था, इन नहरों से सिंचाई होने लगी। इन नहरों की तीसरी उपयोगिता यह थी कि राज्य में निर्मित अनेक बड़े या छोटे जलाशय जो गृष्म ऋतु में सूख जाते थे अब नहरों के जल से सर्वदा भरे रहते थे। यही कारण है कि चोल शासन में 'धान या चावल का उत्पादन भी जिसके लिये बहुत अधिक जल की आवश्यकता होती है, प्रभूत मात्रा में होने लगा। संगम साहित्य में धान की खेती के ऐसे अनेक उल्लेख मिलते हैं जो कावेरी, वैगई, ताम्रपर्णी आदि नदियों के जल से सिंचित होते थे।

तड़ाग एवं जलाशय

जल प्रबन्धन एवं सिंचाई के लिए दूसरा महत्त्वपूर्ण संसाधन तड़ाग या तालाब एवं वृहत आकार के जलाशय (Reservoir) थे। नहरों से सिंचाई सीमित क्षेत्र में ही हो पाती थी। ऐसे क्षेत्र जो नदियों के निकट होते थे वहाँ नहरों से सिंचाई हो जाती थी किन्तु राज्य में ऐसे विशाल भूखण्ड थे जो नदियों से बहुत दूर थे और जहाँ जलाभाव के कारण कृषि कर्म पूरे वर्ष नहीं हो पाता था और अन्नोत्पादन भी सीगित मात्रा में ही होता था। इस संकट के निवारण के लिए चोल, पाण्ड्य, पल्लव, चालुक्य, कदम्ब, होयसल, काकतीय आदि राजवंशों ने जो जागरुकता और तत्परता दिखाई वह सम्भवतः भारत में अन्यत्र कहीं नहीं दिखाई देती है। शासकों के अतिरिक्त समाज का सम्पन्न वर्ग धनाढ्य व्यापारी, व्यापारियों की श्रेणियाँ, सामन्त, ग्राम समितियाँ तथा मन्दिरों आदि ने भी जल संसाधनों के निर्माण में महत्त्वपूर्ण भूमिका निभाई। इसका परिणाम यह हुआ कि जंगलों को काटकर कृष्य

भूमि का विस्तार किया गया, बड़ी संख्या में सरोवर, एवं जलाशय निर्मित किये गए, बन्धे, जल नियंत्रक, रहट या अरघट्ट की व्यवस्था की गई।

अभिलेखों के अतिरिक्त, दक्षिण भारतीय साहित्य में भी इन जल संसाधनों के उल्लेख मिल जाते हैं। सीलप्पदिकारम, गाथा सप्तसती, परिपादल तथा संगम साहित्य में ऐसे सरोवरों, बन्धों आदि के अनेकशः उल्लेख मिल जाते हैं।

चोल शासक करिकल ने काबेरी नदी के दोनों तटों पर बन्धे बनवाये और नदी के बाढ़ की विभीषिका से कृषि को सुरक्षा प्रदान की, जंगलों को साफ कराकर कृषकों की वस्तियाँ बसाई और जहाँ अब तक कृषि सम्भव नहीं थी वहाँ कृषि कर्म का आरम्भ कराया। कृषि के विस्तार एवं अन्नोत्पादन में उसके इस सराहनीय कार्य के कारण उसे 'पेरुवलत्तम' अर्थात् 'महान कल्याणकारी' (great benefactor) कहा गया।[15]

जैसा कि ऊपर कहा गया है, जो कृषि क्षेत्र नदियों से दूर थे वहाँ नहरों की अपेक्षा सरोवरों या विशाल जलाशयों के निर्माण को वरीयता दी गई। लगभग सातवीं आठवीं सदी से इन तालाबों में जलद्वार (sluice) और बन्ध (weir) निर्मित कर प्रणालिका के माध्यम से सिंचाई करने के साक्ष्य उपलब्ध होने लगते हैं। सरोवरों की जलक्षमता के आधार पर सिंचाई के क्षेत्र की सीमा निर्धारित होती थी।[16] जहाँ बड़े बड़े सरोवरों से वृहत क्षेत्र की सिंचाई सम्भव थी, वहीं छोटी जलक्षमता वाले सरोवरों से सीमित क्षेत्र में ही सिंचाई हो पाती थी। सर्वप्रथम मुल्बगल[17] से प्राप्त अभिलेख (750 ई0) से ज्ञात होता है कि कर्नाटक में जलद्वार (sluice) लगाकर सरोवर से सिंचाई की जाती थी। किन्तु आठवीं सदी के पश्चात् सरोवरों में जलद्वार एवं वन्ध लगाकर सिंचाई करने के साक्ष्य अभिलेखों में अनेकशः मिलने लगते हैं। आर0एन0 नन्दी के शब्दों में जलद्वार (sluice) एवं बन्ध (weir) से सिंचाई की विधा उच्चतर तकनीक और उन्नत कृषि की प्रतीक थी।[18] सिंचाई की इस विधा में सरोवर से खेतों तक जाने वाले पानी को नियंत्रित करने के लिए कभी-कभी अवरोधक (shutter) की भी व्यवस्था कर दी जाती थी। इन अवरोधकों के उपयोग से खेतों में आवश्यकता से अधिक जल नहीं जा पाता था।

कृषि के लिए सरोवरों की उपयोगिता और लोकप्रियता उत्तरोत्तर बढ़ती गई। परिणाम यह हुआ कि प्रत्येक नाडु या ग्राम में कम से कम एक जलाशय का अस्तित्व दिखाई देता है। ग्रामों के इन सरोवरों को 'चेरुवु' या कन्नड़ भाषा में 'केरे' कहा जाता था।

आरम्भ में पूर्त धर्म के उल्लेख के प्रसंग में यह कहा गया है कि जल संसाधनों के निर्माण का उद्देश्य निर्माता को पुण्य, मोक्ष आदि की प्राप्ति होता था। इस मोक्ष की कामना ने ही प्रमुख रूप से नहरों, जलाशयों, तड़ागों आदि के निर्माण के लिए लोगों को प्रेरित किया। किन्तु इन जल संसाधनों के निर्माण में मात्र पूर्त धर्म अथवा पुण्य-प्राप्ति की कामना ही प्रेरक कारक नहीं रही होगी। निश्चय ही दक्षिण भारतीय शासकों ने राज्य की समृद्धि के उद्देश्य से इन जल संसाधनों पर विशेष ध्यान दिया। एक तरफ नदियों के बाढ़ से कृषि को सुरक्षा प्रदान करना और दूसरी तरफ नहर, तड़ाग, विशाल जलाशय, बन्धे आदि का निर्माण कराना और नहरों के माध्यम से इन तड़ागों और जलाशयों को नदियों के जल से सर्वदा भरने की व्यवस्था करना भी इन शासकों की नीति का महत्त्वपूर्ण भाग रहा होगा। तालगुण्ड पाषाण-स्तम्भ अभिलेख से जो शान्तिवर्मा (455-70 ए0डी0) के काल का है, ज्ञात होता है कि कदम्ब शासक काकुस्थवर्मा ने पुण्य प्राप्ति[19] (निश्श्रेस) के उद्देश्य से एक तड़ाग का निर्माण करवाया था। नवीं सदी का एक गांग अभिलेख मरुगर विषय के निकट दस तड़ागों का उल्लेख करता है। एक अन्य अभिलेख में पाँच तड़ागों तथा एक सेतु का उल्लेख मिलता है जो किलिनी नदी पर बनाया गया था। तड़ागों के निर्माण में पल्लव शासकों का योगदान सर्वाधिक महत्त्वपूर्ण था। इस वंश के शासकों ने सिंचाई के लिए दो प्रकार के कार्य किये। प्रथम, राज्य के अन्तर्गत पहले से विद्यमान बड़े आकार के ताल या झीलों के तट पर बन्धे निर्मित करा दिये जिससे उनका जल अनावश्यक रूप से बाहर न जा सके। इन वन्धों पर जलद्वार बना दिए गए जिसके माध्यम से ताल या झील का पानी खेतों को जा सके। इसके अतिरिक्त पल्लव शासकों ने बड़ी संख्या में तड़ागों का निर्माण भी कराया, जिन्हें एरि (eri) भी कहा जाता था। इस वंश के शासकों के नाम इन तालाबों के साथ जुड़े हुए थे जैसे महेन्द्र तटाक, परमेश्वर तटाक, वैरमेघतटाक जिसका निर्माण दन्तिवर्मन ने कराया था। इस शासक के नाम से एक अन्य तटाक मर्पिडुगू एरी (तड़ाग) कहलाता था। नन्दिवर्मन तृतीय (846-869) ने कावेरीपक्कम तटाक का निर्माण कराया था जिसकी लम्बाई लगभग चार मील थी।[20] ग्रामीणों द्वारा निर्मित सरोवर छोटे होते रहे होंगे किन्तु राजपरिवार के सदस्य, सामन्त, अधीनस्थ सामन्त तथा धनाढ्य वणिकों द्वारा बनवाये गये सरोवर बहुत विशाल होते थे। वृहत् आकार के सरोवरों के नाम के साथ 'समुद्र' शब्द प्रायः मिलता है।

पाण्ड्य शासकों ने भी अनेक तटाक बनवाये थे इनमें से मरनेरी, पेरुकुलम, मड़क्ककुलम में निर्मित तड़ाक विशेष रूप से महत्त्वपूर्ण माने जाते हैं। सरोवरों की

उपयोगिता उस क्षेत्र में अत्यधिक थी जो प्रायः सूखा रहता था। आन्ध्र प्रदेश के विशाल क्षेत्र में इस उद्देश्य से बहुत बड़ी संख्या में सरोवरों का निर्माण कराया गया। इन सरोवरों को समुद्र की संज्ञा दी गई थी। काकतीय शासकों द्वारा निर्मत नहरों अथवा काल्वों का उल्लेख ऊपर किया जा चुका है। इन नहरों के अतिरिक्त इन शासकों ने बहुत बड़ी संख्या में सरोवरों का निर्माण कराया था और इन सरोवरों को नहरों के माध्यम से नदियों के जल से सर्वदा भरने की व्यवस्था भी की गई थी जिससे ये सरोवर सर्वदा भरे रहते थे और कृषक इस सूखाग्रस्त क्षेत्र में भी पूरे वर्ष अन्नोत्पादन करने लगे। इन सरोवरों से खेतों तक पानी ले जाने के लिए प्रणालियाँ (channels) बना दी गई थी। के0वी0 रमन ने अभिलेखों के आधार पर कुछ महत्त्वपूर्ण सरोवरों का नामोल्लेख किया है जैसे केसरी तटाक जिसका उल्लेख ग्यारहवीं सदी के मोतूपल्ली अभिलेख में हुआ है और जिसका निर्माण प्रोल नामक शासक ने कराया था। प्रोल द्वितीय द्वारा निर्मित सरी समुद्र, रूद्रदेव द्वारा 1084 में निर्मित हेमकुण्ड तटाक, काकतीय शासक गणपति द्वारा निर्मित पखल तटाक, इसी शासक द्वारा निर्मित रामप्प तथा धनपुर के जलाशय, सम्बदेव द्वारा 1295 में निर्मित कुमार समुद्रम[21] तथा तिरुपुर समुद्रम नामक तटाक।

चोल शासकों द्वारा निर्मित नहरों के प्रसंग में ऊपर कहा गया है कि जलप्रबन्धन एवं कृषि का विस्तार इन शासकों की आर्थिक नीति का एक महत्त्वपूर्ण भाग था। नहरों के अतिरिक्त इस वंश के शासकों ने अनेक महत्त्वपूर्ण तड़ागों का भी निर्माण कराया था जिनमें राजेन्द्र चोल प्रथम द्वारा निर्मित सोलगंगम है जो सोलह मील लम्बा था और जिसे अनेक जल प्रणालियों से जोड़ दिया गया था जो खेतों तक पानी पहुँचाती थी। दूसरा इसी प्रकार का प्रसिद्ध जलाशय परान्तक चोल प्रथम ने निर्मित कराया था जिसका नाम वीरनमेरी जलाशय था जिसका उपयोग के0वी0 रमन के कथनानुसार आज भी सिंचाई के लिये किया जाता है। रमन ने चोल शासकों द्वारा निर्मित कतिपय अन्य प्रसिद्ध जलाशयों का उल्लेख किया है जैसे मदुरान्तकम, सुन्द्र चोल पेरेरी, कुन्दवै पेरेरि आदि।[22] चालुक्य एवं होयसल शासकों ने भी सिंचाई पर विशेष ध्यान दिया और इस उद्देश्य से अनेक तड़ागों का निर्माण कराया। इन तड़ागों का उल्लेख तत्कालीन अभिलेखों में हुआ है जिनके नाम के साथ प्रायः समुद्र शब्द मिलता है उदाहरण के लिए दौरसमुद्र, रूद्र समुद्र, गंग समुद्र, अच्युत समुद्र, वीरसमुद्र आदि।

उपर्युक्त राजवंशों के अतिरिक्त सामन्तों, वणिकों एवं ग्रामीण क्षेत्र में निवास करने वाले कृषक वर्ग ने भी इन जल संसाधनों के निर्माण, विस्तार एवं उनके

रख-रखाव के प्रति जो रुचि दिखाई उसका उदाहरण अन्यत्र दिखाई नहीं देता। इस सम्बन्ध में विशेष रूप से उल्लेखनीय तेलंगाना के मल्याल एवं रेचेरल वंशों द्वारा निर्मित बड़े-बड़े सरोवर हैं इनमें चावुंड समुद्र, वांच समुद्र, गणप समुद्र, कुप्प समुद्र आदि सरोवरों का निर्माण मल्यालों ने कराये थे जबकि सब्ब समुद्र, विश्वनाथ समुद्र, गौर समुद्र, लकुमा समुद्र तथा अन्य अनेक सरोवरों का निर्माण रेचेरलों ने कराया था। इसी प्रकार का महत्त्वपूर्ण योगदान अन्य सामन्तों का भी रहा।

वणिक समुदाय ने भी सरोवर के निर्माण तथा उसके मरम्मत के कार्य में बहुत रुचि ली। गाँव में निवास करने वाले ऐसे धनाढ्य वणिक थे जिन्होंने इस प्रकार के लोककल्याणकारी कार्य पर धन व्यय किया। ऐसा ही उदाहरण तलकड के एक वणिक समुदाय का प्राप्त होता है जिसने सिंचाई के एक सरोवर की प्रणालिका के मरम्मत के लिए खर्च वहन किया। ग्यारहवीं सदी के सोरब अभिलेख में निहित सूचना का उल्लेख आर0एन0 नन्दी ने किया है जिससे ज्ञात होता है कि एक वणिक (सेट्टि) ने जंगल की भूमि को साफ कराया और वहाँ एक सरोवर निर्मित कराने के बाद धान की खेती करना आरम्भ कर दिया।[23] कृषकों ने स्वयं भी सरोवरों के निर्माण और सिंचाई के लिए उच्चतर तकनीक विकसित करने में महत्त्वपूर्ण भूमिका निभाई। हिरियुर से प्राप्त अभिलेख (890 ई0) से ज्ञात होता है कि एक ग्राम के कृषकों ने विशाल सरोवर निर्मित कर उसमें से सिंचाई के लिए चार जलद्वार (sluice) बनाया था। इन सरोवरों से निकलने वाले पानी से सरोवर रिक्त न हो इस उद्देश्य से इनको नहरों के माध्यम से नदियों से सम्बद्ध कर दिया जाता था। कभी-कभी इन सरोवरों में एक से अधिक नदियों से पानी भरने के उदाहरण भी मिलते हैं।[24] नदियों के जल से सरोवरों को भरने का सबसे बड़ा लाभ यह हुआ कि अब कृषकों को वर्षा के जल पर निर्भर रहने की बाध्यता समाप्त हो गई। सिंचाई की एक अन्य विधा जिसकी लोकप्रियता उत्तरोत्तर बढ़ती गई रहट (अरघट्ट) की थी। रहट के माध्यम से सिंचाई करने की विधा उत्तर भारत में सर्वत्र प्रचलित थी और इसका प्रसार दक्षिण में भी कालान्तर में हो गया। इस विधा में पात्रों (pot or basket) की श्रेणियों को एक दूसरे के साथ रस्सी (rope) से बाँध दिया जाता था और उन्हें एक चक्र (wheel) के साथ सम्बद्ध कर दिया जाता था। यह चक्र कुएँ के ऊपर इस प्रकार स्थापित किया जाता था कि बैलों द्वारा खींचने पर पात्र कुँवे के अन्दर क्रमशः जाते रहते और जल को ऊपर उठाते रहते थे। ऊपर आने वाला जल प्रणालियों के माध्यम से खेतों में सिंचाई के लिए जाता रहता था। इस विधा को ही रहट या अरघट्ट कहा गया है। उत्तर भारत के समान दक्षिण

भारत में भी इस विधा से सिंचाई करने के साक्ष्य प्राप्त होते हैं। सातवाहन शासक हाल (प्रथम सदी) द्वारा रचित गाथा सप्तसती में इसका उल्लेख हुआ है। जहाँ 'रहटगढ़िया'[25] (rahattagadia) शब्द का प्रयोग हुआ है जिसके माध्यम से सिंचाई की जाती थी। किन्तु यदि अरघट या रहट से सम्बन्धित उत्तर भारत एवं दक्षिण भारत के साक्ष्यों की समीक्षा की जाय तो ऐसा प्रतीत होता है कि अरघट से सिंचाई की विधा जितनी व्यापक और लोकप्रिय उत्तर भारत में थी उतनी दक्षिण भारत में नहीं थी। सम्भवतः इसके दो कारण थे। प्रथम कारण यह था कि अरघट से सिंचाई की विधा अधिक व्ययकारक थी। बड़ी संख्या में पात्रों (pot or Basket) की व्यवस्था करना अपरिहार्य था। दूसरा कारण अधिक महत्त्वपूर्ण था उत्तर भारत में सिंचाई की किसी अन्य विधा का विकल्प दक्षिण भारत की अपेक्षा बहुत कम या सीमित था। दक्षिण भारत में सरोवरों एवं नहरों के माध्यम से सिंचाई करने को विशेष महत्त्व दिया गया। सरोवरों को नहरों से जोड़ दिया जाता था और नहरों को नदियों से। सरोवरों में एक या एक से अधिक जलद्वार बना दिए जाते थे जिससे खेतों में समयानुसार और आवश्यकतानुसार पानी जाता रहता था। यही कारण है कि दक्षिण भारतीय साहित्यिक एवं अभिलेखिक स्रोतों में तड़ागों एवं नहरों, जलद्वार (sluice) नियंत्रकों (regulator) प्रणालियों (channel) आदि का उल्लेख प्रभूत मात्र में मिलता है।[26]

इस अध्याय के आरम्भ में कहा गया है कि जल संसाधनों के निर्माण और विस्तार में पूर्त्त धर्म के अतिरिक्त दूसरा महत्त्वपूर्ण कारण ब्राह्मणों को दिया गया भूमिदान था। तत्कालीन स्रोतों में देवदान या ब्रह्मदेय शब्द प्रायः मिल जाते हैं जिससे यह ज्ञात होता है कि मन्दिरों तथा ब्राह्मणों को कर-मुक्त (free holdings) भूमिदान में दी गई। इस प्रकार के भूमिदान (अग्रहार) के दूरगामी परिणाम दिखाई देते हैं। यह ध्यातव्य है कि मन्दिरों अथवा ब्राह्मणों को कर-मुक्त भूमि देने के पीछे मात्र पुण्य-प्राप्ति ही उद्देश्य नहीं रहा। दक्षिण भारतीय अभिलेखों में निहित सूचना की समीक्षा से यह ज्ञात होता है कि कर-मुक्त भूमि का दान शासन की एक सुनियोजित नीति का अंग था। उत्तरोत्तर बढ़ती हुई आबादी[27] ने अधिक अन्नोत्पादन को अपरिहार्य बना दिया था। यह उत्पादन तभी सम्भव हो सकता था जब राज्य के अन्तर्गत विद्यमान परती भूमि, जंगली भूमि को कृष्य भूमि के रूप में परिवर्तित किया जाय, एवं ग्रामीण क्षेत्रों में जल संसाधनों की सुविधा उपलब्ध कराई जाय। मन्दिरों एवं ब्राह्मणों को दिए गए कर-मुक्त भूमि दान के महत्त्व को रेखांकित करते हुए विपुला दुबे ने कहा है इस काल के दानपात्रों से ज्ञात होता है कि तत्कालीन

राजाओं ने एक नीति के तहत (भूमि सुधार) जंगली क्षेत्रों में परती पड़ी भूमि को जोत में लाने एवं उन्हें कृषि योग्य बनाने के उद्देश्य से भी ब्राह्मणों को भूमि दान दिया। दानग्राही ब्राह्मणों ने (बंगाल, उड़ीसा, मध्य भारत, दक्षिण भारत) जन-जातीय क्षेत्रों में परती एवं जंगली भूमि को कृषि योग्य बनाने में महती भूमिका भी निभाई। इस प्रकार के अनुदान की पृष्ठभूमि में अद्यावधि पड़ी वन्य भूमि को उपजाऊ. कृषि योग्य बनाने में भूमि अनुदानों की महत्त्वपूर्ण भूमिका को अधिकांश विद्वानों ने स्वीकारा है। वन्य क्षेत्र के भूमि दान के कारण आर्थिक परिदृश्य में एक महत्त्वपूर्ण मोड़ आया। कृष्य भूमि का क्षेत्र पहले की अपेक्षा विस्तृत हुआ। सुदूर वन्य क्षेत्रों में कृषि करना तब तक सम्भव न था जब तक कृषकों को वे साधन सुलभ न हो जाते जो कृषि के लिए आवश्यक हैं। कृषि के लिए पहली मूलभूत आवश्यकता जलापूर्ति की होती है (निःसन्देह इस काल में आबादी भी बढी, बढ़ी आबादी के कारण पोषण के लिए प्रभूत अन्नोत्पादन आवश्यक था। अस्तु इस काल के राजकीय प्रज्ञापनों स्मृतियों, पुराणों में पूर्त्त कृत्य अर्थात् कूप, वापी, तड़ाग, वृक्षारोपण, भूमिदान इत्यादि के उत्खनन एवं प्रत्यरोपण उत्सर्ग पर विशेष बल दिया गया। पूर्त्त में जो कुछ शामिल किया गया उसका अपना महत्त्व था क्योंकि इससे कृषि प्रधान अर्थव्यवस्था की स्थापना का स्पष्ट बोध होता है इसमें सन्देह नहीं। दूसरी तरफ इस प्रकार के कार्य को मात्र राजा से प्रोत्साहित नहीं किया जा सकता था। इसके लिए धार्मिकता की मुहर लगाने की आवश्यकता हुई क्योंकि इसके पूर्व मौर्य सम्राट अशोक ने कूप लगाने एवं वनों को क्षति न पहुँचाने के सम्बन्ध में जागरुकता दिखाई लेकिन इन कृत्यों को उन्होंने लोक-परलोक से नहीं जोड़ा। इस काल में दान गृहीताओं एवं राज्य के समक्ष खेतों की सिंचाई एक प्रमुख समस्या थी जिसकी प्रच्छन्न छाया सिंचाई के स्रोत के आधार पर निर्धारित भू-राजस्व की दर में देखी जा सकती है यथा यदि कृष्य भूमि नदी के जल से सींची जाती थी तो उपज का 1/2, कूप एवं तड़ाग से सींचे जाने पर 1/3, वर्षा के जल से क्षेत्र के सिंचित होने पर 1/4 तथा बंजर, ऊसर, पथरीली भूमि पर 1/8 भू राजस्व के रूप में चुकाने का भी उल्लेख मिलता है।''[28]

निःसन्देह दक्षिण भारत में जल संसाधनों के विकास और विस्तार में ब्राह्मणों एवं मन्दिरों को दिये गये भूमिदानों का बहुत बड़ा योगदान था। इसके अतिरिक्त एक अन्य महत्त्वपूर्ण कारण इस काल में शासन का सामन्तीकरण था जिसके परिणामस्वरूप इस काल के अभिलेखों में जागीर- धारकों (fief-holders) का उल्लेख मिलने लगा। इन जागीरधारकों का वर्चस्व ग्रामीण क्षेत्रों में व्यापक रूप से

दिखाई देता है। अधिकाधिक अन्नोत्पादन के लिए इन जागीरधारकों ने अपनी जागीरों में व्यापक स्तर पर विभिन्न प्रकार के जल संसाधनों के निर्माण कराए। प्राप्त अभिलेखों के आधार पर यह कहा जा सकता है कि इस जागीरदारी प्रथा के आरम्भ होने के बहुत पहले से ही ब्राह्मणों को कर-मुक्त भूमि दान में दिये जाने का प्रचलन हो चुका था। आभिलेखिक साक्ष्य के आधार पर कर्नाटक में ब्राह्मणों को कर-मुक्त भूमि दिये जाने के साक्ष्य दूसरी सदी के मध्य से प्राप्त होते हैं।[29] उत्तरोत्तर ब्राह्मण अग्रहारों की संख्या बढ़ती गई। जहाँ आरम्भ में कर-मुक्त भूमिदान के उदाहरण लगभग एक या दो थे वहीं एक शताब्दी व्यतीत होते ही ऐसे ब्राह्मण अग्रहारों की संख्या बारह ग्रामों तक फैल गई और दसवीं शताब्दी तक इन अग्रहारों में ब्राह्मणों की संख्या हजारों में हो गई।[30] जो भूमि इन्हें दी गई वह या तो जंगली क्षेत्र में होती थी (अरण्य) या समुद्र तटीय क्षेत्र में जिसे कहज्जन कहा जाता था या ग्रामीण अंचलों में स्थित वह भूमि होती थी जहाँ जलसंसाधन उपलब्ध नहीं होने के कारण कृषि करना सम्भव नहीं था। ग्रामीण अंचल की अकृष्य भूमि को पालू (Palu) कहा गया है। इन सभी कोटि के भूमिदानों के साक्ष्य अभिलेखों से प्राप्त होते हैं।

ब्राह्मणों, मन्दिरों, धर्मशालाओं (choultry) आदि को दिए गये भूमिदानों ने जल संसाधनों को आवश्यक बना दिया। कृषि का विस्तार तभी सम्भव हो सकता था जब सरोवर से जल की उपलब्धता सुनिश्चित हो। इसके अतिरिक्त सामन्त, जागीरधारक आदि ने भी सरोवर के निर्माण में विशेष रुचि दिखाई क्योंकि सिंचाई के विकसित संसाधनों से ही अधिकाधिक अन्नोत्पादन सम्भव हो सकता था। यदि भूमि अरण्य क्षेत्र में होती थी तो दान ग्रहीता ब्राह्मण श्रमिकों के माध्यम से साफ कराने के पश्चात् कृषि योग्य बना लेता था जिसका उदाहरण एक कदम्ब शासक के छठी सदी के अभिलेख से प्राप्त होता है। 904 ई0 के एक अन्य अभिलेख से ज्ञात होता है कि भूमि प्राप्ति के पश्चात एक ब्राह्मण ने कृषि कर्म आरम्भ करने के उद्देश्य से एक बृहत् तड़ाग का निर्माण कराया जिसे तीन ऐसी नदियों से जोड़ दिया गया था जो वन्य क्षेत्र के समीप थीं। ऐसा इसलिए किया गया जिससे सरोवर में सर्वदा जल भरा रहे और निरंतर सिंचाई के लिए जल प्राप्त हो सके। वन्य क्षेत्र की भूमि को कृष्य भूमि में परिवर्तित करने तथा वहाँ सिंचाई की व्यवस्था करने का एक अन्य उदाहरण एक पल्लव अभिलेख से प्राप्त होता है जिससे ज्ञात होता है कि एक वत्सगोत्रीय ब्राह्मण को एक ग्राम दान में दिया गया जिसके साथ ग्राम के निकटवर्ती अद्यावधि अकृष्ट भूमि तथा उसके चारों तरफ फैली अरण्य भूमि भी दे

दी गई। इस दानग्रहीता ने जंगल के वृक्ष और झाड़ियों को जला कर भूमि को कृषि योग्य बनाया और पुनः तड़ाग, वन्धे एवं प्रणालियाँ बना कर सिंचाई की व्यवस्था भी कराई।

अरण्य भूमि के अतिरिक्त दूसरी कोटि की भूमि वह थी जो समुद्र तटीय होती थी जिसे कहज्जन कहा जाता था। इस कोटि की भूमि को कृषि योग्य बनाने से पहले उसके चारों तरफ बन्धे बना दिये जाते थे। तत्पश्चात् कृषि कर्म आरम्भ किया जाता था।

तीसरी कोटि की भूमि जो दान में दी जाती थी ग्रामीण क्षेत्र की वह भूमि थी जो जलाभाव के कारण अद्यावधि अकृष्ट पड़ी थी जिसे पालू कहा गया है। इस कोटि की भूमि भी ब्राह्मणों को अनुदान में दे दी जाती थी जिसके उदाहरण सातवीं सदी से मिलने लगते हैं।

गोरीविदनूर तालुका से प्राप्त आठवीं सदी के एक अभिलेख से ज्ञात होता है कि एक ब्राह्मण को चार ग्रामों में विभिन्न कोटि की भूमि दी गई जिसमें इन ग्रामीण क्षेत्रों में स्थित वह भूमि भी सम्मिलित थी जहाँ सिंचाई की सुविधा नहीं होने के कारण खेती नहीं हो पाती थी।[31] इन सभी कोटि की भूमि को प्राप्त करने के बाद यहाँ सिंचाई की व्यवस्था करके कृषि कर्म आरम्भ किया गया।

जल प्रबन्धन के विस्तार में मन्दिरों को दिये गये भूमिदानों की भी महती भूमिका थी। आठवीं सदी और उसके बाद के काल में इन मन्दिरों का प्रभाव ग्रामीण अँचल पर बढ़ता गया। मन्दिरों तथा उनसे सम्बद्ध धर्मशालाओं (choultry) को करमुक्त भूमि देने का उल्लेख दक्षिण भारतीय अभिलेखों में प्रायः मिलता है। इन मन्दिरों से सम्बद्ध ब्राह्मणों को तथा धर्मशालाओं में रहने वाले लोगों के भोजन की व्यवस्था निःशुल्क होती थी। इस उद्देश्य से मन्दिरों को कृषि योग्य भूमि तथा अन्नोत्पादन के लिए सरोवर आदि सिंचाई की व्यवस्था भी कर दी जाती थी।

उपर्युक्त विवरण के अवलोकन के पश्चात् एक स्वाभाविक जिज्ञासा यह होती है कि इतनी बड़ी संख्या में निर्मित सरोवर, बन्धे, नहर आदि के निर्माण, रख-रखाव तथा समय-समय पर उनके तलहटी में मिट्टी या कंकरीट (disilting) की सफाई आदि पर होने वाले व्यय की व्यवस्था किस प्रकार की जाती थी। क्या इस व्यय का वहन शासन करता था? या ग्रामीण जन स्वयं इसकी व्यवस्था करते थे? इसका उत्तर तत्कालीन राजवंशों के अभिलेखों से मिल जाता है। इन अभिलेखों से ज्ञात होता है कि जलसंसाधनों के निर्माण, रख-रखाव, कंकरीट, मट्टी आदि निकालने के कार्य में जो व्यय होता था उसे कभी शासन और कभी ग्रामीण जन,

धनाढ्य व्यापारी वर्ग तथा सामन्त आदि वहन करते थे। नीलकण्ठ शास्त्री ने कल्याणी के चालुक्यों के इतिहास के प्रसंग में शासन द्वारा इन संसाधनों के लिए प्रदत्त आर्थिक सहायता का उल्लेख किया है। ग्यारहवीं सदी के कुछ अभिलेखों से जिनका उन्होंने उल्लेख किया है ज्ञात होता है कि जो राजस्व छः बोझ पान के पत्तों पर प्राप्त होता था वह होट्टूर के पास निर्मित केग्गेरे नाम के तालाब के रखरखाव के लिए सुरक्षित कर दिया गया था। इसी के साथ तंबुलियों को जिनकी संख्या एक हजार थी यह आदेश दे दिया गया था कि प्रति बोझ पर (पण) का 1/20 नियमित रूप से इसको दिया करें। दूसरा उदाहरण 1041 ई0 में बीजापुर में मेंटूर नामक स्थान पर रट्ट राज्यपाल के नाम पर रट्टसमुद्र का है, जिसके लिए करों एवं जुर्माने से प्राप्त होने वाली आय का एक भाग आवंटित कर दिया गया था। अन्य उदाहरणों में है कदम्ब शासक हरिकेसरिन द्वारा 1052 ई0 में एक बड़े तालाब (पेरिय केरे) के लिए दिये गये राजस्व का दान, बेलारी जनपद में गुंडियकेरे तालाब के लिए भूमि का अनुदान, बादामी में केलवाड़ी के तालाब के लिए 20 मत्तर सिंचित भूमि और एक मकान का दान और शिमोगा जनपद में घोराव तालुका में सेट्टिम केरे तालाब के लिए दिया गया अनुदान। एक अक्षय दान, बेल्लारी में अम्मेले के हेरिके रे (तालाब) के लिए चुँगी का दान तथा इस जनपद के दो अन्य तालाबों के लिए दिए गए दान व अन्य अनेक अभिलेखों से तालाबों के निर्माण एवं उनके रख-रखाव आदि के लिए दी गई भूमि के आर्थिक सहायता के साक्ष्य प्राप्त होते हैं। अपनी कीर्ति चिरस्थायी करने तथा पुण्य प्राप्ति के उद्देश्य से साधन सम्पन्न व्यक्ति अपने या किसी देवता के नाम पर सरोवर निर्माण कराते थे।[32] अभिलेखों में 'राजतटाक' या 'परमेश्वर तटाक' आदि शब्दवन्ध का प्रयोग इस उद्देश्य को उद्घाटित करता है। देवताओं का नाम भी कहीं कहीं सरोवरों के साथ जुड़ा हुआ दिखाई देता है। काकतीय शासक वेत द्वितीय ने 'सेट्टिकेरे' एवं 'केसरी समुद्र' नामक दो सरोवर निर्मित कर जल देवता वरुण की प्रतिष्ठापना की ताकि उसके सरोवर में जल हमेशा भरा रहे।[33] नीलकण्ठ शास्त्री के शब्दों में इस प्रकार के साक्ष्य "आधुनिक इंजीनियरिंग शब्दावली में लघु सिंचाई और मरम्मत के कामों के उदाहरण हैं।"[34] शास्त्री के शब्दों में "ये उदाहरण पूर्ण नहीं हैं किन्तु इस सूची से यह स्पष्ट हो जाता है कि उस काल में भूमि की अर्थ व्यवस्था में सिंचाई के महत्त्व का ध्यान लोगों को था।" विभिन्न राजवंशों ने जलसंसाधनों के निर्माण और रख-रखाव के लिए सर्वदा तत्परता दिखाई।

शासन से प्राप्त आर्थिक सहायता के अतिरिक्त ग्रामीण जन, करमुक्त (free-holders) ग्राम प्राप्त करने वाले (donee) धनसम्पन्न वणिक एवं सामन्त वर्ग ने भी स्थानीय स्तर पर जल संसाधनों का निर्माण कराया या भग्न बन्धे, सरोवर, जलद्वार नियन्त्रक आदि का मरम्मत कराया। हरियूर तालुका से प्राप्त नवीं सदी के एक अभिलेख से ज्ञात होता है कि ग्रामीण जनों ने स्वयं एक विशाल सरोवर को निर्मित कराया और उसे चार प्रणालियों (channels) से सम्बद्ध किया। इस कार्य में आर्थिक सहायता क्षेत्र के ही एक स्थानीय जमींदार ने प्रदान की और इसी के साथ इस सरोवर से सिंचित भूमि के कुछ भाग पर खेती करने का स्वामित्व भी प्रदान कर दिया (permanent sowing right)। ग्यारहवीं सदी से ऐसे उदाहरण भी प्राप्त होने लगते हैं जिनसे यह सूचना मिलती है कि सिंचाई प्रबन्धन में धन सम्पन्न वणिक या वणिकों के समूह ने भी अपना सहयोग प्रदान किया।[35]

नियमित रूप से इन जल संसाधनों की देख रेख करने के उद्देश्य से शासन ऐसे क्षेत्रों से एक विशेष प्रकार का राजस्व संग्रह करता था जहाँ नहरों से सिंचाई की जाती थी। इस कर (levy) को वयक्कल-पत्तम (Vaykkal-pattam, Canal tax) कहा जाता था। सरोवरों या नहरों से मछली मारने का अलग से कर लिया जाता था जो पसिपत्तम (pasipattam) कहलाता था।

उपर्युक्त विवरण से यह ज्ञात हो जाता है कि शासन एवं समाज दोनों ने जल संसाधनों के निर्माण में सर्वाधिक रुचि दिखाई। किन्तु इन संसाधनों के निर्माण तक ही इनकी रुचि सीमित नहीं थी। इनकी सुरक्षा एवं रख-रखाव पर भी अनवरत ध्यान दिया गया। ब्राह्मणों (ब्रह्मदेय) मन्दिरों (देवदान) एवं सामन्तों ने अधिक से अधिक अन्नोत्पादन के लिए ग्रामीण क्षेत्रों में सरोवर, वन्धे, नहर आदि का जाल विछा दिया था। इसका परिणाम यह हुआ कि इन संसाधनों की नियमित और अनवरत सुरक्षा करना आवश्यक हो गया। इस उद्देश्य से ग्रामीण स्तर पर ऐसी समितियाँ बनाई गई जिनको अलग-अलग कार्य दे दिये गये थे; सरोवरों की देखरेख के लिए एक अलग समिति बनाई गई थी जिसे एरि-वारियम (eri-Variyam or tank-management committee) कहा जाता था जिसका प्रथम उल्लेख नवीं सदी के अभिलेखों में मिलता है; एक अन्य समिति का कार्य ग्रामीण अंचल में बाग-बगीचे आदि का निरीक्षण करना था जिसे तोट्ट-वारियम (totta-Variam) अथवा (garden management committee) कहा जाता था।

इन समितियों के अतिरिक्त ऐसे उत्साही व्यक्ति भी होते थे जिन्हें सरोवरों, नहरों आदि की सुरक्षा का कार्य दे दिया जाता था। ऐसे उदाहरण तमिलनाडु,

कर्नाटक, आन्ध्र प्रदेश, केरल से प्राप्त होते हैं जिनसे ज्ञात होता है कि सार्वजनिक कल्याण के उद्देश्य से कार्य करने वाले ऐसे व्यक्तियों को प्रेरणा स्वरूप (incentive) शासन की तरफ से भूमि दे दी जाती थी या उपज का दसवाँ भाग दे दिया जाता था जिसे दस-बन्ध-मन्य कहा जाता था।[36] इस प्रकार की व्यवस्था के बाद भी शासन की तरफ से विशेषज्ञों का एक निरीक्षक संविभाग (watch and ward staff) नियुक्त किया जाता था जिसे वेत्तियन (Vattiyan) या एरि-कंवल (eri-kaval) कहा गया है जिसका कार्य था इन संसाधनों में यदि कोई क्षति हुई हो तो उसकी सूचना देकर उसे ठीक कराना।[37] यदि जलद्वार (sluice), जल अवरोधक (shutter) जलनियन्त्रक (regulator) या बन्धे में कोई विकार या दोष आ जाता था तो उसे ठीक करने के लिए तकनीकी विशेषज्ञ होते थे। होयसाल अभिलेखों में ऐसे विशेषज्ञों को तंत्रपाल कहा गया है। यह उल्लेखनीय है कि जलसंसाधनों के बढ़ते हुए महत्त्व एवं इनकी अपरिहार्यता के कारण यह आवश्यक हो गया कि इन संसाधनों से सम्बन्धित तकनीक का विधिवत और विस्तृत अध्ययन किया जाए। इन संसाधनों की निर्माण- विधि कैसी हो इसका विशिष्ट ज्ञान प्राप्त करना आवश्यक हो गया। इसके परिणागस्वरूप एक स्वतन्त्र शास्त्र की संरचना विकसित हुई जिसे जलशास्त्र (hydraulics) कहा गया।[38] इन संसाधनों के विशेषज्ञों या अभियन्ता को जलसुत्रद (hydraulic engineer) कहा जाता था।

संदर्भ

1. जी0 याजदानी (सं0), 'दकन का प्राचीन इतिहास', पृष्ट 402
2. पूर्त्त धर्म पर द्रष्टव्य प्रो0 (श्रीमती) डॉ0 विपुला दुबे का अतिमहत्त्वपूर्ण लेख ''पूर्वमध्ययुगीन पूर्त्त धर्म (लोक धर्म) : एक अनुशीलन (पुराभिलेखों के विशेष आलोक में); डॉ0 वासुदेवशरण अग्रवाल स्मृति-अंक, संग्रहालय पुरातत्त्व पत्रिका, अंक 53-54, जून-दिसम्बर, 1994
3. पी0वी0 काणे, हिस्ट्री ऑफ धर्मशास्त्र, जिल्द II भाग I, पृष्ठ 157; पादटिप्पणी 370, इष्टापूर्त्तौ द्विजातीनां सामन्यौ धर्मसाधनौ। अधिकारी भवेच्छूद्रः पूर्तधर्मे न वैदिके।। अत्रि, श्लोक 46, लघुशंख, श्लोक 6; अपरार्क, पृष्ट 24
4. उपरोक्त - वापी कूपतडागादि देवतायतनानि च। अन्नप्रदानमारामः पूर्तमित्यभिधीयते।।
5. वही, जिल्द II, भाग II, पृष्ट 889, पादटिप्पणी, 2066 - स्त्रीणामपि पूर्तन्धर्माधिकाराद्धनग्रहणं युक्ततरम्।
6. अनुशासन पर्व, अध्याय 58

7. अनु0 पर्व, 58.21
8. एन0 वेंकटरमनैया एवं एम0सोमश्वर शर्मा, जी याज़दानी (सं0), वही, पृष्ट 650
9. विष्णु संहिता - अध्याय 91 - कूपकर्त्तुस्ततप्रवृत्ते पानीये दुकृतस्यार्द्ध विनश्यति, तड़ागकृत्रित्यतृप्तो वारुणं लोकमश्नुते। ...... सेतुकृत् स्वर्गमाप्नोति।
10. वी0वी0 मिराशी, सी0आई0आई0 जिल्द, IV, भाग II, पृष्ट 577, श्लोक-9; मोची तत्रेंदुरोचीरु चिरतरयशाः ...... नानाधर्म्माभिलाषी गुणरिनधिर शिवदासाभिधानस्य पुत्रः श्रीमन्नारायणस्य स्मरणविमलघी राजते देवपालः।
11. के0वी0 रमन, इरिगेशन इन साउथ इण्डिया (अप टु 1300 ए0 डी0), हिस्ट्री ऑफ एग्रिकल्चर इन इण्डिया (1200 ए0डी0) में प्रकाशित, पृष्ट 499
12. जी0 याजदानी (सं0) दकन का प्राचीन इतिहास, पृष्ठ 652
13. वही
14. के0वी0 रमन, वही, पृष्ट 500
15. वही, पृष्ट 498
16. आर0 चम्पकलक्ष्मी, स्टेट एण्ड इकानमी, साउथ इण्डिया, (400-1300), रोमिला थापर (सं0) "रिसेण्ट पर्सपेक्टिव्स ऑफ अर्ली इण्डियन हिस्ट्री" में प्रकाशित, पृष्ट 277
17. एपि0 कर्नाटिका, X
18. आर0एन0 नन्दी, ग्रोथ ऑफ रूरल इकानमी इन अर्ली फ्यूडल इण्डिया, पृष्ट 50, अध्यक्षीय भाषण, इण्डियन हिस्ट्री कांग्रेस, पैंतालीसवां सेसन अन्नामलाई, 1984, "In deed the device became a marker of higher technology and agricultural progress in denser localities and settlements dominated by a powerful non peasant class."
19. डी0सी0 सरकार, सेलेक्ट इन्सक्रप्सन्स, संख्या 69, पृष्ट 474, पंक्ति 33
20. के0वी0 रमन, वही, पृष्ट 500
21. वही, पृष्ट 502
22. वही, पृष्ठ 501
23. आर0एन0 नंदी, वही, पृष्ठ 43, 48
24. वही, पृष्ट 47
25. के0वी0 रमन, वही, पृष्ठ 498
26. आर0एन0 नन्दी, वही, पृष्ठ 49 - "In the sphere of irrigation the most significant development was the large - scale introduction of animal - powered araghatta for well irrigation in northern and western India

and of the sluice - weir device in tank irrigation in the peninsular region roughly from the seventh - eighth centuries. Other devices which helped agricultural production in the-period include substitution of the practice of rain-feeding of tanks by canal feeding from nearby rivers, widenning the network of irrigation channels drawing water from tanks and rivers and the multiplication of the rain-fed irrigation tanks for bringing freshland under cultivation in virgin tracts, forests and waste patches and to convert dryland in villages into rice-producing wet fields."

27. आर0एन0 नन्दी, वही, पृष्ठ 30-31

28. विपलुला दुबे, वही, पृष्ठ 144-145

29. आर0एन0 नन्दी, वही, पृष्ठ 29-30, "In point of time the brahmana free - holding appeared on the rural scene much earlier than the ficfs. On epigraphic arounds the earliest brahmana free-holding in Karnataka would go back to the middle of the second century.

30. वही, पृष्ठ 31

31. सिंचाई की समुचित व्यवस्था नहीं होने के कारण ग्रामीण क्षेत्र में बहुत बड़ा भाग अकृष्ट रह जाता था। उत्तर भारत के प्रसंग में ऐसी भूमि पर कुआँ, वन्धा आदि की व्यवस्था का उत्तरदायित्व कौटिल्य ने शासन को दिया है - अनुदके कूपसेतुवन्धोत्यान स्थापयेत् - अ0शा0 2.34.8 - यह कार्य विवीताध्यक्ष के माध्यम से कराया जाता था। किन्तु दक्षिण भारत में ऐसी भूमि जो जलाभाव के कारण अकृष्ट और असिंचित रह जाती थी, ब्राह्मणों को दे दी जाती थी जहाँ दानग्रहीता स्वयं जलप्रबन्धन करता था। शासन से कर-मुक्ति की सुविधा भूमिदानग्रहीता को अवश्य मिल जाती थी।

32. ए0इ0 जिल्द III, पृष्ठ 127; VIII, पृष्ठ 145; साउथ इण्डियन इन्स0, जिल्द I, पृष्ठ 150

33. एमवेंकट रमनैया तथा एम0 सोमेश्वर, वही, पृष्ठ 650

34. याजदानी, (सं0) 'दकन का प्राचीन इतिहास', पृष्ठ 402

35. आर0एन0 नन्दी, वही, पृष्ठ 51

36. के0वी0 रमन, वही, पृष्ठ 502

37. वही, पृष्ठ 503

38. वही, पृष्ठ 504

•

अध्याय - 19

जल-प्रबन्धन एवं पारिस्थिकी

भारतीय कृषि को आत्म-निर्भरता (self-subficiency) के युग से निकाल कर अतिरिक्त उत्पादन (surplus production) के युग में प्रविष्टि दिलाने में जल-संसाधनों की महती भूमिका थी। जल-प्रबन्धन, जल-संग्रहण एवं संरक्षण के सम्बन्ध में प्राचीन एवं पूर्व मध्य-कालीन भारत ने जिस विवेक तथा दूरदर्शिता का उदाहरण प्रस्तुत किया वह आज इक्कीसवीं सदी में भी दिखाई नहीं देती। मौर्यकाल में कृषि के सर्वोच्च अधिकारी (सीताध्यक्ष) का शुल्वशास्त्र (भूमि के भीतर के जल विषयक ज्ञान का शास्त्र) का विशेषज्ञ होना जितना महत्त्वपूर्ण था, उतना ही महत्त्वपूर्ण जल-संसाधनों के निर्माण करने वाले एक विशेष वर्ग का जिसे ओद्‌यन्त्रिक कहा गया है, अस्तित्व में आना भी था। इन जल संसाधनों से सम्बन्धित साहित्यिक एवं अभिलेखिका स्रोतों के समीक्षात्मक अध्ययन से यह ज्ञात होता है कि किसी भी प्रकार का सिंचाई का साधन किसी भी स्थान पर निर्मित नहीं कर दिया जाता था। जहाँ भू-जल का स्तर बहुत नीचे नहीं होता था, वहाँ कुएँ आदि का निर्माण सुगम एवं कम व्ययसाध्य था। किन्तु जहाँ जल का स्तर बहुत नीचे होता था, वहाँ जलाशय अथवा तड़ाग निर्माण को ही प्रमुखता दी गई। इन तालाबों या जलाशयों में वर्षा के जल का संग्रह करना और वर्षा ऋतु के समाप्त हो जाने पर संग्रहीत जल से खेती की सिंचाई करना, नदियों से नहरों के माध्यम से विशाल तड़ागों की जलापूर्ति या सीधे खेतों को पानी पहुँचाना, सरोवरों की तलहटी की सफाई करना इत्यादि ऐसे कार्य थे, जिसे राजकीय अनुदान से अथवा ग्रामीण जलों के सहयोग से सम्पन्न किया जाता था।

ध्यातव्य है कि जल प्राप्ति के दो ही स्रोत होते हैं। प्रथम, वर्षा और दूसरा, भूमि के तल पर विद्यमान नदी, झरने आदि अथवा भू-गर्भीय भीतर का जल। यद्यपि भारतीय उपमहाद्वीप में जलवायु को विषमता का होना असामान्य नहीं फिर

भी इसके अधिकांश भागों में आवश्यकतानुसार या उससे अधिक वर्षा होती रही है। यदि आज औसत वर्षा की मात्रा अपेक्षा से बहुत कम है, तो उसका प्रमुख कारण बनों की अन्धाधुंध कटाई (deforestation) है। साहित्यिक एवं अभिलेखिक स्रोतों से ज्ञात होता है कि प्राचीन काल में भारत का बहुत बड़ा भाग वनाच्छादित था। यद्यपि यहाँ वनों का विस्तृत विवरण अथवा तत्कालीन आर्थिक जीवन में उनके महत्त्व का विवेचन प्रासंगिक नहीं है फिर भी जल-संसाधनों के अप्रत्यक्ष किन्तु महत्त्वपूर्ण कारक के रूप में उनकी भूमिका को रेखांकित किया जा सकता है। यद्यपि वनों को काट कर कृषि के विस्तार अथवा ग्रामों की स्थापना के उल्लेख पूर्व मध्यकाल में प्रायः मिलते हैं, किन्तु इस प्रकार के उल्लेखों से इतना तो स्पष्ट हो ही जाता है कि उत्तर से दक्षिण तक भारत के विशाल भू-भाग का बहुत बड़ा भाग वनाच्छादित था। आबादी अति विरल थी और नवीन बस्ती की स्थापना अथवा कृषि के लिये भूमि प्राप्त करना भी वनों को काटने के बाद ही सम्भव हो सकता था। काकतीय शासक प्रतापरूद्र ने इसी उद्देश्य से विजित प्रदेश के घने जंगलों को काट कर वहाँ नवीन ग्राम स्थापित करने और कृषि कार्य आरम्भ करने का आदेश अपने सैनिकों को दिया था।

बुन्देलखण्ड से दक्षिण में कृष्णा गोदावरी तक फैला दण्डकारण्य, गढ़वाल क्षेत्र का देवदारु वन, उत्तर-पूर्व का वन राष्ट्र एवं वन राज्य, महानदी एवं गोदावरी के मध्य कलिंगारण्य, आदि के अतिरिक्त विन्ध्यावटी, नैमिशारण्य, कालक वन, महावन, महाकान्तार आदि अनेक वनों के उल्लेख बौद्ध, जैन एवं ब्राह्मण साहित्य तथा अभिलेखों में मिलते हैं।

आबादी के उत्तरोत्तर बढ़ते हुये दबाव, कृष्यभूमि की आवश्यकता, तीव्र गति से अग्रसर होता औद्योगीकरण तथा नगरीकरण आदि ऐसे अनेक कारणों से वनों का क्षेत्र दिनोंदिन संकुचित होता जा रहा है। तथापि आज भी मध्य प्रदेश, आसाम, त्रिपुरा, मैसूर केरल आदि वन एवं वन सम्पदा की दृष्टि से सर्वाधिक समृद्ध है। दीपक रंजन दास[1] ने 1953-54 के इण्डियन फारेस्ट स्टैटिस्टिक्स का उल्लेख किया है, जिसके अनुसार भारत के वनाच्छादित भाग का 61 प्रतिशत आज भी दक्षिणी प्रायद्वीप (Peninsular India) में ही है।

जल-संसाधनों पर विचार करते समय इन वनों के योगदान की उपेक्षा नहीं की जा सकती। नदियों की बाढ़ से उत्पन्न विभीषिका तथा अति वृष्टि के प्रकोप से सुरक्षा के लिये ये वन अपरोधक का कार्य करते हैं। भूमि के क्षरण होने से भी ये बचाव करते हैं। इन विशाल और घने जंगलों से भूमि की आर्द्रता बनी रहती

है, जिसके कारण वर्षा होती है। ध्यातव्य है कि पृथ्वी पर जल का मूल स्रोत वर्षा ही है। यह जल ही पृथ्वी के भीतर जाकर उसके जलस्तर को उठाता है, जिसका हम दोहन करते हैं। इस वर्षा जल की मात्रा भी असीमित नहीं होती है। इसीलिये भूमि के भीतर जल भण्डारण की मात्रा भी असीमित नहीं कही जा सकती। "वर्षा और हिमपात मिलाकर वर्ष भर पानी की कुल उपलब्धता लगभग 40 करोड़ हेक्टेयर मीटर हो जाती है पर इसमें से लगभग साढ़े 11 करोड़ हेक्टेयर मीटर पानी नदियों में वह जाता है, 7 करोड़ हेक्टेयर मीटर जल वाष्प बन कर उड़ जाता है और लगभग 12 करोड़ हेक्टैयर मीटर पानी धरती सोख लेती है। ऐसी स्थिति में जल-संकट से मुक्ति एक ही मार्ग दिखाई देता है, वर्षा जल का संरक्षण।"[2]

इस दृष्टि से प्राचीन एवं पूर्व मध्यकाल में अपनाई गई दक्षिण भारतीय सरोवर विधि सर्वाधिक उपयोगी सिद्ध हो सकती है। इसके माध्यम से विशाल सरोवरों में वर्षा का जल संग्रहीत किया जा सकता है। वर्षा का जो जल नदियों में जाता है, उसे भी नहरों के माध्यम से उन सरोवरों तक लाया जा सकता है, जो सिंचाई के समय रिक्त होते रहते हैं। यह विचारणीय है कि आधुनिक युग में वर्षा जल के संचयन पर कभी ध्यान नहीं दिया गया। आज भारत में होने वाली वर्षा का मात्र आठ प्रतिशत जल उपयोग में आ पाता है, शेष जल नदियों और नदियों के माध्यम से समुद्र में चला जाता है।

इस विधा से उस जल भण्डारण को बचाया जा सकता है जो पृथ्वी के भीतर संग्रहीत है और आज जिसका दोहन हो रहा है। यह एक विडंबना ही कही जा सकती है कि जिस क्षेत्र में वर्षा कम होता है वहाँ लोग बाध्य होकर पृथ्वी के भीतर के जल का सबसे अधिक दोहन करते हैं, जिसके परिणामस्वरूप वहाँ भूतल के भीतर के जल का स्तर सबसे अधिक दोहन करते हैं, जिसके परिणामस्वरूप वहाँ भूतल के भीतर के जल का स्तर तेजी के साथ नीचे जा रहा है। नमूना (sample) के रूप में पंजाब अथवा हरियाणा का उदाहरण प्रस्तुत किया जा सकता है जहाँ वर्षा की औसत मात्रा बहुत कम है और सिंचाई पर निर्भरता सर्वाधिक है। पंजाब का कुल भौगोलिक क्षेत्रफल 50 लाख 30 हजार हेक्टेयर है जिसमें 40.5 लाख हेक्टेयर क्षेत्रफल पर खेती होती है। यहाँ वर्षा की औसत मात्रा 20 से0मी0 से 100 से0मी0 या इससे कुछ अधिक के बीच है। इसमें से 70 से 80 प्रतिशत वर्षा जुलाई अगस्त एवं सितम्बर के तीन महीनों में हो जाती है। शीतकालीन वर्षा जो जनवरी में होती है लगभग नगण्य रहती है। यही कारण है कि खेती के लिये सर्वाधिक महत्त्व सिंचाई का है। सिंचाई के लिये भी सर्वाधिक महत्त्व उन नलकूपों का है, जो

कृषकों के व्यक्तिगत स्वामित्व में है। पंजाब में नलकूप और नहरें ही सिंचाई के प्रमुख स्रोत हैं। इसके कुल भौगोलिक क्षेत्रफल का 63.4 प्रतिशत सिंचित है। इसमें 43.3 प्रतिशत सिंचाई नहरों द्वारा और 33.7 प्रतिशत कूपों द्वारा तथा शेष तालाबों एवं अन्य स्रोतों द्वारा की जाती है।[3] इतने विस्तृत क्षेत्रफल का सिंचित होना तथा उसमें भी नलकूपों का सर्वाधिक प्रयोग इससे यह अनुमान लगाया जा सकता है कि पंजाब में भूमि के अन्तर्गत जल का स्तर नीचे चला गया होगा। ऋतु सारस्वत ने अपने लेख में, जिसका उल्लेख ऊपर किया गया है "न्यूसांइटिस्ट" में प्रकाशित एक सर्वे का उल्लेख किया है जिससे ज्ञात होता है कि पंजाब और हरियाणा में प्रतिवर्ष 75 से0मी0 की दर से जलस्तर नीचे जा रहा है।

हरियाणा का अधिकांश भाग यमुना-घग्घर नदियों के दोआब में स्थित है और नदियों द्वारा लाई गई उपजाऊ जलोढ़ मिट्टी से निर्मित है। वर्षा की मात्रा हरियाणा में कम और अनिश्चित रहती है। यहाँ वर्षा का वार्षिक औसत 75 से0मी0 है। अधिकांश वर्षा जुलाई से सितम्बर तक हो जाती है। पंजाब के समान हरियाणाा में भी अन्नोत्पादन के लिये सिंचाई पर निर्भर रहना पड़ता है। 1161 हजार हेक्टेयर में नहरों के माध्यम से सिंचाई होती है तथा 941 हजार हेक्टेयर की सिंचाई नलकूपों से होती है। कृषि के अन्तर्गत कुल क्षेत्रफल 3602 हजार हेक्टेयर है। इस राज्य में वनों के अन्तर्गत केवल 3 प्रतिशत क्षेत्रफल[4] है। वर्षा की कमी तथा वर्षा के जल के समुचित प्रबन्धन या संरक्षण का न होना और दूसरी तरफ नलकूपों के व्यापक प्रयोग के कारण हरियाणा में भी, जैसा कि ऊपर कहा गया है, जल का स्तर 75 से0मी0 प्रतिवर्ष की दर से गिर रहा है जबकि उत्तरी गुजरात में जलस्तर की गिरावट का दर प्रतिवर्ष 6 मीटर है। पूरे देश में कहीं कम और कहीं अधिक गिरावट की स्थिति दिखाई देती है। ऋतु सारस्वत द्वारा प्रस्तुत आँकड़े से जलाभाव से उत्पन्न संकट की कल्पना की जा सकती है। इस आँकड़े के अनुसार "देश में 1940 के दशक में प्रति व्यक्ति 5277 घन मीटर जल उपलब्ध था। यह अब घट कर 1869 घन मीटर से भी कम रह गया है।" इस लेख में आगे यह भी कहा गया है कि "पिछले 25 वर्षों में लगभग तीन-चौथाई तालाब एवं दो तिहाई नाले खत्म हुए हैं और बरसाती नदियों की गहराई घटी है। इसके परिणामस्वरूप भूगर्भ जल स्रोतों की रिचार्जिंग की संभावना भी घटी है। वन क्षेत्र सिकुड़ रहे हैं जिससे भूमि के नीचे वर्षा जल के रिसाव में कमी आई है।"[5]

इस भयावह स्थिति से बचने के लिये व्यापक स्तर पर जागरूकता पैदा करने की आवश्यकता है। नलकूपों के स्थान पर कुओं से सिंचाई पर बल देना होगा

जिससे भूमि के निचले स्तर के जल भण्डारण का कम से कम दोहन हो, प्रत्येक ग्राम या ग्राम पंचायत के स्तर पर उसी प्रकार छोटे या बड़े जलाशय की व्यवस्था करनी होगी जिस प्रकार पूर्व मध्य काल में दक्षिण भारत के प्रत्येक नाडु के प्रत्येक ग्राम में विद्यमान थी। इन जलाशयों में वर्षा जल को संचित करना जितना महत्त्वपूर्ण है, उतना ही आवश्यक इन्हें नहरों के माध्यम से नदियों से जोड़ना भी है, जिससे नदियों से इन जलाशयों की जलापूर्ति अनवरत होती रहे। इसके अतिरिक्त निश्चित अवधि के अन्तराल पर इन सरोवरों तथा नहरों के तल में बैठे रेत एवं मिट्टी को निकालना भी इस व्यवस्था का अपरिहार्य अंग होना चाहिये। इस प्रकार की सफाई से तड़ाग, जलाशय या नहरों की जल-धारण क्षमता बढ़ जाती है। जल के दबाव से बन्धे टूट न जाये इसलिये उनके रख-रखाव का कार्य स्थानीय स्तर पर होना भी आवश्यक है। साथ ही वृक्षारोपण, वनों की कटाई पर प्रतिबन्ध और इन वनों के विस्तारीकरण को भी जल-संरक्षण के अन्तर्गत सम्मिलित करना चाहिये।

ध्यातव्य है कि कृषि के लिये समुचित जल-प्रबन्धन जितना महत्त्वपूर्ण है उतना ही महत्त्वपूर्ण प्रतिवर्ष नदियों में आने वाली बाढ़ से कृषि की रक्षा करना भी है। प्रतिवर्ष रेत एवं मिट्टी से नदियों का तल भरता जा रहा है जिससे उसकी जलधारण क्षमता घटती जा रही है और बाढ़ की सम्भावना बलवती होती है।

जल-संसाधन, सिंचाई की व्यवस्था एवं बाढ़ से सुरक्षा आदि के विषय में प्राचीन काल में मिस्र, मेसोमोटामियाँ, चीन तथा श्रीलंका आदि में किस प्रकार के प्रयास किये गये, इस प्रश्न पर विचार कर लेना अप्रासंगिक नहीं होगा। दक्षिण भारत के समान श्रीलंका में भी सरोवर सिंचाई के प्रमुख साधन थे। जिस क्षेत्र में जमीन का तल नीचा होता था (depression) उसके चारों तरफ बन्धा बनाकर विशाल सरोवर का निर्माण कर दिया जाता था और ऐसे सरोवरों को नहरों के माध्यम से नदियों के जल से भर दिया जाता था। इनमें से कुछ तालाब छोटे रहे होंगे किन्तु कुछ का विस्तार 4000 से 6000 एकड़ में भी था। बड़े सरोवरों के निर्माण व्यय को राज्य वहन करता था।

मिस्र में सिंचाई एवं बाढ़ नियंत्रण के लिये शासकों (Pharaoh) ने जिस सुनियोजित नीति का अनुसरण किया उसे सिंचाई की बाढ़ विधा (flood system of irrigation) कहा जा सकता है। नील नदी के बायें किनारे के समानान्तर बन्धे का निर्माण कर नदी की बाढ़ को नियन्त्रित कर दिया गया और पुनः इस बन्धे से निर्धारित दूरी पर अनेक छोटे-छोटे बन्धे निर्मित कर दिये गये। ये बन्धे पश्चिम में

लीबिया की सीमा तक जाते थे। इन छोटे-छोटे बन्धों के बीच में औसतन 7000 एकड़ भूमि होती थी, जबकि कुछ के बीच में 2000 एकड़ से 20,000 एकड़ तक भूमि का भाग होता था। बाढ़ का पानी नहरों के माध्यम से इन बन्धों के मध्य स्थित हजारों एकड़ भूमि में पहुँचाया जाता था। इस विधा से जहाँ मिस्र वासियों ने बाढ़ से होने वाले विनाश से अपनी रक्षा की वहीं उस पानी का उपयोग कृषि के लिये भी कर लिया। बाढ़ के पानी के साथ नील नदी की जो उपजाऊ मिट्टी इन खेतों में आती थी, उससे भूमि की उर्बरा शक्ति भी बढ़ जाती थी।

मिस्र के समान प्राचीन मेसोपोटामियाँ में भी बाढ़ नियन्त्रण एवं जल प्रबन्धन के लिये उत्तम कोटि की व्यवस्था की गई थी। यहाँ की सिंचाई व्यवस्था दजला एवं फरात नदियों पर आधारित थी। इन दोनों नदियों में से प्रत्येक से बाढ़ के समय नील नदी के पाँचगुना अधिक उपजाऊ मिट्टी मेसोपोटामियाँ के मैदानी भाग में फैल जाती थी। दजला (Tigris) नदी के दोनों किनारों के समानान्तर विशाल नहरों का निर्माण किया गया था। बाढ़ के समय ये नहरें नदी के जल से भर जाती थीं, जिससे सिंचाई के लिये बाढ़ में जल उपलब्ध हो जाता था, किन्तु नहरों के अतिरिक्त विशाल बन्धे भी निर्मित किये गये थे, जिसमें जल संचित रहता था और बाढ़ की समाप्ति के पश्चात् जब नदी का जल स्तर नीचे चला जाता था, तो जलाशयों में संचित पानी से खेतों की सिंचाई की जाती थी। जलापूर्ति एवं जल निकासी के लिये नहरों में जगह-जगह नियंत्रक (regulators) लगे रहते थे, जिनसे छोटी-छोटी नहरों के माध्यम से दूरस्थ स्थानों तक पानी पहुँचाया जाता था। इस व्यवस्था के परिणामस्वरूप मेसोपोटामियाँ में सिंचाई के लिये पूरे वर्ष जल उपलब्ध रहता था। यहाँ की स्वयं सम्पन्नता का कारण पूरे वर्ष जल की उपलब्धता ही रही। प्रभूत अन्नोत्पादन का ही यह परिणाम था कि जहाँ विश्व की अन्य प्राचीन संस्कृतियों में एक या दो नगरों का विकास सम्भव हो सका वहीं मेसोपोटामियाँ में कम से कम सात बड़े नगरों का उद्भव हुआ था और इसके अतिरिक्त अन्य छोटे-छोटे केन्द्रों का भी।

तीसरी सदी ईसा पूर्व के उत्तरार्द्ध में चीन में सिंचाई के लिये एक ऐसी अतिविशाल परियोजना को साकार किया गया जो वास्तव में चीन वासियों की मौलिक प्रतिभा का परिचायक है। सर्वप्रथम यहाँ मिन नदी पर वृहत आकार का बन्धा निर्मित किया गया और तत्पश्चात् अनेक छोटी-छोटी नहरों के माध्यम से बाढ़ के पानी को विभिन्न भागों में पहुँचा दिया गया। दीर्घकाल तक इस परियोजना से ही चीन में सिंचाई का कार्य किया जाता रहा। तेरहवीं सदी में इसका व्यापक

रूप से मरम्मत किया गया और इस प्राचीन काल में निर्मित परियोजना का उपयोग सिंचाई के लिये किया जाने लगा है।[6]

संदर्भ

1. दीपक रंजनदास, वही, पृ0 105
2. 11 जून, 2008 के 'दैनिक जागरण' में प्रकाशित ऋतु सारस्वत के लेख ''जिबन भूजल सब सून'' से उद्धृत।
3. पंजाब से सम्बन्धित उपर्युक्त सूचना रामदेव मिश्र एवं अरविन्द कुमार की पुस्तक ''भारत का सस्य भूगोल'' पर आधारित है जिसका प्रकाशन 1991 में हुआ, द्रष्टव्य, पृ0 193-194
4. द्रष्टव्य, रामदेव मिश्र एवं अरविन्द कुमार की उपर्युक्त पुस्तक, पृ0 202
5. ऋतुसारस्वत, वही
6. द्रष्टव्य एनसाइक्लोपीडिया ऑफ सोशल साइन्सेज, जिल्द VIII इ0एच0 कैरियर का लेख, 'इरिगेशन'।

•

परिशिष्ट

ऋग्वेदीय वृत्र सैन्धव सभ्यता में सिंचाई का प्रबन्धन एवं आर्य-अनार्य संघर्ष

सैन्धव संस्कृति के प्राप्त अवशेषों से नहरों के अस्तित्व के प्रमाण उपलब्ध नहीं हुए हैं। यद्यपि मेसोपोटामियाँ मिस्र, चीन आदि पुरैतिहासिक संस्कृतियों में नहरों के माध्यम से सिंचाई करने तथा प्रभूत अन्नोत्पादन करने के असन्दिग्ध प्रमाण प्राप्त हो चुके हैं, किन्तु सिंचाई की इस प्रकार की व्यवस्था के प्रत्यक्ष या परोक्ष साक्ष्य सैन्धव क्षेत्र से उपलब्ध नहीं होते हैं। सिन्धुवासियों ने अन्नोत्पादन के लिये जिस विधा को अपनाया था, उसका उल्लेख ऋग्वेद में हुआ है। इस ग्रन्थ से ज्ञात होता है कि सप्त-सिन्धु के निवासी जिन्हें दस्यु, दास, कृष्ण-योनि (काले वर्ण के), अयज्वन (वैदिक अनुष्ठानों में विश्वास नहीं करने वाले), दानव, राक्षस, असुर, पुरो में निवास करने वाले इत्यादि शब्दों से सम्बोधित किया गया है, नदियों के जल प्रवाह को बन्धों (Dam) के माध्यम से अवरूद्ध कर देते थे। परिणामतः यह अवरुद्ध जल नदी के सतह से ऊपर उठकर दोनों किनारों के पास निकटवर्ती क्षेत्र में दूर तक फैल जाता था। इस जल से आर्द्र हुई भूमि में लकड़ी के तीक्ष्णाग्र उपकरण से खुरच कर बीज वपन कर दिया जाता था। कभी-कभी नदियों के दोनों किनारों को काट कर नदी के जल को फैलने के लिये छोड़ दिया जाता था और इससे भूमि जब आर्द्र हो जाती थी, तो उपर्युक्त उपकरणों से खुरच कर भी बीज वपन कर लिया जाता था। इन दोनों ही विधाओं का उल्लेख ऋग्वदे में मिलता है। स्पष्टतः इस प्रकार की विधाओं से उतने बड़े क्षेत्र एवं उतना अधिक अन्नोत्पादन सम्भव नहीं था, जितना मेसोपोटामियाँ, मिस्र या चीन आदि में जहाँ नहरों की समुचित व्यवस्था थी।

वृत्र शब्द का अर्थ

नदियों पर बनाये गये इन बन्धों को ऋग्वेद में वृत्र कहा गया है। इस शब्द की

व्युत्पत्ति वृ धातु से हुयी है जो कि एक भारोपीय धातु है। इस धातु का अर्थ ढकना, छिपाना, पर्दा डालना, अबरुद्ध करना, रोक देना, बन्द कर देना अथवा बन्दी बना लेना होता है। इस धातु से निर्मित वृत्र शब्द का अर्थ ढकने वाला अथवा अवरोधक इत्यादि होता है।[1] अंग्रेजी का वीयर शब्द जिसका अर्थ बन्धा या अवरोधक होता है, इस भारोपीय धातु से ही व्युत्पन्न हुआ है। अन्य भारोपीय भाषाओं में भी इस धातु से निर्मित शब्द मिलते हैं जो समानार्थी एवं सगोत्री हैं, उदाहरण के लिए Warjan (Groth), wehren या wehr (German) इत्यादि।[2]

जलावरोधक वृत्र (बन्धे)

वृत्र शब्द का प्रयोग जलावरोधक बन्धे के अर्थ में ऋग्वेद के प्रायः सभी मण्डलों में हुआ है।[3] इस संहिता से ज्ञात होता है कि इन बन्धों ने नदी के जल को अवरुद्ध कर दिया था। अपनी विशालता के कारण वृत्र पर्वत के समान दिखाई देते थे (पर्वतस्य दृहितान्यैरत्)[4] और अन्धकार के पर्याय थे (तमसा परीवृतम्)[5]। इन वृत्रों ने नदी के जल को वन्दी बना दिया था और इन्द्र ने इन्हें विनष्ट कर नदियों को मुक्त कर दिया (वृत्रं जघन्वों अस जद वि सिन्धून्)[6]। इन्द्र द्वारा वृत्रों अथवा वन्धों को विनष्ट करने तथा जल के प्रवाह को मुक्त करने का उल्लेख ऋग्वेद में अनेकशः हुआ है। वास्तव में आर्यों की दृष्टि में नदियों के जल-प्रवाह को अवरूद्ध करने वाले ये वृत्र या बन्धे सूखे के कारक थे और इन्द्र द्वारा इनको विनष्ट करने का परिणाम यह हुआ कि अब तक जो भूमि शुष्क पड़ी थी जलाप्लावित हो गई।[7] इसलिये इन्द्र ने सूखे के कारक इन वृत्रों को अपने वज्र से विनष्ट कर दिया (शुषन्तं वि वृश्चद् वज्रेण वृत्रमिन्द्रः)[8]। वज्र से इन वन्धों को खोदने से नदियों का जल-प्रवाह सुगम हो गया (वज्रेण खान्यतृणन्नदीनाम् वृथासृजत् पथिभिदीर्घ याथैः)[9] मनुष्य-कृत इन वन्धों के टूट जाने से (रिणग्रोधांसि कृत्रिमाध्येषां)[10] नदी जल स्वतः प्रवाहित होने लगा। यहाँ यह उल्लेखनीय है कि इन जलावरोधकों के तोड़ने के प्रसंग में प्राची (पूरब) शब्द का प्रयोग किया गया है (2.15.3) और तत्पश्चात् यह भी कहा गया है कि इनके टूटने से पहले जिस नदी को पार करना कठिन था अब उनके विनष्ट होने के बाद उसे सुरक्षित रूप में पार किया जा सकता था (2.15. 5)। ऐसा प्रतीत होता है कि आर्यजन अभी तक सप्त-सिन्धु के पश्चिम में ही थे और पूर्व (प्राची) में प्रवाहित होने वाली इन नदियों पर निर्मित बन्धों को विनष्ट करने के पश्चात् ही उनका प्रवेश सम्भव हो सका। इस कथन की पु ष्टि ऋग्वेद के अन्य प्रसंगों से भी होती है जिसका उल्लेख नीचे किया गया है।

वृत्रों अथवा वन्धों के टूटने का परिणाम यह हुआ कि नदी की जल-धारा समुद्र की तरफ प्रवाहित होने लगी (इन्द्रो अर्णो अपां प्रेरयदहिहाच्छा समुद्रम्)[11]। ऋग्वेद से इन वृत्रों के निर्माण के विषय में भी सूचना मिलती है। यह ग्रन्थ सूचित करता है कि नदियों के दोनों किनारे से मिट्टी काट कर नदियों के पेटे में उस समय भर दिया जाता था, जब वह सूख जाती थी अथवा उनमें जल अत्यल्प रहता होगा। बाढ़ के समय या वर्षा ऋतु में यह अवरूद्ध जल नदियों के दोनों किनारों से बाहर बहुत दूर तक फैल जाता था और वहाँ तक पहुँच जाता था, जहाँ बन्धों के न रहने पर इसका पहुँचना सम्भव नहीं था। इस ग्रन्थ से ज्ञात होता है कि वृत्र निर्माताओं ने नदियों के किनारों को काट दिया था (रुजानाः पिपिष)[12] किन्तु इन्द्र ने इन वृत्रों को जब विनष्ट किया तो यह मिट्टी पुनः चारों तरफ फैल गई और भूमि समतल हो गई (भूग्या अप्रथय)[13] और जो भूमि अब तक सूखी थी, जलाप्लावित हो गई।[14]

अहि

ध्यातव्य है कि ऋग्वेद में अहि शब्द का प्रयोग प्रायः वृत्र के पर्यायवाची रूप में हुआ है।[15] अहि ने नदियों के जल को निरूद्ध कर दिया था किन्तु वृत्र को विनष्ट कर इन्द्र ने इस जल को विमुक्त कर दिया। इन्द्र ने जब वृत्र का विनाश किया तो अहि पृथ्वी पर शयन करने लगा।[16] वृत्र एवं अहि की अभिन्नता के कारण निघण्टु में इन दोनों को मेघ का पर्याय कहा गया है।[17]

वृत्रों का महत्त्व

सिन्धु वासियों के आर्थिक जीवन मेंइन वृत्रों का महत्त्व बहुत अधिक रहा होगा। ऐसे क्षेत्र में जहाँ वर्षा की मात्रा अपेक्षा से कम रही और नहरों के माध्यम से दूर दूर तक खेतों की सिंचाई करने की व्यवस्था नहीं थी। इन वृत्रों अथवा बन्धों का महत्त्वपूर्ण स्थान था। वृत्रों के माध्यम से नदी का निरुद्ध जल दोनों तरफ जहाँ तक फैल जाता था उससे आर्द्र हुयी भूमि में यव, गेहूँ, मटर, तिल, सरसो एवं सम्भवतः कपास का उत्पादन तो कर लिया जाता था किन्तु धान की खेती के साक्ष्य अभी तक सैन्धव क्षेत्र से उपलब्ध नहीं हुये हैं, यद्यपि सौराष्ट्र क्षेत्र में लोथल से धान की खेती के प्रमाण प्राप्त हुए हैं। सैन्धव क्षेत्र में धान के उत्पादन का प्रमाण नहीं मिलने का कारण सम्भवतः इस क्षेत्र में जल का पर्याप्त मात्रा में उपलब्ध न होना था जबकि धान के लिये यह अत्यावश्यक था। सिन्धुवासियों की कृषि का आधार

ये वृत्र ही रहे होंगे। यही कारण है कि इन वृत्रों का उल्लेख ऋग्वेद के प्रथम मण्डल से दसवें मण्डल तक सर्वत्र हुआ है, जिन्हें इन्द्र, अग्नि आदि आर्य देवों ने विनष्ट किया था। इन वन्धों की संख्या का अनुमान मात्र इससे लगाया जा सकता है कि इन विनष्ट किये गये वन्धों के लिये वृत्र शब्द के स्थान पर 'वृत्राणि' शब्द का प्रयोग अनेकशः किया गया है।[18] वृत्रों की संख्या का अधिक होना (भूरीणि वृत्रा)[19] प्रमाणित करता है कि पंजाब के सन्धव क्षेत्र की सभी नदियों पर नदी के जल को निरुद्ध कर अन्नोत्पादन किया जाता था। एक स्थान पर ऐसे वृत्रों की संख्या दस हजार बताई गई है जिन्हें मरुत के सहयोग से इन्द्र ने विनष्ट किया था।[20] यह संख्या अतिरंजित हो सकती है, किन्तु इससे यह तो स्पष्ट हो ही जाता है कि सैन्धव क्षेत्र में वृत्रों की बहुलता रही होगी।

उपर्युक्त संहिता से यह ज्ञात होता है कि ये वृत्र या वन्धे सप्त- सिन्धु पर निर्मित किये गये थे। अहि द्वारा जल को निरुद्ध करने पर (निरुद्धा आपः) इन्द्र ने वृत्र को विनष्ट कर दिया, तत्पश्चात् सप्तसिन्धु का जल मुक्त होकर प्रवाहित होने लगा[21] (सर्तवे सप्तसिन्धून्)[22]। सप्तसिन्धु पर निर्मित इन वृत्रों अथवा अहि के विनाश के लिये इन्द्र ने वज्र का प्रयोग किया था (यो हत्वाहिमरिणात् सप्तसिन्धुन)[23] और सप्तसिन्धु के जल-प्रवाह को मुक्त कर दिया (सर्तवे सप्तसिन्धुन् ..... वज्रवाहु)[24]। इस सफलता के परिणामस्वरूप सप्तसिन्धु का क्षेत्र जिसे वृत्र ने अन्धकार से आच्छादित कर दिया था (तमसा परीवृतम्) सवित्रि के प्रभाव से प्रकाशित हो गया (व्याख्यात् सप्तसिन्धून्)[25]।

सप्त सिन्धु की पहचान

यद्यपि उन नदियों का नामोल्लेख अलग-अलग नहीं हुआ है जिन पर वृत्र निर्मित किये गये थे, किन्तु इसमें सन्देह नहीं कि ये सभी नदियाँ पंजाब में स्थित थीं, जहाँ वृत्र निर्माताओं से आर्यों का संघर्ष हुआ था। इन सात नदियों में रावी, चिनाव, झेलम, व्यास, सतलज तथा सिन्धु (Indus) को परिगणित किया जाता है। सातवीं नदी की पहचान असन्दिग्ध नहीं है। इस सम्बन्ध में दो प्रकार की सम्भावनायें व्यक्त की जा सकती हैं। प्रथम, यह नदी कुआ हो सकती है जिसका उल्लेख ऋग्वेद (10.75.6; 5.53.9) में हुआ है और जिसे यूनानी इतिहासकारों ने कोफेन नाम दिया है। यह नदी काबुल से 37 मील पूरब सिर यी चस्मा से निकल कर अटक (Attock) के निकट सिन्धु नदी में मिल जाती है।[26] किन्तु दूसरी सम्भावना जो अपेक्षाकृत अधिक संगत प्रतीत होती है यह है कि 'सप्तसिन्धु' शब्द का विशेष

महत्त्व न रहा हो। वास्तव में वैदिक आर्यों में 'सप्त' एक लोकप्रिय संख्या थी और इसका प्रयोग-वैदिक साहित्य में व्यापक रूप से हुआ है। ऋग्वेद में ही 'सप्त' शब्द अनेक मण्डलों में अनेकशः प्रयुक्त मिलता है।[27] यह भी उल्लेखनीय है कि सप्त सिन्धु में सरस्वती को सप्तसिन्धु से अलग किया गया है (सरस्वत्यन्तु सप्तसिन्धवः)[28]। इन छः या सात नदियों के कारण ही यह क्षेत्र सप्त- सिन्धु (सप्तसिन्धुषु)[29] के नाम से अभिहित होता रहा।

वृत्रनिर्माताओं की पहचान

वृत्र एवं पुर दस्यु एवं कृष्णयोनि

पंजाब की इन नदियों पर निर्मित वृत्रों के साथ ही ऋग्वेद इन वृत्र-निर्माताओं के विषय में भी सूचना प्रदान करता है। ऊपर कहा गया है कि इन वृत्र निर्माताओं को पुरों में निवास करने वाला कहा गया है। इन्द्र ने वृत्र एवं नमुचि को मार कर (वृत्र नमुविमुताहन्) उनके निन्यानवे पुरों को शीघ्र ही विनष्ट कर दिया (नवयू पुरः नवतिं च सद्यः)[30]। इसीलिये इन्द्र को एक साथ ही वृत्रहण एवं पुरन्दर दोनों कहा गया है।[31] अन्यत्र इन्द्र द्वारा विनष्ट किये गये नगरों की संख्या सात बतायी गई है (इन्द्रः पुरः सहसा सप्त दर्दः)[32]। पुरों के विध्वंसक के रूप में इन्द्र विख्यात था (पुरः पुरो हा)[33]। इन्हें दस्यु कहा गया है। ऐसे पुरों में निवास करते थे जो अति सुदृढ़ थे (दस्यून पुर आवसीनि)। इन्द्र ने एक साथ ही इन पुरों, वृत्रों तथा उनमें निवास करने वाली कृष्ण वर्ण वाले दस्युओं को विनष्ट किया और मनुष्यों को जल उपलब्ध कराया।[34]

पुर एवं असुर

ऋग्वेद में इन पुर वासियों को असुर भी कहा गया है। इन्द्र ने पुरों एवं असुरों का एक साथ विनाश किया (असुरो वर्हणा कृतः पुरो)[35]। शम्बर, वर्चिन आदि एक लाख असुरों के साथ ही शम्बर के निन्यानवे पुरों का इन्द्र तथा विष्णु ने विनाश किया।[36] शम्बर को असुर के अतिरिक्त दस्यु भी कहा गया है।[37] इससे यह ज्ञात होता है कि असुर एवं दस्यु दोनों एक ही जन को कहा जाता था, यानी दोनों अभिन्न थे। शम्बर जो कि असुर था, उसके निन्यानवे पुरों के विनाश का उल्लेख ऋग्वेद अनेकशः करता है।[38] वास्तव में पुरों में निवास करने वालों को आर्य अपना शत्रु मानते थे (अमित्रान पुर दृष्णासि)[39]। अनेक असुरों का नामोल्लेख यह ग्रन्थ

करता है जिन्हें दस्यु या दास कहा गया है।[40] असुरों एवं आर्यों में विभाजन रेखा स्पष्ट थी। दोनों के वर्ण या रंग अलग-अलग थे। यही कारण है कि ऋग्वेद असुर वर्ण[41] एवं आर्य वर्ण[42] का अलग-अलग उल्लेख करता है।

कृष्णयोनि, मायावी, यातुधान, राक्षस

असुरों को दास, दस्यु के अतिरिक्त वर्ण में उत्पन्न (कृष्णयोनि)[43] एवं काली त्वचा वाले (त्वचं कृष्णाम्)[44], मायावी[45], यातुधान[46], राक्षस[47] आदि भी कहा गया है। इसके अतिरिक्त आर्यों एवं पुरों में निवास करने वाले असुरों के विभाजन का प्रमुख आधार उनके धार्मिक विश्वासों की विषमता था।

अव्रत अयज्वान

आर्य जहाँ यज्ञादि अनुष्ठानों में विश्वास करते थे और इन्द्र, अग्नि, सोम आदि देवों को आराध्य मानते थे, वहीं वे मायावी दस्यु देवताओं को आहुति न देकर स्वयं को देते थे।[48] इन्हें अयज्यान[49] (यज्ञ न करने वाले), निरव्रत[50] (व्रत न करने वाले), अक्रतु[51] (अनुष्ठान न करने वाले) मृध्रवाच[52], अनास[53] (अस्पष्ट भाषा वाले) इत्यादि कहा गया है। आर्य एवं दस्यु की इस विषमता के कारण ही इन्द्र से यह प्रार्थना की जाती थी कि वह आर्यों एवं उन दस्युओं में विभेद करें, जो किसी प्रकार के धार्मिक अनुष्ठान नहीं करते हैं तथा ऐसे अधार्मिक वस्तुओं को आर्यों की अधीनता स्वीकार करने के लिये विवश करें।[54]

आर्य-अनार्य संघर्ष

यदि ऋग्वेद के विभिन्न मण्डलों से प्राप्त सूचना पर विश्वास किया जाय तो यह स्पष्ट हो जाता है कि आर्य-अनार्य संघर्ष का मुख्य कारण सिन्धु वासियों की सम्पत्ति तथा आर्यों द्वारा इस सम्पत्ति का अपहरण था। ये वृत्र निर्माता दस्यु (1. 63.4) धनसम्पन्न थे, जिनका वध इन्द्र ने अपने वज्र से किया था (बधिर्हि दस्युं धनिनं धनेन)[55]। इसके आभूषण स्वर्ण और मणि के थे, जो आर्यों के हृदय में लोभ उत्पन्न करते थे (हिरण्येन मणिना शुम्भामाना)[56]। पर्वत के समान विशाल बन्धों को तोड़ कर, चुमुरि, धुनि आदि दस्युओं को मार कर आर्यों ने उनके स्वर्ण आदि को लूट लिया[57] और उनके चल (अवसितस्य) तथा अचल (शमस्य) सम्पत्ति के स्वयं स्वामी बन गये।[58] दस्युओं के विरुद्ध युद्ध का मात्र एक ही उद्देश्य था - धन की प्राप्ति (दस्यु हन्तमम धनंजयं रणोरणे)[59], धन का अपहरण

करना और पुनः इस अपहृत धन को आपस में विभाजित (भेजेम) कर लेना।[60] साथ ही उन शत्रुओं (अमित्रान्) के दुर्ग को नष्ट करना जो निन्दक है और उनसे प्रभूत मात्रा में धन ग्रहण कर लेना (सम्भरणं वसुनाम्), आर्यों के अभियान का एकमात्र उद्देश्य था।[61] अग्निदेव से प्रार्थना की जाती थी कि उस प्रकार के प्राप्त धन की वह रक्षा करें।[63]

किन्तु दस्युओं के धन को लूट लेने अथवा उसके अपहरणमात्र से आर्यजन सन्तुष्ट नहीं थे। वे प्रयत्नशील थे कि असुरों के इन नगरों पर वैसे ही स्वामित्व स्थापित कर लें जैसे एक पति अपनी पत्नी पर स्थापित करता है।[64] वास्तव में वृत्र को विनष्ट कर धन का स्वामी बनने के कारण ही इन्द्र को मघवा (धनवान अथवा उदार धनदाता) कहा गया (देवेभिरिन्द्रो मघवा सयायमि वृत्रं जघन्वाँअभवद्वरेण्यः)[65]। दस्युओं पर विजय प्राप्त कर इन्द्र ने उनके गाय-बैल (गव्ययम्), घोड़े (अश्वयम्), जानवर (पशु), स्वर्ण (हिरण्य) आदि का अपहरण कर हजारों की संख्या में उन आर्यों को दे दिया (सहस्रा निशिंशामि दाशुषे)[66] जो उसे यज्ञाहुति देते थे।

इस युद्ध में जहाँ असुरों द्वारा निर्मित घर (सदनानि कृत्रिमा)[67] उजाड़ दिये गये, वहीं उनके नगर भी विध्वंस कर दिये गये (1.53.8; 1.6.3.2) जिसका उल्लेख ऊपर किया गया है।

यह ध्यातव्य है कि सप्तसिन्धु के विरुद्ध आर्यों का यह अभियान निर्विरोध नहीं था। सिन्धुवासियों ने आर्यों का तीव्र विरोध किया और एक समय ऐसा भी आया जब उनके उग्र विरोध से आर्य जन स्वयं भयभीत हो गये।[68] उल्लेखनीय यह भी है कि पुरो में निवास करने वाले, वाणिज्य, व्यापार, उद्योग धन्धों के माध्यम से शान्तिपूर्ण जीवन यापन करने वाले सप्तसिन्धु वासी बहुत काल तक आर्यों का सामना नहीं कर सके। यह ग्रन्थ सूचित करता है कि इस विरोध ने इन्द्र को और अधिक उग्र बना दिया और उसने अपने वज्र से वृत्र को विनष्ट कर सप्तसिन्धु के जल को मुक्त कर दिया।[69] वृत्र के विनाश तथा दस्युओं पर आर्यों की विजय का उल्लेख बार-बार हुआ है।[70] सिन्धुवासियों के लिये यह आक्रमण भले ही अप्रत्याशित रहा हो, किन्तु आर्यों ने इसे सुनियोजित रूप से अंजाम दिया था। ग्रन्थ में स्पष्ट होता है कि त्वष ने युद्ध के निमित्त ही विशेष रूप से वज्र का निर्माण किया था (त्वटा तक्षद वज्र स्वपस्तमं स्वर्यं रणाय)।[71] स्वयं तक्षा द्वारा निर्मित इस वज्र से (त्वष्टास्मै वज्र स्वयं तता) इन वन्धों को विनष्ट कर देने से विमुक्त हुआ नदी का जल समुद्र की तरफ प्रवाहित होने लगा (समुद्रभव जग्मुरापः)[72]।

पुरों का विनाश एवं सैन्धव सभ्यता का अन्त

आर्यों के इस बर्बर, विनाशकारी एवं अप्रत्याशित आक्रमण ने सिन्धु क्षेत्र के नगरों को पूरी तरह विनष्ट कर दिया। इन नगरों के विनाश के अनेक कारण बताये जाते हैं, किन्तु ऋग्वेद इनके दो ही कारणों का उल्लेख करता है। प्रथम, आर्यों ने अपने भीषण और बर्बर आक्रमण में व्यापक रूप से लूट, अपहरण एवं हत्या की जिसका उल्लेख यह ग्रन्थ बार-बार करता है। कितने व्यापक स्तर पर यह नरसंहार आर्यों ने किया इसका अनुमान इन्द्र के मात्र इस अहंकार पूर्ण कथन से लगाया जा सकता है कि मैंने शत्रुओं का संहार वैसे किया जैसे खलिहान में फसल का गट्ठर हो (खले न पर्षान् प्रति हन्मि भूरि, 10.48.7)। द्वितीय, इस नगरों को जला दिया गया और पुरवासी अपनी सम्पत्ति का त्याग कर पलायन कर गये (पुरो यदग्ने दरयन्नदीदेः)[73]। इसीलिये इन नगरों के विनाश में इन्द्र और अग्नि दोनों की ही महत्त्वपूर्ण भूमिका थी। इन दोनों को एक ही रथ में सवार होकर शत्रुओं तथा वृत्रों का विनाश करते हुये दिखाया गया है (रथयावाना वृत्रहणापराजिता इन्द्रानी तस्य बोधतम्)[74]। इन दोनों ही देवताओं को वृत्रहण एवं पुरन्दर कहा गया है।[75] यद्यपि कहीं-कहीं सोम के लिये भी वृत्रा की उपाधि दी गई है।[76] इन्द्र ने वज्र से प्रहार किया और पुरवासियों की हत्या की, तो अग्नि ने पूरे नगर को जला दिया।

सिन्धुवासी एवं पणि

इस विनाश के परिणाम दूरगामी सिद्ध हुए। वृत्रों के विनष्ट हो जाने से अल्प वर्षा वाले सैन्धव क्षेत्र में जहाँ अन्नोत्पादन में कठिनाई आई वहीं यहाँ के निवासियों के स्वर्ण, आभूषण एवं अन्य प्रकार के धनापहरण में उनके उद्योग धन्धों को समाप्त कर दिया। उद्योग धन्धे से जीवन यापन करने वाले इन पुरवासियों को ऋग्वेद पणि के नाम से सम्बोधित करता है। यह ग्रन्थ सूचित करता है कि इन्द्र ने एक तरफ वृत्रों का विनाश किया तो दूसरी तरफ उन पाणियों को पराभूत किया जो सूदखोरी का धन्धा करते थे और जिन्हें बेकनाट कहा जाता था (वृत्रध्नो अस्तृतम् इन्द्रो विश्वान् बेकनाटो अहर्दृशं उत क्रत्वा पणीरभि)[77]। मुद्रा का प्रचलन न होने के कारण गाय ही विनिमय का माध्यम थी और इसलिये यह कहा गया है कि इन्द्र और सोम ने उन गायों को अपहृत कर लिया जो पणियों के जीविका के स्रोत थीं (उष्णोतमवसं पणिं गाः)[78] जैसा कि ऊपर कहा गया है सिन्धु वासियों की सम्पत्ति आर्यों के लोभ का कारण थी। वृत्र विन्यास के साथ ही पणियों के धन का

अपहरण उनका प्रमुख उद्देश्य था (7.19.9, 10; 7.9.2)। जलावरोधक वृत्र के साथ पणियों और उनकी गायों का उल्लेख अन्यत्र भी हुआ है[79], जो स्पष्ट कर देता है कि इन पणियों का सम्बन्ध उस सैन्धव क्षेत्र से था जहाँ वृत्र निर्मित किये गये थे। अनवतर चलने वाले इन युद्धों के कारण सैन्धव क्षेत्र के नगर विनष्ट हो गये (1.53.7) और आर्यों के हिंसक आक्रमण से जो पुरवासी बच गये उन्हें जीवन यापन के लिये अन्यत्र पलायन करना पड़ा। इस प्रकार सैन्धव सभ्यता विनष्ट हो गई, यद्यपि उसके सांस्कृतिक अवशेष परवर्ती हिन्दू संस्कृति में अद्यतन जीवित है।

आक्रमणकारी आर्यों का वास-स्थल

यहाँ एक स्वाभाविक जिज्ञासा यह उत्पन्न होती है कि आर्य उस समय कहाँ रह रहे थे, जब उन्होंने सैन्धव क्षेत्र पर आक्रमण किया। ऋग्वेद की अनेक ऋचाओं से इस प्रश्न के उत्तर के लिये प्रकाश मिल जाता है। यह ध्यातव्य है कि आर्य अपने सतत संचरणशील जीवन से ऊबने लगे थे और किसी एक स्थान पर स्थायी रूप से निवास के लिये प्रयत्नशील थे, जो सभी प्रकार के दोषों और आपदाओं से मुक्त तथा सुरक्षित हो।[80]

ऋग्वेद से यह ज्ञात होता है कि सरस्वती के तट पर निवास करने वाले आर्यजन अब अन्यत्र नहीं जाना चाहते थे (सरस्वत्यभि ...... मा त्वत् क्षेत्राएण्यरणानि गन्म)[81]। प्रकृति की शक्तियों में देवत्व का आरोपण करने वाले आर्यजनों के लिये सरस्वती एक देवी भी थी[82] और एक नदी भी।[83]

सरस्वती नदी की पहचान

नदी के रूप में सरस्वती सुभगा (Ouspicious) थी और इसीलिये सरस्वती का आह्वान किया जाता था।[84] इसी नदी के तट पर रहने वाले आर्यों ने सिन्धुवासी असुरों को पराभूत कर उनकी सम्पत्ति का अपहरण किया था।[85] इन कथनों से यह ज्ञात हो जाता है कि आर्यजन उस समय सरस्वती के तट पर निवास कर रहे थे, जबकि उन्होंने सिन्धुवासी असुरों की सम्पत्ति का अपहरण किया था। यह सरस्वती नदी सिन्धु के पश्चिम में ही रही होगी।

जैसा कि ऊपर कहा गया है इन्द्र ने अपने वज्र से खोद कर नदियों को तोड़ दिया अर्थात् बन्धों को विनष्ट कर दिया और पूरब दिशा को वैसे ही माप दिया जैसे कि कोई घर को नापता है।[86] इससे तो यही तथ्य उद्घाटित होता है कि

पंजाब की नदियों के पश्चिम में ही आर्यजन उस समय निवास कर रहे थे जबकि पूरब (प्राची) की इन नदियों पर निर्मित वृत्रों को उन्होंने विनष्ट किया।

इस कथन की पुष्टि ऋग्वेद की अन्य अनेक ऋचाओं से भी होती है जिनसे यह ज्ञात होता है कि आर्यजनों का जितना परिचय अथवा ज्ञान अफगानिस्तान आदि पंजाब के पश्चिमी क्षेत्र से था उतना पंजाब के पूर्वी क्षेत्र से नहीं था। वास्तव में पंजाब के पूरब के विषय में उनका ज्ञान लगभग नगण्य था। सरयु, रसा, अनितमा, कुमा, कुमु नामक नदियों के अतिरिक्त[87] सरस्वती के साथ सरयु एवं सिन्धु नदी का उल्लेख हुआ है।[88] पंजाब के पूरब में गंगा[89] का उल्लेख मात्र एक बार और वह भी दसवें मण्डल में जो कि बाद का है और यमुना[90] का तीन बार। दूसरी तरफ पंजाब की विततस्ता[91] (झेलम), बिपासा[92] (बियास) शुतुद्री[93] (सतलज) एवं परुष्णी[94] (रावी) नदियों का उल्लेख विभिन्न प्रसंगों में ऋग्वेद में अनेकत्र हुआ है।

इससे कहीं अधिक महत्त्वपूर्ण उन अनेक नदियों का नामोल्लेख है, जो पंजाब के पश्चिम में, भारत से बाहर अफगानिस्तान आदि के क्षेत्र से सम्बन्धित थीं। इन नदियों में क्रुमु[95], रसा[96], गोमती[97], सुवास्तु[98] एवं कुभा[99] के नाम देखने योग्य हैं। यह सभी नदियाँ सिन्धु के पश्चिम में थीं। क्रुमु निश्चय ही बाद में कुरूम के नाम से ज्ञात नदी है जो सिन्धु के साथ मिलती है।[100] दूसरी नदी रसा का उल्लेख इसी नाम से अवेस्ता में हुआ है और यह भारत के उत्तरी-पश्चिमी सीमा पर प्रवाहित होती थी। इसका तादात्म्य अरक्सीज अथवा जक्सर्टीज से स्थापित किया गया है।[101] गोमती नदी निःसन्देह आधुनिक गोमल है। ऋग्वेद से स्पष्ट ज्ञात हो जाता है कि यह नदी सिन्धु में अन्य नदियों की तरह ही मिल जाती थी। सुवास्तु का तादात्म्य स्वात से स्थापित किया जाता है जिसका उल्लेख सोष्टोज के नाम से एरियन ने किया है। गन्धार की राजधानी पुष्करावती इस नदी के किनारे स्थित थी।[102] कुभा का आधुनिक नाम काबुल नदी है जिसको यूनानी इतिहासकार कोफेन कहते थे। यह नदी काबुल के पूरब सिर-दू-धस्मा से निकल कर अटक के निकट सिन्धु नदी में मिलती है। ऋग्वेद के इस कुभा नाम से ही काबूल नाम पड़ा।[103] सरयु नदी[104] का उल्लेख एक स्थान पर सरस्वती एवं सिन्धु नदी के साथ तो दूसरे स्थान पर रसा, अनितमा, कुभा, क्रुकमु एवं सिन्धु नदियों के साथ मिलता है।[105] इस आधार पर सरयु नदी सिन्धु नदी के पश्चिम में ही स्थित रही होगी। आर. के. कोछर से सारयु कातादात्मय अवेस्ता की होरयु से स्थापित किया है। यह अब हरिरूद नाम से जानी जाती है और जिस के किनारे हेरात स्थित है।[106] पर्सिया

के शासक हेरियस के बेहिस्तुन अभिलेख में इस नदी का नाम हरैव (सरे व अथवा सरयु) मिलता है। उससे इस नदी के पश्चिमोत्तर सीमा पर स्थित होने की पुष्टि होती है।[107]

किन्तु मुख्य प्रश्न सरस्वती नदी की पहचान एवं उसकी स्थिति का है। ऋग्वेद इस नदी के विषय में जो सूचना प्रदान करता है उसके अतिरिक्त इस संहिता में ऐसे कथानक या प्रसंग मिलते हैं, जिनसे इस प्रश्न के उत्तर में सहायता मिलती है। नदियों में अग्रणी और पवित्रता में सर्वश्रेष्ट सरस्वती पर्वत से निकल कर समुद्र में मिलती थी (गिरिभ्य आ समुद्रात्)[108]। इसकी बलवती उर्मियों के आघात से पर्वत की शिलायें खण्डित हो जाती थी।[109] इसकी सात सहायक नदियाँ थीं (सहाधी)[110] और इसीलिये इसे सप्त स्वसा[111] अर्थात् सात बहनों वाली कहा गया है। जल का प्रभूत श्रोत होने के कारण ही इसे सिन्धुकमाता भी कहा गया है (7.36.6)। वसिष्ठ ने इसका आह्वान नदियों में सर्वाधिक शक्तिशालिनी (असुर्या नदीनाम्) कह कर किया है।[112] आर्यों की दृष्टि में सरस्वती नदीतजमा (नदियों में सर्वश्रेष्ठ) एवं अम्बितमा (माताओं में सर्वश्रेष्ठ)[113] की है। इस प्रकार के विवरण से स्पष्टतः यह ज्ञात हो जाता है कि सरस्वती एक ऐसी विशाल नदी रही होगी, जिसका उद्गम श्रोत पर्वत था और पूरे मैदानी भाग से प्रवाहित होती हुई समुद्र में विश्राम लेती होगी। इसकी लम्बी यात्रा में कई सहायक नदियाँ इसमें मिलती होंगी।

ऊपर कहा गया है कि असुरों की सम्पत्ति का अपहरण करने वाले आर्य सरस्वती नदी के तट पर निवास कर रहे थे। यह नदी सिन्धु के पश्चिम में प्रवाहित होती थी क्योंकि इन्द्र ने अपने वज्र से जिन नदियों के बन्धों को तोड़ा था वह सभी नदियाँ पूरब दिशा में ही थीं (2.15.3)। पुनः सरस्वती, सरयु एवं सिन्धु का क्रम से एक ही ऋचा (10.64.9) में उल्लेख इनकी निकटता और पश्चिम में स्थिति को ही प्रमाणित करता है। अवेस्ता से भी इस नदी के विषय में जो सूचना प्राप्त होती है उससे भी इसकी पुष्टि हो जाती है। अवेस्ता में हरखैति नाम की जिस नदी का उल्लेख हुआ है, उसके विषय में दो प्रकार के विकल्प प्रस्तुत किये गये हैं। यह हरखैति (सरस्वती) पूर्वी अफगानिस्तान के कन्धार में स्थित रही हो अथवा अफगानिस्तान के दक्षिणी-पश्चिमी भाग की हेलमण्डल नदी हो जिसका प्राचीननाम हरखैति अथवा सरस्वती था।[114] अफगानिस्तान के दक्षिणी-पश्चिमी भाग का अधिकांश भाग मरुस्थल है, किन्तु इसमें वह क्षेत्र हरा भरा है, जिसमें हेलमन्द और उसकी सहायक तारक नदी प्रवाहित होती है। यहाँ निवास करने वाली जातियाँ घुमक्कड़ हैं। भौगोलिक दृष्टि से अफगानिस्तान का उत्तरी-पश्चिमी भाग हेरात के

माध्यम से ईरान से जुड़ा है तो दक्षिणी-पूर्वी भाग कन्धार के माध्यम से पाकिस्तान से। लगभग एक हजार कि0मी0 की यात्रा करने के पश्चात् हेलमन्द नदी इसी नाम की एक झील में विलीन हो जाती है। सम्भवतः अफगानिस्तान की यह हेलमन्द नदी ही अवेस्ता की हरखैती नाम की नदी रही हो। ध्यातव्य है कि डेरियस का उपर्युक्त अभिलेख हरैव (सरयु) के अतिरिक्त हरौवलिश[115] (सरस्वती) का भी उल्लेख करता है जो इसके सिन्धु नदी के पश्चिम में स्थित होने की पुष्टि करता है। पश्चिम से पूर्व की तरफ बढ़ते हुए आर्यों को सैन्धव क्षेत्र के पुरवासियों का सामना करना पड़ा, जिसका उल्लेख ऋग्वेद करता है। जब भी आर्यों के अभियान का प्रसंग आया है, ऋग्वेद पश्चिम से पूर्व दिशा में जाने का ही उल्लेख करता है। ऐसा प्रतीत होता है कि यह अभियान मात्र अनार्यों के विरूद्ध ही नहीं था। आर्यों के विभिन्न जनों में भी वर्चस्व के लिये संघर्ष चल रहा था। ऋग्वेद (7.83.1) सूचित करता है कि जिस समय सुदास एवं उसके सहयोगियों ने दासों एवं आर्यों के विरूद्ध पूर्व दिशा में अभियान प्रस्तुत किया, उस समय इन्द्र और वरुण ने उनकी रक्षा की (प्राचा गव्यन्तः दासा च वृत्रा हतमार्याणि च सुदामिन्द्रावरुणावसावदतम्)।

इससे तो यही ज्ञात होता है कि सरस्वती नदी सिन्धु के पश्चिम में हो रही होगी। सुदास के अभियान के प्रसंग में जिन नदियों का उल्लेख हूआ है और जिसे सुदास ने पार किया था, उनमें सिन्धु (7.33.3) एवं रावी (परुष्णी) (7.18.5, 8) के नाम मिलते हैं।

कुल मिला कर ऐसा प्रतीत होता है कि ऋग्वेद दो नदी-समूहों से परिचित था, प्रथम सिन्धु से सम्बन्धित पूरब की नदियाँ जिनमें वितस्ता (झेलम), रावी (पुरुष्णी) शुतुद्री (सतलज) आदि थी तो द्वितीय सिन्धु के पश्चिम में कुभा, सरेयु, गोकमल, क्रमु, सुवास्तु, सुसर्तु, रसा, सरस्वती आदि।

वास्तव में अभी तक आर्य प्रजाब से पूरब के भाग से अनभिज्ञ थे। जिस प्रकार की विस्तृत सूचना सरस्वती, सिन्धु, रावी, विपाशा, शुतुद्री आदि के विषय में ऋग्वेद प्रस्तुत करता है उसके आलोक में ही आर्यों के प्रव्रजन पर विचार करना सम्भव होगा। सुदास ने किस प्रकार परुष्णी नदी को पार किया (7.18.5, 8, 9), विपाशा शुतुद्री में मिलना और इन दोनों नदियों का विश्वामित्र से संवाद (3.33) आदि कथानकों से यही तथ्य उद्घाटित होता है कि आर्य जन पंजाब क्षेत्र से तो परिचित थे, किन्तु इसके पूरब से नहीं।

यहाँ यह उल्लेखनीय है कि सेटेलाइट से लिये गये चित्रों के आधार पर सरस्वती नदी की पहचान का प्रयास किया गया है। किन्तु ऐसे प्रयास का

समर्थन ऋग्वेद से प्राप्त सूचना से नहीं होता है। किसी समय घघ्घर एक बड़ी नदी थी जिसमें सतलज और यमुना मिलती थी। भौतिक संरचना सम्बन्धी परिवर्तनों के परिणामस्वरूप प्राचीन घघ्घर का विशाल आकार संकुचित हो गया और यमुना पूरब में गंगा में और सतलज पश्चिम में सिन्धु में मिल गई। इस घघ्घर का तादात्मय सरस्वती से स्थापित नहीं किया जा सकता है, क्योंकि ऋग्वेद में जिस सरस्वती का उल्लेख है, उससे सतलज का कहीं भी सम्बन्ध नहीं है। जैसा कि ऊपर कहा गया है सतलज का सम्बन्ध जिस नदी से है वह विपाश है, (3.33) सरस्वती नहीं। पुनः यह भी ध्यातव्य है कि ऋग्वेद में सरस्वती के साथ जिन दो नदियों का उल्लेख है वह आपया एवं दृषद्वती है (3.23.4) जिनमें से किसी का भी तादात्म्य शतद्रु से स्थापित नहीं किया जा सका है। घघ्घर का सरस्वती के साथ तादात्म्य के विरुद्ध आर0के0 कोछन[116] ने जो आपत्तियाँ उठाई हैं, वह तर्कसंगत एवं साक्ष्यों पर आधारित है। जिस सरस्वती का उल्लेख मनु स्मृति एवं महाभारत आदि में हुआ है और जो मध्यस देश की पश्चिमी सीमा पर प्रवाहित होती थी, उससे ऋग्वेदीय आर्य पूरी तरह अनभिज्ञ थे लोहे का ज्ञान न होने के कारण ई0पू0 1000 से पहले मध्यदेश में आर्यों का प्रवेश सम्भव नहीं था। इस वनाच्छादित प्रदेश में आर्यों के प्रवेश का उल्लेख सर्वप्रथम उत्तर वैदिक काल के साहित्य में ही मिलता है। इस समय तक लोहे का ज्ञान शनैः शनैः होने लगा था।

वास्तव में सिन्धु से पूरब आर्यजनों के अभियान का प्रथम स्पष्ट उल्लेख 7. 18 में हुआ है जिसमें सुदास द्वारा रावी नदी को पार करने की सूचना मिलती है। तत्पश्चात् और पूरब जाने पर विपाशा एवं शुतुद्रि के पार करने का उल्लेख 3.33 से प्राप्त होता है।

सिन्धु वासियों ने वृत्रों अथवा अहि के माध्यम से नदियों के जल को अवरुद्ध कर दिया था। इन नदियों को पार करने के लिये इन बन्धों को विनष्ट करना आवश्यक था जिससे अवरुद्ध जल प्रवाहित हो सके और नदियों का स्तर निम्न हो जाये। ठीक यही सूचना विपाशा-शुतुद्रि तथा विश्वामित्र संवाद में मिलती है। ये नदियाँ अपने अवरुद्ध जल से भूमि को अब तक सिंचित करती रही हैं (3.33.4) किन्तु वृत्रों को विनष्ट कर देने से यह अवरुद्ध जल प्रवाहित हो गया (3.33.6, 7) जिसके कारण जल-स्तर नीचे चला गया और नदियों को पार करना सम्भव हो गया (3.33.9; 2.15.5)। आर्यजनों द्वारा इन वृत्रों (बन्धों) को विनष्ट कर देने से मुक्त हुआ नदी का जल तीव्रता के साथ समुद्र की तरफ प्रवाहित होने लगा, जिसका

उल्लेख ऊपर किया गया है। परुष्णी पर निर्मित ऐसे ही बन्धों को तोड़ने का उल्लेख 7.18.8, 9 में हुआ है।

मध्यदेश में प्रविष्ट होने वाले आर्यों ने इस क्षेत्र की नदियों को सर्वप्रथम देखा और उनको वही नाम दे दिया जो सिन्धु नदी के पश्चिम में प्रवाहित होने वाली नदियों के थे। ऐसे ही नामों से पूर्वी उत्तर प्रदेश की सरयु, गोमती आदि के नाम उल्लेखनीय हैं। इस क्षेत्र में प्रवेश के पश्चात ही उन्होंने घघ्घर नदी को सरस्वती नाम दिया होगा। किन्तु बहुत काल बाद तक आर्यजनों को अफगानिस्तान की सरवती और विनशन सरस्वती का अन्तर स्पष्ट रूप से ज्ञात था। यही कारण है कि स्कन्दपुराण के प्रभाषखण्ड में चन्द्रभागा एवं गंगा के उल्लेख के साथ प्राचीन सरस्वती का भी उल्लेख मिलता है। सरस्वती नाम के स्थान पर 'प्राची सरस्वती'। नाम के प्रयोग से स्पष्ट है कि उस काल तक आर्य जनों के मस्तिष्क में प्रतीच्य सरस्वती भी रही होगी। सिन्धु के पश्चिम एवं पश्चिमोत्तर की नदियों का अपेक्षाकृत अधिक विस्तार से वर्णन तथा सरस्वती की वाग्देवी के रूप में प्रतिष्ठित करने से यही प्रतीत होता है कि ऋग्वेद की अधिकांश ऋचायें अफगानिस्तान में सरस्वती नदी के तट पर ही रची गई होगी।

उपर्युक्त विवरण से यह निष्कर्ष निकलता है कि हड़प्पा के नगर वासी अन्नोत्पादन के लिये सिन्धु एवं उसकी सहायक नदियों पर बन्धे बनाते थे जिन्हें वृत्र या अहि कहा जाता था। किन्तु आर्यों ने इन बन्धों को तोड़ दिया जिससे नदी का निरुद्ध जल प्रवाहित होने लगा। इसके परिणामस्वरूप अन्नोत्पादन का श्रोत समाप्त हो गया। इसी के साथ आर्यों ने इन नगरों में बड़े पैमाने पर लूट-पाट की। धनापहरण के अतिरिक्त इन नगरों को जला दिया गया। यही कारण है कि आर्यों के इस अभियान के प्रसंग में इन्द्र और अग्नि को एक ही रथ पर सवार दिखाया गया है और इन दोनों को ही वृत्रहन्ता एवं पुरन्दर कहा गया है। इस विनाश को अंजाम देने वाले आर्य सिन्धु के पश्चिम में रह रहे थे और सरस्वती के तट पर निवास कर रहे थे। यह नदी अफगानिस्तान में थी। यहीं पर ऋग्वेद की अधिकांश ऋचायें रची गई जिनमें इस क्षेत्र की अनेक नदियों के नाम मिलते हैं। जिस समय उन्होंने हड़प्पा वासियों पर आक्रमण किया उस समय वे सरस्वती के तट पर निवास कर रहे थे। पूरब की तरफ बढ़ने में उनके लिये सबसे बड़ी बाधा सिन्धु एवं उसकी सहायक नदियों पर बने बन्धे थे जिसके कारण नदियों का जलस्तर बहुत ऊपर तक पहुँच गया था। इन बन्धों को तोड़ देने से अवरुद्ध जल समुद्र की तरफ प्रवाहित हो गया और नदियों का जल स्तर नीचे चला गया और सुदास एवं

उसके सहयोगियों के लिये इनको पार करना आसान हो गया। यहाँ सर्वप्रथम वितस्ता, परुष्णी, विपाशा एवं सतलज से उनका परिचय हुआ।

संदर्भ

1. मानियर विलियम्स, संस्कृत-इंगलिश डिक्शनरी, पृष्ठ 1007
2. लैटिन (vertere), लिथुआनियन (verstic), अवेस्ता (veret) इत्यादि अन्य अनेक भारोपीय भाषाओं में वृ धातु से निर्मित शब्दों के लिये द्रष्टव्य, सी0डी0 बक, ए डिक्शनरी ऑफ सेलेक्टेड सिनानिम्स इन द प्रिन्सिपल इण्डो योरोनियन लैंग्वेजेज, 10.12(1.2.3)
3. 1.32.5; 8, 10; 11; 1.52.2, 5, 6, 8, 10, 15; 1.54.10, 1.56.6; 1.59.6; 1. .61.10, 12; 1.63.4; 1.85.9; 2.15.8; 4.19.8; 6.18.9; 6.23.2; 8.76.3; 10. 113.6, 8 इत्यादि
4. 2.15.8; 4.19.4; 1.32.7
5. 10.113.6, 7
6. 4.19.8
7. 4.19.7; 1.32.6
8. 1.61.10
9. 2.15.3
10. 2.15.8
11. 2.19.3; 1.85.9; 8.76.3; 1.32.2; 1.56.5; 2.15.6; 1.52.4
12. 1.32.6
13. 1.62.5
14. 4.19.7
15. 1.32.11; 2.11.2, 5; 2.15.1; अ2.19.3; 4.19.3; 10.113.3; 2.13.5 इत्यादि
16. 1.32.5
17. द्रष्टव्य, एच0एच0 विलसन की ऋग्वेद की 1.32.5 पर टिप्पणी। ऋग्वेद संहिता, जिल्द 1
18. 7.22.2; 7.23.3 इत्यादि
19. 7.19.4
20. 1.53.6
21. 1.32.11, दासपत्नारहि गोपा अतिष्ठन्

निरुद्धा आपः पणिनेव गावः
अपां विलमपिहितं यदासीद
वृत्रं जघन्वाँ अप तद ववार

22. 1.32.12
23. 2.12.3; 4.28.1
24. 2.12.12
25. 1.35.8
26. एन0एल0 डले, द ज्योग्राफिकल डिक्शनरी ऑफ एन्श्येण्ट एण्ड मेडिवल इण्डिया, पृष्ट 105
27. सरस्वती के लिये 'सप्त स्वसा अर्थात् सात वहनी वाली 6.61.19; सप्त धातु 6. 61.12; नद्यः सप्त 1.102.2; सप्त यत पुरः 6.20.10; 7.18.13; सप्त ऋषयो 4. 42.8; सप्त क्षरन्ति शिशवे मरुत्वते 10.13.5; सप्त चक्रं रथम 2.40.3; सप्त चक्र, सप्त अश्वाः सप्त सवसारो 1.164.3; 12; सप्त वावहि 9.9.6; सप्त प्रवत 9.54. 2; सप्त शाकिव 5.52.17; सप्त धामानि 10.122.3; सप्तभिः पुत्रैः 10.72.9; सप्त मर्यादाः 10.5.6; सप्त पृक्षासः 3.4.7; सप्त युह्वा 1.71.7; सप्त रश्मयः 1.105.9; सप्त मानुषः 8.39.8; सप्त संसद 8.92.20 इत्यादि
28. 8.54.4
29. 8.24.27
30. 7.19.5, 8.93.2; 1.33.13
31. 6.16.14; 2.20.7
32. 7.18.13
33. 6.32.3; 10.99.11; 1.63.2
34. 2.20.7-8
35. 1.54.3
36. 7.99.5 इन्द्राविष्णु दृंहिताः शम्बरस्य
    नव पुरो नवति च श्रथिष्टम्।
    शतं वच्निनः सहस्रं च साकं
    हथो अप्रत्यसुरस्यस वीरान्।।
    द्रष्टव्य 2.14.7; 4.16.13
37. 6.31.4 त्वं शतान्यव शम्बरस्य पुरो जघन्याप्रतीनि दस्योः।
38. 2.19.6; 2.14.6; 5.29.6; 1.54.6; 1.130.7; 7.19.5
39. 1.63.2

40. स्वस्न, सुरन, दृबीक, बल, पिप्रु, नमुधि, रुधिक्र, शम्बर, वर्चिन, अशुश, कुयव, त्रित, पणर्सय, करंज, चुमुरी, धुनि, उरण, अश्न; 2.14.5, 6; 1.52.5; 10.48.8; 6. 18.8; 10.99.11; 6.31.3; 4; 2.15.8; 9; 2.19.6; 10.113.9; 2.20.5; 7.19.4, 5 इत्यादि
41. 9.71.2
42. 3.34.9
43. 2.20.7
44. 1.130.8; 4.16.13
45. 1.54.4; 1.32.4; 1.53.7
46. 1.36.10
47. 7.15.109; 1.36.15; 7.1.13; 10.152.3; 1.35.10; 9.97.10
48. 1.51.5 मायाभिरपं मायिनो डधमः स्वधाभिर्ये अधि शुप्तावजुहत।
49. 1.33.4; 5; 7.6.3
50. 1.33.5; 1.175.3; 6.14.3
51. 7.6.3
52. 7.6.3; 7.18.13
53. 5.29.10
54. 1.51.8-9; 6; 10.86.19; 10.138.3
55. 1.33.4
56. 1.33.8
57. 2.15.8-9
58. 1.32.15
59. 6.16.15
60. 10.48.2
61. 7.32.7
62. 7.25.2
63. 7.15.3
64. 7.26.3
65. 10.113.2
66. 10.48.4; 1.130.7 महोधनानि दयमान् ओजसा विश्वा
67. 1.55.6

68. 1.32.14; 8.93.14
69. 1.32.12
70. 2.11.18-19; 1.113.3, 7
71. 1.61.6; 10.48.3; 1.52.7; 6.17.10
72. 1.32.2
73. 7.5.3, 6; 7.19.9; 1.33.6; 2.15.4
74. 8.38.2
75. 6.16.14; 5.30.11; 2.20.7; 10.152.3; 8.6.40; 1.16.8; 8.17.9; 1.121.12; 8.24.2; 8.64.9; 7.6.2-3 इत्यादि ।
76. 9.25.3; 9.28.3
77. 8.66.10
78. 1.93.4
79. 1.32.11 निरुद्धा आपः पणिनेव गावः .... वृत्रं जघन्वाँ अप तद् बवार
80. 6.49.7
81. 6.61.14
82. 2.3.8; 10.17.7, 8, 9; 7.39.5; 7.9.5; 5.46.2; 5.43.11; 2.32.8
83. 6.52.6; 7.36.6; 8.21.17
84. 8.21.17; 7.95.6
85. 6.61.3
86. 2.15.3 सद्मवे प्राचोविमिमाय मानैर्व्रज्रेण खान्यतृणन्नदीनाम् । वृथासृजत् पथिभिर्दीर्घयाथैः सोमस्य ता मद् इन्द्रश्चकार ।
87. 5.53.9
88. 10.64.9
89. 10.75.5
90. 5.52.17; 7.18.19; 10.75.5
01. 10.75.5
92. 3.33.1; 4.30.11
93. 3.33.19; 10.75.5
94. 7.18.8; 9; 8.74.15; 10.75.5
95. 5.53.9; 10.75.6
96. 1.112.12; 5.53.9; 10.75.6

97. 10.75.6
98. 8.19.37
99. 5.53.9; 10.75.6
100. मैकडानेल एण्ड कीथ, वैदिक इण्डेक्स जिल्द 1, पृ0 199; एन0एल0 डे, क्रुमु नदी का तादातम्य कुनर नाम की नदी से स्थापित करते हैं जो कि जलालाबाद के निकट काबुल नदी से मिलती है, द ज्योग्राफिकल डिक्सनरी ऑफ एन्श्येण्ट एण्ड मेडिवपल इण्डिया, पृ0 105
101. वैदिक इण्डेक्स, जिल्द 2, पृ0 209
102. एन0एन0 डे, वही, पृ0 199
103. वही, पृ0 105
104. 10.64.9
105. 5.53.9
106. कैसेट्स ऑफ इण्डियन हिस्टी, कल्चर एण्ड आर्कियालजी में प्रकाशित आर0के0 कोछर का लेख - ''आन द हिस्ट्री ऑफ द इण्डोआर्यन्स'', पृ0 4
107. डी0सी0 सरकार, सेक्ट इन्स्क्रिप्शंस, अभिलेख संख्या 1, पंक्ति 16, पृ0 4
108. 7.95.2
109. 6.61.2
110. 7.36.6
111. 6.61.10
112. 7.96.1
113. 2.41.16
114. एन0एल0 डे, वही, पृ0 181
115. वही, पंक्ति 17
116. आर0के0 कोछर, वही, पृ0 5, घघ्घर 'सरस्वती के तादात्मय के विरुद्ध आपत्तियाँ उठाते है। उनका कथन है - "It is unternable on several counts. First the Regvedic poets are familiar with the whole course of their Sarasvati. It in not at all clear how they would have known the whole of Ghaggar from the lower Himalayas down to the Rann of Kutch in the chalcolithic times when the Indo-Aryans and the Harappans must have been co-existent but Spatially sepa rated. The second objection is even more serious. If satluj flowed into Ghaggart, then Ghaggar cannot be the Sarasvati. Satluj (Shutudri) is a river named in the Rigveda and there is no suggestion whatever that it is associated

with saravati. The two rivers associated with Sarasvati are Drishadvati and Apaya, and non of them can be the same as Sathluj. As a matter of fact the Rigveda explicitly associates the Satluj with the Beas."

•

सन्दर्भ गन्थ सूची

Original Texts and Translation

Rg-Veda Sambhita (8 Vols), ed. bu VishwaBandh, Hoshiarpur, 1966, (Vishveshvaranand Institute Publication)

Rg-Veda Samhita, (6 Volumes), H.H. Wilson, Delhi, 1977-78.

Satapatha Brahmana, Tr., Bu J. Eggeling, S.B.E. Vols. 12, 26, 41, 43, 44, Delhi.

Aitareua Brahmana, ed. and Tr. by Sudhakara Malaviua, Varanasi, 1983.

Taittiriua Samhita, Text., Delhi, 2005; Keith, A.B.H.O.S., XVIII, XIX, 1914

Maitrauani Samhita, Ed. Leopold von Schroder, Leip Zig, 1923

Taittiriua Aranuaka, ed. A. Mahadeva Shastri K., Ranga Charua,Delhi, 1985.

The Dharmasastra Texts (2 Vols.) ed. by M.N. Dutta, Calcutta, 1908-09, Uajnavalkua, Harita, Ushanas, Angiras, Uama, Atri, Samvarta, Katuauana, Vrihaspati, Dakesa, Satatapa, Likhita, Sansha, Gautama, Apastamva, Vasista, Vuasa, Parasara, Visnu and Manu.

Uajnavalkua Smriti (with Virmitrodaua and Mitaksara

Commentaries)ed. buy NarauanaShastri Khiste and Jagannatha Shastri Hoshinga, Varanasi, 1930

Katuayuana Smriti Sarodhara, Text and Tr. byu P.V. Kane, Bombau, 1933.

Apastamba and Gautama (Eng. Tr.) buu G. Buhler, S.B.F., II, Delhi, 1965.

Baudhauana and Vasishtha, (Eng. Tr.) bu G.Buhler, S.B.E. XIV, Delhi, 1965.

Narada and Brihaspati (Eng. Tr.) bu J.Jollu, S.B.E., XXXIII, Delhi, 1965.

Manu (The Laws of) (Eng. Tr.) bu G.Buhler, S.B.E., 25, Delhi, 1964.

Vishnu (The Institutes of) (Eng. Tr.) bu J. Jollu, S.B.E., 7, Delhi, 1965

Jaina and Buddhist Texts and Translations

Jaina Sutras (Tr.) Hermann Jacobi, S.B.F., 22, 45

Chullavagga, Pali Publication Board, Bihar Govt., 1956

Mahavagga Ibid Majihima Nikaya, Ibid, 1958

Vinaya Texts, (Tr.) by Rhys Davids, H. Oldenberg, S.B.F. Vols 13, 17, 20, Delhi, 1965.

Buddhist Suttas (Tr.) Rhys Davids, S.B.F., Vol. 11, Delhi, 1965

The Questions of King Milinda, (Tr.) Rhys Davids, S.B.F.,Vol. 15, 36, Delhi, 1965

Buddhist Mahayana Texts, (Tr.) E.B. Cowell, Max Muller and J. Takakusu, S.B.E., 49, Delhi, 1965.

Jataka Stories (in 6 Voils.), Vols. 1,2,5,6, first published by Cambridge University Press, reprinted in London, 1957, Vol. 4 (Jataka) ed. by Cowell, Cambridge, 1901

Saundaranand Kavya of Aya Bhadant Asvaghosha, Haraprasad Shastri.

Miscellaneous works

Ramayana, Text and Tr., Published by the Gita Press, Gorakhpur

Mahabharata (6 Vols) Tr. By Rama Narayana Dutta Sastri, Gita Press, Gorakhpur, Svt. 2020-21.

Arthasastra, The Kautiliya Arthasastra, Three parts, Text and Tr. by R.P. Kangle, 1965, 69, 72 Bombay, Kautiliyarthasastram, Panchatikopetam, (4 Vols.) ed. Vishwanath Shastri, Sampurnanand Sanskrit Vishwavidyalaya, Varanasi, 1991; R. Sharnasastri, Mysore, 1961.

Ashtadhyayi of Panini, (2 Vols.) ed. and Tr. by SrisaChandra Vasu, Delhi, 1962.

Mahabhashya (3 Vols.) with Pradipa-and Udyota Commentaries, Government of India Publication, Delhi, 1967.

The Harshacarita of Banabhatta, ed. with Introduction and Notes by P.V. Kane, Delhi, 1965; Tr. by E.B. Cowell, F.W. Thomas.

Kamasutram Text and Tr. by Deva Dutta Shastri, with the Jayamangala Sanskrit Commentary, Varanasi, 1964.

Kalidasa Granthavali, ed. Tr.l by Sitarama Chaturvedi Kasi, V.S. 2001.

Kasi Parasara of Parasara Muni (ed. & Tr.) Dwaraka Prasad Shastri, Varanasi, 2002.

Brhat Samhita of Varahamihira, with the comm. of Bhattotpala two parts, ed. Sudhakar Dwivedi, Banaras, 1895-97.

Dictionaries

Amarakosa of Amarasimha, with the Comm. Vyakhya-sudha of Bhanuji Diksit ed. Pt. Sivadatta, Bombay, 1944

Acomparative Dictionary of the Indo-Aryan Languages, R.L. T urner, London, 1966.

A Dictionary of Select Syno=nyms in the Principal Indo-Euro pean Languages, C.D. Buck, Chicago, 1949.

Dictionary of Pali proper Narnes, G.P. Malalasekera, London, 1960.

Vedic Index of Names and Subjects (2 Vols), A.A. Macdonell, A.B. Keith, Delhi, 1982.

Sanskrit-English Dictionary, Monier Williams, Delhi, 1976.

The Student's Sanskrit-English Dictionary, V.S. Apte, Delhi, 1963.

The Geographial Dictionary of Ancient and Med–iaeval India, Nando Lal Dey, Delhi, 1979.

Encyclopaedia of Social Sciences, (15 Vols.) ed. E.R.A. Seligman, New York, 1957.

A Vedic Concordance, Maurice Bloomfield, Delhi, 1964

Archaeological

History of Civilizations of Central Asia (Vol. I), A.H. Dani an dV.M. Mason (editors), Paris, 1996.

Mehrgarh : Field Reports - 1974-85, Catherine Jarrige, Jean Francois Jarrige, Richard H. Meadow and Gonzague uivron (editioors) (Published byh the Department of Culture and Tourism, Govt. of Sindh, Pakistan in col laboration with the Prench Ministry of Foreign Affairs).

The Recent Archaeological Discoveries in Pakistan, A.H. Dani, published by UNESCO, 1988.

Contral Asia (Turkmenia Before the Achaemenids), V.M.

Mason and V.I. Sarianidi, (ed. and Tr.) Ruth Tringham, Thames and Hudson, 1972.

China, Before the Han Dynasty William Watson, (ed.) Glyn Daniel, 1961 Bristol.

Beginnings of Agriculture, by G.R,. Sharma, V.D. Misra, D. Mandal, B.B. Misra and J.N. Pal, Allahabad, 1980

Pre Historic India, Stuart Piggott, London, 1950.

The Birth of Indian civilization, Bridget and Reymond, Allchin, 1968.

Origins of a Civilization Viking, 1997

South Asian Archaeology, 1981, Cambridge University Press, Cambridge.

Zoo Archaeology of India and Pakistan, U.C. Chattopadhyaya, Sonabhadra, 2003.

Early India and Pakistan, Mortimer Wheeler, London, 1959.

Puratattva Vimarsa, Jai Narayan Pandey, Allahabad, 1988

The Iron Age in India, N.R. Bannerjee, Delhi, 1965

Man Makes Himself, 1970, What Happended in History, 1961, SocialEvotution, 1951, Hew Light on the Most Ancient East, 1957, V,.G. Childe

B.B.Lal, Further Cop0per Hoards from the Gangetic Basin and a Review of the Problem, Ancient India, No. 7

S.R.Rao, Lothal and the Indus Valley Civilization, Bombay, 1973.

G.R. Sharma, Excavations at Kausambi, 1957-59, Allahabad.

B. Subbarao, The Personality of India, Baroda, 1958.

Vibha Tripathi, Painted Grey ware and Iron Ae Culture of Northern India, Delhi, 1976.

B=Radhakant Verma, Bhartiya Pragaitihasika Sanskritiyan, Allahabad, 1977.

MèJè Herskovits, Economic Anthropology (The Economic Life of Primitive Peoples) Delhi, 1974.

D. Mandal, The Prehistoric Surface Communication System in the North-East Vindhyas, Presidemial Addrese, Ind. Hist. congress, Section : V. 62nd Session, Bhop0al, 2001

Radhakant Verma, A Note on some Aspects of Society During the Mesolithic Period, Social History and Social Theory, (ed.) V.D. Misra and J.N. Pal, Allahabad, 2000.

J.N. Pal, Mesolithic and Neolithic Societies of the Vindyas and the Middle Gangetic Plain, Ibid.

V.D. Misra and B.B. Misra, Chalcolithic Cultures of the Northern Vindhyas and the Middle Ganga Valley : Some Oservations, Ibid.

LorenZo Costantini, The Begnining of Agriculture in the Kachi Plain. The evidence of Mahrgarh, South Asian Archaeology, 1981

Richard H. Meadow, Notes onj the faunal remains from Mehrgarh, with a focus on cattle (Bos), Ibid.

Moni ue Lechevallier, The flint industry of Mehrgarh, Ibid.

Marielle Santoni, Sibri and the Sojuth Cemetery of Mehrgarhj; third millennjium Connjections between the northern Kachi Plain (Pakistan) and Central Asia, Ibid.

Beatrice De Cardi, Some third and fourth millenniumk sites in Sarawan an dJhalawan, Baluchistan, in relation to the Mehrgarh sequence, Ibid.

Jean-Francois Jarrige, Chronology of the earlier periods of the Greater Indus as scen from Mehrgarh Pakistan, Ibid.

Inscriptions

Basak, Radhagovinda, Ashokan Inscriptions, Calcutta, 1959

Epigraphis Indica :

Fleet, J.F. Inscriptions of the Early Gupta Kings, (C.I.I.III), Delhi, 1963.

Hultzsch, E., Inscriptions of Ashoka (C.I.I.I.)

Konow, Sten, Kharoshthi Inscriptions (C.I.I.II) Pt. *I, Calcutta, 1929

Mirashi, V.V., Inscriptions of the Kalachuri - Chedi ERA, (C.I.I., Vol. IV, 2 parts), Otacamund, 1955.

Sircar, D.C., Select Inscriptions, Calcutta, 1965.

Foreign Accounts

Majumdar, R.C., The Classical Accounts of India (derived from srrin, strabo, Curtius Rufus Quintus, Diodorus Siculus, Justin, Plutarch, Periplus Maris Erythraci, Nearchus, Pliny, Ptolemy, App-ollonious, Aelian, Bardaisan etc.) Calcutta, 1960.

Mc. Crindle, J.W. Ancient India as Described by Megasthenes and Arrian, Calcutta, 1877.

Samuel Beal, Travels of Hiouen Thsang (in 4 Vols.) Calcutta, 1958.

Secondary Sources

Acharya, P.K., Villages and ètowns in Ancient India, B.C. Law, Vol. Pt. II, 1946

Adhya, G.L., Early Indian Economics, Bombay, 1966

Agnihotri, P.D., Patanjali Kalina Bharata, Patna, 1963.

Agrawal, V.S., India as known to Panini, Lucknow, 1953.

Harsacharit ek Sanskritik Adhyayana, Patna, 1953

Agriculture as known to Panini, J.U.P.H.S. XIII, pt. I, July 1940, Trade and comkmerce from Panini's Ashtadhyayi, J.U.P.Aiyangar, K.V.R., Aspects of Ancient Indian Economic Thoujght, Benares, 1934

Altekar, A.S., Education inj Ancient India, Banaras, 1934, Position of Women in Hindu Civilization, Benaras, 1938.

The Village Commkunities in Western India, Oxford, 1927

The Rastrakutas and Their Times, Poona, 1934

State and Government in Ancient India, Benaras, 1949

Apte, V.M., Socialand Religious Life inthe Grihyasutras, Bombay, 1954

Baden Powell, B.Hè., =The Origfin and Grou=wth of Village Communities in India, London, 1908

Banerjee, P.N., A Study of Indian Economics, Calcutta, 1951

Banerjee, A.C., Studies in the Brahmanas, Delhi, 1963

Banerjee, N.R., The Iron Age in India, Delhi, 1965

Barnett, L.D., Antiquities of India, London, 1913

Basham, A.L., The Wonder that was India, London, 1954, Studies in Indian History and Culture, Calcutta, 1962

Basu, Jogiraj, India of the Age of the Brahmanas, Calcutta, 1969

Benveniste, Emile : Indo-European Language and Society, London, 1973.

Bloch, Marc, Feudal Society, Translated from the French by L.A. Manyon, London, 1965.

Bose, A.N., Social and Rural Economy of Northern India, Calcutta, 1945, 1961

Indo-Aryan Land Revenue System between Cir. 600 B.C. and 200 A.D., J.B.B.R.A.S., Vol. XV, 1939

Buch, M.A., Economic Life in Ancient India (2 Vols.) Allahabad, 1979

Buddha Prakash, Studies in Indian History and civilization, Agra, 1962

Burns, E.M., Westerfn Civilizations, New York, 1949

Chakladar, H.G., Social Life in Ancient India, Calcutta, 1954

Champakalakshmi,R,. :State and Economy Southj India, Circa A.D. 400-1300, (Recent Perspectives of Early Indian History, (ed.) Romila Thjapar, Bombay, 1995

Chanana, Dev. Raj, Slavery in Ancient India, Delhi, 1960

Chatterjee, B.D., Aspects of Politico-Economic History of Ancient India, (Land Syhstem and Fendalism in Ancient India (ed.) D,C. Sircar, Culcutta, 1966.

Chattopadhyaya, B.D., State and Economy i North India, Fourth Century to Twelfth Century, (Recent)

Perspectives of Early Indian History=, (ed.) Romila Thapar, Bambay, 1995

Trade and Urban Centres in Early Medieval North

India, The Indian Historical Review, Vol. I, Numbedr 2, 1974

Chattopadhyaya, D.P., Lokayata, Delhi, 1950

Chaturvedi, Prem Sagar, Technology in Vedic Literature, Delhi, 1993

Chaudhary, R.K., Vratyas in Ancient India, Varanasi, 1964, Visit (Forced Labour) in Ancient India, I.H.Q., XXXVIII.

Choudhary, Abhay Kant : Early Medieval Village in North-Eastern India (A.D., 600-1200), Calcutta, 1971

Coomarfaswamy, A.K., Spriritufal Authority and Temporal Powerf in the Indian Theory of Government J.A.O.S., Vol. 22, The Dance of Shiva, New York, 1957

Dalal, Chimaan Lal D. Lekhapaddhati, (ed.) with p-)reface, Notes and Glossary by Gajanan K., Shrigondekar, Baroda, 1925

Dange, S.A. India from Primitive Communism to Slavery, Bombay, 1951

Das, Dipakranjana : Economic History of the Deccan, Delhi, 1969

Das S.K., The Economic History of Ancient India, (reprint) Allahabad, 1980

Drekmeier, C. Kingship and Community to Early India, California, 1962

Dutt, Binode Bihari, Town Planning in Ancient India, Calcutta, 1925

Dutta, N.K, Origin and Growth of Caste in India, Calcutta, 1965

Dutta, Sukumar, Early Buddhist Monachism, 1924

Dwivedi, R.K. : Critical Study of the changing Social order at YHuganta or the End of the Kali Age, (D.D. Kosambi Commemoration Valume (ed.) L. Gopal Varanasi, 1977

Fick, R. The Social Organization in Nortyh East India in Buddha's time, Calcutta, 1920

Ghoshal, U.N., The Agrarian System in Ancient India, Calcutta, 1930, Contr4ibutions to the history of the Hindu

Revenue System, Calcutta, 1929, Studies in Indian History and Culture, Calcutta, 1957, A history of Indian Political Ideas, Bombay, 1959

Ghose, N.N., Indo-Aryan Litertature and Culture, Calcutta, 1934

Ghurye, G.S., Family and Kin in Indo-European Calture, Bombay, 1955

Aspects of History of Agriculture in ?Ancient India, Varanasi, 1980

Gopal Lallanji : The Economic Life of Northern India, Varanasi, 1965

Habib, Irfan, ?The Agrarian System of Mughal India, (1556-1707), Bombay, 1963

The Peasant in Indian History, Presidential Address, Indian History Congress, 43rd session, 1982

Bharatiya Itihasa Ki Vyakhya aur Marksa-Vada, (Viveka Prakasan, Delhi, 1995

Jain, J.C., : Economic Studies from jain Canon, J.U.P.H.S., XVIII, 1945

Jain, P.C. : Labour in Ancient India, Delhi, 1971

Jayaswal, K.P. : Hindu Polity Bangalore, 1943

Manu and Yajnavalkya, Calcutta, 1930

Jaiswal, Suvira : The Origin and Development of Vaisnavism in India, Delhi, 1967, Studiesw in Early Indian Social History The Ind. Hist. Review, Vol. VI, Caste in the Socio-Economic Framework of Early India

Presidential Address, Ancient India Section 38th Ind. Hist. Congress Bhuhmeswar, 1977;Casta, Gender and Ideology in the Making of India, General President' Address, Ind. Histg. Cong., Delhi, 2007

Jha, D.N. Early Indian Feudalism : A Histolographical

Critique, Presidential Address Indian History

Congress, 40th Session, 1979

Temples as Landed Magnates in earlyh Medieval South India (700-1300), Revenue System in Post-Maurya and Gupta Times, Culcutta, 1967

Jha, Vivekanand : Agricultural Labour and Village Artisans in Early North Indian History (upto C. 500 BV.C.); From Tribe to Untouchabel : The Case of Nisadas, (The Historical Probings) Stages in the History of Untouchables; I.H.R., II, No. 1, 1975

Jolly, Julins : Hindu Law and Custom, Calcutta, 1928

Kane, P.V. : History of Dharmasastra (5 vols.) Bhandarkar Oriental Research Institute, Poona, 1930

Keath, A.B. : Religion an dPhilosophy of the Vedas and the Upanisadas, London, 1925 (H.O.S. Vol. 31), A History of Sanskrit Literature, Oxford, 1953

Kher, N.N. : Agrarian and Eiscal Ecobnomy in the Mauryan and Post-Mauryan Age, Delhi, 1973

Kosambi, D.D. : An Introduction to the Study of Indian IIistory Bombay, 1956

The Culture and Civilization of Ancient India, London, 1965, Myth and Realityu, Bombay, 1962

Early Brahmins and Brahminism, J.B.B.R.A.S., Vol. XXIII, 1947

On the Origin of Brahmin Gotras, J.B.B.R.A,.S., Vol. XXVI, Pt. I, 1950, Brahmin Clans, J.A.O.S., 73, 1953

The Basis of Ancient Indian History (in two parts) J.A.O.S., Vol. 75, 1955

Origins of Feudalism in Kashmir, J.B.B.R.A.S. (The Sardhasatabodi Commemoration Volume) 1956-57

Law, B.C. : India as Described in Early Texts of Buddhism and Jainism, London, 1941

Tribes in Ancient India, Poona, 1943

Macdonall, A.A. : Vedic Mythology, Strasburg, 1897

Maine, S.H.S. : Village Communiti=es of the East and the West, London, 1890

Maity, S.K. : Economic Life in Northern India in the Gupta Period, Delhi, 1970

Majumdar, A.K.:Chaulukyas of Gujrat, Bharatiya Vidya Bavan, Bombay, 1956

Majumdar, R,.C. : Corp-0orate Life in Ancient India, Calcutta, 1922

The Classical Accounts of India, Calcutta, 1960

(with Pusalkar) The Vadic Age, The Age of the Imperial Unity and The Classical Age, (Vidya Bhavan Series) Bombay, 1954

(With A.S. Altekar) The Vakataka Gupta Age

Mazumadar, B.P. : The Socio-Economic History of Northern India (11th-12th Centuries), Calcutta, 1960; Merchants and Lended Aristocracyin the Feudal Economky of Northern India, *8th to 12th Century, A.D.) and System and Feudalism in Ancient. D.C. Subcar (ed.) Calcutta, 1966

Mehta, R.L. : Pre-Buddhist India, Bombay, 1939

Mishra, Ram Deva and Arvind Kumar : Bharat Ka Sasya Bhugola (G.B. Pantnagar University, Pant=nagar, 1991

Mitra, S.K. : Feudalism in Ancient India (Land System and Feudalism in Ancient India) D.C. Sircar (ed.) Calcutta, 1966

Mookerji, R.K. : Local Government in Ancient India, Delhi, 1958

Mukerjee, Radha Kamal, Land Problem of India, London, 1933

Mukhia, Harbans : Was There Feudalism In Indian History, (Presidential Address, Section II, Procedings of the Indian History Congress 40th Session, Waltair, 1979

Nandi, R.N. : Growth of Rural Economy in Farly Feudal

India, Presidential Address Indian History Congress, 45th Session, Annamalai, 1984Client, Ritual and Conflict in Early Brahmanical order, I.H.R. Vol. no. 1 & II; Early Feudalization of the State in Medieval South India; (Social Science Probings, Vol. I, No. 1, 1984

Nath, Pran : A Study of the Economic Condition of Ancient India, London, 1929

Neogi, H.C. : Origin of Feudalism in Ancient India, (Land System and Feudalism in Ancient India, D.C., Sircar (ed.) Calcutta, 1966

Niyogi, Puspa : Contributions to the Economic History of Northern India, Culcutta, 1962

Niyogi, Roma : History of the Gahadavala Dynsty, Calcutta, 1959

Ojha, A.P. : Prachina Bharata me Samajika Starikarana (A.D. 300&600) Allahabad, 1992

Pargiter, F.E. : Ancient IndianHistorical Tradition, (Reprinted), Delhi, 1962

Pathak, V.S.: Major Brahmanical Religions of Northern India, (Unpublished Thesis of the College of Indology, B.H.U.), Ancien tHisatorians of India, Bombay, 1966

Prakash, Buddha, : Studies in Indian History and Civilization, Agra, 1962

Puri, B.N> : India in the Time of Patanjali, Bombay, 1957

Rai, G.K. : Involuntary Labour in Ancient India, Allahabad, 1981

Forced Labour in Ancient And Early Medieval India, (The Indian Historical Review, Vol. III, No. 1

Rai, J. : The Rural-Urban Economy and Social Changes in Ancient India (300 B.C. to 600 A.D.), Varanasi, 1974; Social Mobility in Ancient India, (Social History of Ancient India, D.C. Sircar (ed.) Calcutta; Samanta - A Semantic Study, (Puravritta, Journal of the Deptt. of A.I.H. & Archaeology, Lucknow University, Vol. I, 2000-2001

Bhakti : A Semantic Study, (Visvambhara, Vol. II, Ajaya Mitra Shastri (ed.), Delhi, 1995); Bakti, Its

Egalitarian Ethos, (Bharati, Bulletin of the Deptt. of A.I.H.C. & Arch. B.H.U., Vol. 22; 1995-96, IndoEuropean Folk Communities, (Rural Life and Folk Culture in Ancient India, U.N. Roy (ed.) Allahabad, 1988; Women And the Hindu Canonical Law (Social Justice : Problems and Perspectives, Jhinaku Yadava (red.) Varanasi, 1996;, Animal Names in Human

Context, (Bharati, Bulletin of the College of Indology, B.H.U., Varanasi, 1987-88; A Factorial Study of the Status Determinatts of Women in Ancient India (Indian History Congress, Gorakhpur) 1989

Rai, Sudhira Kumar : Prachina Bharat me Bhu-Rajasva Niti aur Kisaravarga Par Prabhava, (unpublished Ph.D. Lit thesis, B.H.U>, 2000

Rao, V.B. : Uttara Vadic Samaja Evam Sanskriti, Varanasi, 1966

Ray, H.C. : Dynastic History of Northern India, 2 Vols. Calcutta, 1931, 1936

Raychaudhuri, H.C. : Political History of Ancient India, Calcutta, Sixth edition, 1953

Bhy=s Devids, T.W. : Bddhist India, Calcutta, 1959

Roy, Brajdeo Prasad : The Later Vadic Economy, Patna, 1984

Saletore, R.N. : Life in the Gupta Age, Bombay, 1943

Sarker, B.K. : The Folk Element in Hindu Culture, London, 1917

Sastri, K.A., Nilkantha : (ed.) Age of the Nandas and Mauryas, Varanasi, 1952

Sastri, Shakuntala Rao :Women in the Sacred Laws, Bombay, 1953

Schrader, O. : Prehistoric Antuquities, 1890

Shah, K.T. : Ancient Foundations of Ecponomics in India, Bombay, 1954

Sharma, D. : Early Chauhan Dynastics, Delhi, 1959

Sharma, G.R. : Excavations at Kausambi (1957-59), Allahabad, 1960; Beginnings of Agriculture , G.R. Sharma (ed.), with B.B. Misra (Chopani Mando), with V.D. Misra and J.N. Paul (Mahadah) and with D. Mandal (Mahagar), Allahabad, 1980

Sharma, R.S. : Sudras in Ancient India, Delhi, 1958; Aspects of Political Ideas and Institutions in Ancient India, Delhi, 1959; Indian Feudalism, Delhi, 1980 (Second Edition), Bharat ke Prachina Nagaron ka Patan, (300 A.D. to 1000 A.D.), (Tr.) Sita Ram Rai, Delhi, 1996

Purva Madhyakalino0Bharat ka Samanti Samaja aur Sanskriti, Delhi, 1998

Material Culture And Social Formations in Ancient India, Delhi, 1985

Land Revenue in India, Historical Studies (ed.)

A Survey of Land System in India from C. 200 B.C. to A.D. 650 J.B.R.S., Vol. XLIV, Pt. III & IV. 1958; Light on Early Indian Society and Economy, Bombay, 1966; Perspectives in Social and Economic History of Early India, Delbhi, 1983; Indo-European Languages and Historical Problems (I.H.C., 55th Session (Aligarh, 1994); Thematic Symposium "Language and History", Delhbi, 1994; Problem of Transition from Ancient to Medieval in Indian History (I.H.R.I., 1974, 4, The origin of Feudalism in India, (J.E.S.H.O.I, pt 3; Usury in Early Medieval India (A.D. 400-1200)

(Comparative Study in Society and History, VIII No, I How Feudal was Indian Feudalism, (Feudal Social)

Formation in Early India, DN. Jha (ed.) The Kali age : A Period of Social Crisis, in S.N. Mukherjee, History and Thought (Essays in Honour of Prof. A.I. Basham) Calcutta, 1982

Shastri, A.M. : India As Seen in the Brhatsamahita of Varahamihira, Delhi, 1979

Smelser, Neil J.: The Sociology of Economic Life, Delhi, 1965

Singh, Jiwitesh Kumar Regional Economics, Varanasi, 1978

Singh, M.M. : Life in North-Eastern India in Pre-Mauryan Times, Delhi, 1967

Sircar, D.C. : Select Inscriptions, 2 Vols., Calcutta, 1965; Delhi, 1983; (ed.) Land System And Feudalism in Ancient India, Calcutta, 1966, Epigraphic Glosary, Delhi, 1966; Landlordism and Tenancy in Ancient and Medieval India as Revealed by Epigraphical Records, Lucknow, 1969; Indian Epigraphy, Delhi, 1965

Srivastava, O.P. : Commercial Taxation in India (A.D. 600-1200), Allahabad, 1999

Thakur, V.K. : Historiography of India Towards a Model of Early Medieval Indian Economy, (A.D. 600-1000) Patna 1989; Peasants in Early Medieval India : So,e Reflections, (Visvanibhara, Vol. 2) (ed.) Ajay Mitra Shastri, Devendra Handa, C.S. Gjupta, Delhi, 1995; Regional Patterns of Early Medieval Formation in India, (Presidential Address, Bangalore, 1997)

Thapar, Romila: Asoka and the Decline of the Mauryas, Delhi, 1982; From Lineage to State, Delhi, 1984; Ancient Indian Social History, Delhi, 1978, The Mauryas

Revisited, Calcutta, 1987, (ed.) Recent Perspectives of Early Indian History, Bombay, 1998

Thaplyal, K.K. : Guilds In Ancient India (C. 600 B.C. to C. 600 A.D.), Delhi, 1996

Toutain, Jules : The Economic Life of the Ancient World, London, 1951

Upadhyaya, B.S. : India in Kalidasa, Allahabad, 1947

Yadava, B.N.S. : Society and Culture in Northern India in the Twelfth Century, Allahabad, 1973

Some ?Aspects of the Changing Order in India During the Saka-Kusana Age, in Kusana Studies, (ed.) G.R. Sharma, Allahabad, 1968

Problem of the Interaction between Socio-Economic classes in the Earlyh Medieval Complox, Ind. Hist.

Review, III, No. I, July 1976; The Accounts of the Kali Age and the Social Transition from Antiquity to the Middle Ages (Ind. Hist. Review, Vol.

V, nos. 1-2, July 1978, January 1979); Historical Investigation into Social Terminology in Literature : A Problem of the Study of Social Change (Mainly in the Context of Early Medieval Northern India) (Presidential Address, 53rd Session, Ind. Hist. Congress; Warangal, 1993

The Problem of the Emergence of Feudal Relations in Early India, (Presidential Address, Ancient India)

Section, Ind. Hist., Congress, 41st, Session Bombay, 1980; Immkobility and Subjection o0f Indian Peasantry in Early Medieval Complex, (Ind. Hist. Review, Vol. I, I, 1974). Authority and Role of Village HeadmenèVillage Lords in =Early Medieval India, (in Social History and Social theory, (ed.) VD. Misra an dJ.N. Pal, Allahabad, 2000

Secular Land-Grants of the Post-Gupta Period and Some Aspects of the Growth of Feudal Co,mplex in Northern India (in Land System and Feudalism in Ancient Kidia (ed.) D.C. Sircar, Calcutta, 1966

Yazdani, G. : Dececan ka Prachina Itihasa, Delhi, 1977

***